高等学校文科教材

第二版

儿童心理发展理论

王振宇 编著

华东师范大学出版社

图书在版编目（CIP）数据

儿童心理发展理论／王振宇编著.—2 版.—上海：
华东师范大学出版社，2016.2
　ISBN 978-7-5675-4839-8

　Ⅰ.①儿… Ⅱ.①王… Ⅲ.①儿童心理学-高等学校-
教材 Ⅳ.①B844.1

　中国版本图书馆 CIP 数据核字（2016）第 033558 号

儿童心理发展理论（第二版）

编　　著　王振宇
项目编辑　蒋　将　余思洋
特约审读　王叶梅
责任校对　陈美丽
装帧设计　卢晓红　赵褘珺

出版发行　华东师范大学出版社
社　　址　上海市中山北路 3663 号　邮编 200062
网　　址　www. ecnupress. com. cn
电　　话　021-60821666　行政传真 021-62572105
客服电话　021-62865537　门市（邮购）电话 021-62869887
地　　址　上海市中山北路 3663 号华东师范大学校内先锋路口
网　　店　http://hdsdcbs.tmall.com/

印 刷 者　句容市排印厂
开　　本　787×1092　16 开
印　　张　18
字　　数　381 千字
版　　次　2016 年 5 月第 2 版
印　　次　2018 年 5 月第 4 次
书　　号　ISBN 978-7-5675-4839-8/G·9177
定　　价　40.00 元

出 版 人　王　焰

每一个理想的事物都有其自然的基础，而自然的每一个事物又都有其理想的发展过程。

[美] 乔治·桑塔耶纳

George Santayana

(1863—1952)

理论是学科建设的灵魂

（序言）

缪小春

　　理论是学科建设的灵魂。理论确立研究课题，组织材料，形成体系，揭示规律，指导实践。不同的理论可以使人们获得不同的材料，不同的理论也可以使相同的材料具有不同的意义。因此，我们可以说，没有理论就没有学科发展。

　　儿童心理学是心理学领域中出现较早、研究较丰富的一个分支。它的发展进程中产生了各种各样的理论。同时，由于儿童心理在整个心理学研究中占有特殊的地位，几乎所有的心理学流派都对儿童心理发展问题提出相应的观点。许多学者还根据他们的理论观点进行过大量具体研究。尤其是20世纪中叶以来，儿童心理学的重点由描述转向解释，儿童心理发展的理论概括受到发展心理学家的高度重视。他们都从各自的哲学观点和对人的心理的一般认识出发，试图说明人生各个时期的心理发生了哪些变化，变化的条件是什么以及为什么会发生这些变化，并对儿童心理发展中的一些基本问题作出回答。因此，现代心理学中关于儿童心理发展的理论林林总总，争相斗艳。但是，国外综述儿童心理发展的各种理论的著作并不多见，在国内则几乎是空白。教师在讲授儿童心理发展理论的课程中，缺少可用的教材。至于其他对儿童心理发展理论问题感兴趣的读者，更难找到一本合适的参考书。这不能不说是一个极大的遗憾。正因为如此，当我看到王振宇教授编写的《儿童心理发展理论》这本书稿时，感到特别地兴奋[①]。

　　该书阐述了现代心理学中七个重要学术流派及其众多代表人物的儿童心理发展观点。其中，有些是专门的儿童心理发展理论，有些则是一般心理学理论在儿童心理发展问题上的看法。它们基本上涵盖了现代儿童心理发展的主要理论，反映了现代儿童心理发展理论的研究成果。作者对这些理论把握正确，论述完整，归纳得体，评析中肯。行文中不乏独到的妙语和精辟的见解，使我们感受到作者心灵深处的理性底蕴和学术热情。此书可使读者了解各种儿童心理发展理论的核心以及理论本身的发展，从更深的层面上认识儿童心理发展的本质，正确理解有关儿童心理具体研究的含义和价值。它对开展儿童心理发展的研究工作也有所裨益。

[①]　本文作于2000年。——出版者注

理论的最终目的是指导实践。儿童心理发展理论对儿童教育工作负有指导作用。儿童教育目标、内容和方法的确定，都必须以一定的儿童发展理论作为依据。不同的儿童心理发展理论会形成不同的教育主张，导致不同的教育效果。教育工作中的种种失误和困惑往往是由于理论认识上的模糊和偏差造成的。正确的教育观必须以正确的儿童观作为基础。实施素质教育的一个重要前提就是要对儿童心理发展具有科学的认识。对此，本书的作者有清醒的认识。他编写此书的一个重要意图是想说明儿童不同于成人，呼吁全社会要以正确的态度来对待儿童，使儿童的身心得以健康成长。基于这样的目的，书中除了介绍各种理论的主要观点外，还十分注重开发这些理论对当前教育工作的启示，呼吁尊重儿童，重视儿童在发展中的主动性。作为一本阐述儿童心理发展理论的著作，虽然它并不直接介绍具体的教学方法和技巧，但它能使读者对当前我国教育工作中的种种问题进行深刻的反省和思考，并有助于大家作出正确的判断和抉择。在这里，理论指导比讲解具体方法更为重要。全书字里行间透露着一位心理学工作者的社会责任感和一位教育工作者的对象意识。

本书内容全面，结构合理，论述又颇有深度，行文流畅，逻辑性强，具有较强的适应性，可以满足不同层次读者的需要。心理学专业的大学生，各相关专业的研究生，从事儿童心理学教学工作的教师以及从事各类基础教育的教师都可以从中获益。

王振宇教授为此书谋划已久。在长期的教学实践中，他阅读了大量的资料，潜心研究，把各种发展理论统一在个体发展的框架中，力图寻找一种整合的观点，形成新的视角。如今著作完成，正如他自己所说"又一次体会到实现追求的充实和欣喜"。我向他表示衷心的祝贺！我想，当我们看到这本教材不仅满足了教学的需要，而且对我国的儿童心理发展理论建设和儿童心理发展问题的研究，对于人们树立正确的儿童观、教育观和科学精神都起到了积极的作用时，我们大家都会感到同样的充实和欣喜。

（此序是缪小春教授为本书 2000 年第一版所作。缪小春，华东师范大学心理学系教授，博士生导师。曾任华东师范大学心理学系主任兼心理研究所所长。兼任中国心理学会理事，中国儿童、教育心理研究会副理事长。）

目录

第一章　心理学的基本问题与发展理论

通过本章学习,你能够

◎ 了解心理学科的基本理论问题;

◎ 理解儿童心理发展的实质和主题,从而对本课程的基本内容有一个初步了解;

◎ 理解什么才是真正的发展,努力树立科学发展观。

本章提要

本章是全书的绪论,首先,从心理学史的角度重点介绍心理学科面临的两大基本问题:"心理学是什么"和"怎样研究心理学",让我们知道心理学的研究成果和理论体系都是不断发展的,没有哪一个理论或范式能包容人类心理的广阔范围和全部复杂性。

本章的第二个重点是概述儿童心理发展理论的基本概念、作用和主题,着重说明发展是一种结构性变化。任何发展理论都围绕着心理的实质(是机械论还是机体论)、量变和质变、遗传和环境等三大主题。三大主题在不同的时期有不同的侧重或偏移,表现出人类认知发展的螺旋上升的趋势。

本章内容涉及心理学基本理论、心理学史和科学哲学的基本概念和知识,对于初学者来说,可能有点深奥和费解。但只要把握书中的基本观点,通过以后各章的学习,就能逐渐加深理解,最终掌握本章的核心思想。

20世纪,对于心理学来讲,是一个令人振奋的世纪,一个充满伟大的见解、技术和发现的世纪。一大批心理学的成果,已经编织到我们人类的文化结构之中。从新生儿的吮吸反射到社会组织的管理,从大脑皮层的机能结构到认知结构和人工智能,都采用规范的心理学术语来表述。这对于一个虽然有着漫长的过去但却只有短暂历史的学科来说,无疑是成功和希望的标志。

一、心理学的基本问题

在心理学漫长的过去中,人们始终围绕着两个基本问题争论不休,那就是:第一,心理学是什么? 第二,怎样研究心理现象? 二者实质上就是关于"定义"和"方法"的问题。

自亚里士多德（Aristotle，前 384—前 322）起，心理学的研究对象就是灵魂，在他看来，灵魂是潜在地拥有生命的一种自然的躯体形式。作为生物的形式，灵魂是有机体的本质因、动力因和目的因。一切生物都有灵魂，灵魂随不同形式的生物分为不同的等级。最低级的水平是营养的灵魂，主管生存。高一级的水平为灵敏的灵魂，有感觉和体验快乐、痛苦的功能。最高级的水平是理性的灵魂，它包括营养的灵魂和灵敏的灵魂的所有功能，并增加了心灵，即思维的能力和一般的认识。心灵是人类特有的部分。从此，灵魂、心灵一直盘踞在心理学的研究领域中。

1879 年，德国心理学家冯特在莱比锡大学建立第一个心理学实验室，标志着科学心理学的诞生。先驱的心理学家们接受实证主义哲学思潮的影响，决心以物理学为榜样，把心理学发展成一门在定义和方法上使其精确性足以与物理、化学和生理学媲美的科学。他们力图利用内省的方法把意识分析为各个基本的要素，如同化学把化合物分析为各个元素一样，以期达到其他学科所具有的自然科学的共性：量化和准确。但这种热情很快便把心理学引入了僵局。一个领袖式的人物华生高举起行为主义的大旗，对心理学的定义作了根本性的修改。他认为心理学不应该把意识作为自己的研究对象，而应该摒弃意识，改用实证法研究行为，掀起了一场波澜壮阔的行为主义思潮（见本书第四章）。另一位领袖式的人物弗洛伊德则高举无意识的大旗，掀开了人类意识之下的黑洞，利用精神分析和梦的解析洞察无意识的沸腾与喧嚣，同样也从根本上修改了心理学的定义和方法（见本书第五章）。每一位领袖都在自己手擎的大旗下召集到一批志同道合者，形成了自己的学派。在自己的学派里，他们操用相互认同的术语、相互承认的方法和寻找相互理解的研究课题。随着研究的深入，一些潜伏在有关心理学的定义和方法中的危机，又会导致学派内部的分化、分裂和重组。于是，学派又得到扩展和延伸，或者渐趋冷寂。行为主义和精神分析都走过这样的历程，以致新行为主义和新精神分析学说替代了其开创者的影响和地位。长期以来，受亚里士多德的影响以及在后来的经验论者的推波助澜下，心理学一直处在经验论、机械论和决定论的束缚之下，其结果是忽视了人的主观能力。随着新行为主义在意识问题上的退让，实证主义影响剧衰，心理学的重点向认知心理学转变。又一位心理学大师皮亚杰在康德哲学的影响下，建构了一套全新的认知心理学，揭示出认知结构的机能和结构演变的规律，对发展心理学、普通心理学和认识论的发展作出了卓越的贡献（见本书第六章）。皮亚杰的理论不仅震撼了思维的领域，也推动了低级认识过程（如知觉）的研究（见本书第三章）。以马克思主义哲学为指导的心理学则坚持把心理发展放在社会、文化和历史的条件下来观察，放在教育和教学中培养，形成了对心理学定义和方法的新体系（见本书第七章）。

在心理学家不断建设自己的理论体系和扩大研究成果的同时，一批有着生物学或医学背景的心理学家则热衷于将心理学生物学化，例如，把学习还原成成熟，把心理事件还原为神经生理问题，甚至把人类社会还原到动物群体。这些努力的结果当然不能取代心理学，但它着实为心理学带来了震撼，也带来了启示（见本书第二、八章）。

也有学者不满于传统心理学的决定论和机械论，提出了人本主义的思想体系，强调人的利益、价值和个人的尊严和自由，认为人具有一种内在的趋向于生长和自我实现的潜能。但究其实质，人本主义心理学与存在主义哲学紧密相连。它的目标是建立主观经验心理学，但它一直停留在实验心理学的范围之外。

综观心理学的演变，时至今日，虽然学派之争随着学术气氛逐渐宽容而变得不再令人激动，但在心理是什么和怎样研究心理现象这两个基本问题上学者们并没有达成统一。我们可以看出，心理学面临的是一个高度复杂的对象——人。无论把心理学当作自然科学来看待，还是当作社会科学来对待，任何一个学派运用任何一种方法，都只能在有限的范围内揭示有限的规律和作出有限的贡献。看来，有关人的"肖像"，不是任何一个心理学家能单独绘制的，因为心理学的领域太宽阔了。但是，这种局面并不表明心理学是无能的，而只能表明心理学有着无限广袤的探索空间。当然，"心理学有必须承认的一个事实，即没有哪一种理论或范式能包容人类行为的广阔范围和全部复杂性"[①]。也正是基于这个原因，心理学对各种不同的学派，各个不同的分支，应该宽容笑纳，认真地汲取不同学派的营养，寻找不同学派对认识人性的贡献，而不是简单地驳斥和排挤。每一种观点之间存在着内涵上的继承性，从不同的角度启发着人类。这不仅是因为人类的文化是延续的，还因为学科的历史也是延续的。

二、关于发展理论

(一) 什么是理论

贝塔朗菲指出："科学不是事实的单纯积累；事实只有当整理成概念体系时才变成知识。""科学的进步在很大程度上取决于适当的理论抽象和符号体系的发展。"[②]科学用理论解释世界，那么，什么是理论呢？理论是用来解释某一特定领域中的各个事实之间的相互联系的概念体系。我们至少可以从以下三个方面来表述理论。

1. 句法观点

句法观点认为理论是公理化的句子的组合。所谓公理，是对资料作出的假设性概括。这种概括包括语言的，也包括逻辑数学术语组成的理论术语。这一定义来自逻辑实证主义。逻辑实证主义把科学语言分为三类，即观察的术语、理论的术语和数学的术语。科学的基本任务是对自然的描述，因此，在以上三种科学语言中，观察的术语居于绝对优先的地位。它可以反映直接观察到的自然特性。在理论体系中，观察的术语代表现象，处于基础层，而最高层全部是组织成公理的假设性理论术语。而理论术语与观察术语的汇合便成了两者之间的中层，称之为操作性界定。从这个意义上讲，又可以说"理论是由观察术语明确界定的术语组成的句子（公理）"[③]。

① 查普林等著：《心理学的体系和理论》（下），林方译，商务印书馆 1984 年版，第 360 页。
② 贝塔朗菲著：《生命问题》，商务印书馆 1999 年版，第 73、163 页。
③ 黎黑著：《心理学史》（上），李维译，浙江教育出版社 1998 年版，第 19 页。

2. 语义观点

语义的观点是把理论看作一个模型。模型是科学理论与客观现实之间的一个中介，是对世界高度理想化、局部化的模拟。现实世界过于复杂，无法用理论来说明，只有把现实世界加以简化，把那些与研究无关的因素加以排除，才有可能加以解释。物理学中假设木块与平面之间没有摩擦力，几何学中假设点没有大小、直线没有尽头等，都属于这一类模型的简化。根据语义的观点，"科学家并不解释自然秩序的理想，而是利用这种理想和其他因素来解释那些不合理的现象"[①]。

3. 自然主义的理论取向

这种理论取向认为，每一个科学家都根据他对科学"主题"的分析，进行与主题有关的研究。主题是激励和指导科学家进行研究的元理论信奉。而且在研究实践中，主题总是由正反两个方面的命题组成的，如心理学中的遗传决定与环境决定、成熟与学习、大脑的机能定位与整体功能等。主题的概念是以内容为基础的。一个科学家信奉哪一种哲学，便会去从事哪一种研究和创建哪一种理论。对立的主题会产生尖锐的冲突，如心理学史上构造主义与机能主义之间的大论战。有时，两种对立的主题会逐步靠拢，取得平衡，有时一种主题会长期占据优势。有时，一个主题取代了另一个对立的主题。于是，一场革命便发生了。

关于科学理论的性质、意义、方法论以及科学的检验、科学的合理性、科学的进步和发展模式，是科学哲学探讨的对象。本书所提及的有关内容只是为学习发展理论作一点铺垫。有兴趣的读者可以去阅读有关科学哲学的著作。

(二) 什么是发展

"发展是由一种新结构的获得或从一种旧结构向一种新结构的转化组成"[②]的过程。

首先，发展是一种变化，是一种连续的、稳定的变化。而且，这种变化是在个体内部进行的，发生在个体之外的变化不能称之为发展。例如，当你从一个房间走到另一个房间，空间位置和房间里的家什肯定变化了。但你本人并没有得到发展。因为空间变化纯粹是外部的。即使是非空间变化，凡属于外部的关系也不构成发展。例如，当儿童入学后，他们的父母成了学生家长。我们并不认为这些家长发展了。

当然，也不是所有的内部变化都可以称为发展。例如，当你从明处走入暗处，视网膜上的光化学物质会发生变化，视觉的感受性大大提高，这就是众所周知的暗适应。反之，从暗处走入明处，又会发生过程相反的明适应。这种内部变化是为了重建机体的正常平衡，其最终结果是回复到原先的状态。类似的情况还有女性经期的生理变化等。这些也都不能称之为发展，尽管它是内部变化过程。

以上我们列举的空间变化、非空间变化和周期性变化虽然具有可逆性，但都不具备连

---

① 黎黑著：《心理学史》(上)，李维译，浙江教育出版社1998年版，第22页。
② 卢文格著：《自我的发展》，韦子木译，浙江教育出版社1998年版，第31页。

儿童心理发展理论(第二版)

续性和稳定性的特性。但是,我们还可以进一步说明,某些即使是内部的、稳定的、持久的变化,也不能称为发展。例如,一个3岁儿童会唱"一二三四五,上山打老虎",并不表明这孩子懂得了数的序列。一个4岁儿童会背乘法口诀,能说"三三得九",也并不表明这孩子懂得了数的组成。所有这些内部的、持久的、稳定的变化,靠的只是模仿和强化,一种机械学习的积累,并没有进入意义理解的水平。只有当儿童把所学的知识与头脑中原有的知识体系相互联系起来,并能把整个系统中相关联的对象相互联系起来,才能说这种变化导致了结构的变化,才可称得上是发展。例如,当儿童懂得了数的序列和组成的法则,懂得了3的前面是什么数,3的后面是什么数,懂得3就是1+1+1,或者是2+1,而9则是3+3+3,或者是9个1,并且懂得9/3=3等关系。儿童从数学的结构上理解了这些关系,懂得要素之间的基本规则后,表明了他的认知结构已经发生了变化,也即获得了发展。从这个意义上还可以说,发展"是由决定要素之间联系的基本规则的获得或变化组成的"[①]。

(三) 什么是发展理论

在我们已经了解了什么是理论,什么是发展之后,要对什么是发展理论下一个定义还是件不容易的事。为了便于学习,我们把发展理论界定为论述发展的全过程和探讨发展机制的理论。通常,发展理论具有以下任务。

第一,描述一个或几个心理领域的发展过程。人的心理是一个完整的系统,相互之间的联系是不可分割的。但为了研究的方便,研究者不得不把注意力集中在某个或几个具体过程,以探求其规律性的东西。例如,有人毕生研究知觉(如吉布森),有人毕生研究思维(如皮亚杰),也有人毕生研究言语。

对心理过程的描述,来源于观察的实验。观察与实验的资料,是构成发展理论的基础,是构成发展理论的砖瓦。没有对研究对象的观察和实验,没有具体的、真实的、确切的资料和数据,任何美妙的理论都是虚构的伪科学。当然,仅停留在描述的水平上,还不足以构成理论。但是,没有对资料和数据的描述肯定是不能成为发展理论的。在现实生活中,我们还可以把是否坚持这一点当作是否真正从事心理学研究的衡量标准。这条标准不仅适用于具体的、实证性的研究,也同样适用于纯理性的基本理论和史学研究。

很多发展心理学家的早期工作都是从描述开始的。最典型的人物当数格塞尔。他通过长期的观察和经典的实验,详尽地描述了儿童身体的、认知的、情感的、社会化的发展事实,最后归纳出年龄常模和发展理论。至于像弗洛伊德、皮亚杰这样的心理学大师,其庞大的理论体系也是建立在最初对观察和实验结果的描述之上的。

第二,描述几个心理领域之间的变化关系。正因为心理是一个完整的系统,发展理论不能仅仅满足于对一个或几个具体心理过程的描述。为了揭示心理的本质,势必要探索不同心理过程之间的相互关系。一般系统论的创始人贝塔朗菲(L. V. Bertalanffy,1901—

---

① 卢文格著:《自我的发展》,韦子木译,浙江教育出版社1998年版,第32页。

1972)认为,一般系统论就是对整体和整体性的科学探索,从而把以前被看作形而上学的、哲学思辨的概念变成一个可定量描述、可实证研究的科学概念。也正因为系统具有整体性,才有系统的整体变化,才有系统结构上的变化,否则,系统只能具有逐一发生的系统要素的渐变——局限于要素之上而对整体没有影响的量变了。按照这样的观点看心理现象,也应该研究心理系统的整体性,研究各心理过程之间的相互影响。从这个意义上讲,从事发展理论研究的专家应该是专业的多面手,他必须精通心理学的许多领域,从中寻找出发展的规律。

以儿童的认知发展为例,认知发展是人的发展的基础,因为认知的原则构成了最广泛和最丰富的结构。个体认知水平的高低,直接影响到语言的获得,决定着记忆能力的高低,也决定着社会水平的高低。大量研究证明,"认知发展是社会化的前提"。在一个更一般的意义上,我们还可以进一步认识到,"个体社会化正是儿童在社会环境里与其他人的相互作用(即参与社会活动)中,一方面对外组织人与人的关系,另一方面对内协调自己的活动的双向建构的结果。如同认知的机能在物理环境中的适应,一方面使主体产生物理经验(如重量),另一方面使主体产生逻辑数理经验(如数、序列等)一样,认知机能在社会环境中的适应,一方面对外组织,产生社会特征(例如,注意某人的表现)的经验,另一方面对内协调,产生了逻辑数理经验(例如,判断某人对自己的态度),从而形成了个体的社会认知。因此,儿童的社会化水平,不可避免地受到认知发展的制约"[1]。研究同样也证明,社会交往可以明显地提高认知发展的水平。此外,认知与情感有着不可分割的联系,按照皮亚杰的说法,情感是认知的动力系统,可见,只有充分研究各心理过程之间的关系,才能全面把握心理的实质。这是一切发展理论不可推卸的任务。

第三,解释发展的因素(动力)和机制,发展理论必须说明心理发展的规律、趋势和原则,阐述变化的必要条件和充分条件,揭示调整发展速率的变量。只有这样,才能达到人类认识规律、利用规律和改造主客观世界的目的,具体地说,可以达到认识、预测、操纵和利用事物发展的目的。例如,习性学的依恋理论(见本书第八章)揭示了儿童与养育者之间的一种持久的稳定的情感关系,使我们认识到依恋形成的原因、类型和发展阶段,以及早期依恋对儿童今后的社会行为的影响,我们可以根据这个理论,努力形成儿童的安全依恋,以利于儿童将来更全面的社会化。我们也可以根据儿童早期依恋存在的问题,预测某儿童将来可能出现的问题,并及早采取干预手段,矫正他的不良行为模式,达到教育和培养的目的。

解释发展变化的常用方式是假设一种连续的变化在导致发展不断地进行,其一般的方式是行为A变化成了行为B,成为AB;然后,AB又变成行为C,成了ABC,从而使心理过程越来越复杂。例如,皮亚杰为我们揭示的认知发展阶段(见本书第六章)就是这样发展的,前一阶段是后一阶段的基础,后一阶段总是"嫁接"在以前发展的基础之上。当发展

---

① 王振宇等著:《儿童社会化与教育》,人民教育出版社1992年版,第40—41页。

儿童心理发展理论(第二版)

到更高级的阶段时,原先的阶段(发展水平)不是消失,而是被整合在新的结构之中,这样就构成了事物发展的全过程。

以上阐述的发展的三项任务并不是相互孤立的。一个具体的发展理论总是在这三项任务中迂回前进,相互联系,相互促进。如描述变化的努力经常在解释概念的尝试中进行,而一个发展理论家所提供的解释类型往往受到他如何描述行为的制约。

任何一位从事心理学理论学习的人,总是怀着一个良好的愿望,希望能看到一个全面的包容性大的理论,从而使人对心理的本质,或者说对人性有一个正确的认识。但事实上,心理学发展到今天,并没有达到这一境界。

人类的知识是处于不断重新组织之中的。心理学从它诞生之日起,它自身的学科定义,它包含的所有概念以及它所形成的各种体系都不是僵死的、凝固的,而是不断建构和发展。尽管人们认为,"科学的统一性是我们时代伟大的中心思想之一"[①],但这只是表现在人们对科学的重要性和对研究方法的重视程度上的日趋一致,并不意味着各学科之间以及各学科之内对研究对象和研究结果有一个统一的认识。几代心理学家一百多年来的努力,并没有取得心理科学统一性的胜利。相反,大家逐渐达成的一个共识是"人的机体既然那么复杂,我们便不能期望心理学研究具有大学的化学或物理实验室中基础实验所特有的那种简单的确定性",进而认识到"在任何一门科学中寻求单一的统一的解释,只能证明是一种幻想。""心理学有必要承认一个事实,即没有哪一种理论或范式能包容人类行为的广阔范围和全部复杂性。"[②]本书着力介绍的七种发展理论,都只是反映学说的创始人和研究者们在各自研究领域内的建树。正如维果茨基指出的那样,"在各种不同的心理学体系中,由于它们所依据的方法论原则不同,一切基本的研究范畴,其中包括发生范畴,便具有着各种不同的意义"[③]。应该说,每一种发展理论都反映着某一方面的规律和真理。

(四)发展理论的作用

发展理论具有组织信息和指导研究的作用。

1. 组织信息

科学是以事实为基础而建立的,用以说明科学的理论是以具体研究的材料组成的,如同大厦是用各种建筑材料建成的一样。建筑大厦需要有一张蓝图,根据图纸的设计要求和展示的关系才能建成建筑物。如果没有这一张蓝图,建筑材料永远只能是一堆砖瓦、一堆钢筋、一堆水泥。发展理论的第一个作用就是可以为各种各样的事实提供一个框架,对每一个事实赋予一定的意义,从而把具体的、零散的、不同层次的事实加以组织。这样,理论就有了事实的根据,而事实也有了理论的依托。每一门科学的成长都依赖于理论的建设和事实的积累。"没有事实基础的理论是沙滩上的建筑物,而没有理论的事实则是一堆

---

① 墨菲著:《近代心理学历史导引》,林方、王景和译,商务印书馆1980年版,第645页。
② 查普林等著:《心理学的体系和理论》(下),林方译,商务印书馆1984年版,第364、360页。
③ 维果茨基著:《高级心理机能史》,龚浩然等译,杭州大学出版社1999年版,第169页。

杂乱无章的资料，不能用于建设井然有序的科学大厦。"①

用砖瓦建房子的比喻来说明理论与事实的关系，只是一种便于理解的形象类比，事实上理论与事实之间有着复杂的关系。

首先，理论具有系统性，而构成理论的事实可能会缺乏、中断。因为事实的研究只能一小点一小点地进行，有许多地方受指导思想、研究方法、实际条件的限制而难以进入实际的研究领域，这时需要用理论假设来弥合事实之间的缺口。而所有的假设在被实验证实之前，都只具有或然性。

其次，研究者在以自己的观点解释事实时，往往受个人的哲学观点、方法论、个性特征、生活经验等因素的影响，即蒙上浓厚的主观色彩。所谓解释，本质上就是使某一现象符合某种理论体系。人们所信奉的理论不同，对同一现象的解释也就不同。所以，在科学研究中经常发生这样的现象，对于同一现象，不同的研究者具有不同的解释，也就是说，对同一事实赋予不同的理论意义。如同在现实生活中常见的那样，在科学领域中对某一个人具有特殊理性价值的东西，在其他人看来却是荒诞无稽的。例如，弗洛伊德关于儿童性行为的观点和材料，是他的精神分析学说中的重点内容，但对于其他学派的研究者来说，只是摇摇头、叹口气而已。

正因为理论具有组织信息的功能，我们在阅读任何一本发展心理学的书籍时，首先要考察作者是运用哪一种发展理论作为自己的指导思想和体系框架的。如果一位作者缺乏这样的理论指导，那么，他的著作只不过是现象的罗列，如同一本电话簿一样，其学术价值将大大削弱。

2. 指导研究

理论还能启发思考、指导观察和产生新信息。这一作用可以从吉布森对知觉研究的过程得到充分体现（见本书第三章）。传统的知觉研究中习惯于把知觉看成是一个被动接受外部刺激的过程，把物理环境与人的知觉过程鲜明地划分开。吉布森从机能主义的理论出发，指出知觉是一个主动适应的过程，其意义是有助于有机体与环境作斗争以求得生存，并使其子孙后代绵延不绝。根据这一理论，吉布森展开了一系列的研究来证实自己的观点。又如，发展心理学家运用习性学的理论和生物学的方法（见本书第八章），探究婴儿期儿童固有的社会适应行为等。

理论不仅能促进研究者新的观察，而且还能促进我们重新考察那些早已司空见惯却反遭忽视的变量，如游戏。经典的游戏理论从各种角度来考察儿童的游戏，但皮亚杰从发生认识论的角度出发，经过自己的实地考察，发现儿童通过游戏创造着自己的思维，发现儿童对游戏规则的认识受制于认识水平的发展。可见，"科学是由科学家对世界之本质的信仰塑造而成的"②。

---

① 查普林等著：《心理学的体系和理论》（上），林方译，商务印书馆1983年版，第17页。
② 黎黑著：《心理学史》（上），李维译，浙江教育出版社1998年版，第28页。

事实上，每一个研究者总是怀着某一种理论指导来从事儿童发展研究。科学研究的一般方法都是从假设起步的，而假设必定来自一定的理论。一个研究者在某一领域中从事科学研究，其形象绝不是一个身背相机漫步在风景区中东游西逛，这儿留个影、那儿拍张照的悠闲旅游者，而更像一个手执一张清单(假设)在相关的商店(研究领域)中张张望望、挑挑拣拣(收集材料)，忙得满头大汗的采购员。"对事实收集者来说，每个事实都是同样地既有意义又无意义，而对一个受理论指导的研究者来说，每个事实在整个框架中各适其所。"①这关键取决于理论指导。

此外，对于有志于教育研究的本科生和研究生来说，理论能为一项个案研究或小样本组研究提供广阔的理论背景和适当的运用范围。个案研究或小样组研究是教育研究，尤其是幼儿教育和特殊教育研究中经常使用的方法。这类研究的存在价值和实践意义，在很大程度上取决于研究者是否能找到一个恰当的理论支持。理论也能帮助研究者鉴别研究的空白点，将研究过程中未被注意的或注意不当的问题暴露出来，进而为自己的研究工作寻找契机。这一点，对于科研立题和开题尤为重要。理论还能使研究者找到自己项目的理论归宿，使自己的研究与前人研究成果和研究范围有一个内在的渊源关系，从而提升自己的研究项目和成果的理论地位和学术价值。

(五) 发展理论的分类

理论的分类主要反映理论与资料(数据)之间的关系。根据这种关系，理论分为模型、功能理论、演绎理论和归纳理论四类。

1. 模型

模型是对现实世界一部分的模仿或抽象，它由那些与分析问题有关的因素构成，并且体现了有关因素之间的关系。模型既是对客观现实世界的一种描述，是实际的反映，同时，又是对现实世界的一种抽象，是高于实际的。模型分形象模型和抽象模型。前者是把实物放大或缩小的形象，如原子模型、DNA 模型、飞机模型等。后者则是用符号、图表来描述事物所建立的模型，包括模拟模型、数字模型和概念模型。我们这儿重点指的是抽象模型。早期，心理学家习惯于把中枢神经系统比喻为电话交换机，把眼睛的构造比喻为照相机，后来，把思维比作是一个平衡系统或一台计算机，更为常见的记忆流程图，都是模型的具体表现。

模型是一种介于理论与事实之间的概括性表示，它既是事实的概括，又是理论的具体化，因而为研究提供了方便。模型可以在研究过程中不断地加以充实、修改和完善。但其功用是类比的、直观的，因而是有限的。

在心理学领域中，有一类模型却带有世界观性质，例如，把人当作机械，还是当作有机体。事实上，这是心理学史上两种对立的哲学观点。这种观点不可避免地影响到发展理论的性质。

---

① 黎黑著：《心理学史》(上)，李维译，浙江教育出版社 1998 年版，第 20 页。

2. 功能理论

功能理论是针对某一研究领域或某一心理过程的研究结果提出的一种有限理论。这种理论与数据之间有着直接的、持续的相互作用并且经常被实验结果所修订。因此,功能理论实际上是一种"发展中的"小型理论。例如,吉布森的知觉学习理论就是一个限定在知觉范围内,经常根据知觉实验的数据作修订的功能理论。吉布森关于婴儿深度知觉发展的结果,随着实验方法的变化可能还会有所变化(见本书第三章)。

3. 演绎理论

演绎理论是根据一般性知识前提,根据一定的逻辑形式,它通常是三段论(直言推理),推出一系列特殊性或个别性的知识所组成的理论。它是一系列以正式方式陈述的、具有前提的逻辑组织。这些前提包括基本的假设和定义,由此又进一步演绎出各种结论。在演绎理论中,前提不断地被检验,结果又反过来修正理论。这种理论往往以特有的精致性而吸引着人们的注意。赫尔(C. L. Hull,1884—1952)的学习理论是心理学中的演绎理论的典范。在他的学习理论体系中,其基本形式有17项公式和17项推论,这些形式作为交互作用的符号单位阐明学习的规律。这一套理论支配着学习心理学达30年之久,几乎被运用到一切已知的学习问题研究中。

4. 归纳理论

归纳理论是从大量的数据(资料)中概括出的一般性知识的理论。归纳理论主要是根据一类事物中部分对象与其属性间的必然联系,推出该类对象都具有该属性的科学归纳推理。科学归纳推理主要是根据掌握对象与其属性的必然联系,而且还在前提中运用了演绎论证,因而其结论是必然的。这种推理是扩大新知识的有力逻辑根据。

例如,S_1 是 P

S_2 是 P

S_3 是 P

$$\vdots$$

S_n 是 P(S_1—S_n 是 S 类部分对象,S 与 P 有必然联系)

————————————————————————

所以,所有的 S 都是 P

在归纳理论中,数据与理论的关系是单向的——数据导致理论。斯金纳的操作条件反射理论就是当代心理学中归纳理论的典范(见本书第四章)。

无论是哪一种类型的理论,都必须根据实验研究的结果不断地修正和完善。但是,在理论建设的过程中,由于经验性观察、实证性研究很难证实理论的全部内容,因此,理论总是高于事实。应该说,这正是理论的价值。如果理论不能高于事实,又如何去组织事实、指导实践呢?

理论的分类更多的是一种分析理论的方法,在理论的实际形成和发展过程中,它们

儿童心理发展理论(第二版)

是综合使用的。例如，皮亚杰的认知发展理论的形成，既有从经验性观察、实证性研究中归纳出的成果，例如，他坐在街心公园观察儿童的游戏，在研究室里利用临床法与儿童谈话；也有模型，如关于平衡机制的假设、四元群的逻辑学模型等。同样，在他的理论中也随处可见演绎理论的结果。大凡一个庞大的发展理论体系，总是包含着各种理论类型。

（六）发展理论的主题

无论是研究认知的发展理论，还是研究人格的发展理论，都必须围绕以下三个主题。

1. 心理的实质

从心理学的角度揭示人的本质，就是心理实质的真实内涵。人的本质可以从不同的角度、不同的层次加以研究和揭示。例如，辩证唯物主义哲学认为人的本质，在其现实性上是一切社会关系的总和，而文化人类学认为人类是文化动物，其本质是文化行为等。在心理学中，关于心理的实质的分歧集中在把人当作机械，还是当作有机体，以及把人当作是单独的个体还是当作社会的一员两点上。

在机械论的观点中，整个世界好像是一台在时间和空间中运转的机器，它的理论基础是牛顿物理学。反映在心理学中，其哲学来源是经验主义哲学家洛克（J. Locke，1632—1704）和休谟（D. Hume，1711—1776）。他们把人当作内部静止的、必须由外部力量推动的机器。这种观点在行为主义发展理论中达到了登峰造极的地位。儿童成了一个可以根据成人的意愿任意塑造的原料。

与机械论相反的是机体论，它把人看作是一个生命系统而不是机器。这一思想起源于莱布尼兹（G. W. Leibnitz，1646—1716）。他认为，物质处于"从一种状态向另一种状态连续的转变之中，结果是在不间断的变化中引出超出自身的状态"[①]。也就是说，世界是一个整体，它具有内在的活动和自我调节的功能。这反映在心理学领域中是机能主义的理论，它重视意识在适应环境中的作用。后来，由于受达尔文进化论的影响和詹姆斯（W. James，1842—1910）实用主义心理学的推动，这一理论更是主张心理学的研究对象是具有适应性的心理活动，强调意识活动在人类有机体的需要与环境之间起重要的中介作用，主张意识是一个连续的整体。这种观点在心理学中被广泛接受。人的本质是一个活动的、有组织的、不断变化的整体。贝塔朗菲站在开放系统的立场上，强调开放系统具有主动的行为特征，他指出，"有机体并不是被动地对刺激作出反应，而是一个在本质上能自主活动的系统。""人类作为生命系统中最复杂的事物，充满着最高的个体自由。"[②]如果说贝塔朗菲的这段话具有浓烈的人文主义色彩，那么，心理学家怀特（S. H. White）对这一问题发表了更为具体的见解。他说："让我们把活动的有机体定义为一个塑造经验的个体，……活动的有机体具有目的并且运用注意、推理有选择性地理解。所有这些使活动的有机体

---

① Quot. Miller, P. H. (1988). *Theories of developmental psychology*, New York: W. H. Freeman and Company, p. 21.

② 陈蓉霞：《贝塔朗菲：重建人类尊严》，《中华读书报》1999年7月14日，第12版。

对作用于它的环境影响进行选择、改变或拒绝。"[1]也就是说,有机体不同于机械。机械只是被动地接受环境的作用,而有机体具有主观作用,能对环境中的刺激作出过滤和组织,有选择地作出反应。机械论认为儿童只是像海绵吸水一般被动地接受现实,而机体论认为,儿童能通过积极的同化建构他们的知识。

把机械论与机体论的立场或理论出发点放在纯理论的层次上辨析的难度,要比放在实际问题中处置的难度小得多。许多人很容易在理论上接受机体论的整体观和活动观,但在处理实际问题时常常会不自觉地运用机械论,把儿童当作一个知识的容器、一块供成人塑造的橡皮泥或一个宣泄火气的出气筒。因此,在发展心理学和教育实践中,关于机械论与机体论的争论是一个需要不断排解的问题。

此外,把人当作单独的个体还是当作社会的一员,也是涉及心理的本质的一个根本问题。长期以来,心理学家把对心理的研究局限在实验室中,用光、声、食物等刺激研究行为和反应。这种情境是孤立的,刺激是有限的,主体是被动的,程序是机械的,因而其结果往往是局部的,距真实的心理生活甚远。把研究对象与环境、与社会、与文化隔离开来研究心理是难以奏效的。于是,心理学家们开始把眼光移动了一点,使自己的视野得以扩大,从而发现,应该在社会的关系和文化的背景中研究个体的心理。于是,包括新精神分析主义在内的一大批心理学家把社会、文化引进了自己的理论体系。关于个体社会化的研究也层出不穷。应该说,这一研究视野的扩大是心理学理论建设的一大进步。其中,最为彻底的是以维果茨基为首的社会文化历史学派。他们以辩证唯物主义哲学为指导思想,研究社会、文化、历史对个体心理发展的作用,成为当代心理学中令人瞩目的一派(见本书第七章)。

2. 量变与质变

机械论强调外部环境、刺激对人心理行为的决定性作用,其逻辑的结果是认为心理的发展只是对刺激作出反应的量的多少,而无法涉及质的变化。而机体论则认为发展是质的飞跃,不同的质构成了不同的发展阶段。量变涉及变化的熟练频率或程度,质变典型地包含结构或组织的变化。应该说,量变和质变是一对哲学范畴,是发展变化的两种状态。个体心理发展不可排斥量的变化,但是量变是为质变作准备的,没有量的变化就不可能有质的变化,但量变不能代替质变。把这个哲学命题具体到发展理论中来,集中地表现在阶段发展对非阶段发展的问题上。例如,婴儿出生后从反射动作到智慧动作的发展,首先是动作的重复、练习和联合的量变,这是非阶段发展。在这个动作量变的过程中,还能出现部分的质变,即儿童对动作产生了概括性,能运用已经掌握的动作来解决新的问题,即出现了智慧动作。当智慧动作内化为表象后,儿童的认知便发展到一个新质的阶段,即前运算阶段。儿童开始不仅以动作,更主要的是运用表象进行思维。这是儿童认知发展中的第一次质的飞跃,属阶段发展。以后当动作既能内化又可逆,即出现运算时,儿童的认知

---

① Quot. Miller, P. H. (1989). *Theorie of developmental psychology*, p. 21.

便产生了第二次质的飞跃。

诚如我们在本章第二点所述,发展理论更重视质的变化,也就是结构的变化。阶段式质变不仅被发展心理学家广泛接受,也被其他学术界所认可。

3. 遗传与环境(或称成熟与学习)

这个问题最早起始于古希腊的柏拉图(Plato,前 427—前 347)与亚里士多德之间的哲学观点分歧。在心理学里,演变为遗传决定论与环境决定论之间的争论。时至今日,极端的代表人物的争论可能不会引起大多数发展理论家的注意,因为绝大多数人都认为遗传与环境是相互作用的。遗传因素在不同的环境中有不同的表达方式,一种既定的环境对不同遗传结构的人能产生不同的效果,而且即使同一环境对于同一人引起的反应也会变化。众所周知,一个发响的玩具对于不同情绪状态下的同一婴儿的作用是不同的。

关于遗传与环境相互作用的观点在皮亚杰的发生认识论中得到详尽的阐述。他在分析发展的因素时指出了成熟、经验(包括物理经验和逻辑数理经验)、社会环境和平衡化的各自作用,成为相互作用论的代表。

发展理论所关注的主题,实际上也是心理科学面临的主题。发展心理学在这些主题方面具有强大的研究能力和丰硕的研究成果。各种学派的发展理论更是具有特殊的学科优势。在当前学科相互整合的激流中,发展心理学作为一个综合着多样的研究方法和研究背景(家庭、学校、社会、文化、人种等)的学科,把这些力量集结起来可以为学科的整合作出应有的贡献。正如墨菲所说,"儿童心理学已经不得不超出讨论儿童问题的范围。它在一定程度上已经成为建设更完善的普通心理学的一种样板"[1]。

三、发展理论与学前教育

发展心理学的研究成果,尤其是儿童心理发展理论,是学前教育学的重要理论支柱之一。无论是学前教育的教育目标,还是教学内容、教学方法、教学评估手段,都能从发展心理学的研究成果中找到理论上的支持和帮助,两个学科之间的关系是良好的。虽然,发展心理学肯定不是学前教育的唯一支柱,但至少是一根重要的支柱。

我们生活在一个热爱科学、崇尚科学和利用科学的时代,但真正了解科学的人并不多。正如一位美国学者所说,不喜欢科学所述东西的那些人,常常准备对科学发动微妙或并不微妙的攻击。这些微妙或并不微妙的攻击,往往集中在科学的不确定性上。他们以科学具有不确定性为由,宣布科学是不可靠的、不可信的,应该抛弃的。其实,科学研究是一套公认的认识程序,更通俗地说,是一套科学共同体共同遵守的游戏规则。它通过假设—收集证据—检验假设—形成理论的程序认识世界。科学研究所得出的结论能部分地解释自然现象。这一解释功能能持续多久,不取决于科学家个人的声望,而取决于是否有新的研究成果来取代原有的理论。由于客观和主观原因,每一个科学研究的结果,无论从共

---

① 墨菲著:《近代心理学历史导引》,林方、王景和译,商务印书馆 1980 年版,第 569 页。

时性还是历时性的维度来看,都只是一种局部认识,都具有不确定性。没有哪一项研究能消除不确定性。"不确定性非但不是阻碍科学前行的障碍,反而是推进科学进步的动力,科学是靠不确定性而繁荣的。"①正是科学的不确定性才为人类的认识发展提供了无穷的动力和魅力。因此,可以说,利用科学的不确定性来证明科学的不可靠性,进而否定科学的作用的言论,是一种对科学本意的曲解,是认识论意义上的一种无所作为的悲观主义。如果我们的学前教育盛行这类悲观主义认识论,学前教育的内伤就是不可避免的。因为,"不愿意受不确定性的激励,才是前进的真正障碍"。

此外,在更普遍的意义上,我们还有必要为"理论联系实际"作一个正名。一切科学研究的目标都是为了构建理论。理论联系实际的本意在于一切科学研究要有理论的指导,科学研究要有经验(指的是科学实验、调查、观察等的事实和数据)的支持;理论要能够归纳事实、解释现象和预测趋势。对于我们从事幼儿教育的实际工作者来说,虽然我们平时更注重"怎么做",但每一个"怎么做"的背后,都有一个"为什么这么做"的问题。凡是涉及"为什么"的问题,都是受某种理论支撑的科学问题。无论你意识到还是没有意识到,理论就在背后。从这个意义上说,一个好的理论比任何具体经验都更有实践性、更有普遍性、更有价值。理论为我们提供的是观察和思考的高度及角度,为我们整理日常经验提供一根缆绳和框架。有人将"理论联系实际"片面地理解成"一把钥匙开一把锁",凡是打不开自己的锁的钥匙就被认为是"脱离实际"的,这是一种以个人经验阻抗理论学习的狭隘的实用主义理论观。这种狭隘的实用主义理论观本身就是一种理论,一种片面的经验主义的理论。我们知道,任何科学理论都比个人的具体经验更普遍、更概括,因而也更灵活、更有生命力。当我们接触到一个理论与自己的个人经验不相吻合时,适时调整自己的知识结构,就能从理论中获益。如果坚持个人成见,拒绝接受理论的提升,其结果就是堵塞了提升的空间。

此外,我们还要认识到,任何科学理论都有自己的适用领域和发展沿革,都不是万能的、僵化的、战无不胜的。科学研究的结果是应该可以证伪的、被修正的,甚至被推翻的。一切不可证伪的"理论",除了是迷信就是骗局。因此,我们在学习儿童心理发展理论时,最核心的任务不是死记几个概念、背熟几条规律,而是形成科学的儿童观,树立科学的教育观,培养理性思维的能力,提高辨别良莠、识别真假的能力。

我国的幼儿教育事业是一块热土,学术思想活跃,课程模式多元,学术交流频繁,教改热情高涨,实践经验丰富。但我国的幼教事业也是教育思想最不成熟、教育成果最不稳定、朝三暮四最严重的领域。幼儿教育界缺乏自我意识,究其本质,缺乏科学的理论指导、不善于用科学理论指导实践、重模仿、重形式、重炒作而缺乏理性思维是重要原因。理论工作者以钻地为荣,实践工作者以登天为誉,结果都迷失在"凡是存在的都是合理的"泥淖中自以为是、自娱自乐、自生自灭。这样就从根本上背离了"理论联系实际"这一宗旨的要

① 亨利·N·波拉克著:《不确定的科学与不确定的世界》,李萍萍译,上海科技教育出版社 2005 年版,第 6 页。

义和灵魂。理论工作者鄙视理性的重要性，他们既提不出科学概念又形成不了理论体系，就是放弃了理论的存在价值。而实际工作者热衷于所谓的科研立项和著书立说，事实上他们并不会用理论来分析、指导、提升具体工作，就是不务正业。两个方面军都只是以占领对方阵地为荣，结果是表面上热火朝天，实质上不了了之，回过头来，一切照旧，于事无补，大家又回到"合理"的现实中欣赏自己身上的尘埃和伤疤。喧嚣和嘈杂不会带来真正的繁荣和发展。学前教育界应该回归冷静，给孩子一个尽心游戏的空间，给老师营造一个安心工作的氛围，给学者留下一个潜心思考的书桌。因此，今天我们在这里一起学习和研讨儿童心理发展理论，其意义是深远的。如果大家通过本课程的学习，充分认识并接受"理论比事实更重要"的命题，学会用理论来解释教育现象和指导教育实践，那么，理论的光辉将照耀幼教的大地，我们的学前教育领域就会呈现理性、全面、和谐的新气象，幼儿健康、快乐、终身发展的目标也才有真正实现的可能。

本章小结

作为全书的绪论，本章重点阐述发展理论的重要性及说明什么是发展。讲到理论，大家自然会想到如何联系实际的问题。本章为"理论联系实际"这一命题作了深刻的说明，掌握了这一观点，大家才会打开学习理论的心结，使得自己变得重视理论、热爱理论以及善于接受理论。

思考重点

1. 心理学科的发展历程表明心理学的研究对象是变化的。你认为心理学是怎样的学科？请设想一下，它的研究对象将来还会有什么变化？

2. 心理学发展到今天，实验法是研究的主流方法，其他学科的研究方法也在不断地充实心理学方法论。你怎么认识心理学与学科方法论之间的依存关系？

3. 发展不是一般的变化，而是结构性的变化。你认为心理上的结构性变化包括哪些方面？

4. 发展理论具有组织信息和指导研究的功能。请在专业杂志上找一篇实际工作者的文章，再用你具有的心理学知识加以分析，体验一下理论对实践经验的组织和指导功能。

5. 把人当作机器或机体，都有其合理性。请你思考你自己在这一主题上的倾向性，并深入分析这种倾向的具体表现和作用。当代认知心理学用计算机原理解释人脑的工作原理，你如何评价这一倾向？在教育中，我们把学生当作什么？你自己有什么深刻体会？

6. 发展理论的主题内部具有对立性，但它们不是一个简单的对和错的问题。请你结合心理学在"量变和质变"或"遗传和环境"之间的钟摆现象，分析它的真实含义。

阅读导航

1. 高觉敷主编:《西方近代心理学史》,人民教育出版社 1982 年版,第 453—466 页。

2. 高觉敷主编:《西方心理学的新发展》,人民教育出版社 1987 年版,第 445—447 页。

3. 墨菲著:《近代心理学历史导引》,林方、王景和译,商务印书馆 1980 年版,第一章、第二十七章。

4. 查普林著:《心理学的体系和理论》,林方译,商务印书馆 1983 年版,第一章、第十八章。

5. 黎黑著:《心理学史》,李维译,浙江教育出版社 1998 年版,第一章。

6. 贝塔朗菲著:《生命问题》,吴晓江译,商务印书馆 1999 年版,第一章、第六章。

第二章　成熟势力的发展理论

通过本章学习,你能够

◎ 理解成熟势力学说产生的学术依据和基本观点;

◎ 理解成熟势力学说的科学性与合理性;

◎ 领会成熟势力学说的现实意义,学会运用该理论分析幼儿教育中的具体问题。

本章提要

　　美国儿童心理学家格塞尔的发展理论通常被学术界定性为"遗传决定论",而遗传决定论通常又很容易受到人们的批评。问题是遗传因素对儿童心理发展的作用究竟有多大? 如何正确看待遗传因素对儿童发展的影响以及如何看待遗传因素与教育之间的关系? 本章介绍了格塞尔的成熟势力发展理论,一方面让我们得以比较客观和全面地了解这一理论的哲学背景和科学来源,了解它对儿童发展的描述和解释,另一方面也有利于我们正确地看待那些重视生物学因素的流派的内在合理性,学会全面分析理论体系的功能。

　　格塞尔的成熟势力发展理论认为,儿童发展是按基因预定的程序不断展开的过程。成熟是发展的主要动力。儿童在发展过程中有波浪起伏的现象;儿童的发展既有共性,又有个别差异,身体类型与个性之间明显相关。成熟势力发展理论同样重视文化传递和教育对儿童发展的影响,但它认为,一个好的教育必须尊重成熟的作用。

一、理论背景

　　成熟势力的发展理论,通常被人们简称为成熟论。其代表人物是美国儿童心理学家格塞尔。格塞尔认为,儿童发展是一个顺序模式的过程,这个模式是由机体成熟预先决定和表现的。成熟是一个由遗传因素控制的有顺序的过程,是机体固有的过程。

　　格塞尔的成熟论的理论背景可以追溯到卢梭、霍尔和达尔文的学说。

　　"人是生而自由的,但在任何地方他都被束缚。"资产阶级启蒙思想家卢梭(J. J. Rousseau,1712—1778)在他的《民约论》中是这样宣称的。为了反抗封建主义对人性的压抑和对儿童的摧残,卢梭坚定地认为,儿童是按自然制订的计划而成长的,这个计划推动他们在不同的阶段,发展不同的能力和形式。"大自然希望儿童在成人以前就要像儿童的样子。如果我们打乱了这个次序,我们就会造成一些早熟的果实,它们长得既不丰满也不甜美,而且很快就会腐烂","在人生的秩序中,童年有它的地位;应当把成人当作成人,把孩子看作孩子。"①要发展孩子,就必须遵照自然的指引,要教育儿童,就必须适应自然,这成了卢梭的儿童观和教育观的基本准则。卢梭相信,对我们来说,最重要的是给自然以引导儿童发展的机会。我们应该允许儿童按照自然的企图去完善自己的能力和按自己的方式去学习,而不要闯进去以成人的方式去教导儿童如何思考。"既然人是主动的和自由的,他就能按自己的意愿行事。"②我们应该如自然所允许的那样,让他们完善自己的能力,按自己的方式学习。尽管卢梭这套理论的真正目的是寻找一条摆脱封建主义束缚的新兴资产阶级个人奋斗的道路。但从心理学的角度看有两点值得肯定,第一是卢梭坚决反对把儿童看作是小成人的错误观念,第二是卢梭指出了自然对儿童发展所起的不可抗拒的作用。他的启蒙哲学思想不仅对法国资产阶级革命起到了重大的推动作用,也为反对封建主义的教育改革产生重大影响。卢梭对于儿童的基本观点更多的来源于他的哲学思想,但对格塞尔的影响是不能否认的。

达尔文(C. Darwin,1809—1882)创立的进化论,是格塞尔成熟论的基础。19世纪前半叶,英国资产阶级工业革命推动了工业的发展,也促进了农业、畜牧业的相应发展。社会和经济的繁荣,为进化论的诞生提供了历史背景。达尔文经过27年的环球考察和研究,于1859年出版了划时代的巨著《物种起源》,打破了神创论和物种不变论的神话,描述了物种变异进化的规律。晚年,达尔文进一步研究人类起源,写下《人类的由来及选择》(1871)、《人和动物的表情》(1872)等著作。达尔文不仅阐述了从猿到人的进化理论,而且还探讨了人与动物在心理上的连续性和差异性。他说,"尽管人类和高等动物之间的心理差异是巨大的,然而这种差异只是程度上的,并非种类上的。我们已经看到,人类所自夸的感觉和直觉,各种感情和心理能力,如爱、记忆、注意、好奇、模仿、推理等,在低于人类的动物中都处于一种萌芽状态,有时甚至处于一种十分发达的状态"③。对人类的表情和情感的研究,达尔文也认为:"人和低等动物所表现出的主要的表情动作,凡是现在仍然具有的,即为可遗传的,它是任何人都承认的,并非后天所学而具有的。"④达尔文的这些论述大大地促进了心理学的生物学化。"甚至对于心理过程的描述也愈益成为需要根据潜在大脑机制的概念来说明的那些在顺应环境过程中运用机能和完成任务的问题……人类的心理学要联系一切生命现象来加以研究。"⑤达尔文学说的一个重大贡献便是把儿童列为科学研究的一个独特的部分,儿童成了研究进化的最好的自然实验对象。发展的观念在

---

① 卢梭著:《爱弥儿》(上),李平沤译,商务印书馆1994年版,第74、91页。
② 卢梭著:《爱弥儿》(下),李平沤译,商务印书馆1994年版,第401页。
③ 达尔文著:《人类的由来及选择》,叶笃庄等译,科学出版社1996年版,第137页。
④ 达尔文著:《人与动物的情感》,余人等译,四川人民出版社1999年版,第320页。
⑤ 墨菲著:《近代心理学历史导引》,林方、王景和译,商务印书馆1980年版,第186页。

儿童心理发展理论(第二版)

研究人的科学中开始唱起了主角。进化论与儿童心理发展相结合的第一块结晶,也来自达尔文本人。他对自己的孩子进行长期的个案记录,于1876年发表的《一个婴儿的传略》,成为儿童心理发展研究最早期的观察报告。达尔文不仅用进化论,也用个案观察法,为儿童心理学的诞生提供了理论和方法的典范。

被公认为美国儿童心理学创始人的霍尔(G. S. Hall,1844—1924)在儿童心理发展的领域中自觉地应用进化论,探讨动物和人类的发展,尤其是对包括青少年在内的儿童心理发展问题的研究,奠定了美国儿童心理学实验研究的基础。霍尔接受了当时流行的进化论和复演论的观点,提出了应该把个体心理的发展看作是一系列或多或少复演种系进化历史的理论。他认为,从种系进化的角度看,在个体生活的早期所表现出来的遗传特性比以后表现出来的遗传特性来得更古老。人类进化史上最早出现的活动,在个体发展史中最先表现出来。凡是较为高级的、处于意识的活动,则要到年龄较大时才能出现。越是远古的人类的祖先遗传下来的特性越富有动力特征,在儿童的身上反映得也越明显。因此,霍尔提出了"儿童是成人之父"的大胆命题。

霍尔接受了弥勒(J. F. T. Müller,1821—1897)和海克尔(E. H. Haeckel,1834—1919)的生物发生律的影响,并将其引入心理学,认为出生后个体的心理发展复演了人类进化的过程。童年期复演人类远古祖先的特征,少年期的儿童行为特征是人类中世纪的复演,青春期则是人类较为新近的祖先特性的复演。这一系列的复演活动集中地反映在儿童的游戏中。霍尔认为,游戏是人类祖先的运动习惯和精神通过遗传而保留下来的机能表现。复演论把个体发展史与种系发展史完全等同起来,因而必然会把个体发展引向生物决定论(即认为有机体之所以能反映各种各样的情境,是通过潜在的结构而实现的预成论)。

此外,考嘉尔(G. Coghill)关于结构与机能的关系的观点,对格塞尔也产生了重大的影响。考嘉尔认为,在机能与结构的关系上,是结构决定机能。只有出现一定的结构,才会出现一定的机能。在必需的结构出现之前,相应的行为是不可能出现的。格塞尔根据前人的理论观点和自己的研究成果,提出了发展过程经历着有规律的固定顺序,这个固定顺序是由物种和生物的进化而决定的。所有的儿童都以自己的速率遵循着固定的顺序发展着,这便是著名的成熟势力论。格塞尔本人也成了成熟势力论的代表人物。

二、格塞尔略传

格塞尔(Amold Gesell,1880—1961)生于美国威斯康星州的阿尔马镇。小镇位于密西西比河上游的东岸,格塞尔在小山、溪谷、流水和分明的四季中度过了他的童年,他自小就感受到"每一个季节都有它挑动人的、强烈的、由这条变化无常而又永不消逝的河流体现出来的喜悦"①。季节和顺序成了他对大自然最深切的体验和最浓烈的兴趣,这大概是

---

① 格莱因著:《儿童心理发展的理论》,计文莹等译,湖南教育出版社1983年版,第29页。

他以后对儿童发展顺序认识的一个最初的启迪吧。1906年,他在麻省的克拉克大学心理学系获得哲学博士学位,1911年到耶鲁大学供职,同时建立了儿童发展的临床诊所,并在那儿主持了37年之久。格塞尔勤奋好学,善于观察。为了增加基础生理学方面的知识,35岁的格塞尔博士还专门进入一所医科学校学习有关课程,他与他的同事们广泛而详尽地研究了儿童(包括婴儿)的神经运动发展,他们不仅注重临床观察,还向家长发放调查表,收集大量资料。在这基础上编制的儿童行为发展的常模,成为当今儿科临床和儿童心理发展研究的一个重要的知识来源。他编制的智能诊断量表,在医学界、心理学界和教育界都被认为是经典著作。格塞尔退休后,他的同事们在耶鲁大学附近开办了一所格塞尔儿童发展研究所,1950—1956年期间,格塞尔任该所顾问。1961年,格塞尔去世,但他倡导的儿童临床研究工作一直延续至今。

三、格塞尔成熟势力发展理论的基本观点

格塞尔对儿童行为的研究内容十分广泛,例如,他向家长们发放的调查表包括以下10个方面:(1)运动特点(身体动作、眼、手);(2)个人卫生(吃、睡、排泄、洗澡、衣服、健康、身体疾病);(3)情绪表现(情感态度、紧张、愤怒、哭及其有关行为);(4)恐惧和梦;(5)自我与性;(6)人际关系(母—子、父—子、儿童与儿童、同胞、家庭、祖父母、游戏同伴、生活方式等);(7)游戏和娱乐(一般兴趣、阅读、音乐、听收音机、看电视、电影等);(8)学校生活(学校适应性、教室行为、阅读、书写、计算);(9)道德伦理(责怪和辨析、对命令的反应、惩罚、赞扬、对理由的反应性、好坏的感受、对真理和权利的看法等);(10)哲学观点(对时间、空间、语言与思维、死亡、宗教的看法)。

格塞尔收集每一个年龄儿童的典型行为,归纳他们的成长趋势,总结出"行为剖面",并从中概括出三条重要观点:(1)发展是遗传因素的主要产物;(2)在儿童成长过程中,较好的年头和较差的年头(确切地说,是发展质量较高或较低)有序地交替;(3)儿童的身体类型和个性之间有明显的相关。

以下详细阐述格塞尔的有关理论。

(一)遗传决定的重要性

在遗传与环境作用的争论中,格塞尔与他的同事们明显地属于遗传决定论者。他们坚定地认为在儿童的成长和行为的发展中,起决定性的因素是生物学结构,而这个生物学结构的成熟取决于遗传的时间表。1981年,一位在20世纪30—40年代追随格塞尔工作,后来担任格塞尔儿童发展研究所主任的学者写道:"当时……许多心理学家仍在谴责把父母作为对(儿童)形形色色的脱离常规的或中度不良行为的根源的说法……(但现在)大多数儿童专家和大多数行为临床专家已经停止了对'家庭中的情绪因素'和一般的父母必须对大多数儿童问题负有责任的说法的谴责。儿童专家增加了对儿童行为的生物学解释。我们坚信,随着对人类身体和机能知识的增加,随着强调从抱怨父母和环境的其他方面向理解生物机能的转变,许多引起家长烦恼的问题行为不仅可以被理解和有效地对待,

而且还可以在发源地采取积极的预防。"[①]根据遗传决定论的观点,格塞尔认为个体的生理和心理发展,都是按基因规定的顺序有规则、有次序地进行的。例如,人类生命是从单细胞开始的,当受精卵附着于子宫壁后便迅速分裂,胚胎变得越来越分化,细胞也越来越集中形成机体的不同器官。首先形成并发生机能的器官是心脏,紧接着是中枢神经系统,头部的发展先于四肢。8周后,神经系统激活,胚胎演变为胎儿。胎儿的发展也同样主要受基因控制。格塞尔把通过基因来指导发展过程的机制定义为成熟。出生以后,成熟继续指导着发展。因此,成熟是推动儿童发展的主要动力。没有足够的成熟,就没有真正的变化,脱离了成熟的条件,学习本身并不能推动发展。格塞尔的这一论断,来自他的经典的双生子爬楼梯研究。1929 年,格塞尔对一对双生子进行实验研究,他首先对双生子 T 和 C 进行行为基线的观察,认为他们发展水平相当。在双生子出生第 48 周时,对 T 进行爬楼梯、搭积木、运用词汇和肌肉协调等训练,而对 C 则不予相应训练。训练持续了 6 周,期间 T 比 C 更早地显示出某些技能。到了第 53 周当 C 达到能够学习爬楼梯的成熟水平时,对他开始集中训练,结果发现只要少量训练,C 就达到了 T 的熟练水平。进一步的观察发现,在 55 周时,T 和 C 的能力没有差别。因此,格塞尔断定,儿童的学习取决于生理的成熟。在儿童的生理成熟之前进行早期训练对最终的结果并没有显著作用。

(二) 发展的性质

格塞尔认为,成熟是通过从一种发展水平向另一种发展水平突然转变而实现的。虽然,他承认在同一水平上,儿童的行为会在水平的两端自我摆动,并在一定的时间内从低端达到高端,但不同水平之间的行为是不连续的。这种不连续性表现为波峰和波谷周期性的变化。不连续性并不是不规则性,事实上,周期性变化不是随意的,无论是波峰或波谷,都受不同时期的成熟机制的影响。

正因为格塞尔强调遗传机制的时间表,强调成熟的顺序,强调发展的周期性,所以,时间是一个重要参数。表示儿童发展的时间指标是年龄。格塞尔认为年龄是生物变化的一个相当精确的指示物,作为发展界标的年龄,是格塞尔理论中的重要环节。当然,年龄本身不是发展变化的原因,但它是一个便于观察和把握的形式指标。

格塞尔认为,发展的本质是结构性的。只有结构的变化才是行为发展变化的基础,生理结构的变化按生物的规律逐步成熟,而心理结构的变化表现为心理形态的演变,其外显的特征是行为差异,而内在的机制仍是生物因素的控制。如果一项学习发生在结构变化之前,这项学习是不巩固的。只有建筑在结构变化上的学习,才是有效的和巩固的。因此,决定学习的最终效果的因素,取决于成熟。

(三) 发展的原则

格塞尔经过大量的观察提出,儿童行为发展的基本原则,不仅具有生物学意义,也具有心理学意义。

[①] Ilg, F. L. et al. (1981). *Child behavior*. New York: Harper&Row. pp. 7 - 8.

1. 发展方向的原则

发展具有一定的方向性,即由上到下,由中心向边缘,由粗大动作向精细动作发展。例如,胎儿先发展的是头部。新生儿的头部传导神经兴奋的器官比腿部器官成熟得更早;上肢比下肢更先协调;先会抬头,再会起步等。又如,在儿童运动发展过程中,肩膀、手臂的动作比手腕、手指的动作发展早,就手部的动作看,儿童是用手掌抓握,然后才会用手指抓握,抓握的精确性日益提高。可见,动作的发展是有方向的,而这个方向性,是由遗传机制预先决定了的。

2. 相互交织的原则

人类的身体结构是建立在左右两侧均等的基础之上的。例如,大脑有两半球,眼有左右双目,手分左右,腿也分左右。正是这种对称的解剖结构,保证了机体平衡的活动。对称的两边需要均衡发展,才能达到有效组织的过程和发挥有效的机能。例如,当我们走路的时候,屈肌和伸肌之间的优势连续地交替,才组成了正常连贯的动作。儿童使用手时也有这种相互交替的现象,例如,起先使用一只手,然后两只手一起使用,接着更喜欢使用另一只手,然后两只手又一起使用,一直到形成固定的优势手(右利手或左利手)为止。左右交替,如同编织一样。格塞尔相信,相互交织的原则具有广泛性,体现在各种活动之中。通过相互交织,相互的力量在发展周期的不同阶段,分别显示出各自的优势,达到互补的作用,最终把发展引向整合并达到趋于成熟的高一级水平。

但是,格塞尔又认为,并不是所有的发展都是通过相互交织达到平衡的,还存在另一种例外,这就体现在机能不对称原则上。

3. 机能不对称的原则

格塞尔注意到,对于人类而言,从一个角度面对世界可能更为有效,因而导致一只手、一只眼、一条腿比另一只手、另一只眼、另一条腿更占优势的结果。格塞尔以新生儿的颈强直反射为例说明这一原则。颈强直反射是格塞尔发现的人类的一种反射,新生儿倾向于把头侧向一边睡觉,一条胳膊伸向头朝向的一边,另一条胳膊弯曲上举置于头后,姿势完全像一位击剑运动员。格塞尔认为,这个反射的适应价值在于可能有利于眼手协调,有利于防止窒息,也可能涉及优势手的发展和心理活动优势的形式。颈强直反射发生在新生儿出生后的三个月内,以后由于神经系统的发展而被掩蔽。

4. 个体成熟的原则

格塞尔认为,个体的发展取决于成熟,而成熟的顺序取决于基因决定的时间表。儿童在成熟之前,处于学习的准备状态。所谓准备,就是由不成熟到成熟的生理机制的变化过程,只要准备好了,学习就会发生。而在未准备之前,成人应该等待儿童达到对未来学习产生接受能力的水平。因此,在格塞尔的成熟理论中,准备,成了解释学习的关键。成熟在发展中起决定性作用,发展的过程不可能通过环境的变化而改变。而且,我们要把格塞尔所说的"准备"理解成是一个动态过程,这一点尤为重要。

5. 自我调节的原则

自我调节是生命现象固有的能力。格塞尔发现，婴儿能自己调节自己的吃、睡和觉醒的周期。如果父母容许婴儿自己决定吃和睡的时间，婴儿会变得减少喂乳次数和增加白天觉醒的时间。婴儿会经历一段时间的波动，自己形成固定的模式。当成人教儿童太多或太快的学习时，儿童也会拒绝外部过强的学习压力。研究发现自我调节还能加强成长天性的不平衡和波动，即当儿童突然向前进入一个新领域后，又会适度退却，以巩固取得的进步。然后再往前进。"进两步，退一步，然后再进两步。"

这种进进退退的策略也表现在儿童的情感和性格特征的发展中，形成了一个有些年头发展得好些（确切地讲，较高些），有些年头发展得差些（较低）的波动现象。格塞尔称之为"行为周期"，从2—5岁、5—10岁和10—16岁，每一阶段都有平衡与不平衡相互交替的程序（见表2-1）。

表2-1　儿童行为周期变化表[①]

儿童行为阶段			一般的性格特征	发展质量
第一周期	第二周期	第三周期		
年龄（岁）	年龄（岁）	年龄（岁）		
2	5	10	稳定、整合	较高
2.5	5.5—6	11	分离、不稳定	较低
3	6.5	12	恢复平衡	较高
3.5	7	13	内向	较低
4	8	14	精力充沛、豁达	较高
4.5	9	15	内向—外向	较低
5	10	16	稳定、整合	较高

从表中可以看出，2—5岁是一个小周期。一个2岁儿童与一个5岁儿童在某些意义上很相似，都表现得比较平静。而2岁半与5岁半或6岁的儿童都比较不稳定，3岁与6岁半的儿童又表现得较为平静、稳定等，这些小周期在一些关键年龄上是相互连续的，例如，2岁、5岁、10岁都属于关键年龄。从表上可以看出，这3个年龄既是前一个小周期的终点，又是下一个小周期的起点。由10岁到16岁，行为周期又重复一次，最终达到良好的平衡。格塞尔揭示的行为周期，为父母和教师客观理解儿童行为的阶段特征和采取正确对待的方法提出了要求。当儿童处于发展质量较高的阶段，对他们要求应严格些，而当他们处于发展质量较低的阶段，应现实地看待他们的表现，耐心地等待他们度过这一阶段，不要急躁，不要肆意惩罚，避免伤害他们。

讲到这里，我们不要忘记格塞尔的告诫。他指出，多种多样的波动现象并不在所有的

---

① Thomas，R.（1992）. *Comparing theories of child development*. Wadsworth，Inc.，p. 63.

儿童身上表现出来,它们也不遵从一个统一模式,每个儿童都有一个独特的成长方式。这种方式是举世无双的,也是高度特征化的,因为它根植于他们的心理素质之中。这里所说的心理素质,就是指先天的条件,主要是指遗传的因素。

格塞尔提出的五条发展原则,具有普遍的意义,对儿童发展的一切领域都起作用。它既适用于生物现象的发展规律,也适应于心理现象的发展规律。

(四)行为模式与个别差异

格塞尔在研究儿童的成长时,不仅注意动作量的发展,更注意行为模式。发展本身就是一个模式化的过程。这里所谓的模式化,是指神经运动系统对于特定情景的特定反应。婴儿用眼睛追随一个运动的物体,或用手去指一个眼前的物体,都分别属于一个特定的行为模式。每一个特定的行为模式都标志着一定的成熟阶段。由于有了行为模式,行为变成一个有组织的过程,使儿童外显的活动变成带有普遍性的、规律性的活动方式。有了行为模式,活动才能成为测量和研究的对象。正是基于这样的认识,格塞尔经过数十年的研究,收集了数以万计儿童的发展行为模式,发现了每一个特定年龄行为发展的平均水平,即年龄常模的资料。例如,12周的婴儿能接触杯子,16周的婴儿会接触方木,28周婴儿才会接触小丸。16周是动作发展的转折点,粗糙的手臂活动按发育成熟的程序,逐渐出现近持、抓握、操纵及探索等精细动作。1940年,格塞尔公布了格塞尔发展量表。这个量表的基本理论依据就是每一个反应都标志着一个成熟阶段的一种行为模式。由于婴儿的行为系统的建立是一个有次序的过程,因此他的有特点的行为模式也就成了智能诊断的依据。这些正常行为模式是成熟的指标。它的出现是与年龄对应的有序过程。我们可以利用年龄来推测行为,也可以用行为来推测年龄。智能诊断就是以正常行为模式为标准进行比较,来对被检查的儿童作出客观的鉴定。一旦通过鉴定发现婴儿发展过程中的异常情况,就能进行及时的早期治疗,把损害减少到最低程度。

人是一个非常复杂的研究对象,如何确定研究范围和指标呢?格塞尔把诊断的范围确定在动作能、应物能、语言能和应人能四个方面。

(1)动作能又分为粗动作和细动作。前者如姿态的反应,头的平衡、坐、立、爬、走等能力,后者如手指的抓握。这些动作具有神经学方面的基本含义。按整体发展的规律,行为成熟的程序,以动作能逐步成熟为开始,因此特别具有临床意义。

(2)应物能是对外界刺激的分析和综合能力,例如,对物体和环境的精细感觉,解决如何适用运动器官的能力,对外界不同情景建立新的调节能力,等等。应物能是后期智力的前驱。

(3)言语能可为儿童中枢神经系统的发育提供线索。

(4)应人能是儿童对现实社会文化的个人反应。这种反应种类多,变化大,可能受到外界影响支配。但这些行为模式也是由内部成长因素决定的。任何环境的影响都受到神经功能成熟程度的限制。因此,它同样具有诊断意义。

上述动作能、应物能、语言能和应人能四个方面虽然可能因为儿童所处的环境不同而有所差异,但一般来说,正常儿童这四个方面的发展是密不可分而且彼此重叠的,而异常儿童在这四个方面的反应差异很大。这四个方面的能力构成了格塞尔所研究的行为项目的基本结构。在实际的行为测量中,只要对儿童的行为进行有辨别力的观察,并将观察结果与正常行为模式的平均水平,即年龄常模作比较,就能确定儿童的行为成熟与否。从测量学的角度看,常模就是成熟的指标。格塞尔按每一个方面的发展状况,评定一个发展商数(DQ),一次测量可得到四个方面的发展商数,以表示相对水平。

格塞尔提出的行为发展的四个方面,很好地概括了儿童发展的重点。学术界公认这是迄今为止对儿童行为项目的最好的分析和概括。以这种分类为基础的格塞尔发展量表结构合理,指标精确,常模可靠,直到现在,都是世界医学界,尤其是儿科学、神经学界以及儿童心理学界公认的准则。

格塞尔在研究行为模式、归纳常模、编制量表的同时,也没有忘记个别差异。格塞尔明确指出,大自然厌恶千篇一律。"显著差异的流行,可发现于每一个关键的时刻。"[1]他使用常模只不过是一种快捷方式。他的助手和同事也宣称:"当我们描述每一个特定的年龄的行为时,我们并不是说这一年龄的所有孩子在任何时候都表现为同一方式。事实上,他们中仅有一些人表现为这种方式。"[2]这是什么原因呢?格塞尔及同仁们是这样解释的:儿童在发展质量高或发展质量低的交替阶段中,都会表现出不同的成长类型。格塞尔假设有三种成长类型,一种是成长慢的,一种是成长快的,还有一种是成长不规则的。每一个儿童总是归属于其中的一个类型。每一种成长类型在个人气质中又表现出多样性。例如,对于4岁儿童来说,根据表2-1所示,我们可以知道,他们与8岁、14岁儿童一样,正处于发展质量高的阶段。期间表现出精力充沛、豁达、越轨的倾向,但对于一个特定的儿童来说,由于受遗传天性如气质的影响,他进入这一阶段的时间也许会有所提前或有所推迟,而且表现出的越轨倾向也有远近。这样,在每一个发展阶段都会造成时间和程度上的差异。这些差异上的积累便形成了个别差异。可见,在格塞尔及他的同仁们看来,个别差异主要是量上的差异,并不是质上的差异,因为决定质的关键因素是成熟,而成熟,对于所有儿童来说,是一个受基因控制的普遍的自然法则,在这一点上是没有差异的。

对于一个正常的儿童来说,行为是按高度模式化的方式发展的。格塞尔发展量表所提供的常模并不是每一个特定年龄的发展标准,而只是某一些特定年龄发展的平均数。如果一个4岁儿童没有达到4岁儿童的常模,并不意味着他不正常,也许只是表明他的发展比大多数同龄儿童稍慢些,不过,也许他的行为质量比同龄儿童更高。因此,对于儿童行为发展水平的鉴定不仅要考虑项目指标,还要采用各种方法提供多视角的资料综合评定。对于家长和教师来说,不宜根据一个单项指标,轻易给儿童贴上一个发展不好的标签。格塞尔相信每一个人的气质和成长类型对文化都有不同的要求。因此,他非常诚恳

① Gesell, A. & Ilg, F. L. (1949). *Child development: An introduction to the study of Human growth*. New York: Harper&Row, p. 1.
② Ilg, F. L. et al. (1981). *Child behavior*. New York: Harper&Row, p. 15.

地指出，"当前学校最大的需要是……把儿童当作人来看待，而不要把儿童当作一个必须去适应某个预定模式的物体，这种模式对于个体通常是不适合的。"①

（五）育儿观念

格塞尔的发展原则，为我们提供了养育儿童的新观念。每一位父母和学前教育的教师，都应该充分认识成熟规律固有的智慧。"婴儿带着一个天然进度表降生到世界，它是生物进化三百万年的成果。"②尊重儿童的天性，是正确育儿的第一要义。如果说卢梭当年说儿童发展根据一套进度表的说法还只是出于哲人的推测，那么，格塞尔则已经通过长期、大量的观察和归纳，以科学的方式为我们展示了成熟机制的作用。格塞尔的研究告诉我们，儿童对于他们自己的需要，什么事在什么时候准备去做，而什么事在什么时候不做是明确的。成人应从儿童的身上得到启示，根据儿童自身的规律去养育他们，即不要强行将儿童嵌入成人设想的模式之中。例如，喂食的问题，通常成人总是按预定的时间喂食，并不考虑婴儿的实际需要。格塞尔认为存在两类不同的时间，一类是生理节律的时间，一类是根据天文和文化习惯的时间。"一个自我需求的时间表是从器官时间出发的。要在婴儿肚子饿了才喂奶，在他瞌睡时才让他去睡，不要叫醒来喂奶；如果他（身体）湿了，感到烦躁，才给他换衣服。在他希望时，才让他参加社会游戏。他并不靠壁上挂钟而生活，而是靠他起伏需要的内部钟。"③父母应该仔细地观察儿童的表现，跟随他们发出的各种信号和暗示，了解婴儿先天的自我调节能力及其各种活动的周期，不要去强行打乱他们的活动规律。这就需要父母和婴幼儿的养育者除了利用直觉的感受之外，还要掌握一些发展趋势和发展顺序的理论知识，特别是要了解儿童在成长过程中那个在稳定与不稳定之间不断波动的行为周期。只有懂得了这些知识，成人才不会以自我中心的态度和方法去对待儿童，而变得更耐心，更灵活，更客观。也只有这样，才能使儿童感到愉快和自由。

格塞尔的同事阿弥士（L. B. Ames）曾向父母提出以下忠告：

（1）不要认为你的孩子成为怎样的人完全是你的责任，你不要抓紧每一分钟去"教育"他。

（2）学会欣赏孩子的成长，观察并享受每一周、每一月出现的发展新事实。

（3）尊重孩子的实际水平，在尚未成熟时，要耐心等待。

（4）不要老是去想"下一步应发展什么了"，应该让你和孩子一道充分体验每一个阶段的乐趣。

所有这些忠告都建立在一个基础上，即尊重成熟的客观规律。强调这一点，并不是否认环境的作用，也不是否认教育的价值，更不是对孩子放任自流，让他们为所欲为。

格塞尔认为，孩子的成长当然要学会控制自己的冲动和合乎文化的要求。但只有当我们注意到儿童成熟的克制能力时，他们才是最能控制自己的。文化适应是必要的，但我

① Gesell, A. et al. (1977). *The child from five to ten*. New York: Harper&Row, p. 10.
② 格莱因著：《儿童心理发展的理论》，计文莹等译，湖南教育出版社 1983 年版，第 39 页。
③ 同上书，第 39—40 页。

们的第一个目标不是使儿童适应于社会模式。每一个父母和儿童教育工作者都应该在成熟的力量与文化适应之间求得合理的平衡。"在民主政体中我们赞美自治和个性,赞美在有助于最适宜成长的生物冲动中植根深厚的品质。"[1]由此而引发出的一个更普遍的心理学命题是:"所有这些并不意味着人类行为是完全决定于遗传因素,而只是表明身体结构为个性形成提供了天然的物质基础。"[2]在文化适应的过程中,通俗地讲,在教育的过程中,教师、家长及一切成人不应该只强调文化目标而忽视儿童成长的客观规律。每一个教师都应该把自己的工作与儿童的准备状态和特殊能力配合起来。对于家长来说,格塞尔更是明确地提出家长要与孩子一起成长。所谓与孩子一起成长,就是要求人们注意成人和儿童都有一个发展过程,都有"成长的烦恼",他们之间是相互影响、相互作用、共同适应的。

四、对格塞尔成熟势力发展理论的评析

心理学界在评析遗传决定论或环境决定论时,往往是在一个否定的前提下来阐述自己的观点的。事实上,像这样一个涉及根本观点的重大问题,采用非此即彼的思想方法是过于简单的。这不仅因为问题本身相当复杂,还在于所冠的名称也过于简单。所谓的遗传决定论指的是在遗传和环境的作用中,把遗传或说把先天因素列在第一位的观点,绝不是只讲遗传否认环境作用的学说。反之,环境决定论也是如此,他们也并不是只讲环境而否认遗传因素的作用。"在整个心理学领域中没有什么领域比发展心理学同行为中遗传因素与环境因素相对作用问题的关系更密切的了。的确,这一问题的性质本身已说明它是一个发展的问题。"[3]成熟概念的运用,使心理过程中的生物因素变得更为确定、更为具体。因此,在评析成熟论之前,我们首先要界定一下它的确切含义,免得无的放矢。

(一) 突出了成熟机制对于发展的重要性

格塞尔几十年学术生涯的全部功绩,在于向我们证明成熟机制如何在复杂的发展程序和自我调节的过程中发挥了自己的作用。我们有足够的理由肯定儿童的发展是遵循着一个内部计划的。任何行为,包括非习得的和习得的,都需有它自身的生物学基础,其中主要是中枢神经系统的成熟,也包括外周神经、肌肉、骨骼等系统、器官的成熟。没有这个成熟,心理和行为便失去了存在和发展的基础。尽管随着心理机能由初级向高级的发展,基础的作用似乎削弱了,但却是不容否定的。如同摩天大楼的第一层紧砌在基础之上,但谁也不能说最高层就不需要基础。应该说,这是一种最基本的唯物主义的观点。习得的行为固然离不开学习、教学和社会影响,离不开强化、观察学习和实践,但它们与内部成熟过程也是不可分割的。格塞尔出于职业的习惯和理论的一贯性,从生物学起点研究儿童

[1] Gesell, A. & Ilg, F. L. (1943). *Infant and child in the culture of today*. In Gesell, child development. New York: Harper& Row. p. 10.
[2] Ilg, F. & Ames, L. B. (1955). *The Gesell Institute's child behavior*. New York, Dell, p. 10.
[3] 查普林等著:《心理学的体系和理论》(上),林方译,商务印书馆1984年版,第244页。

行为的发展,强调成熟机制的作用是不无道理的。尤其是对于年幼儿童,脱离他们的生物学特点而侈谈教育,肯定是有害的,或者说,得益是暂时的,受害是永远的。皮亚杰在批评联想主义时指出,他们"只是在人为地从定义为同化与顺从的平衡的一般过程中隔离出一部分得来的"[①](详见第六章)。我们也可以根据同样的思想方法指出,一切忽视了生物学因素的发展理论,也只是从发展的全部过程中隔离出一部分而得来的,如同看楼只从第24层看到第48层,全然不顾及以下部分一样。提请所有研究儿童和从事儿童教育工作的人树立重视儿童成长规律的观点,是格塞尔学说的一大功绩,也是格塞尔对儿童的一大奉献。其实质是向我们提出一个重视自然规律的理解方式,用以正确全面地认识儿童的发展。格塞尔提出的一系列育儿观念,把他的学说从儿童心理的范畴超越到养育和教育的范畴,大大地扩大了格塞尔学说的应用价值和社会意义。在现实生活中,儿童在成人的催赶下,童年过得太匆忙。成人对儿童的教导又过于急功近利,以至于孩子们无暇享受童年这一美好的人生阶段。其结果必然导致儿童变为成人后的失落以及父母变成老年后的悔恨。如果再不大声疾呼引起重视,心理的问题将不可避免地演变成社会的问题。这正是我们今天重提格塞尔学说的全部意义。

(二)为研究儿童的发展提供了宝贵的资料

格塞尔著作的真伪是极容易验证的。他对各个年龄儿童的行为水平的记录以及成长趋势的分析,是他与他的同事们几十年实证研究的结果,它的准确性也是经得起实践检验的。格塞尔对儿童发展过程中行为周期的波动现象的揭示和分析,也是一个不争的事实。在此基础上编制的格塞尔发展量表是当时规模最大、内容最丰富、资料最翔实、影响最深远的测量工具。它的问世,带动了一大批婴儿测验的编制,也极大地推动了早期儿童的研究工作。正是由于格塞尔的工作,人们才真正地看到了对婴儿进行研究的必要性和进行测验的可行性。因此,格塞尔的工作是划时代的。尽管格塞尔对儿童心理的研究取得了重大收获并对学科的理论与实践作出了巨大贡献,但他依然谦虚谨慎,不事张扬。他对自己的工作成果作了这样的评价:"我们现在关于儿童的知识的准确性,如同一张15世纪的世界地图一般。"[②]

格塞尔发展量表在我国医学界和心理学界也具有重大影响。早在20世纪70年代,我国儿科临床上就有专家引进、修订该量表并开展相关研究。1981年上海市第六人民医院的儿科专家宋杰、朱月妹出版了《小儿智能发育检查》,详细地介绍了格塞尔发展量表的诊断方法以及相关的筛选检查的修订情况。中科院心理所的学者们也以格塞尔划分的四个行为发展领域为基础制定我国婴幼儿智能发展量表,为智力滞后儿童的早期诊断提供依据。

对格塞尔发展理论的争议,集中在年龄常模上,常模带有太多的一致性,而发展的事

---

① 皮亚杰著:《皮亚杰的理论》,见左任侠、李其维主编:《皮亚杰发生认识论文选》,华东师范大学出版社1991年版,第10页。
② Quot.(1971). *Readings in psychology today*. CRM Inc. California, p.199.

实却带有太多的多样性。人们不禁要问,从正常到异常,还有没有确定的准则? 具体而言,对常模偏离到什么程度是允许的,偏离到什么程度又属于异常呢? 与此相关的另一个问题是,在儿童自然的发展中,文化的干预在什么时候实施要比自然发展更为有效? 还有学者指出,格塞尔的常模来自美国中产阶级的儿童,是否适用于其他文化背景? 这些问题都是很值得思考的,但看来只能由设疑者自己去解决了。要知道,"科学的解释总是间接和隐喻的。科学家只有在理论是正确的前提下,才能描述世界将是什么模样,并解释世界为什么不像实际上所描述的那样"[①]。

五、成熟势力学说的发展理论与学前教育

格塞尔的成熟势力学说向我们揭示出成熟机制在儿童身心发展程序和自我调解过程中的重要意义。这一基本观点对于学前教育至关重要。在现实生活中,人们常常把学前教育与儿童身心成熟对立起来,而事实上,脱离身心发展而奢谈教育是肯定有害的。

(一) 在成熟之前要耐心等待

儿童在成熟之前,成人要做的事情是等待儿童具备学习的水平和条件。生理发展是这样,心理发展也是如此。当婴儿腿部有力量时,便开始扶着东西站起来,慢慢地开始走动。他们一遍遍尝试,摔倒了,站起来,摔倒了,再站起来。儿童都很喜欢涂鸦,他们喜欢在墙上、地上、床单上、纸上涂涂画画,用这样的方式逐渐掌握控制笔的力道,从最初的简单抓握、用大臂带动涂鸦,发展到用手指控制笔的运动,可谓乐此不疲。而当这一切都准备好后,孩子握笔写字便不是件难事了。因此,手部精细动作的发展是儿童学习写字的前提和基础。也就是说,当手部没有力气,并且精细动作发展有限的情况下,盲目要求孩子横平竖直地写字,便不恰当了。正确的做法是,在成熟之前耐心等待,当孩子成熟时,会有一系列的表现。在现实生活中,训练儿童的大小便,是一个典型的成熟过程。我们以训练宝宝坐便盆为例,来了解儿童的成熟表现。

案例 2-1

"我准备好了。"[②]

当宝宝可以摆脱尿布、使用便盆时,她会表现出某些迹象,告诉你时间到了,宝宝已经做好准备了。如果你没有足够的耐心等到这个时间,急于开始,结果很可能是两败俱伤——你被她搞得心烦意乱,宝宝也决不屈服。

训练宝宝坐便盆的合适时间是在 1 岁半以后。如果宝宝有以下的表现,就说明她已经做好准备,是时候训练了:

(1) 宝宝通过语言或手势告诉你尿布是不是该换了。

---

① 黎黑著:《心理学史》(上),李维译,浙江教育出版社 1998 年版,第 22 页。
② 理查德·沃尔福森:《解读 0—3 岁宝宝的 203 个细节》,张菱译,山东科学技术出版社 2007 年版,第 117 页。

（2）她知道自己正在大小便。

（3）宝宝几个小时都不用换尿布。

下列情况下宝宝愿意使用便盆或厕所：

（1）她逐渐习惯使用便盆，愿意光着屁股坐在便盆上。

（2）她知道你很高兴于她愿意坐便盆。

（3）她知道自己可以坐在便盆上从容地解决问题，不必着急。

（4）她不会因为在练习时出现的小问题而拒绝使用便盆。

（5）她会坐在便盆上做一些自己喜欢的事情，如唱歌或听故事。

可见，当儿童准备好了，便可以及时教育和训练了。

（二）利用成熟条件，及时教育

儿童身心发展过程中的各种成熟，为教育提供了可行性。我们应该根据幼儿的成熟水平适时提出相应的要求，包括认知、情感、社会交往、语言、身体动作方面发展的要求。下面，我们来了解如何利用成熟条件，促进儿童身体动作发展，以儿童的球类活动为例：

儿童的动作练习和儿童的身体发育有关系，动作练习不能超前。比如，小脑位于脑的后面和底部，是帮助平衡和控制身体运动的一个器官。小脑直到4岁，才会完成髓鞘化的过程。这促进了动作控制能力的获得，所以到学前期末，儿童就可以玩"跳房子"，也可以协调地扔一个球。同时，动作练习也能促进儿童的身体发育。比如，胼胝体是用来连接两个大脑半球的一大束纤维。胼胝体使得身体两侧的运动得以协调，并且完善认知的许多方面，如知觉、注意、记忆、语言及问题解决。任务越复杂，两个半球之间的信息传递就越关键。

以球类运动为例，球类运动显示了儿童粗大动作的发展。球类技能的变化极好地描绘了学前儿童粗大动作的发展。2岁儿童接球时，只会僵硬地伸出他们的胳膊和手，把身体当作一个整体来接球。3岁时，他们能够灵活地使用胳膊肘来挡球，而不是用胸膛来挡。但是，如果球来得太快，他们就不能适应，球可能会从儿童身上弹开去。渐渐地，儿童会把肩膀、躯干、身体和腿等协调起来扔球和接球。到4岁，儿童扔东西时，身体能够旋转，到5岁时，学前儿童会让他们的重心前移，在扔球的时候会移步。结果，球就跑得更快更远了。当球回来时，年龄稍大的学前儿童会预测它落下的位置，然后会让身体前移、退后或者移到旁边。不久，他们就可以用手和手指来抓球，用胳膊和身体来缓冲球的力量。这个过程，很好地体现出运动发展的方向性原则。

（三）全面理解成熟理论，积极进行文化传递

格塞尔认为，孩子的成长应当要学会控制自己的冲动，并逐渐合乎文化的要求。当儿童的成熟水平达到能够克制自己的能力时，他们才能真正做到自己控制自己，而不是依靠外在的压力来控制自己。事实上，儿童的"不成熟"也被美国心理学家发掘出了它的独特价值：第一，适应作用。比如，年幼儿童有限的运动能力，限制了他们有远离父母到处乱

走的可能,因此提高了生存率;第二,准备作用。如同刚出生的人与动物相比要软弱无能得多一样,不成熟期的延长,使人类为获得更高级的发展做好了充分的准备;第三,可塑作用。成长的缓慢与不成熟,为人类提供了易变性和可塑性。[1] 出生后仍旧不断发育的大脑,以及因此而出现的不同智慧阶段(皮亚杰称之为感觉运算阶段、前运算阶段、具体运算阶段、形式运算阶段),为儿童习得智慧,奠定了可塑性。根据第二代认知科学的观点,儿童最初的心智是与身体紧密联系在一起的。婴幼儿的身体运动所提供的感觉刺激和原始信息,为认知发展提供了基础。从这个意义上来认识格塞尔的成熟理论,会有更大的收获。

处于任何文化中的教育,都有教育儿童接受和适应母文化的责任。但这种教育一定要与儿童的成熟水平相适应,才会真正达到文化传递的目的。教育工作者仔细揣摩儿童发展的"准备"状态,因势利导以达成儿童成熟的力量与文化适应之间的合理的平衡。

案例 2-2

上海市幼儿园超前考证热　孩子考出初中英语水平[2]

连幼儿园的孩子也频频上考场

"你的孩子考出几颗星了?"这句话现在几乎成了家长见面时的问候语。在"星级热"的背后,记者发现,这股热潮正在向低龄儿童蔓延,不仅通过三星、四星的孩子年龄普遍提前,甚至有幼儿园的孩子已经考出了对应于初中一、二年级的三星。然而,在家长热衷于培养这些"考级神童"的同时,教育人士却对此表示了担忧。

小考生要老师抱上椅子

"我儿子幼儿园的同学,大班上学期已经考出三星来了,强的!""现在这样的小朋友貌似很多,我看到过两个幼儿园中班就考出三星口语的,而且都是8个部分全部过,膜拜!"今年12月份开考的通用少儿英语星级考试最近在接受报名,对此最起劲的要数小学一、二年级的家长了。家长一边忙着分享经验,一边在论坛里"晒"出自己孩子的"摘星"历程。

记者发现,学生参加星级考试正呈现出逐渐低龄化的趋势,不仅小学低年级学生正在成为三星考试的主力军,甚至有幼儿园中班、大班的孩子已经通过了难度相当于初中低年级水平的三星口语考试。显然,许多孩子在家长的督促下,还未踏入小学就已经开始了预热。一些"过来人"家长为此感叹:"我的孩子暑假时考的三星笔试,现在开学是小学四年级,我已经觉得很早了,没想到二、三年级的孩子才是主流啊。"

上海市通用外语水平等级考试办公室的钱新明老师也向记者透露,他这里还出现了幼儿园就考出四星的孩子。"孩子太小了,考试的时候还需要老师抱着才能坐上椅子。"

---

① 黄琼:《"发展不成熟"的价值与"发展关键期"的意义》,《幼儿教育》2001年第1期。
② 幼教中国网,《上海市幼儿园超前考证热》,http://www.eeyj.com/2012/0105/15233.html[2015-12-02]。

在现今中国,没有什么能比学习知识更让家长着急的事了。爸爸妈妈很担心孩子输在起跑线上,早早地开始认字、读课文、算算术。从幼儿园开始的赛跑,全然不顾孩子的发展水平和速度。考证热的背后是父母焦虑的心态——如何能在优质教育资源有限的情况下,千军万马挤过独木桥。我们很能理解父母的心态,现实对于孩子的压力,对于父母的压力,甚至对于老师的压力,已然成为社会问题。在高考单一的评价机制下,没有几个父母是淡定的。提前教育、过度教育已经给孩子带来了沉重的负担,打击着孩子的学习兴趣,甚至导致孩子出现了逆反情绪。事实上,超越儿童生理成熟度的任何干预都会给儿童正常成长发育带来近期或远期的伤害,让孩子伤在起跑线上。一些机构利用家长"过度期望"的心理,歪曲利用儿童生长发育的年龄特征,或不顾儿童成长心理及承受能力,一味提前甚至超前教育,不但严重损伤了儿童生长发育的自然进程,还损害了儿童潜能的发展,造成儿童期、青少年期乃至成人期的体力、心智、能力、性格和气质发展迟缓,造成心理压抑和情绪伤害。

此外,儿童的认知不仅包括记诵、计算、还包括注意力、观察力、思维力、想象力等发展。对于学前的孩子则是要做到"体、智、德、美"全面发展,让学前孩子多动手、动脑,操作材料,增加自主探索的体验,自由发展兴趣爱好,自主决定学什么,怎么学。教师针对不同年龄班,提出不同的要求,比如,我们要求小班孩子能在老师的提示下,向客人问好,在中班则要求孩子能主动问好。鼓励儿童交换,但是,孩子要不要交换需尊重儿童本人的意愿,在交往中让孩子体会到交往所带来的乐趣。从这个意义上讲,幼儿阶段儿童所接受的教育应是"真、善、美"的教育,而"真、善、美"才是人类文化精华之所在!

本章小结

我们将成熟势力学说作为第一个发展理论介绍给大家,不是无缘无故的。通过初步学习,大家一定能领悟机体成熟对于儿童身心发展的基础性作用。

格塞尔认为,个体的发展取决于成熟,而成熟的顺序取决于基因决定的时间表。儿童在成熟之前,处于学习的准备状态。所谓准备,就是由不成熟到成熟的生理机制的变化过程。只要准备好了,学习就会发生。而在未准备之前,成人应该等待儿童达到对未来学习产生接受能力的水平。

当然,我们也已经了解了格塞尔在重视成熟的同时,并不否认文化和社会规范对儿童的教育作用,他们只是强调所有的教育和学习都必须以儿童成熟为基础。有谁能说,这话不对呢?

思考重点

1. 你有没有想过,本书介绍的第一个发展理论就是格塞尔的成熟势力学说?有什么原因吗？

2. 双生子实验是格塞尔设计的一个经典实验，也是支撑他的理论体系的决定性实验。你从这个实验中得到哪些启发？

3. "准备"是处在某一机能成熟之前的一种状态。格塞尔认为在儿童未成熟之前，成人应该耐心等待。当儿童准备时，成人应该做什么？一个好的教师应该为儿童的"准备"准备些什么？

4. 格塞尔一方面收集大量数据制定发展常模，另一方面又特别强调重视个别差异。你如何看待常模与个别差异之间的关系？教育工作者为什么要重视个别差异？

5. 阿弥士对父母的忠告体现的是什么基本精神？在日常生活中，你有没有发现违背这些忠告的现象？家长、教师以及所有的成人如何才能与孩子一起成长？

6. 请你读一读本章"四、对格塞尔成熟势力发展理论的评析"中的第一点，谈谈你的感受或想法。

阅读导航

1. W. C. 格莱因著：《儿童心理发展的理论》，计文莹等译，湖南教育出版社 1983 年版，第 2 章。

2. Thomas，R. M.（1992）．*Comparing theories of child development*．Belmont，California：Wads worth，Inc.

3. Gesell，A. & Ilg，F. L.（1949）．*Child development: An introduction to the study of Human growth*，New York：Harper & Row.

4. Gesell，A.，Ilg，F. L.，Ames，L. B.，& Bullis. G. E.（1977）．*The child from five to ten*，New York：Harper & Row.

第三章　知觉学习理论

通过本章学习,你能够

◎ 获得对知觉的新的理解和知识,从而在新的知识框架中认识知觉的特点和作用;

◎ 理解知觉与行为的关系,掌握可知度的重要性及其发展阶段;

◎ 了解生态学研究方法对儿童发展心理学的启示和价值;

◎ 认识到在幼儿教育中充分发展儿童的知觉能力的重要性。

◆ 本章提要

普通心理学告诉我们,知觉是人的感觉器官对直接作用于人体的外部刺激的综合反映。它和感觉一样,是一种低级的认识过程;知觉与理解是两个不同水平的心理过程。但美国心理学家吉布森提出了另一种观点,认为知觉是一个主动的过程,它与人的活动不可分割。知觉过程就是不断地从刺激中分化出有效信息的过程。这一观点不仅对普通心理学理论,而且对传统的认识论观点都产生重大的启发和推动作用。

吉布森提出了可知度的概念,说明知觉行为离不开环境的特性。知觉某一对象的可知度,就是学习它的意义并了解下一步的知觉行动的可能性。吉布森用大量精湛的实验研究为我们揭示出婴幼儿的知觉特点和规律,对我们重新发现婴幼儿的知觉能力起到了启蒙的作用。儿童的主动知觉学习,是从事儿童教育的所有工作者必须高度重视的知识,也是探索各种新课程的理论支柱。

一、理论背景

众所周知,前科学时期的哲学家和心理学家们沿着经验论和先天论的两条路线,对感觉和知觉进行了大量的探讨。

19世纪末和20世纪初的各派心理学对知觉提出了各自的看法。例如,机能主义把知觉看作是一个关键性问题,而行为主义则忽视知觉。格式塔心理学却在知觉研究成果的基础上形成了一个有影响的派别,到了精神分析学派又对知觉冷淡了一番。但无论如何,知觉心理学的中心议题始终是说明人类经验的意义。其中,联想主义对知觉的解释占有重要的地位,由此产生了知觉学习的中介说(有些文献中又称为强化说或促进说)。通过学习把刺激与其他事物联系在一起的办法,如果对刺激赋予一个名称或给予奖励,我们就能学会辨别环境中的各种刺激。将这种联系加在刺激上,就能用来与起初似乎非常相似的另一个刺激物加以区别。例如,如果一个儿童反复接受两个刺激,一个为 S_1,另一个为 S_2,同时对 S_1 加上一个名称 L_1,对 S_2 则加上另一个名称 L_2。这种联系便形成两个组合(S_1+L_1)和(S_2+L_2)。于是,儿童能很准确地区分出 S_1 和 S_2 的不同。由此,米勒等(N. E. Miller)曾提出两条知觉学习的假设。假设一是"获得的线索区别性",主张对起初非常相似的刺激加上不同的要素(如不同的语词符号),就会增加刺激物之间的区别性,使它们变得似乎不太相似了;假设二为"获得的线索等同性",即给两个起初有区别的刺激加上相同的要素(如相同的语词符号),就会减少它们的差异性,从而使它们看起来似乎更为相似。

与知觉学习的中介说相左的是知觉学习的差异说。按差异说,知觉学习不是由于中介或联系的结果,而是由于观察者对以前没有注意到的刺激特征的敏感性逐渐增加的缘故。其结果是导致观察者对感觉世界中的刺激有了越来越多的经验,学会了辨别刺激的各个方面。刺激的各个方面是一种客观存在,但观察者不可能一下子就能把握刺激的所有信息。只有通过不断地辨别,才能实现知觉学习。因此,知觉学习的差异说把知觉学习看作是辨别过程,而不是联系过程。

美国心理学家吉布森夫妇,是知觉学习差异说的代表人物。他们通过大量精湛的研究成果,提出了一套相对新颖的知觉理论。

对于学龄前儿童来说,知觉发展是一个占主导作用的心理发展过程。我们也许能从吉布森的知觉学习理论中得到学前教育的启示。

二、吉布森略传

每一个学习过儿童心理学的人,都会被著名的"视觉悬崖"实验那充满智慧的设计所感动。"视觉悬崖"的主要设计者和研究者,就是 E. 吉布森(Eleanor J. Gibson,1910—2002)。

吉布森 1931 年毕业于史密斯学院并留校任教心理学,1938 年,在著名的新行为主义心理学家赫尔(C. Hull)指导下获博士学位。以后,她转到耶鲁大学,专攻动物行为的研究。在那儿,她渐渐地不满足于行为主义的刺激—反应的倾向。二战期间,她的研究工作由于丈夫 J. J. 吉布森的工作调动而中断,当时,J. J. 吉布森还全力为军事研究服务。二战以后夫妇俩都到康奈尔大学心理学系任教,双双成为知觉领域著名的实验和理论工作者。

E. 吉布森在 20 世纪 50—60 年代从事知觉学习和知觉发展领域的研究,进行了一系列闻名于世的实验。她的研究和理论集中地反映在 1969 年出版的《知觉学习和发展的原则》一书中。这本书作为这个发展领域的历史上一本极富影响的学术著作而受到欢迎,并荣获世纪心理学奖。以后的 10 年中,她继续进行范围广泛的研究,并把注意力主要集中在儿童如何学习阅读上。1975 年出版了《阅读心理学》。80 年代，她在实验室里研究婴儿的知觉发展，对婴儿，尤其是新生儿的知觉发展有了新的发现。这些新发现使我们认识到，对于探索外部世界，新生儿具有内在的、先天的好奇心。他们会用各种方法去探索环境，积极主动地去获得信息。虽然外界在经常不断地变化着，但婴儿能从外在世界的不断变化中认识到物体不变的特性，从而获得新的信息。

鉴于 E. 吉布森几十年来孜孜不倦的研究和贡献，美国心理学会授予她"心理科学杰出贡献奖"，美国心理学基金会授予她金奖章和美国实验心理学会华伦勋章。此外，她还入选国家科学院、美国艺术和科学学会、国家教育科学院并当选为美国东部心理学会主席。1984 年，E. 吉布森曾应中国科学院心理研究所的邀请，来北京讲学，为复苏中的中国心理学带来了有益的交流和启示。

三、吉布森知觉学习理论的基本观点

吉布森夫妇对传统的知觉理论提出疑义，认为它是错误的，因为传统知觉理论认为，感觉必须"译"为知觉，必须通过中介。而吉布森认为感觉是一种不需要利用联想或其他中介变量就能从原始资料形成知觉印象的系统。知觉是刺激的一个函数，刺激是环境的一个函数，因而，知觉是环境的一个函数，正是这个观点，形成了吉布森理论同传统观念的决裂。为了便于理解这一命题，让我们看一段吉布森的说明："让我描述今晨醒来时我听到些什么……把它们分为两种，一种是邻居使用割草机的声音，我知道这种声音。其他的是许多鸟叫的混杂声。忽然一种新的声音加进这混杂声中，我能从其他声音中听出来——那是野鸽的悲鸣。正和我能听出割草机的声音一样，我知道鸽子的声音。说我知道这种声音是什么意思呢？一个不费力的答复可以说，我是通过学习它们的名称鉴别出这种声音的。但是这等于没有答复，因为没有说明怎样能从其他混杂的声音中分辨出这种特殊模式的声音。一位鸟类学家无疑能分辨种种鸟的鸣叫声，并能给我说出它们的名称。我也知道这些名称，它们是鹪鹩、知更鸟、红雀、燕雀等，但是我不能区别出鸣叫声。至于野鸽的叫声，是我偶然知道它的名称。我能叫出它的名称，也能认识它的声音模式。"[①]这段形象的描述反映了吉布森对知觉的基本观点。

（一）知觉是人类主动的活动

吉布森认为，知觉是一个激活了的有机体为了认识世界所表现出来的行为，是一种主动的过程。儿童和成人都能在环境中主动地发现、探索、参与和抽取信息。例如，一个婴儿在玩皮球的过程中，能发现球在大小、颜色、外表、质地、重量、软硬等方面的不同，婴儿还能进一步发现从不同距离看一个球大小会有变化，但它实际上是同一个球。当一个球从房间的一角滚到另一角，这是一个发生在一定的时间和空间中的事件。通过观察和游

---

① Gibson E. J. (1969). *Principle of perceptual learning and development*. New York: Prentice-Hall.
译文引自贝纳特著：《感觉世界——感觉和知觉导论》，旦名译，科学出版社 1983 年版，第 208—209 页。

戏,儿童将从物体中获得越来越多的信息、事件和环境的时空序列。

在儿童的知觉行为中,包含着一般的和特殊的动机。人类,作为一个物种,天生就具有探索和学习的动机,藉以认识环境、适应环境、利用环境和改造环境。人对于具体的任务或情景具有一个目标和需要。例如,当一个小女孩在玩拼图板(puzzle)时,她注意的是拼块的形状和颜色,因为这些信息对完成拼图的目标是有用的。而当她在荡秋千时,她感受到的是身体急速运动带来的快乐,而并不注意草地上的小红花。成人也是这样,一个信步游逛的人很少会去注意自己的脚步,而一个登山运动员会专注地注意自己的每一步。总之,知觉总是与人的活动目标直接联系着,它在环境中积极、主动地探索信息,为实现活动目标服务。因此,吉布森特别强调知觉是适应过程,其意义在于有助于有机体在环境中生存和种族延续。

为了领略一下吉布森理论的来源和她的高超的实验技巧,下面介绍她的几项实验研究。

1. 视崖

实验台以中间为分界,一边表面画有棋盘格,另一边空白。把婴儿放在中间,婴儿的母亲站在空白的一边喊她过来。婴儿是否能用视觉发现有棋盘格的表面是坚硬的,足以支持他的身体呢? 这要看婴儿是否能认识到所提供的信息。实验表明,婴儿不往空白的一边爬。通过婴儿对视崖的反应可测量出婴儿对物体特性的认识。有趣的是,一些小动物如小狗、小羊、小猫也都不往空白处走。

2. 抓握反应

在 3 个月左右的婴儿面前放一个大球和一个小球。在婴儿还不会用手拿东西的时候,就能根据球的大小及距离用不同的姿势去抓。对小球用手掌抓,对大球用两只手抱。4.5—5 个月的婴儿也表现出伸手去抓一个在他们面前以 30 厘米/秒速度移动的物体。这表明婴儿具有一种预测的能力。婴儿会把手伸到物体前进时将到的地方,而不是伸向看到物体的地方,这表明婴儿知觉到了物体运动的轨迹。也就是,婴儿认识到了物体运动所包含的时间和空间关系。新生儿还能用跳动式眼动追随物体的运动。几天后,这种眼动便趋于平滑。此外,实验还表明,2—3 个月的婴儿能期待运动物体的出现。具体做法是:在屏幕左、右各开一个窗户,左边窗户有一个色彩鲜艳的球从下向上运动,然后消失;过几秒钟后,右边窗户有一个彩球从上往下运动,然后消失。让婴儿反复看几次后就会发现,当婴儿看了左边窗户后,就会将眼睛转向右边的窗户等待球的出现。这说明婴儿可预测物体运动的轨迹,知觉到球在屏幕后的连续运动。

3. 回避反应

婴儿对物体轮廓迅速放大的信息能作出回避的反应。让婴儿坐在椅子上,面前立一屏幕,一个物体在屏幕和光源之间运动,使屏幕上的影子由小到大,大到影子占满整个视野,造成一个物体逼近婴儿的感觉,婴儿会伸出手去阻挡物体,或将头后仰。结果发现,2个月的婴儿对逼近的物体就有回避反应。

这些精湛的实验结果,充分表明知觉活动的主动性。

拓展阅读

深度知觉有什么用[①]

吉布森和沃克对深度知觉问题进行了更加深入的研究并给出了一个精确的数据:9个月前的婴儿的深度知觉阈限为26 cm。但是实验的被试是6—14个月的婴儿(更小的婴儿因为不能够自主运动,所以无法进行试验),因而不能判定深度知觉是先天具有的,还是婴儿在出生后6个月内的活动中,是通过不断尝试和错误(摔跤)学会的。于是吉布森和沃克又用动物幼崽做被试,以此作为视崖实验的参照,因为大部分的动物幼崽比婴儿能更早进行自主活动。对动物幼崽的实验结果如下。

(1)对小鸡、小山羊的测试。小鸡出壳后马上能自己觅食,小山羊出生后很快就能站立、行走。测试结果是它们一次也不会走向"悬崖"。

(2)对小老鼠的测试。结果"浅滩"和"悬崖"对它们并无区别,他们走向两侧的几率相同。因为老鼠靠嗅觉而不是靠视觉寻找食物。

(3)对小海龟的测试。76%的小海龟爬到浅的一方,24%的小海龟爬到深的一方。实验者解释:一部分小海龟爬过"悬崖",可能是因为海龟的深度知觉能力较差,也可能是因为他们生活在水里,他们不会害怕"摔跤"。

经过以上几个实验,吉布森和沃克最后得出结论:他们的测试结果和进化论是一致的,很多动物,如果要生存,就需要在能独立活动之前具备深度知觉能力,否则会有很多潜在的、致命的危险。所以,很多动物特别是形成自主运动较快的动物所具有的深度知觉能力是天生的。

以上研究证明,一些动物的深度知觉能力是天生的,但对于自主运动形成较缓慢的人类来说,后天的经验也会影响深度知觉的发展,让婴儿尽早学会自我保护。

1. 帮助婴幼儿活动、爬行。

当婴儿会爬行后,那些"未探索"之地对于他们极富诱惑力,然而有些父母怕孩子磕着碰着不敢让孩子爬,也有些父母担心孩子乱爬会不卫生,尽管这都是父母对孩子疼爱的表现,但这样会限制孩子的活动,不利于孩子感知觉的发展,会影响他们知觉经验的积累。正确的做法是,在大人的照看下让孩子爬行,并帮助他们转身、攀爬,协调他们手足伸缩能力,多鼓励孩子活动。

2. 锻炼孩子自己走路。

有些儿童喜欢让大人抱着,自己不愿走路,大人也考虑孩子还小,怕孩子累着,就为孩子"代步",这样只会让孩子变得越来越懒惰。走路对儿童来说是很好的运动,不仅能锻炼身体,还能增长见识。

---

① 边玉芳等编著:《儿童心理学》,浙江教育出版社2009年版,第80—81页。

儿童心理发展理论(第二版)

3. 让孩子做有益于健康的游戏。

孩子天生就是喜欢玩耍的,家长不应该过分限制孩子做游戏,能把握度就好。为促进感知觉的发展应该让孩子做一些运动游戏,如骑自行车、滑滑梯、荡秋千等。在游戏和玩耍的过程中,孩子的运动协调能力会得到很好的发展,胆量变大了,见识增长了,自理能力也增强了。

总之,要促进孩子的深度知觉能力的发展,除了保证孩子有一个健康的身体之外,还要让他们多接触外界事物,多积累感知觉方面的经验。

(二)刺激中信息的分化

吉布森对于儿童主动探索世界的描述,看起来有点类似于皮亚杰的儿童认识发展观。他们都在研究儿童如何通过活动认识世界,但两者的着眼点不尽相同。皮亚杰认为,儿童通过自己对物体的操作,将知觉产生的静止图象与真实的操作相联系。"知觉是组成感知—运动活动的一个特殊方面……它是从造型的角度来描述现实,而作为一个整体的动作(即使是感知—运动的活动)主要是运算和改造现实。"[1]其他的知觉研究者,例如,学习论者认为知觉对象与独特的文字标签的结合便能使人的知觉产生区别。把一只狗称为"巴儿狗",又把另一只狗称为"狼狗",人们便把这两只狗分辨开来了。信息加工理论认为知觉材料与长时记忆中的某一信息相结合,便产生理解。总之,无论是皮亚杰,还是学习论者或信息加工理论者,都认为知觉和认知是一个增加的过程,是儿童把一个动作、一个词或一个原来储存在头脑中的信息加到刺激之上的过程。

与之相反的是,吉布森认为,刺激是一个延伸到时间和空间之中的丰富的信息源。刺激在时空中不是静止的或僵化的,因此,它对于人的感官的作用也不是静止的或僵化的。正如吉布森所说,"视网膜上没有快门,不存在一种静止的图像。"[2]儿童并不知觉一个孤立的、不连续的刺激,而是从存在于时空中的刺激中不断地分化出各种信息,知觉这些事件、对象及其特点。因此,知觉是刺激的函数,刺激是有效信息的组合,知觉过程就是不断地从刺激中分化出有效信息的过程。

基于这样的观点,吉布森提出了与传统知觉理论完全不同的看法。首先表现在对感觉的认识上。传统理论认为,感觉是知觉的基础,感觉信息传到大脑中,便抽译为知觉。而吉布森认为,感觉既不是知觉的先决条件,也不是知觉的原始材料,这并不是否认感觉。感觉是人在特定的环境(如实验室中)对人为抽象了的刺激(如纯光、纯味、纯音等)作出的反映,这类人为抽象了的刺激引起的经验并不能等同于现象经验,它只是人为的内省制品。吉布森明确指出:"现象世界不是如同我们长期以来所设想的是由色、声、触、味、嗅构

---

[1] 皮亚杰等著:《儿童心理学》,吴福元译,商务印书馆 1980 年版,第 24 页。

[2] Gibson E. (1988). *Exploratory behavior in the development of perceiving, acting and the acquiring of knowledge*, Annual review of psychology. Vol. 39. Pala Alto, Calif.: Annual Reviews, Inc., p. 5.

成的,而是由表面、边缘、坡度、凸面、凹面构成的,由上升、下降、开始、结束、移动和变化构成的。感觉是知觉的偶然征兆,不是知觉的原因。"[①]其次,吉布森告诉我们,刺激包含着各种信息,这种信息的获得取决于主体对刺激的分化,而分化的数量和质量取决于主体是否获得足够的知觉刺激以及主体活动的水平。

刺激所携带的信息具有不同的水平。最简单的、具体的水平是儿童通过一个或几个外形特征判断物体或将它们加以区别。一个第一次来到海滩上的儿童,会兴高采烈地拾取贝壳。起先,他总是按贝壳的大小分类,因为这是贝壳最显著的外部特征。当然,我们知道,大小并不是区分贝壳的最重要特征。当这位儿童收集到足够多的贝壳,并且将它们与有关贝壳的书籍、照片加以比较后,他会发现区分贝壳不同的重要特征不是大小,而是贝壳上的花纹图形和颜色类型。尽管贝壳上的花纹和颜色作为特征一直存在于贝壳上,并且一开始就刺激着儿童的眼睛。但在儿童缺乏足够的知觉刺激之前,他并不能真正注意或抽取决定性的因素。在分析的抽象水平上,主体可以感知刺激(如光线或声音)的高度秩序结构。一个最典型的例子是我们从钢琴的连续弹奏中抽取出的乐音的高度秩序结构——旋律。即使演奏者采用不同的节拍或不同的乐器演奏同一首乐曲,我们依然能知觉到同一个旋律。当我们第一次听到一首音乐作品时,通常难以把握它的结构、类型、差别、质量,而经过多次重复聆听后,许多感觉会分化出来。可见,信息存在于刺激之中,但需要我们学会知觉它。上例告诉我们听觉的提高有赖于我们通过听音乐和直接的注意,注意相关的信息——独特的外部特征和各部分之间的联系形式,不是依赖信息的片断或片断的堆砌。

(三)生态学研究的重要性

吉布森理论强调在具体环境中知觉的自然行为。这一点也是吉布森与其他知觉研究者的不同之处。正如前面所说,吉布森把人的知觉看作是适应行为。人为了适应环境,需要知觉周围环境中的对象、空间位置(布局)、各种偶发的事件。为此,人们会围绕对象走上一圈,扫视或注视对象,用手、脚去摆弄它们,甚至把它们拆开等。所有这些活动都是在一定的环境中进行的,除非环境中有一张告示"请勿围观"或"请勿动手"。

20 世纪 80 年代后期,吉布森把研究的重点转移到"可知度"(affordance)上。这个概念是 J. J. 吉布森的贡献,意思是指知觉行为的可行程度,反映的是知觉行为与环境特性之间的关系。知觉某一对象的可知度,就是学习它的意义以及了解下一步知觉行动的可能性。吉布森声称,可知度是由环境直接提供的。"我们不是知觉一个刺激或一个静止的图像,不是知觉感觉的复合或一件东西,我们知觉的是我们可以吃、可以写、可以坐在上面或可以与之交谈的对象。"[②]当一个新的运动技能形成,一个新的可知度也就被发现,当儿童在学走路时,他学会知觉地面是否对他的行走提供三维的支持,发现了这个新的可知度,

---

① 查普林等著:《心理学的体系和理论》(上),林方译,商务印书馆 1983 年版,第 205 页。
② Miller, P. H. (1989). *Theories of developmental psychology*, W. H. Freeman and company, New York, p. 398.

而这个可知度对一个尚不会走动的新生儿童说是无关的、未知的。吉布森与她的同事们曾于1987年做过一个实验，在水床旁铺上一条高出地板4英寸的木板小路，上面用硬胶合板拼出图案类结构，让被试婴儿的母亲面带笑容地站在6英尺远的另一头。实验表明，会走路的婴儿会花较多时间注视水床，然后沿木板小路走向母亲，而只会爬行不会走动的婴儿则不太注意是木板还是水床，一往无前地爬了过去。这个实验证明，可知度的发现与儿童的运动水平有关。不同的可知度可以分化出环境中的不同信息。事实上，每一个物种从环境中获取信息都是被分化了的。生活在黑暗中的蝙蝠能听到超声波，翱翔在高空的苍鹰能看到地面上逃窜的野兔。信息都是依赖物种从环境中分离出来的。物种进化形成了一个可以发现或学会发现的知觉系统，可知度增加了生存的可能性，从环境中获得食物、配偶和躲避天敌的地方。生态学的影响还在于儿童利用遗传提供的知觉器官和知觉行为去知觉或学会知觉环境中的对象、事物及空间排列的可知度。他所得到的具体信息，依赖于环境的直接提供以及在当时情景中儿童的目标。一个饥饿的儿童会特别注意同伴手中的食品，而一个在草地上踢球的儿童会特别注意自己的脚背与球的位置，以及特别注意自己与同伴的位置。可见，在儿童的目标和环境中分离出的信息之间有一个理想的匹配关系。因此，吉布森认为，企图离开生态学的条件孤立地研究知觉，是注定要误入歧途的。心理学只有研究儿童知觉行为、儿童的目标和作用于他的信息之间的关系，才能真正懂得知觉的发展。

吉布森在自己的科学研究中严格地奉行了以上原则，即在实验系列中增加生态学变量。当然，这不是说吉布森的研究、观察都是在自然条件下进行的，而是说在研究中尽量使刺激和目标符合儿童自然的环境。例如，"视觉悬崖"的实验装置，就是来自真实的世界。为了做好实验设计，吉布森与她的孩子特地游览了著名的科罗拉多大峡谷，从中受到了启迪，最终设计出"视觉悬崖"装置。

（四）儿童知觉发展的趋势

吉布森从儿童知觉发展的复杂变化中，分析出三种发展趋势：知觉特异性增加、注意实现最优化和信息获得更加经济有效。

1. 知觉特异性增加

随着儿童年龄的增长，儿童知觉与刺激信息之间的一致性增加，也就是说，儿童知觉变得越来越准确。一个年幼儿童也许对鱼知觉比较笼统或迟钝，而年长的儿童则能对鱼知觉得比较分化、细致，如能识别金鱼、鲫鱼和热带鱼。吉布森夫妇曾经做过一个知觉字体特异性的实验研究，这个研究很好地说明了儿童知觉特异性随年龄增长而增加的趋势。实验内容是向不同年龄的儿童提供一套用标准印刷体大写字母打印成的书信形式，其中有一份是标准书信格式，其余则是与标准格式不一致的其他格式，有的是排列方式不一致，如颠倒；有的是样式不一致，如直行变得弯曲、错行等。对4—8岁儿童进行实验，结果发现随着年龄的增加，知觉形式差别的能力也提高。许多年幼儿童把与标准格式类似但事实上是不同的书信形式都当成是标准格式，甚至是颠倒的格式也未被拣出来，而年长儿童的知觉比较接近标准格式。可以推测，年长儿童的优异成绩有赖于他们对字母信息的经验。吉布森认为，知觉发展包含着知觉学习，例如，儿童学会探索、比较以及学会从不同的系列对象中抽取信息。知觉学习过程对于儿童和成人都是一样的。当一个成人面对着一项不熟悉的任务（如学习希腊字母）时表现出来的行为与孩子的表现很相似，所不同的是成人比儿童更善于了解任务中包含着什么，更容易把握哪些信息是与任务有关的，因而能比儿童更快、更有效地获取所需要的信息。

2. 注意实现最优化

在吉布森看来，知觉发展与注意发展几乎是同义词。注意有赖于收集信息的行为，尤其是关于物体的可知度的信息。这些注意行为包括外显的探究行为，例如，在两张脸上前后地注视，把头转向声源，用鼻子嗅玫瑰花等。此外，还有一些不容易观察到的注意行为，例如，在物体的颜色、形状之间，先注意颜色，后注意形状等内在特征。作为注意行为的结果，儿童从周围环境中提取某些信息，同时忽略另一些信息。儿童如何有效地实现他们的注意行为，在很大程度上取决于他们的发展水平，但在儿童最初的知觉开始活动时，就开始收集信息，确定知觉以适应每一个环境。

吉布森于1988年提出婴儿注意发展阶段的假设。这些阶段并非严格的界限，事实上它们在时间上有相当的重叠。

阶段1（从出生到4个月左右）：婴儿能在他们直接的视觉范围内，通过转动他们的头和眼，注意事物的实际运动，注视知觉排列，初步发现物体及其排列的特征，从中得到信息。例如，他们能知觉深度、物体单位和事物之间的因果关系。他们还能从其他物体或从周围环境中分辨出自己的运动。在知觉事件的过程中，视觉与其他通道的知觉（如听、触等）探索共同存在。当向婴儿呈现两张脸的图片供其选择时，婴儿明显地倾向于略带运动并配有元音的脸型。研究者还发现，婴儿对有配音的电影倾向性大于不配音的电影。

阶段2（约4—7个月）：随着生理的成熟，婴儿手的活动大大增加，例如，能伸手抓握，视敏度也显著提高。儿童利用手的行为增强了对物体的操作，例如，将物体抓在手中挤压、碰撞、打击、扔掉等，从而发现了物体新的可知度。手的活动使知觉得到了触觉的检验，这对于识别物体是十分有价值的。儿童开始发现物体之间的相同之处和不同之处，最后，发展到把部分掩盖的物体看作是同一单元的水平。用一块矩形布盖在一根木棍的中央，使木棍两端露在外边。当木棍左右移动或前后移动时，婴儿能知觉到露在矩形布外的两端是同一根木棍。

阶段3（约8—12个月）：婴儿学会走路后，活动范围大大增加，因而注意的范围也大大扩展。他们能围绕物体运动，学会运用补偿或纠正性的动作绕过障碍物走到目的地，周围物体所带的可知度强烈地吸引着学步儿童，他们经常会为了纯粹的娱乐，把一个东西从这儿搬到那儿。吉布森注意到，可知度为儿童造就了学习的机会。在发展过程中，儿童的注意通过各种途径变得越来越有效，变得富有探索性，变得更能主动地知觉物体的整体，而不仅仅是对某个单一元素（如光线或移动）作反应。儿童注意的杂乱性减少，变得更专一，更能获取信息。这样，那些不相干的信息就被模糊掉了。例如，当询问儿童两张有关房屋的图片是否画得一样时，年长的儿童比年幼儿童能更多地使用有效的注意策略。年长的儿童能有条不紊地在两座房屋的相应部位来回地看，例如，从外形到外形，从窗户到窗户，一直看到作出判断。年幼儿童的扫视表现出有点无序。种种实验都表明年长儿童比年幼儿童收集信息的方法更有效，因而可以获取更多的有用信息。

在不同的活动中，注意的表现形式也是不同的。例如，在过马路时，眼睛要左右来回看，而在投篮时则需要盯着篮圈。注意力的提高受儿童自身反馈的影响，同时也受言语指导，如"注意脚下的球"，或"过马路时看清两边的车辆"。

从以上发展阶段中，我们可以概括出注意与知觉有以下几点变化。

（1）儿童注意的信息与他所面临的任务之间的一致性越来越高，儿童学会更准确地确定信息与任务之间的相关。

（2）儿童的注意变得越来越灵活。儿童学会在两种不同的知觉方式中确定一个更有效的方式。

（3）儿童的知觉准备状态越来越明显。随着儿童经验的增加，他们对事件发生具有初步的预期准备，学会等待什么，注意什么，看什么等。

（4）儿童的注意变得更加经济、有效。儿童学会注意刺激的结构和次序，把信息应用到自己的实际活动中去，学会如何同时注意更多的信息，从而使注意变得更经济有效。这一内容将在下面的第 3 点详细阐述。

3. 信息获得更加经济有效

如同皮亚杰认为人的认知在不同的年龄阶段有不同的认知结构，但是有相同的认知机能（同化和顺应）一样，吉布森认为在人的一生中，无论什么年龄，其提取信息的机制是一样的，它们只是随着年龄的增长，变得越来越经济有效。儿童通过确定几次外部特征，获得恒常性和形成知觉结构单位，从而使知觉变得更加经济有效。

（1）确定刺激的外部特征。有人用角膜影像研究发现，出生 1—7 天的新生儿注视刺激图形的一个显著特征，就如三角的一个角。2 个月的婴儿趋于表现出广泛的审视，凝视外形的显著特征而忽略其他方面的倾向，可能会影响儿童的形状知觉达数年之久。有研究报告，学龄前儿童和小学一二年级儿童在辨别五种不规则五角形时，表现出受刺激图形底部的线索指引的倾向。随着年龄的增加，儿童发现与辨别这些形状的能力才有所增加。吉布森在这里所指的"确定刺激的外部特征"，主要指儿童学会利用外部特征对一类物体作出判别和根据刺激物的外部特征加以分类，从而使知觉获得更多的信息。

（2）获得恒常性。呈现在儿童面前的刺激物由于朝向、距离、光线明暗的变化会形成视网膜成像的不同，但儿童能在成像的变化中认识到对象并没有变，这就是知觉恒常性的获得。知觉恒常性的获得可以大大减少对刺激物重新感知的过程，从而极大地提高知觉的有效性，提高了知觉过程的"经济效益"。

（3）形成知觉结构单元。吉布森理论的一个基本观点是认为世界是有结构的，而我们对这一结构能逐渐地加以认识。人们不可能对原本无结构的世界强加上一个结构。对于有结构的世界来说，人的知觉发现了这个结构，便能准确地把握对象。例如，乐曲有一定的结构，当我们把握住它的旋律节奏等后，也就把握了整首乐曲。阅读也是这样，只要读者把握住阅读材料的结构(包括词法、句法、语法和意义结构)，便能顺利地阅读和理解材料。不掌握知觉单位的结构，知觉过程将变得尤为艰难，正如吉布森指出的，人们不可能一个注释接一个注释地读一本交响乐总谱，也不可能一个字母挨一个字母地读《战争与和平》。"从书面语言中发现这种结构次序是阅读者获得经济的知觉的标志。一个有效地和自动地使用所有结构给定的冗余信息的读者与一个依靠一个字母一个字母发声的初学者之间是有天壤之别的。"[1]"在婴儿期就有那种人所特有的尽管是初始的知觉方式。这些方式包括一种在注意方面的选择性，例如，注意有结构的而不注意没有结构的东西，包括最初几个星期对于特定刺激如母亲的面孔和声音或自己身躯的结构等的知觉分辨力的迅速发展。"[2]在知觉过程中，如果一个儿童能达到有用的分析水平，即知觉到对象的外部特征、恒常性和结构单位，他的知觉就变得经济有效了。他会发现，只要把握最小数量的特征，便能完成知觉任务。例如，要分辨字母 b 与 d，最经济的知觉是注意它们的方向，而不要管它的大小和颜色。

晚年，吉布森对自己的观点作了一点调整(1988)。她过去认为，外形特征、恒常性和结构单元是知觉学习的本质。后来，她认为它们主要是作为信息的源泉，导致知觉对象的可知度的发现。另外，她认为，结构单元的发现仅仅作为一个区分结构的不同水平和发现他们之间关系的更为一般化过程的一个方面。所有的部分联系为一个整体。例如，婴儿最终能从人的声音中抽取出语调和言语模式中更加精细微妙的方面(如语法结构)。这一观点更加符合结构论的整体性概念。

(五) 知觉发展的机制

以上，我们分析了知觉发展给儿童带来了什么？即带来了更加分化的知觉，儿童可以自由地进行随意注意并经济、有效地获得信息。为了进一步解释儿童知觉的发展，吉布森于 1969 年提出了知觉发展的机制，即抽取、过滤和注意的外围机制。

1. 抽取

这里，吉布森运用的是 abstraction，在思维心理学中指的是"抽象"这一思维过程。为了减少歧义，我们这里译为"抽取"。但事实上，两者并没有本质的意义差别。一个知觉对象(物体、事件、空间排列等)总是包含着各种特性，如大小、颜色、轻重等。这些特征都包含在刺激之中。只有当儿童运用知觉将这些特性抽取出来，它们才变为知觉的信息。除了对象自身的特性外，还有各对象之间的外部关系，如上下、前后、左右等，都必须经过抽取才能被感知。因此，毫无疑问，大脑抽取信息的功能是知觉发展的机制。

① Jibson E. J., Owsley C. J., & Johnston J. (1978). *Perception of invariants by five-month-old infant: Differentiation of two types of motion.* In: *Developmental Psychology*, (14), p.748.
② 墨菲等著：《近代心理学历史导引》，林方、王景和译，商务印书馆 1980 年版，第 465 页。

2. 过滤

在知觉过程中,一面要抽取有用的信息,同时还要排除杂乱的、不相干的"噪音",这就需要过滤。事实上,过滤和抽取是一个问题的两个方面,如同一个硬币的两面一样。典型的过滤与抽取作用的事例被称为"鸡尾酒宴会现象"或称"生日宴会现象"。在这类场合人声鼎沸,但并不影响你与朋友之间的交谈,因为你能过滤掉噪音,专门收集你想听到的声音。过滤是一种有发展过程的技术。在一个过滤的测试中,让儿童双耳分听,要求他重复出其中一个耳朵听到的信息,明显看得出儿童过滤无关信息的能力有一个发展提高的过程,尽管学前儿童经过练习也能做得很好。

3. 注意的外围机制

抽取和过滤是接收信息或拒绝信息的内部过程。与此同时,知觉还表现出注意的外部机制,例如,儿童把眼睛转向电视机,把手伸向水果盘,用鼻子使劲嗅花香……通过这些外围行为表现出儿童收集信息的能力。一些注意的外围机制是天生的,例如,转动眼睛移向声源。注意的外围机制有助于儿童知觉对象的外部特征、事物之间的关系及结构单元。

到了1984年,吉布森又增加了三种活动作为推动知觉发展的要素,那就是:探索活动、获得恒常性和结果观察。吉布森认为,这三种活动一起导致发现可知度。

知觉发展的过程与认知发展过程是紧密相联的,而且呈螺旋形的关系。在螺旋形发展过程的每一圈上,事物的外部特征、新属性作为知觉活动的结果被知觉,并不断构建一个丰富的认知世界。

尽管吉布森也曾提到生理成熟作为内部机制对知觉的贡献,但她事实上很少加以注意,而是更多地考虑形形色色物体和事件的经验,帮助儿童学会认识哪种知觉信息与完成某一个任务以及内在动机有关,使儿童主动探索环境并力图理解、适应它。

四、对吉布森知觉学习理论的评析

吉布森理论向我们解答了一个古老的问题:"我们如何知觉这个世界?"但她的答案是全新的。我们是学习从刺激中抽取信息来知觉世界的。这个信息反映着周围物体、事件、地点及它们为儿童活动提供的可知度。人类是积极主动的知觉者,他们直接地知觉对象的外部特征、恒常性和结构单元。知觉的发展是一个不断积累经验的过程。生态环境对知觉学习十分重要。儿童学会从环境中知觉信息,从而更好地适应环境,或者说,在发展中提高目标与知觉之间的适应。

从以上的概述中,我们可以看出吉布森的知觉学习理论有以下几个特点。

(一) 反对中介说,提倡差异说(或称特征说)

中介说和差异说都是知觉学习理论。按中介说,人是通过学习将各种刺激与别的东西(如语词或食物)加以联系起来学习辨认环境中的刺激的。按差异说,知觉学习不是由于联系过程的结果,它的产生是因为知觉者(主体)对以前没有注意到的刺激特征的敏感性逐渐增加的缘故。正因为如此,吉布森并不认为感觉是知觉的先决条件和原始资料。

如果这一观点得到最终的证实,那么,传统心理物理论者就会从心理学的大殿中被请出去,因为它与其说是心理学的,不如说是生理学的了。针对中介说和差异说,不少研究者按不同的观点想方设法地用实验验证。有些研究者发现,用低于人类的动物作被试,所得的结果符合中介说,而用人类作被试时,结果往往变得含糊不清。吉布森根据自己的研究成果证实了差异说,突出了主体在知觉活动中的主动性、积极性。这一点,与皮亚杰的理论很相似。皮亚杰十分强调主体的活动,强调主体和客体的相互作用,而吉布森也认为儿童具有从经验中学习和适应环境的惊人能力。从这个意义上讲,吉布森的知觉学习理论在取向上与以皮亚杰为代表的当代广义的认知心理学是一致的。当然,两者也不完全相同,如同在一个核心的概念——"结构"上,看法就不同。皮亚杰认为结构是在主体与客体相互作用的过程中不断建构起来的,而吉布森则认为结构是刺激本身固有的,儿童只是在知觉过程中学会发现它而已。

(二)重视知觉的生态环境

吉布森充分认识到知觉是一个完整的活动。任何对象、事件、空间排列都是在一定的环境中出现的,儿童只有在这种自然环境中才能准确地抽取出刺激所包含的信息。这种自然环境中的知觉,是儿童适应环境的基础。吉布森曾不无自豪地宣称她的工作是"室外天空下的知觉,代替了那种暗室中光点的知觉。"[①]她的这一理论与科学研究的实践,把许多研究者带出了实验室,力图贯彻科学研究中的生态学原则。吉布森还十分注意让知觉研究为我们的日常生活服务,贴近儿童心理发展的实际过程。吉布森注意到,尽管有成千上万的关于儿童注意和记忆的研究,但在不同情绪中儿童注意什么和记忆什么,关于这一点我们却了解得很少。儿童的目标和环境如何影响知觉过程? 在家中或在学校中儿童注意什么样的人或材料? 他们什么时候看电视? 又是怎样找到玩具? 通过这些问题,吉布森把自己的学术注意力集中到儿童——环境层面,研究儿童如何在一个复杂多变的世界中主动地寻求有生态意义的信息。她的这些思想对于从事学前儿童、特殊儿童心理和教育研究的专业人员尤为重要。

(三)强调通过知觉的主动探索获得知识

1988 年,吉布森发表了一篇题为《知觉、活动和知识获得发展中的探索行为》的论文,表明探求知觉与知识的关系已成为她的理论主题。我们通过知觉的主动探索获得有关世界的知识,包括对象的外部特征、事件以及它们的可知度——这些都是有关世界知识的基础。此外,通过知觉,我们还发现事物的类型、时空排列,抽取出对象的特性、因果关系,形成一定的认知地图。

从另一方面讲,我们获得的有关世界的知识又反过来指导我们的探索活动,使儿童学习更多的任务和目标,学会如何识别什么是有效信息以及怎样获得这些信息。

在心理学领域中,吉布森并不是把知觉与知识联系起来的第一个人。经验主义就认为理智是由知觉派生出来的,知识乃是现实的一种复写。皮亚杰则明确指出,"概念并非

---

① Miller P. H. (1989). *Theories of developmental psychology*, W. H. Freeman and company, New York, p. 413.

单纯地由知觉产生。诚然,在这范围内,知觉只提供与指定的观察点(即在指定时间内被试的观察点)相符合的瞬时印象,而概念则包含所有观察点间的协调,并能理解从一个观察点引向另一个观察点间的转变。"①一言概之,知识是修正知觉的一种方式。布鲁纳也有知识是丰富知觉的看法。与他们相反,吉布森认为,知识仅仅是一种直接的知觉活动方式,这一方式引导儿童从直观的对象系列中有效地、准确地抽取信息。

吉布森对于知觉和知识关系的理解,可能使我们感到困惑。因为从传统的观念来说,知觉是认知过程的初级阶段,通过知觉获得的知识也属于感性经验阶段,是一种重要的但又是不完全和不系统的知识。如何理解这一问题呢? 关键在于对知觉的界说。在吉布森的理论中,知觉已经不仅仅局限在通常意义上的感知了。事实上,吉布森的知觉已经包括从知觉辨别到物体的关系,再到概念抽象的广大领域。因此,我们很难继续使用传统的概念来解释知觉和知识的含义,为了学会一种理论的要义,有时,我们不得不调整一下自己原有的知识结构。但有一点是明确的,即吉布森十分强调主体的直接知觉,而直接知觉是不可能抽象出事物内在的、本质的"间接"知识。知觉的"抽取"与思维的"抽象"不可同日而语。为了进一步弄清这个问题。我们不妨进而探讨一下吉布森对知觉与认知的关系的看法。

(四) 知觉与认知——一个难题

1969 年,吉布森出版了一部集中反映她的理论和研究成果的著作《知觉学习和发展原则》,在该书中,吉布森阐述了知觉与认知的关系(见图 3-1)。

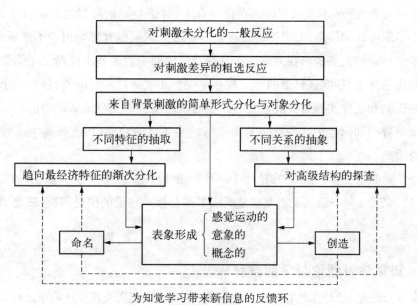

为知觉学习带来新信息的反馈环

图 3-1　知觉过程与认知过程相互关系的发展示意②

---

① 皮亚杰等著:《儿童心理学》,吴福元译,商务印书馆 1980 年版,第 37 页。
② Gibson E. J. (1969). *Principles of Perceptual Learning and Development*. New York: Appleton-Century-Crofts.

从图中我们可以看出，在吉布森看来，无论是知觉还是认知，从起点上看是同源的，都要经过对刺激的不断分化，然而，经过"不同特征的抽取"形成知觉，经过"不同关系的抽象"形成认知，知觉与认知之间还相互反馈，带来新的信息。可见，吉布森并非很想着意区分知觉和认知之间的区别。这样，她的理论不可避免地在这一问题上留下了一片模糊。其中还包括知觉与记忆的关系，知觉学习的结果如何保留下来？儿童与成人对信息贮存的方法是一样的吗？至于思维这一高度复杂、高度分化的认知活动，对事实抽象的、本质的认识，更不是用知觉学习可以替代的。更何况影响儿童知觉的因素还有动机、情绪状态、态度、价值观和个性特征等！吉布森理论在这方面的阐述是不全面的。但是，吉布森关于知觉与环境不可分割的观点为以后出现的第二代认知科学提供了科学思想和实验结果的支持，功不可没。

　　与其他心理学大师及其理论相比，吉布森理论不是那种气贯长虹的惊世之作。她的研究领域就限定在知觉学习和发展中，在这个领域中，她唯一的研究原则就是通过一个又一个有分类的实验为理论添砖加瓦。虽然，她还没有做到让自己的理论预见从所有的实验中得到证实，也还没有使自己的理论对知觉这一心理现象作出总体的说明，但她在这一领域中几十年如一日的努力，功不可没。她那对事业的坚定、专注，务实、勤奋、充满智慧又不失幽默的精神，给每一个从事儿童心理学和儿童教育工作的人留下了富有启迪的影响。平心而论，吉布森的知觉学习理论，尽管在知觉发展研究领域中是众所周知的，但并不支配这一领域的研究和发展取向。在我们看来，这正是她的可贵之处。科学的发展，就是一个不断冲破旧体系、旧思路的过程。一个对某一领域有影响但并不垄断的理论，才是推动这一领域发展的内在力量。吉布森及她的同事们的基本课题是年幼婴儿能发现什么和注意什么，用实证科学的态度精心地收集儿童知觉发展的资料，这对于儿童心理发展的研究和教育实践是极其重要的。她的理论使我们充分地认识学前儿童教育与特殊儿童教育中如何运用这些规律发挥儿童的主体活动功能，切实提高学前教育与特殊教育的质量。

　　从分类学的角度看，吉布森理论属于一种功能性理论，它按"研究—修正"的定向不断充实、发展、完善。每一项实验研究的最高成果都会推动理论的前进，具有旺盛的理论生命力。

五、知觉学习理论与学前教育

　　知觉学习理论，给幼儿教育带来了重视生物学因素，重视在真实环境中鼓励儿童自主学习和研究儿童行为的新理念。

（一）创设活动环境，让幼儿发挥知觉主动性

　　每一个儿童都生活在特定的环境之中。但他们并不是消极地接受环境的刺激，而是在一定的环境中主动地活动着，通过自己的行为、动作影响、组织并适应环境。这一点，吉布森的知觉学习理论已经阐述得非常深刻。这一理论对我们幼儿教育最大的启示就是要

求我们在幼儿教育中,努力创设活动环境,让幼儿发挥知觉主动性。

吉布森强调在自然情境下,研究儿童的知觉行为、儿童的目标和作用于他的信息之间的关系,在日常生活中锻炼儿童知觉可知度。

案例 3－1

"圈养"与"散养"[①]

......

女孩(1 岁半)的个头才七十多公分,光亮的头顶上薄薄趴着一层软软的黄色头发。从体型看并不算胖。父母忙着招呼客人,无暇顾及她,她便自己找事做。看见几位阿姨坐在台阶上择菜,这个小娃娃也自然地凑到大人对面蹲下,跟着人家一起剥起了毛豆。一会儿,地上便堆起了几堆豆荚。虽然谁也没说,可这个小娃娃站起来,向五米外的一家店铺走去。她绕过横在路上的一辆自行车,放在路中间的一张板凳,穿过人群之间才五十厘米宽的缝隙,上了一级台阶,从那家店的门缝处找到一个簸箕。虽然簸箕上的棍足足高出她四十多厘米,但她一把拿起棍的中间靠下部位,又顺着刚才的路蹒跚回来,蹲在豆荚旁,用小手一把一把抓起豆荚往簸箕里放,就算有不小心留在簸箕外面的,她也一个一个捏起来,放进去。簸箕装满后,她又稳稳地举着,走到一米开外的垃圾箱前,将豆荚倒进箱里,竟然没有一片撒在外面。发现有没倒干净的豆荚,她还两手拿起簸箕在箱边磕了两下,直到豆荚都落入垃圾箱中,如此反复两次。其间摔倒了一次,但没哭,妈妈只是走到她身旁告诉她没事,快自己起来。于是,她又自己爬了起来。自始至终,那些阿姨无人起身帮忙,只是随口夸了句:"哎呀,行啦,还真行!"清理完豆荚,一位叔叔请她把钥匙放回抽屉里,她摇摇晃晃走过去接过钥匙,回到自家店铺前。门前的台阶有三十多厘米高,差不多到她大腿了。只见她扶着门框,右脚先迈到台阶上,蹬了下再把左脚抬起,好不容易上了台阶进了屋,找到放钥匙的抽屉,踮起脚尖拉开抽屉,将钥匙放了进去。

文章的作者这样感叹道:我几乎不敢相信这样大的孩子能做这么多事情,眼见她自主、自然地完成了这些任务,不能不感到意外。短短几分钟内,小小年纪的她完成了如此多的动作,做了这么多的事情。动作方面,会走,而且无需他人帮助,能自己绕过障碍物走;会蹬,会扶,会自己上台阶,上、下肢有力量,四肢动作配合协调;会拉,能自己拉开抽屉,会熟练剥豆荚,大拇指和食指灵活,且不同手指的功能已分化,手眼协调。思维方面,能进行一定的因果推理,会根据地上的豆荚,联系到簸箕、垃圾箱。社会品质方面,知道不乱扔垃圾,要把垃圾放进垃圾箱里,做事认真细致不马虎;摔倒了自己再爬起来。这些都说明,小女孩的粗大动作和精细动作都比较自如熟练,思维也很流畅,做事很有序,同时非常自信,坚强不怕困难,解决问题的能力极强,这些发展并非一日之功。有些能力甚至可

---

① 陈立:《"圈养"与"散养"》,《学前教育:家庭教育版》2012 年第 3 期。

以与 3 岁孩子的能力相媲美。

人的感觉系统有视、听、嗅、味、触、前庭平衡、本体(动觉)等六大系统,感觉统合是在感觉——运动当中逐渐发展成熟起来的。解决的方法便是给予儿童充分的运动机会,促进孩子感觉统合健康发展;促进前庭平衡感觉的训练方法有传球、趴地推球、跳绳、柔道、旋转鞍马、荡秋千、走平衡木、顶碗走直线、蹦蹦床、垫上跳跃、爬木梯、绳梯、玩滑梯、四组爬行、垫上翻滚等;促进儿童触觉发展海洋球、踩踏协力车、滑板游戏、触觉盘、捏面塑、亲子柔道、水浴、泥浴等;促进儿童空间知觉发展的训练方法有亲子投球如狂比赛、智力拼图、搭积木、走迷宫训练、视觉再认训练、图形推理训练(关于图形排列、翻转等的推理训练)等。[①]

(二) 关注儿童对人际关系的知觉能力

儿童对于人际关系的知觉能力也值得大家注意。儿童具有情绪参照的能力,她可以通过依恋的人的情绪来认知、调节自己的情绪。所以,良好、和谐的环境对于儿童的成长十分有帮助。

案例 3 - 2

"吵架为什么还要结婚!"

圆圆是个 5 岁的小女孩,性格活泼,但是很敏感。最近,爸爸妈妈因为一些事情总是争吵。每到这时圆圆都在一旁听着,然后说:"我认为妈妈有道理的。"有时会说:"我认为爸爸有道理的。"就这样过了几天,爸爸、妈妈还在断断续续地争论。一天晚上,爸爸陪圆圆睡觉,躺在床上的父女开始聊天了。圆圆:"爸爸,你和妈妈吵架,为什么还要结婚呢?"爸爸很惊讶,无言以对:"你问问妈妈吧!"于是圆圆高声地问:"妈妈,你和爸爸这么爱吵架,为什么还要结婚呢?"在客厅做事的妈妈听到了,连忙赶过来,但真不知该如何回答。转而责怪爸爸:"怎么教孩子问这个问题?"爸爸很委屈:"不是我教的!"之后,爸爸、妈妈达成一致——避免在孩子面前吵架!

儿童靠知觉来感受、解读成人的情绪和关系。圆圆体现出了 5 岁孩子的知觉能力,她知觉到了父母之间的关系和状态。她一开始从事实出发,判定爸爸妈妈谁对谁错,并意识到了爸爸妈妈出现了新的问题。这也符合吉布森有关儿童在具体环境中知觉行为的观点。吉布森把人的知觉看作是适应行为。儿童不仅能主动知觉物理环境,同样还能主动知觉社会环境、人际关系。

本章小结

知觉学习理论属于生态学的发展理论。生态学的发展理论是生物学与心理学之间跨

---

① 《话说感统失调——前庭平衡感觉失调》,《学前教育:家庭教育版》2012 年第 1 期、第 3 期、第 4 期、第 5 期。

儿童心理发展理论(第二版)

学科研究的成果,横向取向,研究在特定环境中儿童行为的特点。

知觉学习理论向我们揭示了知觉与动作行为之间的不可分割的关系——可知度的重要性。知觉是一个主动适应环境的过程,儿童在特定环境中的知觉行为,就是在环境中不断抽取环境和对象的特征的学习过程。在学前教育中,我们应该努力为幼儿创设环境,让他们主动活动,创造性地学习。

思考重点

1. 知觉是被动地接受刺激的过程还是主动的学习过程,是两种不同的心理学观点,也是两种不同的认识论观点。学习了吉布森的知觉学习理论后,你对知觉的认识有没有变化?

2. "可知度"的实质内涵是什么?这一内涵对认识婴幼儿的行为特征和学习活动有什么积极意义?利用知觉学习理论来分析早期教育中现存的课程,你有什么发现和体会?

3. 研究儿童不能离开他们所处的环境,研究知觉要重视生态环境,这是吉布森几十年学术生涯为我们树立的科研原则。这一观点对你的教育科研有什么启示吗?

4. 请你谈谈本书引进吉布森的知觉学习理论的学术意义和价值。

阅读导航

1. [美]J. P. 查普林、T. S. 克拉威克著:《心理学的体系和理论》(上册),林方译,商务印书馆1983年版,第164—241页。

2. [美]托马斯·L.贝纳特著:《感觉世界——感觉和知觉导论》,旦明译,科学出版社1983年版,第185—285页。

3. Gibson E. J. (1969). *Principle of perceptual learning and development*. New York: Appleton-Century-Crofts.

4. Gibson E. J. (1988). *Exploratory behavior in the development of perceiving, acting and the acquiring of knowledge*, Annual review of psychology Vol. 39. Pala Alto, Calif: Annual review, Inc.

第四章　行为主义发展理论

通过本章学习,你能够

◎ 理解行为主义心理学理论的基本概念和方法论意义;

◎ 了解行为主义理论自身的发展轨迹及其核心概念的内涵和价值;

◎ 了解行为主义心理学对幼儿教育的现实作用,学会运用该理论分析和指导幼儿教育中的具体问题。

本章提要

行为主义理论是心理学史上具有重要影响的理论。行为主义反对心理学研究意识和心灵,主张把人的行为作为心理学的研究对象。行为主义认为新生儿的心智是空白的。人的成长就是不断接受环境中的刺激而学会的。华生创立的经典行为主义研究由刺激引发的应答性行为(S—R);斯金纳创立的新行为主义研究由强化控制的操作性行为;而班杜拉则研究由行为观察主导的社会学习行为。严格地说,行为主义理论不是一种发展理论,而是一种"不发展理论",因为它只强调反应的积累(量变),不讲质变。但它对早期教育十分重要,我们应该十分重视它的价值。

行为主义的学习理论是一个不断变化的理论体系。我们从行为主义理论体系自身的变化中,可以领会到心理学研究的科学性和复杂性。今天,行为主义虽然已经不再占有统治地位,但它的许多基本概念、科研方法论和实际操作方法依然发挥着重要的作用,在早期教育和特殊教育领域中尤显重要。

一、理论背景

行为主义产生于20世纪初期的美国,在心理学界风行了至少50年。当时,随着社会生产力的提高,现代化生产对人的行为的要求也越来越高。科学管理、行为控制直到通过行为技术的社会控制,作为一种革新的思想受到人们的高度重视。这就构成了行为主义产生的社会背景。

随着19世纪自然科学取得划时代的进步,哲学上的实证主义开始明确地提出科学的首要任务是收集可供简单概括的确实的观察材料。孔德(Auguste Comte,1798—1857)认为应该用更客观的方法研究人。马赫(Ernst Mach,1836—1916)认为科学只不过是人的经验的更完备的数学整理,任何不能观察到的实体都是无意义的,只有客观的资料、经验才是可以接受的。实证主义作为一种科学哲学——从哲学角度对科学图景作出描述的理论,为行为主义者提出了科学实践的实质,乃是对看得见的行为的客观观察的启示。

行为主义,作为一个心理学的理论体系,最根本的是对传统心理学——构造主义和机能主义的反叛。因此,有必要首先认识一下构造主义和机能主义心理学是怎么回事。

构造主义心理学的领袖人物是铁钦纳(E. B. Titchener,1867—1927)。他认为,一切科学都有相同的主题——"人类经验世界的某一方面或某一阶段"[①]。通俗地讲,物理学家从物理过程的角度看各种物理现象,而心理学家则关心这些现象如何被观察者所发现,研究经验着的人的经验。因此,心理学的主题是意识经验。由于意识经验只有经验着的人才能意识到,所以只有采用内省法才能研究人的心理。所谓心理学就是以内省方法对意识的研究。内省法是一种高度专业化的自我观察形式,其目的是观察意识的内容,解答经验的"什么"(What)、"如何"(How)和"为什么"(Why)三部分问题。关于"什么",是由心理过程的系统内省分析出那些心理元素来解答的;关于"如何"是说明通过内省分析出来的心理元素如何联结成复合物的;至于"为什么",是用一个与心理过程相对应的神经过程来解释心理过程。这一问题指出了心理过程的描述,涉及哲学的身心关系命题。铁钦纳一方面认为每一个意识都有相应的神经过程,另一方面又不承认神经活动是心理过程的原因,他认为意识和脑的神经过程是平行的,两者互不为因果。他作了一个形象的比喻,露水是在大气与地面间某一温差条件下形成的。观念是在神经系统中某些过程条件下形成的。从根本上说,说明的目的和方式在这两种情况中是完全相同的。意思是,生理不是心理的原因,两者是互相平行的。因此,铁钦纳在身心问题上是个二元论者,因此,可称之为身心平行论。

铁钦纳认为,心理过程通过内省可分析为感觉、意象、感情三类元素。这些元素具有各种属性,如质量、强度、持续性等。元素在时间和空间上通过联想结合为知觉、观点、感觉、感情、情绪一类的心理过程。

内省是一个极其专业化的方法,一个缺乏素养的内省者很容易犯"刺激误差",也就是说他不是内省自己主观的感觉,而是去报告刺激物本身。例如,在触觉实验中,内省者只能报告皮肤上有几个触点,不应去关心什么东西刺激了自己。观察一个苹果时,只能报告自己意识中的颜色、亮度、空间特征,不能报告"看到一个苹果"。当一个人观察情绪意识时,很难做到在实验室中冷静观察。铁钦纳提出了"回想"法,即先让情绪经验不受内省的干扰,继续完成以后再去描述对情绪经验的回忆。对于不能进行内省法的对象,如儿童、精神病患者和动物的研究,则采用"类比内省"法,由心理学家仔细观察受试的行为以后,

① 查普林等著:《心理学的体系和理论》(上册),林方、王景和译,商务印书馆1983年版,第73—74页。

再设身处地地尝试着去解释受试的经验。

铁钦纳的构造主义心理学在所有早期的心理学理论体系中是最严密、最连贯的。作为一种学术运动，构造主义把心理学引进了科学的大殿，这是它的一大历史贡献。但构造主义的方法论的脆弱、研究范围的狭窄和理论体系的僵化，使它难以容纳心理学丰富的内容，适应不了学科的迅速发展。

机能主义心理学是由美国许多杰出的心理学家所提出和传播的心理学体系，它一开始就是作为构造主义的对立面而出现的。虽然它没有公认的领袖，也没有组成一个统一的学派，"它好像是一场多头领导的游击战，使用着不同的武器，从不同的战壕向构造主义开火。"[①]机能主义的主要兴趣在于把心理学看作是一种适应环境的机能。这一观点可以追溯到达尔文的进化论和詹姆士（W. James, 1842—1910）的实用主义哲学。从 19 世纪50 年代起一直到今天，机能主义的"某些重点保存在行为主义中，保存在日益显著的不大注意探讨意识问题而更加关心活动问题的趋势中"[②]，注重研究学习、测验、知觉及其他一些机能过程。

机能主义心理学家的基本观点可以概括为以下方面：心理活动是一个连续的整体；人的活动与社会也是一个整体；反对把心理分析为各个元素或部分；心理学不能脱离社会进行研究；心理学要研究动作的机能，而机能表现为协调，协调实际上是适应活动，意识是有机体适应环境的工具。"我们将把意识的一切操作过程——我们的一切感觉、一切情绪、一切意志活动——都视为对环境的有机适应的种种表现，这一环境，必须记住，既是物质的，也是社会的。"[③]心理学是"心理活动研究"，心理活动是"从事经验的获得、巩固、保持、组织和评价，及其以后在指导行为方面的利用。"心理作用在于"达到对于外界更有效的顺应"（卡尔，H. A. Carr, 1873—1954）。

在研究方法上，机能主义提倡主观观察（即内省）和客观观察相结合，承认内省是必须的，因为内省可以达到心理意识的一面，但内省不限于把心理现象分析为元素，还应观察心理现象对于主体适应环境所执行的机能。对于内省得不到的材料，则需用物理科学的客观观察加以研究。事实上，客观观察成为机能主义者偏爱的技术。

关于研究范围，机能主义心理学与生理学关系密切，因为两者都研究动物机体。此外，它接受社会学、教育学、人类学、神经学等学科的成果和方法论，并尽力为这些学科作出应有的贡献。这样，机能主义打开了应用心理学的大门，为心理学的发展和繁荣开辟了广阔的天地。

机能主义认为，学习是心理学的中心问题。学习的过程是一个"知觉—运动"的过程，因而机能主义者对知觉过程有普遍的嗜好，认为知觉是顺应中的一个基本过程，因为我们如何知觉环境在很大程度上决定着我们反应的方式。

---

① 高觉敷主编：《西方近代心理学史》，人民教育出版社 1982 年版，第 205 页。
② 加德纳·墨菲著：《近代心理学历史导引》，林方、王景和译，商务印书馆 1980 年版，第 301 页。
③ 同①，第 251 页。

机能主义已经被吸收到当今的主流心理学之中。作为一个理论系统，它是成功的。但是，有一位心理学家不以为然，认为构造主义和机能主义是一丘之貉，因为它们都是心灵主义的，并且都使用内省法，应该加以抛弃。此人即是行为主义心理学创始人华生。行为主义的兴起在心理学史上是一个划时代的转变，而后，以斯金纳、班杜拉为代表的新行为主义者，又把行为主义推向一个新的高度。

二、华生的经典行为主义

（一）华生略传

华生（John Broadus Watson，1878—1958），生于美国南卡罗莱纳州格林维尔的一个农场。在格林维尔读完小学和中学，学习成绩不算理想。他对这段童年生活的评价是"我是懒汉，直到我懂事，有点反抗精神……我从未在一个年级读完过书"[1]。中学毕业后，先考入福蔓大学（Furman Univ.），取得硕士学位后进入机能主义心理学的大本营——芝加哥大学研究院，就学于教育哲学家唐纳尔生（H. Donaldson）和生物学家洛布（J. Loeb）。在唐纳尔生的指导下，完成了白鼠的习得行为与神经生理活动之间的相互关系的论文，于1903 年获得芝加哥大学第一个心理学博士学位。经杜威和安吉尔推荐，任芝加哥大学讲师和心理实验室主任，在比较心理学领域中拥有很高的声誉。1908 年，被聘任约翰斯·霍普金斯大学教授，不久便接任心理学系主任和《心理学评论》杂志编辑。霍普金斯大学是华生的行为主义心理学观点日趋成熟的温床，在那里他开始了一生中最为重要的事业。1913 年，他在《心理学评论》上发表了一篇类似宣言的论文——《行为主义者所看到的心理学》，举起了既反对机能主义，又反对构造主义的行为主义大旗，成为行为主义学派的领袖。一年后，他接触到了巴甫洛夫的著作，并把条件反射作为其学说的思想基石。1916 年，华生开始儿童心理方面的研究，并于1929 年出版《婴儿与儿童的心理照顾》，成为第一位把学习原则应用到发展的代表性人物。

由于一项献身性的研究，导致婚姻破裂，华生不得不黯然离开霍普金斯大学。再婚后转入商界从事广告行业，他仍不忘宣传行为主义思想，尤其是宣传儿童发展的观点。1957 年，美国心理学会授予他荣誉奖状，盛赞"华生的工作已成为现代心理学的形式与内容的重要的决定因素之一。他发动了心理学思想中的一场革命，他的论著已成为富有成果的、开创未来的研究路线的出发点"。华生于1958 年9 月逝世，享年81 岁。

拓展阅读

两次抑郁[2]

华生的一生经历了两次抑郁，第一次是在芝加哥大学求学期间。那时，华生的

---

[1] 格莱茵著：《儿童心理发展的理论》，计文莹等译，湖南教育出版社1993 年版，第303 页。
[2] 熊哲宏主编：《心理学大师的失误启示录》，中国社会科学出版社2008 年版，第181—182 页。

博士毕业论文是由安吉尔和一位神经生理学教授亨利·纳尔森共同指导的,研究方向为白鼠的学习和训练问题。他的论文力求探讨以下几方面:白鼠学习的两个基本问题:白鼠学习受哪些因素的限制或影响,以及它学习能力的广泛性;白鼠学习能力与其脑神经,尤其是髓质鞘的发育关系如何。

1901年11月19日,华生开始了他博士论文的实验工作。在实验开始后的整个冬天直至第二年夏天,华生终日与白鼠为伴,夜以继日地工作着,几乎陷入了疯狂的状态。尽管繁重的工作和持续紧张的精神状态压得他喘不过气来,要强的他仍然逼迫着自己坚持工作。最终,高强度的劳累和紧张终于击垮了华生——他患上了神经性失眠和抑郁,在几周内彻夜难眠。无奈之下,华生只好中断了自己的研究,到乡下进行了几个月的休养。这段时间的休养效果显著,华生恢复了精力,并在回校后很快就完成了自己的博士论文。由此,他在后来谈到抑郁症的治疗时常常强调换一个环境的重要性。

然而,1930年底,华生第二次患上了抑郁症,而且比第一次更为严重。当时华生在汤普生广告公司的工作已经取得了卓越的成效,但美国的经济却开始走上萧条,广告公司的业务骤减,华生也不得不更加勤奋地工作。公司的繁重事务和频繁地出差常常使华生感到力不从心。此外,在这期间还有两件事也使华生颇感烦恼,一是离开大学后一直没有放弃过的心理学研究因为合作者的离开而被迫中断,并再也没有找到合适的伙伴;二是华生与策动心理学创始人麦独孤之间的论战也使他感到身心俱疲。于是,在1932年至1933年间,华生再度患上了抑郁症。他失望至极,对自己的学术前程完全失去了信心,并几度企图通过自杀来解除痛苦。

两次的抑郁都让华生经历了极度的痛苦,但却正是这两次刻骨铭心的痛楚,让华生开始了对自杀的研究。通过调查,华生发现1926—1928年间,美国自杀的人数有显著的增长,而1930—1932年又是自杀的高峰年。通过分析,华生发现了美国人自杀率的上升与他们的生活状况有着密切的关系。对于预防自杀的方法,华生认为有两种:一是培养"消极反应",使人们产生无论处境如何都不能自杀的习惯想法;二是改变生活环境。华生本人也正是通过这种方法从两次抑郁的魔爪之中将自己解放出来,因此他对这一方法更是深信不疑。华生对自杀的研究是从心理学的情绪层面出发的,这对自杀的研究具有开创性的意义。

华生两次经历抑郁,却仍能从中坚强地站起来,有所发现,有所创造,而通过他对自杀研究所作出的贡献,我们所能看到的是隐藏在这背后的坚持和毅力,正是这一坚韧不拔、永不服输的精神促使华生取得了诸多的骄人成就。

(二)华生行为主义心理学的基本观点

1. 行为主义的界定

华生注意到,无论是构造主义心理学还是机能主义心理学,都把自己的研究对象确定在意识的范围之内。这些心理学设计了一个既无法证明又无法实现的假设，正如灵魂这一旧概念无法证明又无法实现一样。在华生看来，意识和灵魂这两个术语的形而上学内涵，在本质上是一回事。正因为如此，华生认为，"心理学在它存在的五十年中，本是一门实验学科，但却在力图作为一门毫无争论的自然学科在世界上获得它的地位上惨遭失败了"①。最令人不满的是心理学所用的术语建立起来的原理在现实生活中没有应用的场合，因此，华生认为，"心理学没有必要设想把心理状态当作观察的对象再去欺骗自己"②。"我们所需要做的是在心理学中从头工作，把行为而不是把意识当作我们研究的客观对象。"③"行为主义者的主要兴趣在于整个人类行为。行为主义者观察一个人从早到晚如何履行其日常事务。"④华生把有机体应付环境的一切活动称为行为，行为的基本成分是反应。人的反应分为：（1）明显的遗传反应，如抓握、吸吮；（2）潜在的遗传反应，如内分泌腺的分泌；（3）明显的习惯反应，如打球、游泳；（4）潜在的习惯反应，如思维等。另一种分类是把反应分为：（1）习得的反应，包括我们的一切复杂习惯和我们的一切条件反射；（2）非习得的反应，指我们在条件反射和习惯方式形成之前，即婴儿期所作的一切反应，如排汗、呼吸、心跳、消化、瞳孔收缩、眼睛朝向光源等。从发生的角度看，先有非习得的反应，然后才有习得的反应。第三种分类方式是用纯逻辑的方式进行的，以引发反应的感觉器官来标志反应，如视觉的非习得反应（朝向光源）、视觉的习得反应（见到母亲而高兴）等。

　　华生认为，行为就是有机体用来适应环境的反应系统。这个反应系统无论是简单的还是复杂的，其构成单位都是刺激与反应的连接。华生把引发有机体反应的外部和内部的变化称为刺激，而刺激必然属于物理的或化学的变化。任何复杂的环境变化，最终总是通过物理变化或化学变化转化为刺激作用于人的身上。说到底，刺激和反应都属于物理变化或化学变化。这样，华生用最彻底的办法摒弃了心理现象的独特性，而把心理学纳入自然科学体系之中，实现了"心理学纯粹是自然科学的一个客观实验分支"的学科目标。将这思想简化为一个公式，便是 S—R（刺激—反应）。通过刺激可以预测反应，通过反应可以推测刺激。于是 S—R 成了行为主义理论的标记。最基本的刺激—反应的联结称为反射。任何复杂的行为，说到底，不外乎是一套反射。有机体通过刺激作出反应，以此来达到适应。"所谓适应，我们仅指有机体通过运动改变了它的生理状态，那个刺激不再引起反应。"⑤讲到这里，华生响当当地宣称："行为主义是严格的决定论者。"⑥如果说适应是一种机能的话，行为主义才是最彻底的机能主义。华生以他凌厉的反叛精神、坚定的理论原则、乐观的精神、顽强的个性和犀利的笔锋为推行行为主义作出了巨大的努力。当詹姆

①　华生：《行为主义者所看到的心理学》，《西方心理学家文选》，人民教育出版社 1983 年版，第 156—157 页。
②　同上书，第 157 页。
③　同上书，第 167 页。
④　华生著：《行为主义》，李维译，浙江教育出版社 1998 年版，第 16 页。
⑤　同上书，第 15 页。
⑥　高觉敷主编：《西方近代心理学史》，人民教育出版社 1982 年版，第 256 页。

士和铁钦纳分别于 1910 年和 1927 年去世,内省心理学群龙无首时,行为主义取而代之,占据了美国心理学的统治地位。

2. 如何研究人类行为

华生尖锐地指出:"在心理学领域有几千个实验。该领域的有些实验是非常有趣的;但是,真正有价值的却很少。"①原因就在于这些实验采用的仍是内省报告。"内省充其量只能产生十分贫乏的和不完整的心理学……归根结底,它不是一种真正的心理学方法。"②那么,"真正的心理学方法"是什么呢? 华生认为,是研究刺激与反应之间的对应关系,并通过这种关系来研究行为。"行为主义者谋求发现这些刺激在单独呈现或组合起来呈现时将会引起哪些反应。他不仅改变刺激呈现时的组合方式,而且也改变刺激发挥作用的强度和时间。"③用公式表示,就是:

$$S \text{\textemdash\textemdash\textemdash\textemdash\textemdash\textemdash\textemdash} R$$

已知的刺激 　　　　　　　　有待确定的反应

$$S \text{\textemdash\textemdash\textemdash\textemdash\textemdash\textemdash\textemdash} R$$

有待确定的刺激 　　　　　　　已知的反应

$$S \text{\textemdash\textemdash\textemdash\textemdash\textemdash\textemdash\textemdash} R$$

已确定的刺激 　　　　　　　　已确定的反应

S—R 公式反映的是最一般关系。其中,刺激可以替代。当一个由无条件刺激引起的反应被一个替代刺激所引起,就形成条件反射。例如,电击(S)会引起缩手(R)的反应,而通常一束红光并不会引起缩手反应。但当出现电击的同时出现红光,经过一定次数的结合以后,红光也能引起缩手的反应,这时红光成了电击的替代刺激,一个条件反射便形成了。引起条件反射的那个替代刺激就是条件刺激。相对于无条件刺激而言,条件刺激在数目上是巨大的。不仅刺激可以替代,反应也可以替代,或者说条件化。反应的替代(反应的条件化)在所有动物的一生中都会发生。一个儿童见到一只小狗会伸手去抚摸。但有朝一日,他的手被狗咬了一下,以后,他见到狗不再是抚摸,而是退缩、尖叫,也就是说反应被替代了。华生认为,"反应的条件化恰恰和刺激的条件化同样重要,甚至可能具有更大的社会意义"④。因为,替代反应有利于持久的顺应。

根据刺激—反应和形成的替代刺激—替代反应,可以进行各种各样的实验研究,包括对社会行为的实验研究,华生说:"行为主义者相信,他们的科学对社会的结构和控制是基本的,因此他们希望社会学能接受它(即行为主义)的原则,并以更加具体的方式重新正视它自己的问题。"⑤

① 华生著:《行为主义》,李维译,浙江教育出版社 1998 年版,第 231 页。
② 同上书,第 42 页。
③ 同上书,第 22 页。
④ 同上书,第 28 页。
⑤ 同上书,第 47 页。

与刺激—反应的思路相应的是观察在研究人的心理中的重要性。行为主义强调反应是对刺激作出的运动或动作，那么，观察这些实际发生的运动或动作，就是研究人员的心理。因此，观察法是华生坚持并广泛使用的研究方法。他深入产科医院设置观察室，深入孤儿院观察，深入上层社会的家庭观察。观察是认识人心理的直接途径，"你越是对他人作更多的观察，你越有可能成为更优秀的心理学家——你也越能与其他人融洽相处——而更加合理调整的生活则来自与人们融洽相处的这种能力；具有这种能力，实际上完成了合理调整生活的一半"[①]。

至于研究婴儿，研究方法有其特殊性，华生认为："一个人在生理学和动物心理学方面尚未接受相当多的训练之前，是不该试图对婴儿开展研究工作的。他应当在研究工作即将进行的那所医院的育儿室里接受实际的训练。通过这种方式，才能了解与婴儿有关的什么东西是安全的，什么东西是不安全的。"[②]

3. 行为主义对于思维的看法

行为主义否认意识、精神因素是心理学的研究对象，认为心理的实质就是行为，心理学作为一门科学，必须研究能够用刺激—反应公式表达的客观行为。那么，如何看待思维呢？在这个问题上，华生首先把思维和言语划上等号，认为言语是有声的思维，思维是当关闭嘴巴后内隐地运作的言语，即是无声的言语。不同的思维，究其实质，只不过是不同的言语形式。华生按不同的言语形式将思维划分为三类：

（1）习惯的思维。这种思维应用完全习惯化了的言语，适用于儿童熟悉的材料，如乐师浏览一段熟悉的乐谱。无论何种学习都不会涉及这种思维。

（2）无声的思维。需要在一定的程度上使用内隐的言语进行联系或复习的思维，称作无声的思维。例如，当你计算一个 3 位数乘以一个 2 位数时（如 333×33），你不可能如同背一句乘法口诀那么直接地得到结果，这就需要练习和复杂的心算。又如，你学会了玩桥牌，但已有几年未玩过，在重新操牌时，需要复习一下才能变得更内行。在这种思维中，需要对一种从未获得或虽已获得但因时间久远而变得生疏了的言语功能加以内隐地练习。

（3）计划性思维（亦称建设性思维）。当一个人置身于新环境或面临新问题时，会发动一系列紧张的言语活动，同时表现出一系列尝试的行为，直到解决问题。这种新情境或新问题具有很大的偶发性。一个人在解决了这个新问题后，通常不必以同样的方式再次面对它们。计划性思维还表现在文艺创作中，艺术家在特定的情景中会启动相应的言语活动，创作出富有新意的作品来。总之，所谓思维，"简而言之，不过是同我们自己交谈"[③]。

但是，问题还没这么简单。华生认为，思维活动不仅依靠言语，还依靠动作和内脏组织。这在学习过程中表现得尤为明显，因为在学习过程中语言、动作和内脏组织是同时起

---

① 华生著：《行为主义》，李维译，浙江教育出版社 1998 年版，第 48 页。
② 同上书，第 103 页。
③ 同上书，第 233 页。

作用的,三者的结合发生得很早。"在社会要求的影响下,年幼的、发展中的、已经进入言语世界中的儿童不得不使他的言语和内脏习惯与他的动作习惯统一起来。"①只有生活在与世隔绝的环境中或缺乏交流的不正常的家庭环境中,儿童的言语习惯才会落后于他的动作和内脏组织的习惯。言语、动作和内脏组织三者同等重要,但由于人们主要是靠言语来协调的,因此,言语组织很快占了优势。这种优势的语言过程不久便开始刺激和控制胳膊、腿和躯干组织。这就是所谓的"动作行为言语化"。

为了说明这一观点,华生以学习弹钢琴为例,见图4-1、4-2和4-3。②

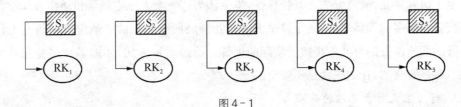

图 4-1

图4-1表明动作习惯是怎样形成的。S_1、S_2、S_3等是客体(比如说,一个乐谱中独立的音符)。RK_1、RK_2、RK_3等是对每一个独立的音符予以独立的动作反应。这说明当你看到音符$G(S_1)$时,你弹奏键$G(RK_1)$。

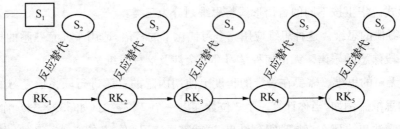

图 4-2

图4-2表明当弹奏一首简单的乐曲时发生的情况。S_1——第一个音符(G)——展现在你面前,然后乐谱被拿走。但你能继续弹奏。为什么?因为你一看到第一个音符G,就在钢琴上弹奏键G。这个运动(RK_1)成为下一个运动(RK_2)的刺激物。换句话说,你所作出的第一个反应成为对第二个对象的替代刺激。

图4-3表明了同样的事实——当我们对任何对象如S_1反应时,我们不仅用胳膊的横纹肌反应(RK_1),而且语言(RV_1)和内脏(RG_1)也参与了反应。

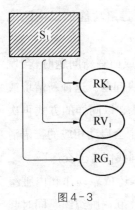

图 4-3

从行为的意义上看,图4-1表示,S_1、S_2是乐谱上的音符,作

① 华生著:《行为主义》,李维译,浙江教育出版社1998年版,第249页。
② 同上书,第253—255页。

为视觉刺激,引起了弹钢琴者的手指运动,在琴键上作出相应的弹奏动作 RK_1、RK_2 和 RK_3 等。这是初学者的典型反应。

图 4-2 表示,经过多次弹奏后,形成了习惯,只要出现最初的音符 S_1,弹奏者便引发出一系列的弹奏动作:RK_1—RK_2—RK_3—RK_4—RK_5……其中除了 RK_1 是由 S_1 引起的之外,RK_2、RK_3 等不再由 S_2、S_3 引起,而是由 RK_1 引起。每一个前面的弹奏动作都成为下一个弹奏动作的替代刺激。这张图只反映了动作的一个因素,事实上,在动作发生的同时,还产生言语和内脏的活动。

图 4-3 表明,每一个音符都引起动作反应(RK)、言语反应(RV)和内脏反应(RG)。三种反应形成了有组织的反应系统。在具体的思维过程中,反应系统中的三种成分的主导地位会有所变化,有时以言语反应为主,有时以动作反应为主,有时以内脏组织反应为主。从图 4-3 中可以看出,思维过程中有一段时间不用言语,但反应系统中的其他成分有效地保证着思维的连续进行。华生总结道:"'每一种复杂的身体反应',必须涉及动作的、言语的和内脏的组织。在获得语言方面的技能时,嘴巴、颈、咽喉和胸腔是身体中从事最积极训练和组织的部分;在获得肌肉技能时,最活跃的部分是躯干、腿、胳膊、手和手指;在获得情绪组织时,内脏部分是最活跃的。"[1]"'只要个体在思维,他的整个身体组织就处在工作状态(内隐的)'——即使最后的解决方法可能是说、写或无声的言语表达方式。换句话说,从个体通过他所处的环境思考问题的那一刻起,导致最后调节的活动就被唤起了。有时,活动的发生依据(1)内隐的动作组织;更为经常的是依据(2)内隐的言语组织;有时依据(3)内隐的(或外显的)内脏组织。如果(1)或(3)占优势,不用言语就可以思维。"[2]华生为了把思维解说成一种外显的行为,可谓煞费苦心了。他宁可兜到内脏组织,也要避开大脑,可见他的行为主义立场之坚定。

思维的机制是什么呢?行为主义不承认思维是脑的机能,而认为它是全身肌肉,特别是喉头肌肉的内隐活动,基本上与打网球、游泳或任何其他身体活动没有本质上的区别。只不过思维比其他活动更难以观察、更为复杂、更为缩略而已。

从发生的角度看,儿童的思维是从对白开始的,以后逐渐发展到嘴唇的微弱活动,最后变成无声的言语活动。思维的高级形式,包括创造性活动,也都是言语活动,只不过其水平比一般人更高些罢了。

4. 行为主义对于习惯的看法

华生认为,一个人的习惯是在适应外部环境和内部环境的过程中学会更快地采取行动的结果。人处在内外环境的不断刺激之中,刺激必须引起人的活动。其中外部环境指人周围可以产生视觉、听觉、触觉、温觉、嗅觉、味觉刺激的外在世界的物体,内部环境指人体内所有内脏的、体温的、肌肉的和腺体的刺激。当人的内外刺激所引起的活动不再是随

---

① 华生著:《行为主义》,李维译,浙江教育出版社 1998 年版,第 254 页。
② 同上书,第 262 页。

机的,而是在生活中变得越来越有规则、有秩序后,习惯便形成了。或换一句说,当人所处的情境与先前曾经发生过的情境相同时,反应会变得越来越整合,能更为迅速和更多地活动起来,以达到目的,于是,我们可以认为他已"学会"或已"形成"了一种习惯。习惯的形成,实质上是形成了一系列的条件反射。因此,条件反射是习惯的单位。"当一个复杂的习惯被完全分解之后,这个习惯的每个单位就是一种条件反射。"[①]

例如,让一个已经掌握一定动作技能(拣起、打击、拖、踏等)的3岁儿童设法打开一只装有糖果的小箱子,这个儿童会使出自己的全部动作技能(50个习得的和非习得的独立反应)来对付这只小箱子,以达到打开箱子吃到糖果的目的。第一次,这位儿童用了20分钟才达到目的。以后各次时间不断缩短,以致到最后,这位儿童只要用2秒钟便能打开箱子,得到糖果。华生认为,儿童之所以在解决问题的过程中将不必要的动作精简,使动作时间大大缩短,就是由于已经形成了开箱子的习惯。看得出,华生关于习惯的解释,与学习有很大的相似之处。

哪些因素影响动作习惯的形成呢?华生认为有如下几种。

(1) 年龄。虽然关于人类年龄对学习习惯形成的影响知之甚少,但从对老鼠的研究中发现,年纪小的老鼠比年纪大的老鼠在学习走迷宫的实验中成绩更好些,即花在每次成功尝试上的时间较短,最终达到准确无误地完成整个实验所需的时间较短。但有一点可以肯定,年纪大的老鼠与年纪小的老鼠都能学习。华生特意指出,人类停止学习的时间太早,在条件优裕的情况下,人很容易满足现状,不再迫使自己学习。他相信,"如果形势很急迫,60、70岁甚至80岁的人也能学习"[②]。

(2) 练习的分配。华生通过实验发现,在特定限度内练习的次数越少,每一练习单元的效率就越高。例如,让几组白鼠进行50次的尝试(练习),但各组的每次尝试间隔时间不同,研究发现,50次尝试之间间隔时间越长,效果就越好。也就是说,华生主张分散学习,不主张集中突击训练。即使在一个较短的时间内集中学习,也应该在中间留出一段间隔时间来,这样会取得惊人的学习效果。

当习惯形成并巩固之后,实际的视觉、听觉、嗅觉和触觉等刺激变得越来越不重要。华生称之为条件反射的第二阶段。究其原因是习惯了的动作本身的动觉刺激足以引起下一个运动反应,而下一个运动反应又引起再下一个运动反应,肌肉不仅是"反应的器官",而且也成了"感觉的器官"。这一习惯称为动觉习惯,或称肌肉习惯。内部语言习惯(思维)就是一个典型的例子。

华生认为,培养儿童的良好习惯,并形成习惯系统,是教育的重要内容之一。

5. 行为主义对于情绪的论述

情绪,是弗洛伊德精神分析学说的重要研究领域,也是其他流派,如策动心理学的重

---

① 华生著:《行为主义》,李维译,浙江教育出版社1998年版,第202页。
② 同上书,第208页。

要课题。但华生自认为行为主义是从一个崭新的角度来探讨情绪的。"根据行为主义者的习惯程序,他在开始自己的研究之前,决定把他的前辈的工作扔进废纸篓,重起炉灶。"[①]华生说干就干,把炉灶毅然地砌在条件反射之上。他认为,"情感组织与其他习惯一样(正如我们所指出的那样),在起源和趋势上隶属于同样的规律"[②]。情绪是身体对特定刺激作出的反应。刺激可能由许多微妙的因素所组成,而反应可能采取多种形式,其中包括原始的内脏成分,也包括许多习惯模式,如打架、拳击、射击、言论等。

如果说情绪也是一种行为的话,其中占优势的动作是内脏和腺体系统的动作或一些变化的特定模式。因此,情绪是内隐行为的一种形式。对于婴儿来说,具有三种非习得的情绪反应:惧、怒和爱。这三种非习得的情绪反应是以后在环境中形成各种条件反射,使情绪不断发展的基础。华生特别强调家庭是儿童情绪发展的主要环境。儿童的情绪是由家庭造就的,父母是儿童情绪的种植者、培育者。当儿童到了3岁时,他的全部情绪生活和倾向都已打好基础。这时父母们已经决定了这些儿童将来是变成一个快活健康、品质优良的人,或是一个怨天尤人的神经病患者,或是一个睚眦必报、作威作福的桀骜不驯者,或是一个畏首畏尾的懦夫。

华生强调情绪是一种"模式反应"。儿童具有3种基本的情绪模式:

(1)惧。突然的巨响会引起新生儿惊跳,呼吸停顿,紧接着呼吸加快,血管运动变化,眼睛突然闭合,握紧拳头,抿起嘴唇。大年龄儿童会哭叫、摔倒、爬行、走开或逃跑等。身体突然失去平衡也是引起惧怕的直接刺激。

在环境之中,儿童经过条件反射能形成习得性惧怕,例如,怕陌生,怕狗,怕黑暗,怕打针,怕挨打等。最典型的是华生在一名叫艾伯特的11个月大的婴儿身上做的惧怕条件反射的实验。实验初期,艾伯特与小白鼠玩了3天。后来,当艾伯特开始伸手去触摸白鼠时,脑后响起了敲钢条的声音。艾伯特猛然跳起,向前摔倒,将头埋进垫子,但没有哭。第二次,正当他的右手刚触摸到白鼠时,钢条又被敲响,他又猛然跳起,向前摔倒,开始哭泣。一周以后的几次白鼠与响声的组合刺激也都引起了孩子类似的惊恐反应。最后,当白鼠单独出现后,艾伯特表现出极度恐惧,转过身去,扑倒在地,匍匐前进,躲避白鼠。出于道德原因,这个实验曾遭到学术界的严厉批评,但实验确实提供了惧怕条件反射形成的证据。

(2)怒。身体运动受阻是引发"怒"的反应的刺激。这个反应可以在呱呱坠地的新生儿身上观察到,而在10—15天的婴儿身上更容易看到。发怒的通常表现是整个身体僵硬,双手、双臂、双腿乱舞,屏息、哭叫、脸色发青等。成人在照管孩子的过程中,经常会不经意地限制儿童的身体运动,导致孩子发怒。有时,一天会引发很多次。因此,华生特意提醒家长和其他看护者,对孩子不要毛手毛脚或匆匆忙忙。

(3)爱。华生认为,产生爱的反应的刺激包括皮肤抚摸、挠痒、轻轻地摇晃、轻轻地拍

① 华生著:《行为主义》,李维译,浙江教育出版社1998年版,第134页。
② 同上书,第166页。

打。通过刺激"性感带区域"，如嘴唇、乳头、性器官等特别容易唤起这种反应。这种爱的反应包含着广泛的内容，如"紧密的"、"善良的"、"和蔼的"等。成人两性间的爱，也起源于这里，所有能引起最初爱的动作的人，都能激发儿童爱的情绪的发展。如母亲的抚摸、轻拍和喂奶的动作，都会引起儿童爱的情绪，以后，母亲的形象便与爱的情绪紧密相连。再以后，与母亲相联系的人也能引发儿童同样的情绪。爱从非习得的情绪转化成习得的情绪。

综上所述，儿童所具有的三种非习得情绪是以后在环境中发展为习得情绪的基础，而导致情绪发展的机制便是条件反射。

此外，华生还研究了儿童的嫉妒和羞耻的情绪，认为嫉妒是由于爱的刺激受到限制而引发的反应，属于愤怒的一类。羞耻则与儿童早期手淫动作受到制止有关。

华生十分强调情绪的内脏器官的机制，但他也并不是否认文明的作用。在大量的研究之后，华生指出："行为主义者越是检验成人的各组反应，就越是发现人周围的客体和情绪世界所引发的反应要比物体或情境的有效使用或操纵所要求的反应更为复杂。"[①]把这句话说得通俗一些，就是人能作出的反应要比客观刺激引起的反应更为丰富。为什么呢？此乃人类文明所致。"在某种程度上说，文明剥夺了人们对物体和情境的反应。"[②]由于文明的差异，直到今天，人们的社会反应还没有更好地标准化。也正是基于这样的原因，华生主张对情绪的研究应把重点放在儿童身上。在《行为主义》一书中，华生详细地报告了导致儿童情绪条件反射的家庭因素，哪些情境使孩子啼哭？哪些情境使孩子发笑？饶有趣味。华生特别重视受褒扬儿童的情绪，他充满善意地设想，"将来，总有一天，我们有可能抚育人类的年轻一代在婴儿期和少年期中没有啼哭或者表现出恐惧反应，除非在呈现引起这些反应的无条件刺激情况下，如疼痛、令人讨厌的刺激和响声等"，但事实上儿童常常受到不良照料引起啼哭，"这意味着由于我们在家庭中未能令人满意地训练婴儿，我们破坏了每个婴儿的情绪结构，其速度像弯一根嫩枝一样快"[③]。保护儿童情绪除了避免啼哭外，还包括科学地植入某些消极情绪。以便对有机体形成保护。华生认为，我们的文明是建立在"不"和许多戒律之上的，以顺应方式生活于这种文明之中的个体，必须学会遵从这些戒律和"不"字。消极反应必须尽可能在心智健全的状态下建立起来，而不涉及强烈的情绪反应。但华生又进一步强调指出，消极反应不应使用体罚来建立。他明确指出："对儿童惩罚肯定不是一种科学方法。"[④]因为其一，当父母在家庭中实施体罚行为之前，这种偏离社会常规的行为便已经发生了。用晚间揍一顿的方法惩罚晨间的行为，达不到防止今后再产生不良行为的目的。其二，鞭打儿童多半是父母或老师自身发泄情绪的途径，而不属于教育手段。其三，体罚有轻有重，轻则不足以阻止消极行为，重则伤害儿童的整个内脏系统，不利于儿童健康。因此，必须制止体罚儿童。无疑，华生的这一主张是积

① 华生著：《行为主义》，李维译，浙江教育出版社1998年版，第135页。
② 同上书，第135页。
③ 同上书，第166、167页。
④ 同上书，第173页。

极的、保护儿童的。

6. 行为主义对于人格的观点

人格是心理学中一个十分复杂的概念,据美国心理学家霍尔和林赛(C. Hall & Lindzey)1978 年出版的《个性理论》一书所讲,关于人格的当代理论多达 12 种。人格,又是一个使用十分广泛的词,正如华生所说,上至心理学教授,下至街头巷尾的报童都在使用。通常,行为主义者会抛弃那些没有明确含义和历史名声不佳的心理学词汇。但人格这个词,还是被行为主义保留了下来。因为这个词在普通心理学体系中是相当合适的。

华生认为,"人格由占支配地位的习惯所构成","通过对能够获得可靠信息的长时行为的实际观察而发现的活动之总和。换言之,人格是我们习惯系统的最终产物。"为了直观起见,可以从图 4-4 中看出,一个人从出生到成熟(图中从出生一直延续到 24 岁)的漫长发展过程中,形成了许多习惯系统,每一习惯系统中又分别包含着 A、B、C、D 等各自独立的习惯。所有这些独立的习惯都置于不同的年龄中。每一个习惯系统都有相似的发展路线,从个体的婴儿期开始,经历幼年期、青年期,方能完成。在人格的习惯系统中,有一些是占支配地位的系统,人们很容易据此观察并作出快速判断和分类。

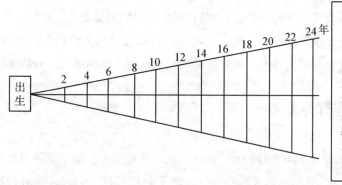

图 4-4 人格结构的剖面图

人格中的每一个系统如何支配人的行为,会受环境的影响。例如,一段美妙的音乐能打断正在劳动的人的职业的习惯系统,而暂时把他置于宗教的习惯系统的支配之下。一个人的行为特征也取决于环境。你可以在父母面前成为孝顺的人,在女性面前成为勇敢的人,在宴席上成为贪杯的人,在工作中成为戒酒的人。

此外,当两个相冲突的习惯系统同时发动的话,行为也不可避免地发生冲突,因为肌肉或腺体在两种不同类型的活动中产生不活动、笨拙、颤抖等反应。持久的冲突会导致个体心理失调。

华生十分重视在生活中观察一个人的行为举止,并通过观察一个人的全部生活来研究一个人的人格。他所说的"全部生活",指的是一个人的过去和现在的生活,如本能、情绪与态度、通常的工作习惯、活动水平、社会顺应、休息和游戏、性生活、对习俗标准的反应、个人嗜好、特异、平衡等方面的表现。他强调要客观和深入地观察一个人,要研究一个人的受教育情况,研究一个人的成绩,研究一个人如何利用闲暇时间,研究他在生活中的情绪表现。华生甚至认为,一个人的谈吐、姿态、步态及神色都是反映人格特征的重要表现。我们不难看出,华生在研究人格时所坚持的依然是人的行为。

华生还十分重视儿童早期行为习惯对成人后的人格影响,"婴儿期和童年期会使成年人的人格颇具色彩"①。而一些人的人格之所以有弱点,就是因为:"我们把许多已经形成的习惯系统从我们的婴儿时期和青年早期一直遗留到我们的成人生活。"②早期形成的不良行为在适当的情境中会重新表现出来,这些早期的遗传对一个健康的人格来说是严重的障碍。为了适应新环境,随着个人的成长,我们应该每年摒弃一些孩童时期的习惯。

在华生看来,人格是由环境中的行为习惯形成的。自然也可以由改变环境来改变人格。华生认为,"彻底改变人格的唯一途径就是通过改变个体的环境来重塑个体,用此方法使新的习惯加以形成。他们改变环境越彻底,人格也就改变得越多"③。当然,在一般情况下,一个人很少能独立地改变环境,因而人格才具有相对的稳定性。但是,当人碰上重大事变,如足以改变人处境的天灾人祸、健康状况的改变等,使人的习惯系统打破了常规,人们就不得不学会与不同于过去的环境重新反应,这就会启动一个人新人格的塑造。在新的习惯系统的形成过程中,旧的习惯系统开始消退。华生乐观地认为,将来,会出现"人格医院",改变人的人格就像改变鼻子的形状一样容易,只不过时间需要更长一些罢了。

华生对于人格的分析不仅坚持行为主义的立场,同时,也注意到人格的发展过程,人格结构的复杂性和由环境引起的调节性。所有这些观点对认识人格的概念是有启发的。

三、斯金纳的操作行为主义

(一) 斯金纳略传

斯金纳(Burrhus Frederick Skinner,1904—1990),生于美国宾夕法尼亚州萨斯奇哈那流域一个小镇的律师家庭中,从小就热爱学校和喜欢动手制作,富有创造性,并对人和动物的行为充满兴趣。同时,他还热衷于文学创作,写过一些故事和诗篇。中学毕业后就读于汉密尔顿学院,主修英国文学,想成为一名作家。后来,他发现自己"无物可述",当作家难以有所成就,便进入哈佛大学心理学系。1931 年获博士学位,在哈佛大学研究院任研究员。在那儿,他系统地阐明了他的学习理论。1937—1945 年执教于明尼苏达大学。1945—1947 年到印第安纳大学心理学系任系主任,并创办《行为的实验分析杂志》。1947年重返哈佛大学,被聘为心理学系终身教授。20 世纪 50 年代前后,他开始尝试把研究结论及行为主义的哲学观点应用于人类生活的各个方面,在程序教学、行为矫治等方面取得瞩目的成就。为了表彰他对心理科学的贡献,1958 年美国心理学会授予他卓越贡献奖。1968 年美国政府授予他最高科学奖励——国家科学奖章。1971 年美国心理学基金会赠

① 华生著:《行为主义》,李维译,浙江教育出版社 1998 年版,第 296 页。
② 同上书,第 293 页。
③ 同上书,第 303 页。

给他一枚金质奖章。1971 年美国《时代》杂志称斯金纳是"美国在世的心理学家中最有影响的、在人类行为科学中最引起争辩的人物"。

鸽子也迷信？[①]

在远古时代，当人类的祖先面对种种奇妙的自然现象无法作出合理的解释时，便相信冥冥之中一定有一股神力在操纵着世界，迷信就这样产生了。然而，鸽子也有自己的迷信。你也许不相信，但斯金纳却用实验证明了这一点。他将饥饿的鸽子关在一个笼子里，每隔一段时间就投一点食物到笼子里去。若干次以后，斯金纳发现大多数鸽子在实验人员快要投下食物的前一段时间，举动都很怪异。比如，有一只鸽子不停地围着笼子转圈圈，直到食物降临；而另一只鸽子却跳起了一种伸缩脖子的奇怪舞蹈。这和人类的祭神活动何其相似！

事实上，人类祭神与愿望达成之间并没有必然联系，但迷信的人总以为是自己的诚意和行动感动了各路神仙，从而在神的帮助下实现了自己的愿望。鸽子也一样，它们认为是自己奇怪的动作导致了食物的从天而降，因而乐此不疲。鸽子与人类的迷信还有其他相似的地方，例如，人类不是每次祈祷都会如愿，但是迷信中的人们从来不会怀疑自己的信仰，而是认为自己的诚意不够，因而会加强迷信活动的频率，鸽子也一样。斯金纳发现延长投放食物的时间间隔，那些迷信的鸽子不但没有停下来休息，反而跳得更加勤快了。这就是斯金纳为反驳当时的心理学家认为从鸽子身上得出的行为原理不能应用到人类身上时，所作出的积极回应。

斯金纳是激进行为主义的代表，在所有主要的行为主义者中，名声最响、影响最大的人非他莫属。他主张用科学的方法对人类的行为本身进行研究，而不去管那些看不见摸不着的内部心理过程。循着这条思路，斯金纳通过辛勤研究和精确控制的实验提出了操作性行为原理——强化原理。这一理论一提出就引起了各方面的关注，被广泛运用于教学、管理与行为矫正等各个领域，也使他在学术界声名鹊起，成为20 世纪中期家喻户晓的人物。正如当代一位心理学家所说，"提到最杰出的心理学家，人们不能不提到斯金纳，正如不能不提到弗洛伊德一样"。斯金纳在行为主义这片土地上辛勤耕耘一生，著作甚多，成果显著。鉴于他对心理学的巨大影响和贡献，1958 年美国心理学会授予他杰出科学贡献奖；1968 年，他获得美国国家科学奖章，这是美国政府为奖励对科学作出卓越贡献的人所颁发的最高奖赏；1971 年，他还获得美国心理学基金会所赠予的一枚金质奖章。人们在满怀崇敬地缅怀这一位心理学史上的巨人时，总不免会想起他是怎样成为如此了不起的人物的。

[①] 熊哲宏主编：《西方心理学大师的故事》，广西师范大学出版社 2006 年版，第 123—124 页。

(二) 斯金纳的操作行为主义体系

与华生一样,斯金纳也坚持行为主义的基本信条。他认为,行为是心理学的研究对象,但他比华生更坚定、更彻底。他认为,心理学的目标是指明决定特定行为的特定因素,以此来分析行为,并把先行影响与随后行为之间关系的真正性质确定下来。要做到这一点,最好的方式是靠实验。因为只有在实验中,所有影响行为的因素才可以得到系统的控制。这就是为什么斯金纳要创办《行为的实验分析杂志》,把自己的科学称为"行为的实验分析"的缘故了。斯金纳相信,真理要到观察本身中去寻找,到"所做"与"所不做"中去寻找,而不是到我们对自己的观察所作的说明中去寻找。

在进行行为实验时,斯金纳并不仅仅考虑一个刺激与一个反应之间的单一关系,而是同时考察刺激与反应之间的条件。他把这个条件称为"第三变量",用一个方程式表示为:

$$R = f(S \cdot A)$$

公式中 R 表示行为反应,S 表示情境刺激,A 代表影响反应强度的条件,为"过去形成的条件"。有机体的行为反应是自变量 S 和刺激情境(条件)的函数(f)。这一公式所表达的意思不仅在于经典行为主义所重视的对行为的预测,更在于为了对行为进行控制。根据斯金纳的观点,"一个研究者只有在不但能预测行为的发生,而且也能通过操纵自变量而影响行为的发生时,才可以说他已说明了行为"[①]。因此,一种完善的行为实验分析实际上是一种行为技术,依靠行为技术可以为了某种目的(如教学)而操纵行为。

1. 行为的分类

斯金纳认为,行为分为两类,第一类是应答性行为,或应答性学习。这就是经典行为主义和条件反射中由刺激引起的反应行为。"应答"是由一种确定的刺激所激发的行为。它可以是无条件反射,也可以是条件反射。第二类被斯金纳称为"操作性"行为,或操作性学习。操作性行为不是由刺激激发,而只是时不时地发放出来的行为。在一个操作性行为发放之后,如果有一个作为强化物的事件紧随其后发生(称为"强化依随"),那么这一操作性行为发生的概率就可能提高。被强化了的操作性行为在类似的环境中再度发生的可能性大大增加。所有的行为,不管是习得的,还是非习得的,都是个体的强化史与他的遗传素质的产物。

与其他行为主义者相比较,斯金纳的操作行为对行为的定义有三个特点:

(1) 操作行为是自发的而绝不是由刺激引发的。即使有机体的某一操作性行为只有在某一特定条件下才发生(例如,白鼠在实验箱里,只有灯亮时揿压杠杆才能得到食物),这一特定条件(如亮灯)也只是一种辨别性刺激,仅能使有机体区别强化情境或非强化情境,并不引发行为。

(2) 有机体可以受到控制变量的影响,而此变量并不必定作为刺激。这句话的意思

---

① 黎黑著:《心理学史——心理学思想的主要趋势》,刘恩久等译,上海译文出版社 1990 年版,第 409 页。

是操作性行为的研究不去考察那些机体内部可能会影响行为发生但又无法直接确定的因素,如动机、内驱力等。换句话说,动机、内驱力之类的刺激并不必然导致操作性行为。这一点与S—R公式有所差异。在这个公式中,刺激与反应两者直接相联,这对于说明复杂行为,就显得过于简单了。斯金纳认为,在环境和行为之间的因果关系中,反应、刺激和强化三者在顺序上形成联合序列,发展为一种行为耦合。环境只有处于具体的耦合中才能对行为发生作用。

(3) 操作性行为不是一个单独的反应,而是一类反应。例如,一只猫在迷笼中揿压杠杆,可以用左爪,也可以用右爪,甚至也可以用头压,它们都是同一类操作行为。有一些相同的行为可能是不同的操作性行为,因为它们受不同的强化依随的控制。

2. 研究的方法论

斯金纳在《有机体的行为》一书中对新行为主义的方法论作了规范。首先,实验环境要有利于保持行为的自然连续性,反对把行为割裂成人为的、武断的"尝试"。有机体被置于一定的空间之中,并能在任何时刻发起一定的行动而随即得到强化。研究者要严密观察有机体的行为在整个时间内的连续变化,而不是只观察分析每一个尝试的突然变化。其次,研究者要尽最大可能去控制有机体的环境,从而加强对自变量的操纵,或保持自变量的稳定,进而观察它们是如何地改变自己的行为。再次,创造一定的条件,把研究对象安置在可以表现行为的环境中以便观察记录。斯金纳设计的"斯金纳箱"就是这么一种典型装置。让白鼠或鸽子在箱内揿压杠杆或啄键,从而得到食物或水的强化,并把行为一一记下,累积记录。最后,反应速率是分析的基本素材。反应速度是一个随自变量而有规律变动的变量,它易于观察、易于记录、易于定量。

斯金纳在自己的研究中完全排除自我观察的方法。他在《科学与人类行为》一书中列举了三条理由:(1) 由于人的语言是向社会学习得来,是间接的、不安全的,也由于人还不具备能对内部心理状态作出精确的言语反应的神经系统,所以自我观察的报告不能准确地反映人的内部心理状态的真实情况;(2) 由于行为与环境之间存在着确定的函数关系,所以通过自我观察了解到的内部状态的情况对于科学分析人的行为毫无必要,因此可以撇开自我观察;(3) 使用自我观察有可能导致人们满足于对行为的心灵主义解释,而放弃对环境的研究。

斯金纳的方法论里还有一点与经典行为主义不同,他并不过分强调统计在实验设计和数据处理中的重要性。通常符合统计要求的设计和数据处理所得的是样组的平均数以及由样组对全域的估计,但这类数据对个体的意义不大,尤其对仅仅严格地研究行为本身的实验作用不大。因此,斯金纳主张只要采取若干被试(通常采用很长一个阶段),不必运用统计,而只是把行为的实验分析一点一点地延伸到新的领域中去。个别差异也能通过控制条件来消除,不必采用大样组的方法。

3. 儿童行为的强化控制原理

斯金纳认为,人的行为大部分是操作性的,任何习得行为,都与及时强化有关。因此,可以通过强化来塑造儿童的行为。儿童之所以要做某件事，"就是想得到成人的注意"。如果儿童的一个行为发生后，成人立即予以注意，例如，加以赞扬，或加以呵责，都会起到强化的作用。如果一个儿童出现了不良行为，例如，愤怒发作或无理取闹，成人可以暂时不予以理睬，采取"冷处理"，排除对他的注意。儿童的这种不良行为由于得不到强化而逐渐消退。"在儿童的眼中，是否多次得到外部刺激的强化，是他衡量自己的行为是否妥当的唯一标准。练习的多少本身不会影响到行为反应的速率。练习在儿童行为形成中之所以重要是因为它为重复强化的出现提供了机会。只练习不强化不会巩固和发展起一种行为。"①

强化有连续强化和间歇强化。连续强化指强化物连续多次地反复出现，对每一个合乎要求的正确反应都给予强化。间歇强化，又称部分强化，指仅对一部分正确反应予以强化。间歇强化法包括两种方法，一种叫固定时距强化法，主试按固定时距（如每隔2分钟或3分钟）予以强化。时距由主试随意决定。另一种叫比率强化法，即一种行为发生一定次数（如16次、24次、32次、48次、64次、96次甚至192次）后，给予强化。

斯金纳采用不同间歇（以时间划分）和不同比例（以次数划分）以及各种混合时间安排，对动物进行实验，发现了强化的规律。例如，在一个实验中，把4只老鼠按每隔3、6、9、12分钟强化一次的固定时间间隔强化安排。结果表明，反应的速度与时间间隔成正向比例。间隔的时间越短，反应的速度越快；间隔的时间越长，反应的速度则急速下降。

在另一个实验中，将4只老鼠按每发生4次、6次、8次、9次操作行为来加以强化的比例进行实验。结果发现，4∶1的反应速度最快，其次分别是6∶1、8∶1、9∶1。斯金纳指出，按比例安排较之间歇安排的反应速度更快，这是因为按比例安排时的反应速度比按间歇安排时的反应速度带来更大量的强化的缘故。此外，研究表明，如果我们想开始训练一种合意的行为姿态，一开始就采用连续强化通常是最好的，这是巩固初始行为的最有效方法。如果我们想使这一行为持久，就可以改用间歇强化。

此外，强化还分为积极强化和消极强化。所谓积极强化，是由于一个刺激的加入而增强了一个操作性行为发生的概率的作用。所谓消极强化，是由于一个刺激的排除而加强了某一操作行为发生的概率作用。无论是积极强化还是消极强化，其结果都是增强反应的概率。例如，一个偏食的儿童，只肯吃肉，不肯吃蔬菜。对于他的这一不良行为的矫正，既要运用积极强化，也要运用消极强化。当儿童吃一口蔬菜后，立即予以表扬，并夹给他一块肉，这属积极强化；例如，儿童坚持不吃蔬菜，就不给他吃肉，则属消极强化。两种强化的目标都是为了促使儿童多吃蔬菜，克服偏食的习惯。

在教育界，有相当一部分人将批评或惩罚称为"负强化"，这种理解不符合斯金纳理论的本意。

---

① 朱智贤、林崇德著：《儿童心理学史》，北京师范大学出版社1988年版，第312页。

消极强化作用不同于惩罚。消极强化是为了增强和激励行为,而惩罚是为了消除行为,两者目的不同。有时在惩罚之后反应会暂时得到压制,但并不导致消退过程中反应总次数的减少。因此,斯金纳建议以消退取代惩罚,提倡发挥强化的积极作用。

消退的效果与强化的方式有关。斯金纳发现,动物学习的消退曲线在学习期间使用间歇强化的情况下要比使用连续强化时降落得缓慢些。因为当消退开始时,如果是从连续强化突然转变为无强化,消退曲线便迅速下降。而如果是从间歇强化过程中开始消退,机体的许多操作行为是没有强化的,因而无强化的含义到底是间歇,还是消退往往一时不太明确,从而延长了消退的全过程。这一规律对训练儿童的行为具有重要意义。这里也有必要指出的是,消退不同于遗忘,消退是由于不加以强化而使操作性行为不再发生,而遗忘却是随时间的流逝而使行为逐渐衰退。

4. 儿童行为的变化

操作性行为不是一蹴而就的,它需要一点一滴地逐渐习得,斯金纳把我们想要的操作性行为逐渐习得的过程称作"塑造",又称接近法,这是因为强化使得越来越好地向人们所要求的反应接近。行为是一点一滴地塑造出来的,每一个塑造出来的行为可以连接成统一的完整反应链。斯金纳的这些概念,对儿童行为的变化至关重要。斯金纳特别强调把对行为静的特征的描述和对行为动的规律的测量结合起来,把握操作性行为所特有的动态规律,预测和控制儿童行为的发展,主张测量要充分显示行为的反射力量、方向、时间性特点等方面的变化,为操纵好强化技术提供了可靠的依据,为研究强化技术开辟了新的途径。操作性行为的计量单位是反应率。因此,研究者观察反应率就可以确定行为的方向。为了控制儿童的行为,研究工作要具体地考虑四种条件的变化:

(1) 第一基线。即儿童在实验操作以前的状态。例如,刚入园的幼儿哭泣、不合群等表现。

(2) 第一实验期。即给予一定的刺激。例如,老师对刚入园幼儿表现出亲切,或组织游戏吸引儿童,使他们安静下来,适应环境。

(3) 第二基线。即取消第一实验期所给予的刺激,以检查第一实验条件的作用。例如,看幼儿每天入园后是否还哭泣、不合群。

(4) 第二实验期。将第一实验期给予的刺激再度施与儿童,从而确定第一实验期所加的刺激的作用。

根据以上实验处理,可以画出儿童行为变化的曲线,找出行为变化的规律。斯金纳利用这种方法研究了儿童心理各个方面的发展。

斯金纳的操作性行为的理论不仅适用于儿童新行为的塑造,也同样适用于对不良行为的矫正。研究表明,这种矫正工作并不太复杂。如果对于儿童的不良行为不加以强化,予以"忽视",便能逐渐消退不良行为。一些儿童为了引起成人的注意,经常会怪叫、寻衅、攻击甚至自伤(如扯头发、咬手指甲),成人可以佯装不知,不予理睬,使这些儿童的不良行为得不到任何"报酬",不去强化他们的不良行为。只要不出现人身安全的危险,教师或家长都可采用这种方法来消退儿童的不良行为。不少家长由于溺爱孩子，不肯在教育实践中采用这种方法，结果使问题越来越大，应引以为鉴。这里需要补充说明的是，斯金纳提倡的"忽视"，其实质是不要对不良行为进行强化。在实际教育中，人们发现单纯的忽视，并不能有效消除不良行为，尤其是攻击性行为，因为"忽视"容易被当作默认。因此，对攻击性行为和严重犯规行为，应坚决地给予阻止。至于对一些有严重行为问题的儿童，斯金纳利用渐进强化时间安排制定塑造行为的程序，以食物奖赏、独处、准假和给予看电视时间等手段进行强化。其结果可以训练弱智儿童学会个人卫生和社交行为，甚至训练精神病患者学会做有益的工作。具体做法包括模仿疗法、随机强化法、代币法和厌恶刺激法。模仿疗法分两步：第一步让病人先观看别人的行为以及行为的强化结果，这些行为与强化都是病人所希望的；第二步让病人亲自实践这些行为，并从治疗者那儿得到强化，从而逐步塑造出规范的行为。随机强化是一种比较灵活的治疗方法，包括各种操作学习技术，如前面提到的积极强化、塑造、模仿、行为链等。代币法实施于精神病医院。心理学家在医院里设计一个特殊环境，让病人完成一些社会赞扬的工作，并从质和量两方面评定后获得代币，然后，病人可以用这些代币换取物品或有权参加某一项活动。厌恶刺激法是当患儿发生一个不良行为（如自伤）时，使用电击，同时，要求患儿的母亲在他受电击时说："不！"这样儿童的自伤行为的发生率会急剧下降。以后，当患儿发生自伤行为时，护士就说："不！"而当自伤行为中止时，护士便加以"好孩子"的肯定，从而使儿童的不良行为发生率保持在很低水平。厌恶刺激法尽管对矫正不良行为有效，但存在伦理学上的争论。

5. 在儿童教育中的应用

斯金纳认为，不论是美国，还是其他国家，学校教育的内容、方法和管理措施都是令人厌倦的。学生必须按教师的意志学习，完成教师强制布置的作业，学习缺乏自主性和趣味性，产生了大量的厌学、逃学、退学现象，一些学生甚至产生严重的攻击性行为。为了减少学习的强制性，增强学生学习的自主性，斯金纳主张采用程序教学法来替代传统的教学。程序教学法是通过教学机器应用小步子渐进和及时强化原理，把复杂的问题分解成一系列小的、易懂的问题一步一步地呈现给学生，如果学生的回答与机器后来呈现的正确答案相符，机器便接着呈现下一个问题。依次回答所有问题之后，再回过头来重新解决这个程序中的问题，并改正他先前回答中的错误，经过多次重复，直到学生完全掌握程序中的所有材料为止。

这种程序教学体现了斯金纳的三个原则：第一是小步子前进原则。这符合斯金纳关于建立新的行为最好的方法是一点一点地塑造的观点。第二是主动参加原则。学生在完全自然的状态下根据自己的学习速度进行学习。斯金纳认为，在学习过程中，主动的读者会比被动的读者获得更多的知识，在程序教学中，学习者阅读和写下关键词的活动都是主动的。第三是及时反馈原则。在程序教学中，如果学生作出了错误的反映，他能发现自己的错误。因为正确答案随即可在程序呈现框里看到。学习的进步也能得到及时的通知。

小步子、学习者主动学习和及时反馈构成程序教学的特点。斯金纳认为程序教学比传统教学法更有效,它能使教师从繁重的教学任务中解脱出来。同时,教学机器保证学生与教材之间连续的相互作用,并承认个体的差异,因而更有利于学生主动地学习。尽管机器教学(程序教学)对教师的主导性有所压抑,对学生的学习动机考虑甚少,但对美国教育产生了深刻的影响。在儿童教育方面,斯金纳的学习理论显示出巨大的力量。虽然用教学机器进行的程序教学只有短暂的历史,并没有对教育作出根本性的推动。但这一观点和建议大大地推动了对学习的中介过程、学习迁移、强化作用、动机等方面的研究。尤其是20世纪70年代以来,由于计算机的飞速发展和信息加工技术的突破,计算机辅助教学技术(CAI)的广泛应用,各种多媒体课件应运而生,这些有望成为斯金纳教学机器的革新,推动课程教学手段现代化,从根本上改革了教学内容和教学方法。

6. 斯金纳的人格理论

根据斯金纳的观点,人格可以看作个体的独特行为方式或这种方式的组合。对人格进行分析,就是对人的活动模式进行分析。人格研究,应该是对个体的特殊学习经历和独特遗传背景的系统考虑,或者说,就是去发现有机体的行为和行为强化之间的独特联系。做这种分析时,不要违背有机体对环境作出反应的遗传能力。而且,人格的研究必须建立一套科学的指标。否则,就是不合理的。

斯金纳利用每个人所处的环境的强化程序来考察人格的发展和变化,从而达到预测和控制人格发展的目的。这一点是斯金纳与其他人格发展研究者的不同之处。大多数人格理论只是描述发展的阶段及特点,一定程度上能达到预测的目的,但却不能达到控制的目的。斯金纳从学习的角度研究人格,了解人们如何在环境中学习各种行为,即在环境中学会哪些行为能得到强化,哪些行为得不到强化,从而形成适应复杂环境的生存技能。在这个学习过程中,人不仅接受强化,同时还为了达到自己的目的,积极地选择和改变环境变量,对环境进行自我控制。每个人由于受到不同的强化,而形成不同的行为特点。人格的差异,正是行为特点的差异,就是时间中的元素加元素。例如,将 A 与 B 在出生时对换一下环境,他们最终形成的人格肯定也是对换了的。一个人的人格形成后,也是可以改变的,这种改变是终生不断的。人格之所以不断改变的根本原因在于环境在不断地改变。由此可见,斯金纳在环境决定论的道路上走得多么远!

四、班杜拉的社会学习理论

(一) 班杜拉略传

班杜拉(Albert Bandura,1925—   )生于加拿大艾尔伯特省的一个小镇上。早年肄业于加拿大境内的哥伦比亚大学,后又到美国衣阿华大学学习心理学。1953 年成为斯坦福大学的教员,从那时起,他在美国心理学界建树甚丰,1974 年担任美国心理学会会长。他在社会科学方面的学识跨越许多领域,被誉为"现代的多面手"。1980 年获得美国心理学会"杰出科学贡献奖"。

受他人影响而形成的社会认知理论①

班杜拉对心理学的热爱源于选修课上的一位老师,他进入行为主义心理学也是由于另一位老师的建议。之后,令他声名鹊起的"社会认知理论"同样也是受到其他心理学家的影响而建立起来的。从基本层面来看,班杜拉的社会认知理论是由米勒和多拉德的"社会学习理论"发展起来的。而使班杜拉进入社会学习研究领域的是他的同事塞尔斯。

1953年,塞尔斯比班杜拉稍早来到斯坦福大学心理系,并担任系主任。塞尔斯曾一度任职于耶鲁大学和衣阿华大学。在耶鲁大学时,他是米勒和多拉德的合作者,并与他们一起在1939年合作出版了《挫折与攻击》一书。1942年离开耶鲁大学赴衣阿华大学后,塞尔斯的兴趣转向有关人格的发展研究,特别是关于儿童的独立性和攻击性与其家庭教养方式的相关性研究。来到斯坦福大学后,塞尔斯继续进行儿童早期的发展研究,特别是儿童社会行为和认同学习的家庭影响因素研究。塞尔斯的这项研究为班杜拉建立社会认知理论体系提供了一个历史的偶然契机。塞尔斯为班杜拉提供了一个经验研究的操作模式,据以对行为技能在不同个体之间的社会传递过程进行实证研究。受塞尔斯研究工作的影响,班杜拉注意到了儿童的攻击性,特别是青少年犯罪者的超常攻击性及其与其家庭背景之间的关系问题,并于1973年出版《攻击:社会学习的分析》一书。

班杜拉关于社会认知理论的建构与发展,依赖于两个领域的经验研究的支持,其一为攻击行为的社会心理学研究,其二为偏差行为的心理治疗实践。当他设计出"波比玩偶实验"之后,他敏锐地感觉到,这种实验技术可以改造成一种行为治疗情境,用以矫正患者的偏差行为。这就是后来发展的"示范疗法",其要旨初述于1963年与沃尔特斯合著的《社会学习与人格发展》,后进一步阐释于1969年出版的《行为矫正原理》一书。

在班杜拉看来,学术的研究活动不能脱离现实的社会生活,它必须来源于且又复归于社会生活,表现为理论研究与社会生活实践的结合。理论的发展就是对现实生活的直观感悟,以及对这种直观感悟进行科学意义上的经验验证并进行理论建构。班杜拉社会认知理论的最初原型,就是他对普遍发生于人类社会各领域之中的一种"基本学习方式"的直观把握,即以师徒关系、正规教育等为手段而实现的知识和行为技能在不同个体之间的相互传递过程。为此,班杜拉在20世纪六七十年代进行了大量的经验研究和理论阐述,以说明认知因素、以认知为基础的其他主体因素和自我调

---

① 熊哲宏主编:《心理学大师的失误启示录》,中国社会科学出版社2008年版,第201—203页。

节能力等对学习的必要性,从而形成社会认知理论的一般学习理论观点,并集中体现在 1977 年发表的《社会学习理论》一书。该书的发表,标志着班杜拉社会认知理论体系的初步成熟。自《社会学习理论》一书发表后,班杜拉继续在理论和经验两方面丰富和完善社会认知理论,并于 1986 年出版了《思想与行动的社会基础:社会认知理论》一书。

(二) 班杜拉社会学习理论的基本观点

班杜拉是社会学习理论的重要代表人物,但不是这一理论最早的创始人。社会学习理论于 20 世纪 30 年代诞生于耶鲁大学。著名的新行为主义心理学家赫尔(Clark Leonard Hull,1884—1952)在耶鲁大学培养出一批社会学习理论的拓荒者,如莫厄尔(O. H. Mowrer)、米勒(Neal Miller)、多拉德(J. Dollard)、西尔斯(R. Sears)等。社会学习理论的重要课题是社会化,研究如何教育儿童掌握社会规范,成为社会所要求的理想的成人。1941 年,米勒和多拉德提出影响社会化的最重要因素是模仿,而模仿就是学习。班杜拉进一步认为,儿童是通过观察学习而习得新行为。观察学习不同于模仿。因为模仿只是学习者对榜样行为的简单复制,而观察学习则是通过观察,从他人的行为及其结果中获取信息。观察学习比模仿更复杂。

20 世纪 60—70 年代,班杜拉的社会学习理论进入发展心理学的领域,推动了大量有关观察学习的研究。

1. 观察学习及其过程

斯金纳的操作性行为本身是一种学习。这种学习是渐进的、运动性的。有机体必须有外显的活动(反应)并得到强化,才能学习。而班杜拉认为,"传统上,心理学理论一直假定只有通过操作反应并体验到它们的结果,学习才能发生。事实上所有源于直接经验的学习现象都可以通过观察他人的行为及其结果,在替代的基础上发生"[1]。观察学习是一种普遍的、有效的学习。所谓观察学习,亦称为替代学习,班杜拉把它定义为:"经由对他人的行为及其强化性结果的观察。一个人获得某些新的反应,或现存的反应特点得到矫正。同时在这一过程中,观察者并没有外显性的操作示范反应。"[2]也就是通过观察他人(范型或榜样)所表现的行为及其结果而习得新行为。这种学习不需要学习者直接地作出反应,也不需要亲自体验强化,只要通过观察他人在一定环境中的行为,观察他人接受的强化就能完成学习。班杜拉把他人所接受的强化对学习者本人的影响称为"替代强化",而学习者通过别人的行为和结果的观察所完成的学习又称为"无尝试学习"。

班杜拉在他的《社会学习和人格发展》(1963)一书中列举了危地马拉的亚文化中,女孩通过观察模仿学习编织,是无尝试学习的典型。其实,儿童学习歌曲,帮助做家务,参加

---

[1] 高觉敷主编:《西方心理学史论》,安徽教育出版社 1995 年版,第 208 页。
[2] 同上书,第 190 页。

游戏等都是从父母或同伴那儿模仿来的。通过观察，儿童立即能习得大部分的新行为。

当我们的思路跳出 S—R 的窠臼来认识无尝试学习时，一定会想到，观察者在观察别人活动后，之所以能学会别人的行为，在观察与模仿中间一定有一个认知的过程。班杜拉也考虑到了这一点。在他 1977 年出版的《社会学习理论》一书中更多地提到认知的作用。后来，他把自己的理论索性改称为"社会认知理论"，认为学习就是"通过信息的认知过程获得知识"[①]。也就是说，观察学习是一个从他人身上获得信息的普遍的过程。这个过程，包括注意、保持、运动复现和动机等 4 个组成部分。

(1) 注意过程。注意过程是学习者在环境中的定向过程。在大量范型的包围之中，学习者观察什么、模仿什么是由注意决定的。而影响注意过程的因素包括观察者本人的特征，范型（榜样）的活动特点，范型所具有的成功、威望、权利的装饰及其他引人注意的特性等。

观察者本身的特征也是影响注意过程的重要因素，如感觉能力、觉醒水平、知觉结构、过去的强化、当前的需要及当时的兴趣。观察者的自身特点，制约着观察学习的结果。不同的观察者同时观察一个榜样，其注意过程各不相同，因而观察学习的结果也不同。

人际关系的结构特征，也是影响注意过程的重要因素。班杜拉认为，一个人通过观察所学到的行为，与他的团体归属有关。归属于不同团体的人，对观察对象的注意也是不同的。这对观察者的行为模式或人格特征的形成，具有特殊的意义。足球场上支持不同球队的球迷所表现出的不同注意过程，就是一个典型表现。此外，社会分化的水平也影响到行为模式的观察。在一些以年龄、性别、阶层划分的社会里，一个群体与另一个群体之间是隔离的，相互之间的交流不多，相互之间行为模式的观察也就不同。因此，班杜拉认为，人际关系的模式是制约注意过程的诸因素中最为重要的因素。这一点集中体现出班杜拉的社会学习理论的社会性，也集中地反映出社会学习理论与经典行为主义的 S—R 单个刺激、单个反应的不同。

(2) 保持过程。当观察者吸收了榜样的行为之后，要成功地模仿一个行为模式，就必须先在头脑中保持所见内容的符号形式。这种符号形式既可以是视觉表象，也可以是符号转换。视觉表现是将发生在一起的刺激加以联合，形成榜样行为的完整视觉表象。当范型不在面前时，也能依靠视觉表象的回忆，对榜样行为加以模仿。5 岁以下的幼儿，主要依靠视觉表象来保持所观察到的行为。儿童的视觉表象缺乏完整性，因而他们的模仿能力也受到相当的限制。符号转换能以容易储存的形态传递大量的信息。当你跟随友人行进在陌生的城市里，你会说："出车站，向右，有一广告牌……"以后再走这条路时，符号转换会指导你前进。当人们以言语描述动作的同时观看范型的动作，会大大有助于模仿。当你清晨打开电视机，看看有氧操的教练是如何一边嘴里念念有词，一边有节奏地运动

---

① Bandura A. (1986). *Social foundations of thought and action*. Englewood Cliffs, N. J.：Prentice-Hall, p. xii.

时,一定会同意这一说法。符号转换较之视觉表象具有更大的确定性。

班杜拉有关符号转换的观点,最典型地反映了他接受认知心理学的影响,正视记忆对行为的作用。他十分重视符号转换对观察学习的意义,"因为它可以用一种便于记忆的形式负载大量信息,等到活动被转换成表象或易于利用的语义符号时,这些中枢概念就可为随后的活动提供指导"①。而这些"中枢概念"正是早期行为主义所不齿的。

(3)运动复现过程。要将范型的示范转化为相应的行为,必须有一定的运动技巧。在观察学习中,人们首先要依靠示范掌握行为的要领,然后在实际中尝试复现。最初的尝试可能会有失误,但经过精心的练习和自我调整,模仿动作会变得越来越准确。运动复现除了技巧外,还要有一定的体力作保证。儿童观察成人的许多行为,但不一定能模仿,例如,锯木头,不仅需要技能,也需要体力。当儿童体力不足时,是无法真正模仿的,顶多只能用游戏的方式来体现。

(4)强化和动机过程。班杜拉认为,新反应的习得与新反应的操作是有区别的。一个人可以通过观察学习获得新行为,但他可能去操作这一新行为,也可能并不去操作新行为。这就要取决于由强化引起的动机作用。例如,一个儿童见到同伴的分享行为,并不一定将自己的玩具与其他人分享;一个儿童听见别人骂人,也不一定去学着骂人。他的行为的关键在于榜样行为有没有得到强化。这要看到这个儿童过去直接强化的历史是什么情况。如果一个儿童曾因分享而受到赞扬,他就会学习同伴的分享行为。如果一个儿童曾因骂人受到惩罚,他就不会去学别人骂人。

强化除直接强化外,还有替代强化,即榜样行为的强化对观察者也是有效果的。此外,强化还可以是自我强化,即行为"达到自己设定的标准时,以自己能支配的报酬来增强、维持自己行为的过程"②。自我强化依存于自我评价的个人标准,儿童用自我肯定或自我否定的方法对自己的行为作出反应,而自我肯定或自我否定的标准则来自儿童周围的范型,儿童根据自己的行为是否比得上那个范型而确立个人标准。当儿童的行为达到或超过范型所提供的榜样行为时,成人会表示喜悦、鼓励和嘉奖,当儿童的行为未达到标准行为时,成人会表示失望。这样,儿童就建立起一套自我评价的标准,获得自我评价的能力,并以此来调整自己的行为,形成观念、能力和人格。

以上4个过程是不可分割的,强化过程直接影响我们注意的对象,对其他过程有不可分离的影响。③

2. 观察学习的模式

范型向观察者(即学习者)提供的示范,具有不同的模式,主要有以下8种不同形式。

① Bandura A. (1986). *Social foundations of thought and action*. Englewood Cliffs, N. J. Prentice-Hall, p. 56.

② 朱智贤、林崇德著:《儿童心理学史》,北京师范大学出版社1988年版,第366页。

③ 班杜拉在1977年的《社会学习理论》一书中将观察学习的过程分为以下5种,给予注意、编码记忆、提取记忆、外显运动行为以及在以上4个过程中都不可缺少的动机。详见 Bandura A. (1977). *Scoial learing theory*. Englewook Cliffs, N. J.: Prentice-Hall, pp. 22-29。

（1）行为模式。通过范型的操作而形成有系统的活动，以此向学习者传递动作的模式，称为行为模式。

（2）言语模式。通过言语指导或指示来传达榜样行为的模式，称为言语模式。在课堂上教师的讲课就是典型的言语模式。言语模式对学习语言尤为重要。

（3）象征模式。通过各种媒体，如电视、广播、电影、小说等，象征性地传递榜样行为的模式，称为象征模式。当今电视是象征最有影响、最广泛的工具。班杜拉认为："视听的大众媒介在现代社会中是社会行为模式的极为丰富的源泉。在大多的时间内，年轻人接触到的主要是通过电视而呈现的形象化的榜样。这些榜样在塑造行为和矫正社会规范方面起着重要的作用，对儿童和青少年的行为产生强烈的影响。"[①]儿童长期地每天连续几小时看电视，对身心的影响是很大的。象征模式具有广泛性、可重复性，其对于观察学习的影响必须得到充分认识。

（4）抽象模式。通过榜样的多种行为，让学习者从中接受指导这些行为的原理和规则的模式，称为抽象模式。例如，通过练习大量不同内容的句子，让学生掌握某一句子结构，进而掌握特定的语法规则，就是抽象模式。让学前儿童从"2个苹果加3个苹果等于5个苹果"、"2匹马加3匹马等于5匹马"等的大量练习中得出 $2+3=5$ 的规则，也是抽象模式。

（5）参照模式。在传递抽象概念和困难操作的内容时，附加呈现一些具体的参考事物活动，有助于学习者模仿，称之为参照模式。幼儿计算时用手指头或算珠来帮助，就是参照模式，教材中的例题、词典中的例句都属参照模式。

（6）参与性模式。通过观察示范和仿照参与活动以加快榜样行为的传递速度和提高模仿水平的模式，称为参与性模式。这一模式强调观察行为与模仿行为互换，边看边做，边做边看直到模仿成功。幼儿学习舞蹈时，主要采用这一模式。这一模式与观察学习的定义有一点出入，但仍可归属于观察学习。

（7）创造模式。观察者将自己所观察到的各种榜样行为加以组合，形成新的行为，称为创造模式。创造模式是形成每个人不同行为特点的机制。即使在同一环境中成长的儿童，由于他们对环境中多种榜样的示范各自吸取不同的影响成分，然后运用创造模式加以不同的组合，结果形成不同的行为特点。

（8）延迟模式。观察榜样示范后得到的印象，经过一段时间后，仍能再现示范行为的模式，称为延迟模式。例如，一个幼儿看见家中的小猫沿着客厅的墙沿跑进厨房。过了一会儿，幼儿模仿小猫的动作沿着客厅的墙沿跑了一圈，这类模仿就属于延迟模仿。

3. 社会学习的研究

如同早期社会学习重点研究社会化一样，班杜拉也十分重视社会学习在社会化过程中的作用，专题研究攻击性、性别作用、自我强化和亲社会行为等。

---

① Bandura & Walters. (1963). *Social learning and personality development.* New York：Holt, p. 49.

首先,我们来看一下班杜拉的研究方法。社会学习理论保留了传统的学习理论的方法论精神,以严格的、具有良好控制的实验室实验来研究哪一种变量影响学习。其研究内容扩大到社会行为、社会强化和抽象概念,如守恒、道德观念等。但在方法论上也有一些变化。虽然大部分研究是在自然状态下进行的,也有一些成果是通过向家长调查而得来的。例如,他在一项研究中发现一些表现出反社会行为的青少年与他们的家庭有关,这些中产阶级家庭的父母不支持孩子对家人有攻击性行为,却鼓励孩子用攻击性行为去解决他们与同伴或家庭之外的成人之间的问题。于是,这些孩子便成了富有攻击性的儿童。

（1）攻击性。班杜拉认为,攻击性的社会化是一种操作性反应,如果攻击性是采用社会允许的方式来表达,如打球、射击等运动,就能得到成年人的鼓励。如果攻击性是采用社会不允许的方式来表达,如打人、骂人、破坏财产等,就会受到制止、批评,甚至惩罚。所以儿童在观察攻击的模式时,会注意什么样的攻击行为会被强化。凡是得到强化的模式便会增强模仿。

20世纪50—60年代,班杜拉利用"充气娃娃"做了一系列的实验。例如,在一个实验中,班杜拉利用真人打"充气娃娃"、电影里演员打"充气娃娃"和打"充气娃娃"的图片这三种方式向儿童呈现榜样行为,范型一边打充气娃娃,一边还叫嚷"揍它鼻子!""把它打倒!""扔到外面去!"等。然后让儿童单独与充气娃娃留在实验室里。结果发现,所有看到过打充气娃娃的儿童,无论是见过真人打还是电影或图片,打充气娃娃的攻击性行为比未看见任何榜样行为的控制组儿童要多出两倍。可见,观察过攻击行为的儿童与未观察过攻击行为的儿童在行为表现上是不同的,而且无论是哪一种呈现方式的攻击行为,对儿童行为的影响都是一样的。在一个更精致的实验中,让4岁儿童个别观看一个男人坐在充气娃娃身上并拳击娃娃的电影。电影中攻击行为的结果分三种,第一种是攻击—奖赏型,即攻击者受到"勇敢的优胜者"赞扬并奖给巧克力、汽水等。第二种是攻击—惩罚型,即攻击者被斥为"大暴徒",畏缩地逃走。第三种无结果,即既未得到奖赏,也未得到惩罚。观看三种不同结果的电影的儿童被安置在实验室中,室内有充气娃娃及其他玩具,主试透过单向玻璃观察儿童的行为。结果发现,观看攻击—惩罚型电影的儿童,其攻击性行为比其他两组少得多,几乎没有发生攻击性行为;而观看攻击—奖励型和无结果型电影的儿童都进行了模仿,即攻击充气娃娃。当主试回到房间里告诉儿童,凡能再一次模仿榜样行为的人均可以得到果汁和一张美丽的图片时,所有的儿童,不论观看哪一种电影结尾的被试都模仿榜样行为,攻击充气娃娃,其模仿行为的程度是一样的。实验告诉我们,替代惩罚仅仅阻碍新行为的操作,并没阻碍新行为的习得。当外部条件和内部动机适应时,未加表现的习得行为就会变为外显的行为操作。

在一系列实验研究的基础上,班杜拉对攻击性行为的起因提出了以下观点。

第一,当个体有攻击倾向时,任何一种情绪状态的唤醒都可能触发攻击性行为。一般人认为,只有愤怒、恐惧等才能触发攻击性行为,但班杜拉认为,除此之外,情绪亢奋、欣快异常等情绪也同样可以引发攻击性行为(请大家想一想大多数足球球迷的情绪状态)。班杜拉认为,情绪的唤醒虽然不是引发攻击行为的必然条件,但它能有助于攻击性行为的发生。由挫折而产生的情绪唤醒对那些经常以攻击的方式对付生活压力的人来说,才是引发攻击行为的原因,而对其他人来说,并不一定会产生攻击性行为。

第二,情绪状态的唤醒具有诱发攻击性行为的可能,但情绪唤醒状态的减弱也有助于降低攻击性行为发生的可能。情绪状态的减弱有两种途径,一是通过攻击行为发生的本身,二是通过认知因素。

第三,班杜拉认为,接触或观察到的攻击性行为能增加观察者的攻击倾向。并非如有些心理学家所认为的,替代性地参加攻击活动可以消耗攻击能量,减少攻击行为的发生。事实上,班杜拉说:"观察到以合法形式示范的暴力行为不仅提高了攻击行为发生的可能性,而且促进了……人们选择攻击行为的方法解决冲突。"[1]

影响攻击性行为的观察学习有三个方面的因素,包括家庭、社区文化氛围和信息传播工具的影响。

家庭成员的攻击性行为是影响儿童攻击性行为的最主要来源。不良的家庭关系、家庭气氛和家庭教育方式,往往为儿童提供足够的攻击性行为榜样,为反社会行为的产生提供了示范。社区文化氛围也是影响攻击性行为的重要来源。在一个把攻击性行为视为保护个人利益有效手段的区域内,在一个个人地位和威信由武力决定的团体内,攻击性行为比例升高是不足为奇的。大众传媒的榜样作用,随着信息的发展越发显得重要,这是大家公认的。班杜拉的这一系列研究具有极大的社会意义及教育价值,引起了学术界和美国公众的广泛注意。因为,这正是充斥美国电视的暴力、性犯罪画面对儿童身心有害的科学证据。班杜拉在这些研究的基础上进一步推断,既然坏的行为能被儿童模仿,那么,好的行为也能被儿童模仿。整个60年代,他潜心从事行为矫正的研究。1969年,他出版的《行为矫正原理》一书,为这一领域奠定了基础。

(2)亲社会行为。社会学习理论家们认为,亲社会行为(如分享、帮助、合作和利他行为等)是他们研究领域中占优先地位的课题。亲社会行为通过呈现适当的模式能够施加影响。在一项有关亲社会行为的研究(Rushton,1975)中,让7—11岁儿童观看成人范型的保龄球比赛,这些成人范型将获胜的奖品部分地捐赠给"贫苦儿童基金会"。然后,让这些儿童单独游戏,发现观察成人范型的捐献行为的儿童所表现出的捐献行为比未看成人榜样行为的控制组儿童的捐献行为要多得多。而且,这种捐赠行为一直延续到两个月以后。可见,一个慷慨的捐赠榜样,对儿童的分享行为具有相当长久的效应。

其他的实验研究也表明,范型的影响不仅在分享方面,也包括对贫民的帮助、与他人的合作和关心别人的情感。研究还发现,"双亲的行为与他们孩子的利他主义是相联系的"[2]。班杜拉认为,亲社会行为靠训诫并无效果,有时,强制的命令可能会奏效一时,但

① 班杜拉著:《攻击:社会学习的分析》(1973年版),转引自高觉敷主编:《西方社会心理学发展史》,人民教育出版社1991年版,第100页。
② 格莱茵著:《儿童心理发展的理论》,许文莹等译,湖南教育出版社1983年版,第346页。

不会持久。只有范型的影响才是有力的持久的因素,这就是我们通常所说的,"榜样的力量是无穷的"。

(3) 行为的决定因素。虽然社会学习理论赞同环境对人的行为有重大的决定作用,但环境不只是单一地起作用。内部学习还包括人、人的行为和环境三个因素,它们相互影响,班杜拉称之为"相互决定"。

人不能独立于行为之外。环境正是人通过自己的行为创造的。人创造出来的环境又对人的行为发生影响,并由行为产生经验。经验又反过来影响之后的行为。这些复杂的相互影响,对于成为一个什么样的人具有重要作用。可以说对于人、行为和环境三者的"相互决定论"以及人通过自己的行为创造环境的说法,是班杜拉的社会学习理论对传统行为主义(学习论)的重要突破,也是他的重要理论贡献,当然,也可以把它说成是行为主义理论体系的一个重大的发展。因为这一论点宣告:人,不只是一个被动接受环境刺激的消极主体,而是一个可以通过行为改变环境、组织环境、创造环境的积极主体。一个喜欢运动的儿童,能创造一个满足自己运动欲望的环境,例如,找到志同道合的同伴,寻到活动场所。在自己喜爱的运动中得到社会强化。另一个喜欢电脑的儿童同样也能创造一个满足自己电脑爱好的环境等。儿童总是通过他们的行为作用于环境并经常通过有效的方式改变他们的环境。这样一来,人就再也不同于巴甫洛夫实验室里那条傻傻地站立在架子上接受刺激的狗或斯金纳箱里的那只懵懂的小白鼠了。班杜拉所讲的人、行为、环境三者之间的相互决定关系,在不同的场合、对不同行为的作用是不同的。有时,环境因素对行为产生强大的制约作用;在另一些时候,人的因素成为环境的重要调节者。这样,班杜拉把人的认知因素对行为具有因果性影响的观点凸显出来了。当然,由于班杜拉并不直接研究认知过程,就本质而言,他的社会学习理论仍属行为主义体系。

五、对行为主义发展理论的评析

(一) 对华生的行为主义的评析

华生创立的行为主义,是对构造主义和机能主义心理学传统的反抗。行为主义的兴起和延续,对心理学的发展具有重大的贡献。

1. 使心理学从哲学的边缘跳入科学之林

我们知道,自 1879 年冯特在德国莱比锡大学建立第一个心理实验室后,心理学便从哲学中分化出来,变成一个科学的学科。但对于冯特来说,"他固然是实验家;然而他的实验主义乃是他的哲学见解的副产物。""与其说是科学家的方法,不如说是哲学家的方法。归根到底,他的气质也似为哲学的。"[①]以后的构造主义和机能主义由于他们的哲学思想体系以及研究对象和研究方法的局限,并没有把心理学真正引入自然科学的领域。事实证明,心理学如果局限在意识的研究上,是很难跻身于科学的行列的,只不过停留在哲学

---

① 波林著:《实验心理学史》,高觉敷译,商务印书馆 1981 年版,第 369 页。

的边缘。华生提出"抛弃意识研究,把心理学建立在适应性的行为之上"的观点,把行为作为心理学的研究对象,使心理学消除了传统的主观性,具有了自然科学的共性——客观性;使心理学在研究对象上跳出了哲学的学科范畴,既明确了心理学的学科性质,也扩大了心理学的研究范围。如果心理学仅仅局限在意识的范围之内,动物心理学中的拟人化倾向和儿童心理学中的主断臆断就不可避免,最终也难以成为科学。因此,华生的行为主义对推动儿童心理学的发展具有不可磨灭的历史贡献,在我们学习儿童心理发展理论时,不可不缅怀华生的这一历史功绩。

2. 使心理学研究从主观内省转入客观经验研究

华生批判内省的方法,强调对刺激—反应的客观行为研究法,严格遵循实证主义所提出的科学描述方式,使心理学研究可观察的行为以及与这些行为紧密相联的可观察的环境事件,对整个心理学界的研究方法论,起到了规范和提高的作用。也许,有许多心理学家并不承认自己是行为主义者,"但心理学界公认的心理学研究成果,至少就方法论来说,绝大多数是在行为主义观点的指导下取得的"①。

3. 使心理学走出学院的围墙进入广泛的实用领域

华生认为,不论多么复杂的行为都可以通过条件反射而建立,也就是说,可以通过学习来预测和控制行为。行为主义的目的就是控制行为。这一目的为社会上各种行业都带来了可以应用心理学规律的可能性。当今,心理学家的足迹已经踏遍了各级各类的教育机构、医疗单位、政府部门、军事单位、工矿企业、商界、家庭……一切有人、用人的地方都在应用心理学知识,一系列应用心理学的具体学科应运而生。这一切与行为主义的贡献是分不开的。

4. 对儿童心理和教育提供了有益的指导原则

华生十分重视对儿童心理的研究和儿童教育的实践,他提出的一系列教育原则在今天看来仍是有益的。例如,他认为,教育和训练的目标和标准是随着社会文化的变化而变化的,教育不应该实行全社会统一的标准和计划,学校和家长不要墨守成规,应该根据具体情况,因地制宜地采取教育措施。又如,华生坚决反对体罚儿童的主张,从小培养儿童良好习惯的主张;重视家庭护理、身心教育(包括正确的性教育)的主张,都是科学、合理的。这充分体现了华生对儿童的热爱和关心。

正因为华生的行为主义有以上的特点和贡献,才使他的行为主义不仅席卷美国,而且几乎遍及全球。

但是,华生的行为主义同样也具有不可避免的局限性。

首先,由于华生否认意识——确切地讲,华生否认意识是心理学的研究对象,以条件反射来解释行为,把心理归结为肌肉、腺体的活动,甚至把高级心理过程也归纳为含蓄的习惯反应一类,把复杂的心理现象简单化、庸俗化。这不仅有悖于当代心理学、生理学和

---

① 高觉敷主编:《西方心理学的新发展》,人民教育出版社 1987 年版,第 23 页。

有关学科的研究成果,也极大地束缚了行为主义心理学自身的研究功能。把大脑内部的认知排除在刺激—反应之外,表面上看研究起来方便、直观、可记录,但从根本上削弱了心理学学科的生命力。

其次,华生强调客观、实证、可重复的经验研究,排斥任何形式的内省,不可避免地造成研究方法的单一,不利于心理学的研究。研究方法的多样性是由于研究对象的复杂性导致的。像人的心理这样高度复杂的研究对象,应该允许采用一切有助于了解人、认识人的科学方法。华生在自己的研究中也提出要采用"言语报告法",可见,主观方法是很难绝对弃之不用的。

第三,华生强调环境对塑造儿童行为的决定性作用,进而发展为教育万能论,强调对儿童发展的控制。任何一本介绍华生理论的著作,都不会遗忘华生那段标志性语录:"给我一打健康的婴儿,并在我自己设定的特殊环境中养育他们,那么我愿意担保,可以随便挑选其中一个婴儿,把他训练成为我所选定的任何一种专家——医生、律师、艺术家、小偷,而不管他的才能、嗜好、倾向、能力、天资和他祖先的种族。不过,请注意,当我从事这一实验时,我要亲自决定这些孩子的培养方法和环境。"[1]这里,华生既否认遗传的重要性,又否认儿童主观状况对发展的影响,肆意夸大教育、环境的功能,这些都是片面的。尽管我们可以从中认识到华生的这一观点对反驳当时美国社会盛行的种族歧视或种族优越论的坚定性,具有不可否认的进步意义,但过于强调环境和教育的决定性作用,并不符合儿童发展的规律和整个心理科学的事实。

(二)对斯金纳的操作行为主义的评析

1. 斯金纳的操作性行为的概念,丰富了华生的 S—R 公式的内容

华生提出的 S—R 公式,简化了一切复杂的心理过程,虽然完全符合他本人的立场和观点,但相对于复杂的心理现象而言,不免过于简单、粗陋。这一弊端不仅受到其他学派心理学家的批评,事实上也束缚了行为主义心理学自身的发展。斯金纳认为人的行为由有机体所处的环境、有机体的操作以及操作所产生的结果所组成,一个操作的发生(反应),接着呈现一个强化刺激,于是,再次发生的强度(概率)就增加。在这个基础上,斯金纳又提出了"强化程序表"。该表揭示出不同特点的强化对行为的不同影响和不同效果。此外,斯金纳指出影响有机体行为的外部环境不仅包括现存环境,还包括历史环境和遗传环境。于是,斯金纳对人的行为的研究变得更精细,也更符合行为的真实性。

对于心理的内部过程,斯金纳也比华生更为灵活。华生认为意识形态不能予以客观的说明,因而不能成为科学的研究对象。而斯金纳则承认内部心理现象的存在,也承认这些东西应作为心理学的研究对象。他说,"每个人同包在他本人皮肤之内的这一小部分宇宙发生特殊的接触","我们必须正视一个人如何认识另一个人的主观世界的问题。"[2]同

① 华生著:《行为主义》,李维译,浙江教育出版社 1998 年版,第 95 页。
② 斯金纳著:《年逾五十的行为主义》(1963 年版),转引自《西方心理学家文选》,人民教育出版社 1983 年版,第 256 页。

样,对于行为的遗传因素,斯金纳也有所动摇,他认为,"在某种重要的意义上,所有的行为都是遗传的。因为行为着的有机体是自然选择的产物。操作条件作用也像消化或妊娠一样,是遗传禀赋的一部分。问题不在于人是否有遗传禀赋,而在于如何去分析它"[①]。对于华生的那段著名的夸口,斯金纳平静地认为是"不慎之辞"。

总之,斯金纳丰富了早期行为主义的内容,从而为行为主义注入了新的活力。

2. 斯金纳的新行为主义立场比早期行为主义更坚定

当我们看到斯金纳在有关内部过程和遗传等方面比华生更为灵活时,千万不要认为斯金纳是一位倒退或软弱的行为主义者。事实上,斯金纳比华生更为彻底,更为老练。斯金纳不仅想描述行为,更想控制行为。他认为,控制是一种最后的检验标准。由观察所确定的先行变量与行为变量之间的函数关系,在科学上是否完善,有待控制来检验。心理学仅仅满足于预测是不够的。他的这一思想不仅表现在心理学研究中,也反映在他对社会改造的理想之中。斯金纳的小说《沃登第二》反映的就是试图运用操作行为主义塑造人类社会的乌托邦理想。他的这种激进的行为主义如果被接受的话,将会造成人类对自身理解的重大变革,斯金纳就将成为不仅是心理学的而且是人类社会的舵手。幸好,这种令人动颜的理想主义最终也不过是一篇精心的"不慎之辞"。

斯金纳虽然注意到"皮肤之内"的内部心理过程,但他认为皮肤之内的过程也是行为本身的一部分,皮肤并不是一个重要的主、客观界线,内部的心理过程(私有事件)与外显行为(公开事件)具有同样的物理维度。这样,斯金纳把反映客观事物的心理映象与客观事物本身混同了起来,在物质与意识的关系上制造了一个混乱。这种哲学观念上的混乱必然导致新行为主义在认识心理现象本质问题上的软弱。

(三) 对班杜拉的社会学习理论的评析

1. 观察学习更加接近儿童的真实学习过程

班杜拉从人的社会化角度研究学习问题,指出观察学习的重要性,改变了过去的学习理论重个人轻社会的理论倾向,使学习理论更加贴近儿童真实的学习过程。班杜拉认为,人的行为变化,是人的行为与环境相互决定的结果,既不能把人的行为变化仅仅归结为环境因素,也不能仅仅归结为个人的内在因素,这种相互决定的观点在相当程度上反映了人类学习的特点。这一点,比早期行为主义和斯金纳的操作行为主义更为科学。他的研究内容也更具有社会的针对性,表现出一个心理学家的社会责任感,受到社会各界的重视。

2. 缺乏对认知因素的充分认识

虽然在班杜拉的社会学习理论中,提到了认知因素的作用,但他的整个研究依然围绕着儿童的学习行为进行的,并没有把认知因素放在应有的位置上,他最终说明的仍是行为。因此,就理论体系而言,班杜拉的社会学习理论仍属于行为主义,是一种"温和的"、

① Skinner (1974): *About behaviorism*. New York: Knopf. p. 43. 译文引自:马文驹、李伯黍主编:《现代西方心理学名著介绍》,华东师范大学出版社 1991 年版,第 222 页。

"自由化"的行为主义,是一种新的行为主义。

我们在本章选取了华生、斯金纳、班杜拉作为行为主义发展理论的不同阶段的代表人物。从三位行为主义心理学家的理论和研究方法看,行为主义是一个"越变越像"的学习理论。历代的行为主义心理学家为儿童心理发展提供了丰富的研究资料,既为培养和教育儿童提供了有效的原则和方法,也为矫治不良行为提供有效的原则和方法。当然,在心理学界也有不少人对行为主义发展理论颇有微词,认为行为主义理论没有讲明年龄与发展阶段的功能层次。如果说发展理论必须包含年龄变化和发展阶段的话,行为主义理论确实有所欠缺,但行为主义者着眼于一种通用的原则,带有发展的普遍性,也不失为一种发展视角。此外,有人批评行为主义者忽视了合作学习,而正是这个合作学习才是人类将其文化薪火代代相传的一种策略。这一点我们将在介绍维果茨基发展理论时再予以说明。

六、行为主义发展理论与学前教育

行为主义自 20 世纪初产生至今,对教师和家长的教育、教养观念和行为产生了持续深远的影响。行为主义强调个体在环境中的经验,能帮助我们认识儿童发展和儿童活动中的许多方面。

(一) 创设丰富环境,形成适宜学习的条件

行为主义发展理论的创始人华生认为人类的行为都是后天习得的,环境决定了一个人的行为模式,无论是正常的行为还是病态的行为都是经过学习而获得的,也可以通过学习而更改、增加或消除。基于该理论观点,只要仔细观察和分析某行为产生、发展的外部环境,就能够发现相关的环境要素;同时创设适宜环境,提供恰当的刺激,可以塑造和修正行为。

案例 4-1

"故事会"让孩子充满自信

这学期,我接任的是一个大班。经过一段时间的相处,我发现孩子们的表达表现能力不尽如人意,常常表现出揪衣角、伸舌头、双臂夹紧、身体僵硬等焦虑、紧张的神态。在与原任教师交流后我了解到以前幼儿表现的机会比较少,大部分幼儿羞于当众表达。由此,我想到从讲故事入手,帮助孩子培养自信,提高表达能力。

才艺展示会

有了想法以后,我就立即引领孩子进入积极的准备状态。我先让孩子自选一个喜欢的故事,待熟悉故事内容后让他们在小组内讲述,再逐步过渡到在全班故事会上讲述。

我没有想到,在练习过程中,不少孩子不但不够自信,还总有抵触情绪。有的孩子不管我怎么鼓励、怎么引导就是不肯开口讲故事。于是,我只能调整原来的方案,把"故事会"改为"才艺展示会",让幼儿根据自身的特长,表现最拿手的才艺,如唱歌、跳舞、朗诵、

武术表演等都可以,这个想法得到大多数孩子的认同。为了让幼儿体验到成功感,我又与孩子商讨、与家长沟通,挖掘每个孩子的优势、特长,帮助他们将自己的才艺表现出来。

在才艺展示会上,我们除了看到唱歌、跳舞、讲故事,还看到了滑轮滑、抖空竹、唱豫剧等。孩子们的表现获得了同伴的阵阵掌声,他们的自信心也在逐步建立。后来,在区域游戏或自由游戏时,孩子们经常会自发地进行才艺表演。

每月故事会

第一次的才艺展示让孩子有了自信。为了帮助孩子较快地提高口头表达能力,我决定举办班级故事会。为了确保这次故事会不再"夭折",我做了很多准备工作。首先,帮助孩子选择适宜的故事内容,建议字数控制在 500 字以内,角色关系要简单,便于幼儿记忆,语言要通俗易懂。其次,我通过"家长园地"等途径及时与家长沟通,争取家长的支持、配合和帮助。

经过一个月的准备,班级故事会终于开始了。在讲述故事的过程中,大部分孩子表现得从容、自然,个别孩子虽然还有些紧张,但能在全班幼儿面前讲故事,这就已经迈出了一大步。孩子们对自己的表现也比较满意,因此,信心更足了,积极性也更高了。我决定以后每月举办一次"故事会",为孩子提供充分的表现、表达的机会。

家园联谊故事表演会

通过每月故事会的锤炼,孩子们已经摆脱了羞涩和胆怯,他们不再满足于单纯的讲述,更不满足于只在班级这个小圈子里表现,他们希望能表演故事,并得到更多观众的支持和帮助。于是,一个新的创意——"家园联谊故事表演会"诞生了。

有了创意,我便和孩子们一起做起策划和准备工作:准备新故事、制作宣传海报、设计邀请函、征集家长意见、商讨会场布置、确定人员分工……在大家的精心筹划下,故事表演会如期举行。看!活动室内外到处是忙碌的身影,接待的、摄影摄像的、计分的、主持的……所有任务都由孩子和家长承担,他们各司其职,忙而不乱。"演员"更是不负众望,现场不时响起热烈的掌声,孩子的表现得到了大家充分的肯定。

故事表演会结束后,园长给孩子们颁发了奖状,有最佳表演奖、最佳选题奖、最佳设计奖,还有最佳制作奖、进步奖、合作奖等,孩子们激动万分。而园长发表的活动感言和"快乐生活,快乐学习,快乐成长"的衷心祝愿,更使在场的所有人感动不已。

在故事会上,孩子是活动的主人,他们主动、自然、自信,学会了共同协商、探索,不怕困难,积极寻求解决的办法。总之,"故事会"使孩子们充满阳光、充满自信。[1]

幼儿园是儿童生活、学习的主要场所之一。幼儿园营造什么样的环境和氛围,会直接影响儿童的学习。适宜的环境,对儿童知识的学习、行为习惯的培养,甚至品格的养成,都起到积极正面的影响。反之亦然。从上述案例中,我们可以看出,带班老师在接手这个新

---

[1] 张静:《"故事会"让孩子充满自信》,《幼儿教育》2012 年第 5 期。

班级之初,发现班里孩子们普遍怯于表现,胆小紧张。经过了解和分析,带班老师找到原因——是因为之前没有给他们提供足够的表达表现的机会,环境中缺少适宜的刺激引发孩子相应的行为。

由此,带班老师着手开展了一系列活动,提供机会让儿童学习如何在当众表演中恰当表现,并逐步提高自信心和积极性。

但是,这位带班教师并不是一开始就获得了成功。她最初选择的切入点是"讲故事",期望通过创设一个让孩子们在集体场合讲自己喜欢的故事的环境,提供适宜的刺激,让幼儿练习,以学习如何适当表现。可是由于并没有符合幼儿的兴趣和需要,并没有取得理想的效果。老师随即调整环境,引导幼儿当众表演各自擅长的"才艺",终于获得了成功。由此可见,环境中刺激的适宜与否,对于孩子学习的效果影响很大。

(二)积极运用强化原理,塑造幼儿良好的行为习惯

斯金纳认为,人的行为大部分是可操作性的,任何习得行为,都与及时强化有关。也就是说人的大多数行为不是天生的,是后天学习的结果。如果行为的结果受到强化,行为出现的几率就会增加。基于此原理,良好行为的建立就应该运用强化的原理,激励儿童逐步学习社会所认同的行为方式。

基于该原理的表扬或奖励,被很多教育工作者和家长认为是最有效的教育方法。也有学者认为,奖励是教给儿童在特定的环境中什么是适宜行为的最快捷和最有效的方法。[1] 儿童恰当表现,家长及时给予表扬或奖励,这一互动模式几乎在孩子一出生以后就存在。在孩子2—3个月左右第一次主动抬头的时候,家长立刻会微笑、拍手、拥抱或亲吻他,鼓励他继续。之后,孩子翻身、坐、站立、行走时,几乎所有的家长都会立刻给予表扬或奖励。但很多人并不明白该原理的作用机制。

下面,我们就以案例来说明该原理的具体运用。

案例 4-2

他并非真的无所谓[2]

权权是我班的一个小男孩,喜欢看书,喜欢做操作类游戏,也喜欢唱歌。可他总是沉浸在一个人的世界里,游离于集体,一副心不在焉的样子,对教师的话充耳不闻。

吃完中饭,我带着孩子们去散步,权权落在最后,慢慢腾腾地走着。我停下脚步,提醒他要跟上队伍,眼睛要看着前方,以免撞到别人,可权权依旧这看看那里望望,慢悠悠地跟在最后。

午睡时,角落里忽然传来权权的歌声,我提醒他不要发出声音,以免影响别人。可等我一转身,又听到了权权的歌声。

---

① 罗德著:《理解儿童的行为》,毛曙阳译,华东师范大学出版社 2008 年版。
② 陈燕:《他并非真的无所谓》,《幼儿教育》2012 年第 5 期。

这样的状态已经持续了一段时间，权权对教师的要求很不敏感，总是我行我素，似乎对任何东西都无所谓、不在意。但我深信，在他的内心世界里总有一处是他在意的角落。

一次集体活动时，我拿出相机捕捉孩子们的活动瞬间。权权依旧动作缓慢，坐在椅子上不停地扭来扭去。我灵机一动，说："爸爸妈妈肯定很想知道你们在幼儿园的表现，我把你们的坐姿拍下来，拿给爸爸妈妈看看吧。"话音刚落，权权立马坐得笔直，眼神不再茫然，而是专注、认真地看着镜头，我惊喜地发现权权并不是对什么都无所谓。

下午离园时，我把抓拍的权权坐得笔直的照片给他妈妈看，并当他妈妈的面表扬了他。权权妈妈一直以来得到的信息大多是负面的，今天听到教师表扬权权非常高兴，也当即表扬了他。这时我看到权权笑了。可见，权权很在意爸爸妈妈对自己的看法，在内心深处他希望爸爸妈妈看到他好的一面。于是，在接下来的日子里，我抓住权权的这一心理特点，进一步引导他，给予他更多的鼓励和在集体中表现的机会。一次，在"故事妈妈讲故事"活动中，我们特意邀请了权权妈妈，并以此激励权权："你要好好表现哦，从现在起就要养成好习惯，让妈妈看到你最棒的一面。"周五下午，权权妈妈来到班里，权权表现特别好，点心很快就吃完了，还帮妈妈摆放电脑，听妈妈讲故事时也格外安静。我在全班幼儿和他妈妈面前表扬他："我们要向权权学习，他虽然听过这个故事，但依然很认真地和小朋友们一起又听了一遍。我相信妈妈不在的时候，他也能一样表现得很棒。"得到表扬的权权坐得更端正了。

后来，在我和家长的共同关注和激励下，权权慢慢地进步着，特别是行为习惯上有了很大的变化。其实权权对什么都无所谓只是表面现象，他内心深处十分在乎爸爸妈妈对他的看法，也想在别人面前好好表现自己。这种内心深处的希望需要我们细心观察耐心开启，并给予有效的引导和支持，以激励幼儿不断取得进步。

在这个案例中，权权的行为习惯一直是老师很头疼的问题。老师基于以往工作经验的屡次"提醒"并不能成为改变权权行为的有效刺激。老师在很长时间里一直没有找到行之有效的方法来解决权权的行为问题。

契机很快出现了！老师敏锐地发现权权对"把幼儿园里的表现给爸爸妈妈看"这一刺激非常敏感。因此老师将这点作为强化物，在权权"坐姿端正、专注听讲"这一操作性行为出现后，及时给予强化，即及时与妈妈联系，把拍摄的照片给妈妈看。妈妈也立刻对权权的这一操作性行为给予了强化（表扬）。接下来，老师不断创设机会，让爸爸妈妈看到权权的良好行为。于是权权的良好行为在"让爸爸妈妈看得到"这一刺激的不断强化下，出现的几率越来越多。

在这个案例中我们不难看出，每个孩子有不同的遗传特点、成长环境和经验，不同的兴趣爱好，不同的需要，不同的性格特点，因此，同一强化物对每个个体的影响力是不同的。当教育工作者或家长期望以强化原理增加孩子某行为出现的几率时，应该慎重地选择强化物。

可以选择的强化物有以下几种：

① 消费性强化物：指糖果、饼干、饮料、水果、巧克力等一次性消费物品。

② 活动性强化物：指看电视、看电影、做手工、踢球、去公园、野餐、旅游、逛街等属于休闲性质的活动。

③ 操作性强化物：指布娃娃、变形金刚、玩具汽车、玩具手枪、图画、卡片、气球等孩子爱反复玩弄的物品。

④ 拥有性强化物：指在一段时间内孩子可以拥有享受的物品，如小狗、小猫、录音机、录音磁带、光盘、电脑、钢琴、小提琴、漂亮的衣服、笔记本、纪念品、文具盒等。

⑤ 社会性强化物：属于精神层面的奖赏，如拥抱、抚摸、微笑、奖状、注视、亲子逗乐嬉戏、讲故事、口头夸奖（聪明、能干、好孩子）等。①

案例 4-3

男 男 记 录②

大班幼儿毕业前的最后一天傍晚，男男一直蹭着我，不跟妈妈走，直到只剩下他一个人。"老师，您把《男男记录》再给我讲一遍吧！"男男把《男男记录》递给我。我把男男揽在怀里，然后一页一页打开《男男记录》，轻轻地讲述着："……3月15日，男男主动帮老师给小朋友晒被子……4月4日，男男学会跳绳了……5月28日，在游戏中男男替小兔子想了三个战胜大灰狼的办法……"讲着讲着，男男哭着说："老师，我不想离开你，我还想让你记《男男记录》。"我感动得紧紧搂住了男男。

男男是大班时转到我班来的，进班半个月，我就发现了他的"与众不同"：户外活动时学孙悟空打妖怪的样子打小朋友，区域活动时破坏小朋友的作品，午睡时将女孩的辫子和床绑在一起……小朋友都躲着他，同伴频频的告状和他振振有词的辩解让我很无奈。

俗话说，"一把钥匙开一把锁"。一天，我把一个漂亮的画本递给男男："老师送你一个礼物。"男男惊喜地问："什么礼物？"我说："我想从今天开始把你的表现记在这个本子上，它的名字叫'男男记录'。"我当即翻开画本，写上日期，接着边画边给男男讲解着："今天老师给小朋友晒被子，男男帮助老师收了许多被子，是一个爱劳动、热心为小朋友服务的好孩子。"男男听了很激动地问："这是表扬我吗？"我说："男男表现好的时候老师当然要表扬。"男男眼里闪出了亮光。我摸着他的头说："男男表现不好的时候老师也会批评，我以后会经常把你的表现记在《男男记录》上，希望记的都是好的事，你愿意吗？"男男使劲点头。

就这样，男男特别喜欢和我一起记《男男记录》，我尽量记录男男好的表现，抓住时机引导他养成好习惯，宽容他的一些小过失，让他感受到老师对他的信任和重视。一天，贝

---

① 晏红：《让小闪光点形成大光圈——行为习惯培养法》，《少年儿童研究》2003年第5期。
② 李亚鹰：《男男记录》，《幼儿教育》2012年第12期。

贝拿着被撕破的画哭着告诉我,男男把她的画撕破了。我生气地问男男原因,男男惭愧地说:"老师,我错了,我气自己总是没有贝贝画得好,贝贝又老在我面前炫耀她的画,我一气就把她的画撕了。"我对他说:"老师要把这件事记下来,这可是《男男记录》上第一次记录表现不好的事。"男男紧紧抱着《男男记录》,泪汪汪地哀求道:"老师,这一次能不记吗?以后我一定改。"我看到了男男要求进步的决心,心中十分喜悦,就答应了他的要求。

就这样,《男男记录》日复一日地记着、讲着。我看到男男变得自信、有秩序、关心人了,我也更加理解了因材施教的道理。教师只有不断研究幼儿,尊重幼儿人格,尊重个体差异,积极创造条件,才能帮助幼儿形成良好的行为习惯。

在这个案例中,老师选择的就是社会性强化物。老师以做书面记录的方法,每当男男表现出适宜的行为时,老师就以在《男男记录》里写下来作为强化,以增加良好行为出现的几率。通过一段时间的持续强化,男男和权权的良好行为习惯在不断积累,进步很大。

事实上,在幼儿园里,最常见的基于强化原理的方法,叫"代币法"。在幼儿园教育活动中使用的代币法,就是通过强化幼儿的某些行为,从而提高这些行为发生率的一种激励手段。具体地说,就是把对幼儿的奖励用虚拟的货币量化,当幼儿表现出某种预期的良好行为表现时,就能获得一定数量的代币,幼儿可以用代币换取自己喜欢的东西或实现自己的愿望。代币开始是作为中性刺激物出现的,对幼儿没有什么特殊意义。当代币和强化物(幼儿期望得到的东西或自己的愿望)联系在一起,并经常同时出现时,代币就逐渐对幼儿产生了强化作用。[1]

(三) 利用消退方法,矫正幼儿的不良行为

正如上文所述,如果希望增加某行为出现的几率,就应该采取强化原理。除此之外,行为主义发展理论还可以运用于减少某行为发生的几率。所谓消退,与强化的作用正好相反,指的是撤销促使某行为的强化因素,从而减少该行为的发生。

我们以儿童饮食行为问题为例,看看专业人员是如何运用消退法矫正不良饮食行为的:

案例 4-4
消退疗法治疗儿童饮食行为障碍 35 例[2]

儿童饮食行为障碍是一种具有多种表现形式的喂食障碍,通常特发于婴幼儿和童年早期。在进食充足、养育照顾良好、无器质性疾病的情况下,常有拒食和极端追求新奇的行为障碍。从临床所见,这类行为障碍多半是由于家人强迫进食导致的小儿进食行为异

---

① 董素芳:《代币法与幼儿行为激励与矫正》,《教育导刊》2007 年第 2 期。
② 张永红、丛爱玲、李延青、曲伟:《消退疗法治疗儿童饮食行为障碍 35 例》,《中国儿童保健杂志》1999 年第 3 期。

常,近年来并不鲜见。我们对35例5—6岁具有此种行为障碍的儿童实施了消退疗法,取得了一定的效果。现报告如下。

1　资料和方法

1.1　临床资料　选择严格遵守治疗计划的35例5—6岁独生子女作为观察对象(对不合作及中途退出研究者已剔除)。女童21例,男童14例。由于娇生惯养,从幼儿至就诊时每逢用餐均由老人或父母喂食,一旦不吃,随即强迫进食,35例均有由于强迫进食而引起逆反行为。有半数儿童每到吃饭时便远离饭桌或躲藏起来。逼其进食则出现恶心拒食,其中有7例患儿常在饭后有反刍行为。另18例儿童在被逼其进食时常哭闹,拒绝家人喂食,自食速度慢而少。全部患儿均经多个医院诊治,给予补锌、助消化药物及各种营养品等均无效果。

35例儿童均为足月顺产儿,生长发育未见异常,未患过较重的疾患,也未表现出愿意从非抚养者那里取得食物,家庭经济情况及居住环境均良好。

身高体重按我国1985年的标准,其中20例－s内,11例在＋s以上,另4例在－2s内。精神好,各系统检查未见异常,没有足以解释拒食现象的器质性疾病,也无更广泛的精神障碍。为此,按ICD210标准诊断为儿童饮食行为障碍。

1.2　治疗方法　此类患儿主要是由强迫进食导致的偏离行为,故采取自然消退法。具体做法是:① 首先对家人说明强迫进食的坏处,使家人从思想上真正认识到喂食障碍是由于强迫进食所致,以征得家人对该症的积极配合治疗,消除强迫进食行为;② 禁止强迫进食,并告诉小儿在一定的时间内上桌吃饭,如果不主动上桌,家长不予理睬,不予暗示、不叫、不催、不强喂;③ 全家进食完毕后,不要问小儿是否要吃饭,要坚决地将全部饭菜撤掉,在下次饭前不再进食;④ 家中不要放置小儿可以随手拿到的食物;⑤ 家庭所有人员以及与其交往的亲戚朋友均采取一致态度。在治疗计划实施中,任何人不得表现出有碍治疗方案的任何举动。

1.3　疗效观察方法及效果

1.3.1　行为障碍程度的划分　本组患儿根据食欲降低程度分为:无、极轻、较轻、中度、较严重、严重六级。家人根据小儿近一个月来食欲情况的总体水平,评出20例患儿为较严重,15名患儿为严重。

1.3.2　治疗时间　1个月。具体方法是:对18例患儿(8例严重,10例较严重),实施消退疗法即持续1个月治疗。对17例患儿实施ABAB设计治疗(7例重度,10例较严重),在最初10天实施消退疗法,随后10天恢复强迫进食,最后10天又进行消退疗法治疗。家长每10天总评一次,标出食欲等级,并来门诊求治指导。

2　结果

18例持续治疗者于5—7天即有初步效果,10天评定时已有由较严重和严重,变为中度。一个月终了时均可自动进食,等级为极轻。ABAB设计组的17例患儿10天总评时,变为中度者15例,1例由重度变为较重度,按研究计划撤销治疗并恢复强迫进食10天后,除 2 例仍有良好自食习惯外,余 15 例又恢复原来基线水平。当恢复治疗(最后 10 天)后自食情况又逐渐好转。最后总评时 2 例变中度,15 例变轻度。

……

上文所述的研究选取了 35 个孩子,他们都是由于被家长强迫喂食引发了饮食行为障碍——条件反射性拒食,逐渐发展为厌食,甚至一见到食物就恶心、呕吐,有的害怕食物,逃避进食。这是一个已经习得的操作性行为。基于对该行为原因的仔细分析,研究者认为饮食行为障碍的强化刺激是家长强迫喂食的频繁出现。研究者采取了消退法,纠正这些孩子们的饮食行为障碍。而消退法的关键是消除造成强迫进食的原因,所以必须劝说家长不要对小儿强迫进食,要养成自动进食的习惯。消退法对因强迫进食引起的饮食纠正障碍有一定疗效,参与研究的患儿均取得了较好效果。

(四)发挥榜样作用,促进社会学习

班杜拉认为儿童通过观察他们生活中重要人物的行为而学得行为,是一种更加普遍的学习行为。

案例 4-5

好吧,妈妈等你①

正在赶一篇稿子,午饭后继续埋头写。不知到了什么时候,小毛豆出现在书房,穿戴整齐,一副要外出的样子,"妈妈,陪我出去荡秋千吧!"

看他一眼,继续面对屏幕,"妈妈正忙着呢! 等一会儿。"

过了一会儿,小毛豆又进来,带着怒气,"妈,到底要等到什么时候!"

我看看自己的稿子,说:"还得再等一会儿。"

第三次,我估计他要再进来催的时候,提前在写字台前挂了一个牌子"工作中",意思是"请勿打扰"。因为和小毛豆有言在先,如果挂上这个牌子,那就表明妈妈的工作很重要,他不能进来捣乱。

果然,小毛豆看到这个牌子,一声不响地出去了。

终于把稿子写好了,长舒了一口气,累了,很想出去走走。这才想起小毛豆几次催我外出,想起昨天答应过他,今天下午陪他去新建的街心公园荡秋千。看表,已比答应的时间晚了两个小时,于是急忙招呼小毛豆外出。

"请等一会儿,我得把这本故事书看完了才能出去。"小毛豆学着我的语气不耐烦地说。他躺在房间的地毯上,懒洋洋地跷着二郎腿,正捧着一本书看。

啊? 让妈妈等?

这么快就跟我学会了。但我是忙于工作,他却显然是在摆架子。

---

① 耿彦红:《好吧,妈妈等你》,《学前教育》2007 年第 10 期。

没办法,只好坐在客厅里等。好吧,让妈妈做给你看,我是怎么耐心等候别人的。

过了好半天还不见他出来。我实在想出去走走。终于忍不住冲进他的房间,刚要怒气冲冲让他出门,突然瞥见他旁边竖着一个牌子,上面标示"看书中"。歪歪扭扭的三个水彩笔大字挡在那,一下子堵住了我的口。

而他还在那慢条斯理地一页页翻着书看。

重新坐到客厅的沙发上,我开始反省自己。我确实常常让小毛豆等,一等再等。如果自己没时间陪他,干脆就不要答应好了,偏偏又答应了,这是我的错。我的时间宝贵,难道孩子的时间就可以白白浪费吗?他在等我的时候那种焦躁不安不是常常被我忽视吗?是我不尊重他在先,而他现在为了争取自己的权利,学我的样子在制裁我呢!

走进小毛豆的房间,我对他讲了三点:第一,妈妈答应你2点钟出门,结果让你等到4点,答应的事情没做到,是妈妈不对,以后会改正,希望你监督;第二,以后妈妈和你,谁也不要让谁等,说好的时间,准时出发;第三,今天你要是让妈妈一直等下去,那么时间太晚了,秋千可就荡不成了!

小毛豆一听秋千要荡不成,立刻跳起来,拉着我往门外飞奔而去。

日常生活中,我们总能在孩子的身上,轻而易举地看到教养者的影子。这是因为,孩子无时无刻不在观察,观察发生在身边的所有行为及其强化性结果,以习得新行为。因此,如果你希望孩子成为一个什么样的人,首先自己应该努力成为这样的人。

班杜拉认为,观察学习是一个从他人身上获得信息的普遍的过程,这个过程包括注意、保持、运动复现、强化和动机四个组成部分。我们以下面的案例为例,来说明这个过程。

案例 4 - 6

老师的眼神[①]

小时候,我上的是寄宿制幼儿园,一周只有一天可以回家与亲人团聚。都说孩子小不懂事,也不记事,但我却不同。那段时光给我留下的记忆很深刻,那是一段压抑多于快乐的时光。我出生3个月就被送到托儿所,2岁半又被送到寄宿制幼儿园,因此,很少得到父母的爱抚与拥抱,也无法享受到天天在父母膝前撒娇的幸福。正是这种环境使我特别缺乏安全感,导致我做事胆怯、缺乏自信心。我好像也感觉不到老师对我的喜爱,身边没有要好的伙伴。我每天都盼望着周六下午爸爸接我回家。这种状态一直持续到我上了大班。大班时,我们班来了一位李老师。李老师跟我说话并不多,但常常向我投来和蔼、关切、期待和信任的目光。记得有一次,幼儿园开展骑三轮车比赛,小朋友只要参加就能得到纪念品,可我不敢参加,我怕比赛过程中摔倒,更怕得最后一名被小朋友取笑!这时李

---

① 管颖:《老师的眼神》,《幼儿教育》2011年第6期。

老师来到我的身边,她俯下身,轻轻地抚摸着我的头,对我说:"不要怕,老师给你加油!"我望着她的眼睛,分明看出那眼神中流露出鼓励和肯定,像一股暖流汩汩流入我自卑和敏感的心田。就这样,我从她的眼神中获得了信心和勇气,最终参加了比赛。没想到我获得了第一名!李老师兴奋地把我抱起来,在我的小脸蛋上留下一个深深的吻。我当时"哇"的一声就哭了,李老师哪里知道,这是我从上幼儿园以来得到的老师的第一个吻啊!

从那以后,我从李老师的眼神里读到的都是温暖,从中获得了信心和勇气,也赢得了同伴的友谊。我从此开始观察她,模仿她的一言一行。说来也许可笑,我一直认为短发是最美的发型,因为李老师是短发。以至于我一直不留长发,直到上了幼儿师范学校。现在回想起来,我一直以来要当幼儿园老师的愿望也是深受她的影响。

长大后,我真的成了一名幼儿园教师,在工作中,我努力做到耐心、细致地关怀每一个孩子,以让他们开心快乐地生活。在教学中,我努力用丰富多彩的教学方法和形式帮助孩子们获得知识和技能。我始终坚守的信念就是让自己的眼神温柔,再温柔些。我要让我的孩子们时刻感受到这份温暖,感受到我对他们深深的爱。当有孩子不敢举手回答问题时,我会用鼓励的眼神带给他信心;当有孩子回答不出问题时,我会用耐心的眼神安抚他紧张的情绪;当有孩子回答正确时,我会用赞赏的眼神让他体会到被老师肯定的快乐。我始终坚信温柔的眼神会造就身心健康的孩子。

案例中,作者的职业成长历程,就是一个持续时间很长的观察学习过程。

本章小结

行为主义的发展理论对心理学和教育学,包括学前教育学都具有重要的影响。我们不要将行为主义理论作简单化、粗鄙化的理解。行为主义将心理学的研究范围确定在行为上,对于传统心理学摆脱玄学的束缚、推进心理学科学化具有重要的历史功绩,同时,促使我们充分认识到环境和经验对于学习的重要作用也是功不可没的。

华生强调刺激对反应的决定性作用、斯金纳强调强化对行为发生频率的决定性作用、班杜拉强调观察学习(社会学习)对儿童学习的决定性作用,在一定的范围内都是正确的,只不过随着行为主义理论体系本身的发展,变得越来越具有普遍意义而已。本章最后列举的许多案例都说明,在学前教育中,善于运用行为主义理论,是培养教师教育机制的重要途径。

思考重点

1. 行为主义在心理学界盛行半个世纪。将心理学的研究限定在行为上,既有其合理性,又有其局限性。请重点思考其合理性是什么?这个合理性对今天还有哪些价值?

2. 到实践中去寻找一个案例，说明习惯本质上就是形成了的一系列条件反射。

3. 你一定知道中国古代寓言《守株待兔》。能用操作行为主义的强化理论来解读这个故事吗？在现实生活中，你有类似守株待兔的经历吗？如何解释这个经历？

4. "榜样的力量是无穷的。"请用班杜拉的社会学习理论分析成人、媒体、同伴的行为和形象对儿童学习的作用，并通过社会调查来检验观察学习理论的正确性。

5. 行为主义作为一种学习理论，越来越接近学习的现实。书中称它是"越变越像的学习理论"。你能从行为主义理论的演变中领悟到理论发展的动力和轨迹吗？

阅读导航

1. 华生著：《行为主义》，李维译，浙江教育出版社 1998 年版。

2. 华生：《行为注意者所看到的心理学》，《西方心理学家文选》，人民教育出版社 1983 年版。

3. 斯金纳：《年适五十的行为主义》，《西方心理学家文选》，人民教育出版社 1983 年版。

4. R. 默里·托马斯著：《儿童发展理论》，郭本禹、王云强译，上海教育出版社 2009 年版。

5. 高峰强、秦金亮著：《行为奥秘透视——华生的行为主义》，湖北教育出版社 2000 年版。

6. 乐国安著：《从行为研究到社会改造——斯金纳的新行为主义》，湖北教育出版社 1999 年版。

7. 高申春著：《人性辉煌之路——班杜拉的社会学习理论》，湖北教育出版社 2000 年版。

8. Skinner, B. F. (1938). The behavior of organisms：A experimental analysis. New York：Appleton-Century.

9. Skinner, B. F. (1959). A case history in scientific method. In S. Koch. ed. Psychology：a study of a science. Vol. 2. New York：McGraw-Wall.

10. Bandura，A. (1965). A case of no-trial learning. In L. Berkwitz, ed. Advances in experimental social psychology. Vol. 2, New York：Academic Press.

11. Bandura，A. (1969). Principles of behavior modification. New York：Holt, Rinehart and Winston，Inc.

第五章　精神分析发展理论

通过本章学习,你能够

◎ 理解精神分析的发展理论的基本概念和主要观点;

◎ 理解儿童心理发展的阶段的划分和含义;

◎ 了解精神分析学派自身的发展,了解该学派理论重心的变化对理解人的心理本质观点方面的差异;

◎ 重点理解精神分析学说对儿童心理学和早期教育的重要贡献;

◎ 学会运用精神分析学说的理论观点分析幼儿的行为特点及心理需要。

本章提要

精神分析学说是心理学理论宝库中最具吸引力的发展理论。弗洛伊德创立的经典精神分析学说从心理学上发现了童年的价值,确认了无意识对人的心理生活的重要性,揭示了人的情感、动机、内驱力与性关系。这个理论创立之初是惊世骇俗的,现在已经成为人类文化内容的基本部分。从儿童发展心理学的学科角度看,精神分析学说关于年龄阶段和人格发展的观点是开创性的,关于无意识与人格结构中自我、本我、超我的内在关系的观点也是极有价值的。

本章从儿童发展的视角,阐述了弗洛伊德经典精神分析的基本观点和历程,人格发展的阶段以及与儿童心理发展有重要关系的内容,同时也介绍了该学派内部的演变,即以霍妮、埃里克森为代表的新精神分析学派的儿童发展观。霍妮将文化因素引进了儿童发展,重视人际关系与儿童基本焦虑之间的关系;埃里克森则将人格的发展延伸到整个生命周期,揭示出每个人生阶段的发展任务和发展矛盾,奠定了心理终生发展的理论体系。

一、理论背景

如果说行为主义高举"行为"的大旗,把意识赶出了传统心理学的研究疆界,那么,精神分析学说则高举"无意识"的大旗,开创了心理学发展的新领域。精神分析学说是现代西方心理学的主要流派之一,它既是一种治疗神经病的方法,也是一种研究心理功能的技术,更是一种心理学的理论,对心理学、医学、人类学、历史学、文艺社会学、哲学等一系列学科都产生不同程度的影响。精神分析学说的创始人弗洛伊德(Sigmnud Freud,1856—1939)与哥白尼、达尔文齐名,是推动人类认识自身的世界级大师。

精神分析学说的理论背景是一个十分广泛的问题。有人说,"弗洛伊德几乎没提出过任何全新的观点,确切地说,他的独到之处在于对已有观点的利用和综合"[①]。但也有人说,"如果任何人要说他(指弗洛伊德)是从别人那里得到无意识观念的,那么,这句话里面包括的极其荒谬是无法由这句话里面包含的一个真理所抵消的"[②]。在学习的一开始让我们投身考证的争论,显然是不合适的,这不是本章的任务。但了解历史渊源有助于把握概念。为此,我们来考察一下精神分析学说中的两个核心概念,即无意识和本能的来源。

(1) 无意识。德国心理学奠基人、哲学家莱布尼兹(G. W. Leibnitz,1646—1716)认为,客观存在的、能活动(即有意识)的实体是由单子组成的,单子是一切实体的元素,类似于知觉。单子不生、不灭、不变,依其本性的规律不加外力而永行不息。它们之间的和谐,预先存在于单子的法则之内,单子的发展是一种明了化的过程,即一些不明了的知觉逐渐向明了的知觉发展,所以实体表现出活动的等差,也就是意识的等差。低级的为微觉,微觉是无意识的,如一滴水的知觉,是无意识的知觉,知觉继续发展为意识的实现,便成了统觉。莱布尼兹对无意识的解释,显然对精神分析学说具有直接的影响。被誉为科学教育学之父的德国哲学家、心理学家赫尔巴特(J. F. Herbart,1776—1841)认为心理学就是观念的静力学和动力学。他从联想主义观点以及力学的引力和斥力的原理出发,认为观念不仅相互吸引,而且互相排斥,观点联结的方式是融合和复合。此外,他在莱布尼兹的微觉统觉说的基础上,提出了"意识阈"与"统觉团"的概念;认为一个观念若要由一个完全被抑制的状态,进入一个现实观念的状态,便须跨过"意识阈"这道门槛。而任何观念要想进入意识内部,必须与意识内原有观念的整体相和谐,否则就会被排斥而降入无意识内,意识阈随着意识与无意识的相互转化而变化。赫尔巴特的以上观点,对于弗洛伊德来说,无疑是极为重要的。因此,黎黑说:"与19世纪早期的社会科学相比,在19世纪后期的思想家中,赋予人类行为中超意识的非理性因素及更大的作用,不止弗洛伊德一人。"[③]事实上,"无意识的思想是欧洲19世纪80年代很重要的时代精神之一"[④]。但是人们对无意识的概念解释各不相同,莱布尼兹关于无意识的观念倾向于纯粹的描述,认为有些观念能被人"意识到",有些观念不被人意识到,即为无意识;而赫尔巴特认为存在着一个叫作无意识的心理区域。

(2) 如果说,意识和无意识属于心理形态的问题,那么,本能则属于心理动力的问题。

① 黎黑著:《心理学史——心理学思想的主要趋势》,刘恩久等译,上海译文出版社1990年版,第281页。
② E. Jones. (1953). *The life and work of Sigmund Frend*. Vol. 1: *The formative years and the great discoveries*. New York: Basic Books, p. 379.
③ 黎黑著:《心理学史——心理学思想的主要趋势》,刘恩久等译,上海译文出版社1990年版,第282页。
④ 舒尔茨著:《现代心理学史》,杨立能等译,人民教育出版社1982年版,第323页。

弗洛伊德认为人的所有行为都是由一种或多种生理本能所驱动,通过某种行为方式降低生理张力。最基本的本能是自我本能与性本能。后来,弗洛伊德把自我本能与性本能合称生本能,又提出一个与之相应的死本能。所有这些本能,很难把人与动物分出贵贱来,人绝无"高级的天性",所谓的"高级天性",只不过是文化压抑或理性的产物。

弗洛伊德关于本能的观点不难在19世纪德国哲学的反理性主义中找到来源。叔本华(A. Schopenhauer;1780—1860)认为人生是悲惨的。人生不仅受痛苦和无聊的任意抛掷,而且还受个体化原理支配,每一个人都为自己的生存在奋斗,自私自利是人的普遍行为准则。人生之所以悲惨,是因为人所遭受的不幸乃是源于人类自身,源于人的求生意志及其客观化。更为悲惨的是人具有智慧,智慧越高认识越明,痛苦越多。叔本华还联系性爱与死亡来说明人生的不幸与悲惨。他认为性的关系是生存意志的核心,是人的世界的世袭君主,它揭开另一个人生的序幕,使痛苦延续下去,而死亡则是必然要取胜的,人的努力注定要失败。尼采与弗洛伊德更为相近,两人都把文明视为人类动物天性的大敌。这些强烈的反理性倾向,在弗洛伊德的学说中都得到集中的体现。

此外,弗洛伊德从他的老师布伦塔诺(F. Brentano,1838—1917)那里接受了意动心理学的观点。布伦塔诺认为心理学的对象是心理活动,而不是意识经验的内容。他称这种心理活动为意动。如人看见颜色,这颜色是心理内容,不是心理学的主要对象,而"看见"即为意动,它才是心理学研究的主要对象。弗洛伊德从布伦塔诺的意动心理学里接受了动力的观点和精神构造的观点,也包括一些死本能的观点。

除了心理哲学的背景外,精神分析学说的诞生,与弗洛伊德的职业经验有直接的关系。当弗洛伊德去巴黎师从当时的精神病学权威沙科(J. M. Charcot,1825—1893)学习精神病治疗时有两个重大发现,一是癔病属于机能性精神病,不属于器质性疾病,二是在精神病治疗过程中,总是与生殖器官方面的问题有关。在以后作为精神病医生从业的过程中,弗洛伊德日益证实了癔病阻止意识的中心情绪是性的情绪,性欲在神经官能症中起着支配的地位。只有通过自由联想法,进行精神分析,才能找出症结,达到治愈的目的。精神分析学说是莱布尼兹、赫尔巴特的心理哲学和叔本华、尼采的反理性哲学与精神病医学临床经验相结合的产物。

二、弗洛伊德的精神分析学说

(一) 弗洛伊德略传

"在西格蒙德·弗洛伊德(1856—1939)身上我们看到一个具有伟大品质的人。他是一个思想领域的开拓者,思索着用一种新的方法去了解人性……谁想在今后三个世纪内写出一部心理学史而不提弗洛伊德的姓名,那就不可能自诩是一部心理学通史了。"[①]

弗洛伊德是奥地利著名的精神病学家和精神分析学说的创始人,出生于东欧摩拉维

---

① 波林著:《实验心理学史》,高觉敷译,商务印书馆1981年版,第813—814页。

亚(现属捷克)的一个小镇夫莱堡犹太籍商人家庭。4岁时随家人移居维也纳。1873年弗洛伊德考入维也纳大学医学系学习,毕业前曾在当时著名的生理学家布吕克(E. Brücke)的生理研究所工作。1881年,弗洛伊德获医学博士学位,第二年与布洛伊尔(J. Breuer, 1842—1925)联合开业,从事神经病的治疗和研究工作。1885年,弗洛伊德到巴黎向当时的神经病学权威沙科学习。沙科认为,癔病属于机能性的神经病,由机能错乱即动力创伤所引起,并强调性的因素在神经病因中的重要性,这对弗洛伊德今后形成的学说起到重要影响。

1889年,弗洛伊德又到法国南锡向伯恩海姆(H. Bernheim,1837—1919)学习催眠疗法,这对弗洛伊德今后发展他的精神分析法也很有启发,从南锡回来后,弗洛伊德继续与布洛伊尔合作。在临床实践中,他发现布洛伊尔在治疗过程中使用的"谈疗法"需要花大量时间与病人谈话,而沙科的催眠疗法疗效不巩固,且有相当一部分病人不能接受催眠,因此,他决定让患者在觉醒状态下,身心放松地在坐卧榻上把想到的话尽量说出来。弗洛伊德把这种方法称为"自由联想法"。1895年,他与布洛伊尔合著的《癔病研究》一书出版,标志着精神分析学派的诞生。以后三本里程碑式的著作:《梦的解析》(1900)、《日常生活心理病理学》(1904)和《关于性欲论的三篇论文集》(1905),使精神分析学成为一个国际上承认的运动,并为人格和心理社会发展等领域的动力心理学提供了基础。20世纪30年代,是弗洛伊德从事专业工作的第6个十年,也是他的事业登峰造极的时期。他拓宽视野,把心理分析理论应用于宗教和社会问题。但是这个时期也是弗洛伊德倍遭身心痛苦的时期,他经历了6次大的手术,与口腔癌进行着顽强的抗争;他遭受纳粹统治的迫害,受尽屈辱。1938年6月,他终于逃难到了伦敦,不幸于第二年,即1939年9月逝世。

拓展阅读

"便帽事件"和英雄情结[①]

在谈到自己的犹太人出身时,弗洛伊德难以掩饰那种由于犹太歧视和家境贫困而带来的不满。"我父母是犹太人,因此我的犹太身份也无法改变。父亲这一边的家族,听说曾经长期住在莱茵河畔(科隆附近)。14、15世纪时,家族被迫往东欧逃难;又在19世纪中,经由立陶宛加利西亚南下,来到德语系国家奥地利。""在我3岁左右,由于父亲所从事的行业大难临头,家产尽失,只好背井离乡,往大城市谋生。此后多年都是在困境中挣扎。"

在19世纪的欧洲,对犹太人来说,背井离乡是家常便饭,贫困也不是最难以忍受的困难。最不能忍受的是来自基督教文化的歧视和欺辱。弗洛伊德的父亲曾经给他讲了自己的故事:"当我年轻的时候,有一天我在你出生的城市散步。那天是礼拜六,

---

① 熊哲宏主编:《心理学大师的失误启示录》,中国社会科学出版社2008年版,第218—220页。

第五章 精神分析发展理论

99

我穿戴整齐,头戴一顶新貂皮便帽。路上碰到一个基督徒,他一边推搡我,抓起我的便帽丢到污泥里,一边骂道:'犹太佬,滚下人行道',我乖乖地走下人行道,到污泥里去把便帽拾起来。"

这个故事就是著名的"便帽事件",它强烈地震动了弗洛伊德的心灵,使其一生都为之耿耿于怀。就是从他父亲给他讲这个故事的时候起,他立志要做汉尼拔似的英雄,横扫基督教的世界。从那时起,英雄情结就成了弗洛伊德心中一个挥之不去的心结。

他做到了,他以自己的方式征服了欧洲,征服了全世界。

正是出于反击这种对犹太人的不公正待遇,弗洛伊德从小就以优异的成绩在同学中名列前茅。在他的名著《梦的解析》中记述了若干年以后遇到一个老同学时的情景:"……我私下却想:'八年同窗之中,我一直在班里名列前茅,而他平日却总是忽上忽下,成绩平平……'"可见,即使自己已经成为知名学者之后,他还是为早期学习中的优异表现而感到自豪。

而在他最初提出精神分析的性欲理论时,学术界骂声鹊起,这时,弗洛伊德只能孤身奋战。他表现得愈加勇敢和坚强。仿佛自己是一个先知,面对顽愚的芸芸众生的讥笑,只是坦然以对,并愈加坚定了自己的信念。正如他在《梦的解析》扉页上的题词:"假如我不能上撼天堂,我将下震地狱。"这是一个征服者的豪情壮志。从精神分析的角度来看,这种征服欲多少包含了报复性的攻击性成分。

这种攻击性在他对待"学术异己"时彰显无遗。后面我们会谈到,弗洛伊德先后和自己学术生涯中几个重要人物绝交。他决然地和他们决裂,并严厉地批评他们的学术思想。比如,阿德勒因为提出"自卑"概念取代性欲作为推动人的行为的原动力而受到弗洛伊德的排斥。尽管阿德勒曾经是"星期三小组"的四个核心成员之一,弗洛伊德还是无情地将其驱逐,并严厉地批评他的自卑心理学。可是有意思的是,综观弗洛伊德一生的奋斗,恰恰是阿德勒的自卑心理学的一个完美案例。他由于自己备受歧视的犹太出身和贫寒的家境而体验到自卑。为了超越自卑,他努力学习,勤奋地工作,用优异的学习成绩和卓越的学术成就来解释自己的生活意义。同时,他还通过压制排斥异己来突出自己的优越感。

颇具讽刺意味的是,被他批评和排斥的阿德勒理论,却为他的一生作了最佳的注解。

(二) 精神分析学说的发展

弗洛伊德的著作跨越了半个世纪,内容涉及从记忆错乱到神经症,直到文明的性质。因此,介绍弗洛伊德学说是一项浩大的工程。加上这个学说本身在发展,许多观点有重大的修订,要做到脉络分明实在不易。学术界通常以 1913 年为界,将弗洛伊德 1913 年以前的系统观点称为早期理论,1913年以后形成的系统理论称为晚期理论。整个学说的发展完成了从心理学理论到一种人生哲学的演变。

为了便于认识精神分析学说的基本观点和演变轨迹。我们先集中介绍弗洛伊德的几部主要专著的内容。

1.《梦的解析》(1900)

1999年3月13日光明日报第12版发表的《20世纪世界重大事件》一文中,把"奥地利精神病学家弗洛伊德发表《梦的解析》一书"列为1900年的世界大事之一。

《梦的解析》(又译《释梦》),是精神分析学说初创时期的代表作之一,也是弗洛伊德本人确信是他的著作中最杰出的一部。据说,弗洛伊德曾表示他的其他著作在重印时,总要作大幅修改,唯独这部《梦的解析》未作重大修改。弗洛伊德在给友人的信中曾不无自豪地希望将来有一天能树立一块牌子,上面写着:1895年7月24日,西格蒙德·弗洛伊德博士在这间房子里揭示了梦的秘密。尽管这部著作在刚出版的年头"深在闺中无人识",但十年之后便得到学术界的普遍重视,一时洛阳纸贵,在弗洛伊德的有生之年一共出了八版。

弗洛伊德认为,梦是潜意识活动的表现,人的本能欲望以各种方式在梦中表现出来。因此,梦是研究本能的途径。在《梦的解析》一书中,弗洛伊德提出一个根本性的假设:"梦是愿望的达成(实现)"。这个达成分为两类,一类是"简单的达成",如儿童的梦,所要达成的愿望是简单的、直观的。如饥渴、排便、"单纯的方便或舒服"等,大多属于原始欲望里必多(libido)的正常的对象转移而无所发泄时的本能冲动。另一类是"改装之后的达成",它们是有所伪装的,难以认出。这说明这个愿望对于梦者而言是有所顾忌的,不能直接表达,只能乔装打扮地在梦中实现。而梦之所以需要乔装打扮是因为每个人在其心灵中,都有两种心理步骤,也可称为倾向或系统。第一是在梦中表现出愿望的内容,第二则扮演检查者(后来,弗洛伊德称之为"超我")的作用,对梦进行改装。弗洛伊德指出,"凡能为我们所意识到的,必得经过第二个心理步骤认可;那些第一个心理步骤的材料,一旦无法通过第二关,则无法为意识所接受,而必须任由第二关加以各种变形到它满意的地步,才得以进入意识的境界"[①]。确切地讲,梦是一种受压抑的愿望经过改装之后的达成。弗洛伊德把梦的改装称为"梦的工作"。梦的工作任务就是把隐意变作显意的过程。相反,释梦就是由显意回溯到隐意的过程。如果说,梦的隐意是真实的愿望,那么,梦的显意如同象形文字一般,其符号必须逐一翻译成梦的隐意所采用的文字。梦的工作包括4个基本过程:

(1)凝缩作用。一个梦的隐意总是比其显意丰富,梦的显意是梦的隐意的浓缩。这就是为什么当一个人醒来时所记录的刚做的梦可能比较简单、贫乏,而经分析隐意后变得丰富多彩的原因。

(2)转移(移置)作用。通过梦的工作,将梦的隐意加以转移,用不重要的部分替换其

---

① 弗洛伊德著:《梦的解析》,赖其万等译,作家出版社1986年版,第56页。

重要的部分。这是一种精神内在的自卫,目的是可避开审查制度。

(3) 梦的特殊表现力。把梦的隐意用视觉意象表现出来。主要方法是仿同和集锦。在仿同作用里,只有和共同元素相连的人才能够表现于梦的显意中,其他人则被压抑了。梦完全是自我的,每个梦都关系到做梦者本人。如果自我不在梦的内容中,那一定是利用仿同关系隐藏在这人的背后,因而能把自我加入梦的内容。仿同主要用在人身上,集锦则是一种形象的概括化,使梦中的人物形象体现许多人的特点。各种不同事物的特点的组合形成一个新的单元化,新的组合。集锦既用于人,也用于事。仿同和集锦的作用在于使梦的隐意与视觉意象达到相似与和谐,形成许多充满奇幻的象征。许多象征还根据"相反"的原则形成,使梦的隐意更加丰富和深奥。

(4) 再度校正作用。把表面上看起来互不连贯的材料发展成某种统一的连贯的东西,其工作的方式与人在清醒时刻的思想差不多。

通过以上4种作用,梦实际上成了一种画谜,只有真正把握各种符号意义的人才能真正了解它的意义。

梦中的愿望可分为4种来源:(1) 也许在白天受到某种刺激,但由于外在的理由无法得到满足,因而把一个被承认却未被满足的意愿留给了晚上;(2) 也许是来源于白天但遭到排斥,因此留给夜间一个不满足而且被潜抑的愿望;(3) 也许与白天无关,它是一些先前受压抑只有到晚上才活动的愿望;(4) 晚间随时产生的愿望冲动,如口渴或性的需求。关于性的问题。弗洛伊德虽然声称并不主张"每一个梦都需要性的解释",这一句话"不能从这本《梦的解析》中找到,在前面的八个版中没有,在将来的版中也不会有"[①]。但他认为性的需求起源于儿童期,这一观点后来成为弗洛伊德精神分析学说的理论核心——泛性论。事实上,整个弗洛伊德的梦的理论,其特点就是泛性论。

《梦的解析》最后一章对梦的产生进行了理论阐述。弗洛伊德把心灵描述成一个包含几个既相互独立又相互联系的体系的复合结构。紧靠外部世界的是知觉系统。它从环境中接受印象并在将它们内传的过程中留下一系列记忆痕迹。在这一串反射的另一终末,产生外部行为的运动系统。运动系统受前意识及其次级过程的理性观念的控制,这些理性观念引导着现实行为。在心灵最深处隐居着无意识,即被压抑的愿望以及非理性的初级过程的集居地。这里所说的前意识,是意识与潜意识之间的部分。意识是行为的绝对统治者,它能使我们"意识到"自己的思想、行为和知觉。前意识是意识中未被压抑的可接受的一部分理性观念,通常虽不被意识到,但可在任何时间被意识到。被压抑在潜意识中的愿望往往趁睡眠时控制的弱化,使冲动重新获得力量。由于睡眠阻止了一切运动系统的活动,冲动无法变为行为,因而向知觉系统流动,变为虚幻满足愿望的梦。

弗洛伊德在《梦的解析》中明确表示,所有我们在梦中发现的被压抑的欲望,都烙有儿童的特征,童年经验在成人的情绪生活中占有极其重要的地位。人格根源应追溯到童年

---

① 弗洛伊德著:《梦的解析》,赖其万等译,志文出版社1981年版,第317页。

期。因此,《梦的解析》在推动对儿童心理发展研究中的作用是不可低估的。

2.《精神分析引论》(1910)

《精神分析引论》的出版,标志着精神分析学说的系统化。全书分为三编,第一编为过失心理学,第二编为梦,第三编为神经病通论。

第一编:过失心理学。在第一编过失心理学中,弗洛伊德开宗明义地宣告了两个命题,第一是"心理过程主要是潜意识的,至于意识的心理过程则仅仅是整个心灵分离出的部分和动作"。第二是"认为性的冲动,广义和狭义的,都是神经病和精神病的重要起因……更有甚者,我们认为这些性的冲动,对人类心灵最高文化的、艺术的和社会的成就作出了最大的贡献"[①]。关于各种偶然的过失,如口误、笔误、失手、遗忘等,弗洛伊德认为:"过失不是无因而致的事件;乃是重要的心理活动;它们是两种意向同时引起——或互相干涉——的结果;它们是有意义的。"[②]过失是心理的行为。甚至一些所谓的预兆,也往往是由主动行为伪装而成的被动经验。"如果我们有勇气和决心把一些小过失看作预兆,并在它们还不明显时就把它们当作倾向的信号,我们一定可以避免不少失望和苦恼。"[③]当然,弗洛伊德补充一句,预兆不一定都会成为现实。

第二编:梦。基本观点与《梦的解析》一致,认为梦是愿望的实现,梦分为显意的梦和隐意的梦,凡是说出来的梦可以称为显意的梦,其背后隐意的意义,由联想而得的,可称为隐意的梦。在第八讲中,弗洛伊德集中阐述了儿童的梦。他认为,5岁和8岁之间儿童的梦,已经具有成人梦的一切特点。从儿童的梦中可以了解到梦的主要属性。

(1)儿童的梦直接来源于他们的生活经验。一个3岁3个月的小女孩第一次游湖没玩够,在回家的途中放声大哭。当天晚上便梦见自己又在游湖了,在梦中玩了个够。

(2)从儿童的梦中可以了解他们的心理动作,可能是由于儿童睡得比成人深,因而他们在梦中完成的心理活动也比成人完整。

(3)儿童的梦中显意和隐意互相一致,不经化装。

(4)儿童通过梦毫不掩饰地满足自己不曾满足的愿望。

(5)梦的功能是满足内心的愿望,以消除刺激,使睡眠保持下去。没有梦的帮助,睡眠将难以为继。

(6)梦不仅表示某个愿望,而且借幻觉经验的方式以表示愿望的满足。

(7)梦是一种调解的结果,是调解睡眠与刺激两种倾向的一个结果。

(8)昼梦也是满足愿望的一种心理活动。接着,弗洛伊德花很大力气解释儿童的本能表现及潜意识的影响,尤其是儿童的性欲这一惊世骇俗的观点。他认为儿童有性活动,起先以亲属为性爱对象。后来他才表示对这种观点的反对。各种被遗忘的儿童经验材料、心理生活的特性,如利己主义、乱伦的对象选择等被压抑在潜意识中。每次做梦实际

① 弗洛伊德著:《精神分析引论》,高觉敷译,商务印书馆1984年版,第9页。
② 同上书,第26页。
③ 同上书,第39页。

上就是回到这种幼稚时期。因为"潜意识就是幼儿的心理生活"①。

第三编：神经病通论。首先弗洛伊德介绍精神分析法，他声明精神分析的观点不是一组仅凭玄想的观念，"这个观点是经验的结晶，或根据直接的观察，或根据因观察而得的结论。至于这个结论是否妥适可靠，那就要看这个学科将来的发展而定"②。接着，弗洛伊德结合神经病的症候和成因的分析，指出"每一个病人的症候结果都足以使自己执着于过去生活的某一时期。就大多数病例而言，这过去的时期往往是生活史中最早的一个阶段，如儿童期甚至早在吸乳期内"③。弗洛伊德在这里再一次强调指出，儿童早期的生活经验和情感创伤对成人人格的影响。精神分析的任务就是将压抑在潜意识中的创伤经验提到意识的层面。一旦完成这一任务，神经病的症候便消失了。

此外，本编还讨论了性欲与里必多、焦虑、压抑与反抗，移情及分析治疗法等。弗洛伊德特别强调我们注意里必多这个概念。里必多和饥饿相同，是一种力量，本能（性本能和营养本能）就是借这个力量以达到其目的。里必多是游离不定的和不可摧毁的。在常态心理中，它可以发泄在正当的性欲活动中，但在性生活失常的情况下，它可以泛滥横流，附着在别的活动之上。所以，人类的许多活动表面上与性欲毫无关系，实际上却是性欲的表现。婴儿的吸吮，在弗洛伊德看来，就带有性的意味。吸吮不仅保证得到营养，而且这种动作乃是整个性生活所由起的出发点，是后来各种性的满足雏形。成人正常的性生活或倒错的性生活，都起源于婴孩的性生活。所谓性生活的倒错，实质上是性生活的幼稚病。里必多有一个发展的过程，它与人格的发展是一致的。在里必多的发展过程中，存在着停滞和退化两个危机。停滞指里必多在发展过程中，有一部分停留在发展的初期，保持着较幼稚的、初级的形态。里必多的停滞也叫"执着"或"固结"。退化是指那些已经向前进化的部分也容易后退，回到初期的发展阶段和最初的对象。执着和退化常常互为因果。在人的生活中，里必多既可以在性生活中直接表现为性欲，也可能被压抑在潜意识之中，只有在梦中或神经病症中得到表现，还可以转化为社会赞同的高级文化活动，如艺术、科学和哲学。这就叫升华。弗洛伊德十分重视性的作用，力图打破性压抑，但他并不是鼓励性放纵，他只是希望"假使他们在治疗完成之后，能在性的放纵和无条件的禁欲之间选取适中的解决，那么无论结果如何，我们都不必受良心的责备了"④。

《精神分析引论》是一部从理论到实例，再到方法的系统论著，它是精神分析学说理论成熟的标志。

3.《超越唯乐原则》（1920）

弗洛伊德在早期理论中将本能分为性本能和营养本能两类。在《超越唯乐原则》一书中，最重要的内容是对本能的重新界定。弗洛伊德认为，"本能是有机体生命中固有的一

---

① 弗洛伊德著：《精神分析引论》，高觉敷译，商务印书馆 1984 年版，第 163 页。
② 同上书，第 191 页。
③ 同上书，第 215 页。
④ 同上书，第 350 页。

种恢复事物早先状态的冲动。而这些状态是生物体在外界干扰力的逼迫下早已不得不抛弃的东西。也就是说，本能是有机体的一种弹性表现，或者可以说，是有机体生命所固有的惰性的表现"①。弗洛伊德假设，本能具有保守性，它们的特性是趋向于恢复事物的早先状态，那么，对于有生命的有机体来说，什么是"早先状态"呢？当然无生命的无机物是它的最原始状态。于是，弗洛伊德认为，"生命的目标必定是事物的一种古老状态，一种原始的状态；生物体在某一时期已经离开了这种状态，并且它正在竭力通过一条由其自身发展所沿循的迂回曲折的道路挣扎着回复到这种状态中去。如果我们把这个观点——一切生物毫无例外地由于内部原因而归于死亡（即再次化为无机物）——视作真理的话，那么，我们将不得不承认，'一切生命的最终目标乃是死亡'，而且回顾历史可以发现，'无生命的东西乃是先于有生命的东西而存在的'"②。也就是说，生命具有趋向死亡的本能，叫死本能。这样，人具有两种相互冲突的本能，即由原先的性本能扩展而成的生本能和死本能。这两种本能的冲突，是人的所有冲突的最终根源，体现着精神分析学说的精髓，冲突的来源在于每个人的生命力与死亡力的斗争，一个寻求长寿和延续种族，一个则寻求归复于死亡。或者说，一种代表着人的建设性力量，一种代表着人的破坏性力量。人类社会中发生的侵略行为和性虐待狂，就是死本能的转移物，他把侵略性当成人性中与生俱来的成分，构成了精神分析学说后期理论的特色。这一特色后来在习性学家洛伦兹的理论中得到体现。他说，"我相信，今日的文明人正为攻击冲动不能被充分释放，而感到痛苦"，"当团体里的分子愈是彼此了解，彼此相爱，则受压抑的攻击性也愈显得危险。"③当然，批判这一说法的人更多。

人们也许会疑惑，弗洛伊德早年宣称，本能遵循快乐原则，如果人真有死本能的话，如何解释人们千方百计地寻求健康长寿的努力呢？弗洛伊德认为，快乐原则的后边还有一条现实原则。人们之所以千方百计地回避危险，延长生命，是因为"有机体只愿以自己的方式去死亡。这样一来，这些生命的捍卫者原来也就是死亡的忠贞不渝的追随者"④。也就是说，人们抗拒意外的死亡是为了追求正常的死亡。

除了对本能概念的修正之外，弗洛伊德还在《超越唯乐原则》一书中对意识和潜意识的概念作了修订。以前认为意识就是自我，当潜意识的冲动不为意识即自我所接受时，自我就把它们压抑下去。在本书中，弗洛伊德则认为自我的大部分是潜意识的，预示着他将要对意识和潜意识的心理结构作最后的确定。

4.《自我与本能》(1923)

在弗洛伊德的早期著作中，心理结构分为意识、潜意识以及处于两者之间的前意识。其中潜意识主要被解释为被压抑的愿望和本能冲动。而前意识则是平时未被意识但随时

---

① 弗洛伊德著：《弗洛伊德后期著作选》，林尘等译，上海译文出版社 1986 年版，第 39 页。
② 同上书，第 41 页。
③ 洛伦兹著：《攻击与人性》，王守珍等译，作家出版社 1987 年版，第 63、254 页。
④ 弗洛伊德著：《弗洛伊德后期著作选》，林尘等译，上海译文出版社 1986 年版，第 42 页。

可以进入意识的观念。在《自我与本能》中，弗洛伊德宣布这种分法已失去意义，从而建立了本我—自我—超我的新学说。本我、自我和超我构成新的人格结构。

本我，又称 id，是最原始的系统，它处于思维的初级过程，是无意识的、非理性的，难以接近的部分。它包括人类本能的性的内驱力和各种被压抑的习惯倾向。这是一个因贮存心理能量而充满激情和沸腾的大锅。本我永远追求快乐原则，追求最大的快乐，争取最少的痛苦。里必多就围困在本我之中，它的能量的增加导致紧张梯度（张力）的增加，而快乐原则则使个体减少紧张到能够忍受的程度，如性欲的满足、饥饿的消除，从而产生快乐。但本我无法与外界直接接触。对于婴儿来说，本我的能量总是指向周围的对象，主要是父母，尤其是母亲。这就是所谓的"奥狄帕斯情结"。随着儿童对这些对象的了解，这些对象就进入儿童的人格而形成心理生活的代表——自我的核心。

自我是本我得以与外界接触的唯一心灵之路。自我是意识的结构部分，它处在本我和外部世界之间，一面产生于本我，一面连接着现实。儿童随着年龄的增加，逐步学会不凭冲动随心所欲，学会考虑后果，考虑现实作用，这就是自我的作用。自我根据现实原则，即考虑到现实作用，使个体能适应实际需要来控制活动方式。用弗洛伊德的话说"控制着进入外部世界的兴奋发射"。自我之所以这么重要是由于它具有次级思维过程。自我的次级思维过程比本我的初级思维过程具有较多的组织性、完整性和逻辑性。而初级思维过程中充斥着许多矛盾。自我的次级思维过程包括感知、逻辑思维、解决问题和记忆。皮亚杰研究的大多数认知能力都在弗洛伊德的"自我"领域内。自我是一位指挥官，它作出有力的决策，评估当前局势，回忆过去的经验，估量当前和过去的各种因素，预见各种活动的结果。

自我的心理能量来源于本我，而心理能量的消耗主要用在对本我的控制和压抑上，弗洛伊德形象地解释道，"在它（自我）与本我的关系中，它就像骑在马背上的人，他必须牵制着马的优势力量；所不同的是，骑手试图用自己的力量努力去牵制，而自我则使用借来的力量。这个类比还可以进一步引申。假如骑手没有被马甩掉，他常常是不得不引它走向所要去的地方"[①]。总之，自我根据现实原则解除个体的紧张状态以满足其需要，最终获得快乐。在儿童发展过程中，自我使自己变得与本我所指向的里必多发泄对象尽可能地相像，通过这种相像，自我本身就成为本我的发泄对象。弗洛伊德称之为自恋。这就是所谓的从对象里必多向自恋里必多的转化。这种转化通常包括三种方式：压抑、自居和升华。我们已经知道的压抑，是由自我发生的。通过压抑，自我试图把心理中的某些倾向不仅从意识中排斥出去，而且也从其他效应和活动的形式中排斥出去。自居又称认同作用。年幼儿童在产生爱恋自己的异性父母的冲动时，将自己置身于同性父母的地位，并以他们自居，获得替代性满足。升华是指被压抑的本能冲动转向社会所许可的活动中去寻求变化的、象征性的满足。当儿童的里必多从父母，尤其是母亲身上转化到自身时，实质上是

---

① 弗洛伊德著：《弗洛伊德后期著作选》，林尘等译，上海译文出版社 1986 年版，第 173 页。

暗示了性目的的放弃和奥狄帕司情结的分解。于是，儿童的自居作用进一步加强了他们的男孩性格中的男子气或使女孩的女性化性格固定下来。在进一步的研究中，弗洛伊德认为奥狄帕司情结具有肯定和否定的双重性。例如，一个男孩不仅有一个对其父亲有矛盾冲突心理和对母亲深情的性爱对象选择，而且同时也有女孩的心态，即对父亲表现出深情的女性态度和对母亲的嫉妒和敌意。"任何个人的两个自居作用的相对强度会反映出他身上的两个性倾向中有一个占优势。"①所有这些发展对儿童最终形成健康人格具有重要的意义。

人格结构的最后一部分叫超我。当儿童从奥狄帕司情结中解脱出来并以父母自居时，便出现了超我。超我由两部分构成，一部分叫良心，另一部分叫自我理想。一般而言，良心是消极的，而自我理想则是积极的。良心由父母的禁令（"你不应该"）构成。正像父母惩罚儿童的过错一样，良心也会以内疚感、偶然自残或自虐行为来惩罚自己。超我往往比父母还要严厉。一个具有强烈良心的人会导致一种"枷锁般的存在"，或在思维中采取极端的道德理想主义，而不是现实主义。自我理想这一术语是一套引导儿童努力发展的标准。正如儿童会因某种行为而得到父母的奖励一样，自我理想对儿童的奖励是自信、自豪感。这是儿童早年受父母的"好孩子"称赞的反映。超我实质上只是自我的一个等级，是自我内部存在着的不同的东西。这是因为单纯自我的力量还不足以控制本能，因而必须在人格结构中增加一种力量。这种力量在幼儿期便开始产生。幼儿与父母和成人相比感到软弱无能，便以父母和成人为榜样建立一种理想的自我；同时，儿童畏惧父母或成人的惩罚，不得不接受他们的规则并自觉地遵守它，产生一种本质上是道德的与父母同型的行为，并把它转变为自己行为的内部规则，于是形成了"良心"。良心是超我的来源，于是，自我就分成两部分，第一部分是执行的自我，即自我的本身，第二部分是监督的自我，就是超我。自我和超我都是人格的控制系统，其中自我控制着本我的盲目激情，以保护机体免受伤害，而超我代表着道德标准和人类生活的高级方向，具有是非标准，它可能会延迟本我的满足，也可能不让本我获得满足。这里体现着文化教育、宗教教义和道德标准以及社会感情对儿童发展的规范作用。因此，超我与本我有对立的一面。但弗洛伊德同时指出，它们之间也有共性。首先表现在超我与本我都是非理性的。当超我命令自我实施压抑时，会形成神经症、梦、口误以及其他无意识心理生活的迹象，结果，超我本身也成为无意识的了。不同之处在于本我的非理性表现在本能要求上，超我的非理性表现在道德规则上。另一点，超我具有先天性，弗洛伊德认为，既然经验可以通过基因变成一个人先天的遗产，那么，能够被遗传的本能中就包含着无数个自我的残余，"当自我从本我中形成它的超我时，自我也许只能恢复以前自我的形状，并且它也许只能使这些形状复活"②。也就是说，超我的形成，不仅包含着父母的现实影响，也包含着种族进化过程中所积累的历史

---

① 弗洛伊德著：《弗洛伊德后期著作选》，林尘等译，上海译文出版社 1986 年版，第 182 页。
② 同上书，第 187 页。

影响。

所谓儿童心理的发展，本质上就是人格结构的发展。弗洛伊德十分重视自己对人格结构的本我、自我和超我的划分，认为"这个区分代表了我们认识的某种进展"[1]。

在《自我与本我》一书中，弗洛伊德还就生本能和死本能的问题作了进一步的探讨。

我们介绍了弗洛伊德不同时期的4部代表性著作，从中可以看出精神分析学说是一个体系庞杂，概念层出不穷，理论不断变化的学说体系。正如查普林所说："弗洛伊德的理论构造物比任何其他理论体系更有助于在儿童心理学领域发动较多的研究。"[2]下面，我们集中地阐述弗洛伊德的儿童心理发展理论。

三、弗洛伊德的儿童心理发展理论

(一) 儿童心理发展的阶段

弗洛伊德的儿童心理发展，指的是"性的"发展，而这种"性的"发展，指的是里必多的发展，或称心理性欲的发展。关于这一点，弗洛伊德有一个说明："人们大多数以为'心理的'意即为'意识的'，但是我们则扩充'心理的'一词的含义，即包括心灵的非意识的部分。就'性的'一词而言，也是如此；大多数人以为这个词和'生殖的'——或者更精确地说，和'生殖器的'——含义相同，至于我们则把不属于生殖器的以及无关于生殖的各事也可认为是'性的'"[3]。弗洛伊德这儿所讲的"性的"，不仅包括两性关系，而且具有更广泛的含义，包括儿童的性生活。儿童的性感是非常普遍的和弥漫的，它包括吮吸、手淫、排泄产生的快感，身体的舒适、快乐的情感，也包括身体的某些部位受到刺激引起的快感。对于儿童来说，引起快感的部位主要是口腔、肛门和生殖器。它们在儿童心理性欲的发展中相继成为兴奋中心，于是也就产生了相应的口唇期、肛门期和生殖期的发展阶段。

1. 口唇期(0—1岁)

婴儿出生后，最大的生理需要是获得食物，维持营养。因此，弗洛伊德说过，"如果幼儿能够表白的话，无须怀疑的，吮吸母亲乳头的行为，肯定是生活中最重要的事情"[4]。新生儿的吸吮动作是快感的来源，口唇是产生快感最集中的区域。于是，婴儿时时从吸吮动作中获得快乐，即使并不饥饿，也会把手指头或其他能抓到的东西塞到嘴里去吸吮。这种寻求口唇快感的自然倾向，就是性欲的雏形。寻求口唇快感的性欲倾向一直保留到成人的性生活中，接吻就是一种性欲的活动。

弗洛伊德将口唇期又细分为前后两期，前期是0—6个月，此时儿童还没有现实的人和物的概念，世界仿佛是"无对象的"，只是渴望得到快乐和满足。后期为6—12个月，儿童开始分化人与物，开始认识自己的母亲。母亲的到来引起快乐，母亲的离去引起焦虑。

① 弗洛伊德著：《弗洛伊德后期著作选》，林尘等译，上海译文出版社1986年版，第189页。
② 查普林等著：《心理学的体系和理论》(上)，林方译，商务印书馆1983年版，第259页。
③ 弗洛伊德著：《精神分析引论》，高觉敷译，商务印书馆1984年版，第254页。
④ 格莱茵著：《儿童心理发展的理论》，计文莹译，湖南教育出版社1983年版，第188—189页。

这个时期儿童长了牙齿,想咬东西,但又感到很麻烦,因而常常会无意识地希望回到早期的口唇阶段,因为那时的吸吮简便,容易得到满足!

弗洛伊德十分重视生命第一年的价值。他说:"精神分析的原理使我们深信这种说法,即儿童是成人的心理之父。出生后第一年的经历对人生具有不可估量的影响,因此,我们特别关注这一时期是否有可以描绘为主要经验的某些事件。"①

2. 肛门期(1—3岁)

除吸吮外,儿童最感兴趣的是排泄。排泄时所产生的轻松的快感,使儿童进一步注意到自己的身体,注意到生殖器官。儿童往往欢喜成人抚摸他们的身体,尤其是臀部,生殖器部位的刺激形成更强烈的快感。在弗洛伊德看来,这明显地带有性欲的色彩。但这个时期尚不属于生殖器期,因为占优势的不是生殖器的本能,而是肛门的本能;占重要地位的不是两性的区别,而是主动性与被动性的区别。肛门期中儿童的冲动大都是被动的,快感来自排泄过程和排泄后肛门口的感觉(包括尿道口在排尿中产生的感觉)。

口唇期和肛门期又合称为性欲的前生殖期。

3. 前生殖器期(3—6岁)

弗洛伊德说:"婴儿由三岁起,即显然无疑地有了性生活。那时生殖器已开始有兴奋的表现;或有周期作手淫或在生殖器中自求满足的活动。"②弗洛伊德甚至认为,三岁幼儿的性生活与成人的性生活有许多相同之处;"所不同的是,(1) 因生殖器尚未成熟,以致缺乏稳定的组织;(2) 倒错现象的存在;(3) 整个冲动力较为薄弱"③。这里所谓儿童的"性生活",主要指的是儿童依恋异性父母的奥狄帕司情结(恋母情结)。关于这个情结,弗洛伊德具体地描述道:"我们不难看见小孩要独占母亲而不要父亲;见父母拥抱则不安,见父亲离开则满心愉快。他常坦直地表示自己的情感,而允许娶母为妻……有时这同一儿童也对父亲表示好感",这种两极性在小孩身上"可长时期并存不悖,这和此种情感后来永远存在于潜意识中的状态是相同的"。④ 有人说,儿童对母亲公然表示性兴趣,或想与母亲同睡,或坚持在室内看母亲更衣等,主要是因为母亲照看儿童,使儿童产生一种特殊情感,也许这并不属于性爱。弗洛伊德对这种说法予以坚决否定,他解释道,母亲照料女孩的需要,与照料男孩并无不同,然而决不会产生同样的结果,而且父亲对于男孩的照料也经常是无微不至的,并不亚于母亲,但通常父亲得不到孩子对母亲那样同等的重视。"总而言之,无论怎样批评,都不足以打消这个情境所有性爱的成分。"⑤女孩也是如此,她们常迷恋自己的父亲,要推翻母亲取而代之。从父母的角度来讲,父母往往也会引起孩子的奥狄帕司情结,家长对孩子的宠爱也是有性别选择的,例如,父亲溺爱女儿,母亲溺爱儿子,但

---

① 车文博主编:《弗洛伊德主义原著选辑》(上卷),辽宁人民出版社 1988 年版,第 568—569 页。
② 弗洛伊德著:《精神分析引论》,高觉敷译,商务印书馆 1984 年版,第 258 页。
③ 同上书,第 259 页。
④ 同上书,第 264—265 页。
⑤ 同上书,第 265 页。

弗洛伊德认为，这种溺爱不足以使婴儿的奥狄帕司情结的自发性受到重大影响。

儿童的恋母情结最终要受到压抑，因为他们惧怕自己的同性父母（他们的"情敌"）的惩罚，同时也惧怕社会的批评，于是，儿童进入下一个发展阶段。

4. 潜伏期（6—11 岁）

儿童进入潜伏期，他们性欲的发展呈现出一种停滞或退化的现象。这时期的儿童深知在婴幼儿时期所具有的许多幼稚的嗜好是被社会看不起的，例如，公开地抚摸、玩弄生殖器是一件不好的事，于是，儿童只好放弃这种获取快乐的游戏。这时，指导儿童行为的不再仅仅是快乐原则了，儿童学会了要兼顾快乐原则和现实原则。这一进步的积极意义是儿童学会了道德观念，培养了羞耻的情感。它的消极意义是压抑作用开始启动，早年的一些性的欲望由于与道德、习俗、宗教、文化等不相容而被压抑到潜意识之中。因此，6 岁以后的儿童很少再有性欲的表现。这种状况一直延续到青春期。弗洛伊德把这个时期称之为性欲的潜伏期。由于排除了性欲的冲动和幻想，具有一种新的镇静和自我控制，于是，儿童的精力可以集中到学习、游戏、运动等社会允许的活动之中。

5. 青春期（11—13 岁开始）

女孩自 11 岁，男孩自 13 岁起，随着性腺的发达和性器官的发育，儿童进入了青春期。性的能量像成年人一样涌动出来，儿童力争从父母的控制中解脱出来，建立自己的生活。当然，这绝不是一种轻而易举的事情。

在弗洛伊德的著作中，论述青春期行为模式的内容并不多。他的女儿安娜·弗洛伊德（Anna Frend，1895—1982）继续对青春期精神分析的研究，发表了许多重要论文。

安娜·弗洛伊德认为，当青少年的恋母情感涌现时，第一次体验就想溜之大吉。青少年在父母面前感到紧张和不安，并只有离开父母才觉得安全。许多青少年在这个时候真的离开了家，而另外许多则仍在家中"做客"。他们把自己关在房间里，并且，只有当他们有同伴时才感觉轻松自在。

有时，青少年搞出对父母无中生有的怪事设法摆脱父母。事实上，他们一方面极力追求独立，另一方面又迫切需要接受父母的支配，处于强烈的冲突之中，于是只好攻击和嘲弄他们的父母。

有时，青少年会采用夸大了的做法来表示对现实的轻蔑，例如，禁欲以排斥正当的生理需求，或通过体育锻炼来消耗体力以宣泄内心的焦虑和不安。

"另外一种防御冲动的方法就是理智化（intellectualization），青少年试图把性和进攻的问题转移到一种抽象的、智力的高度上。他或她可能费尽心机制造有关爱的本质和家庭的理论，以及有关自由和权力的学说。而这些理论可能是杰出的和新颖的，他们也悄悄隐蔽地尽力抓住纯洁的理智高度的恋母情结的问题。"①

安娜·弗洛伊德实际上给我们指出，处于青春期的儿童对家长容易产生的抵触情绪

---

① 格莱茵著：《儿童心理发展的理论》，计文莹等译，湖南教育出版社 1983 年版，第 198 页。

以及经常采用的克制冲动的方法：禁欲和升华。

以上反映了弗洛伊德学说对儿童心理发展阶段的划分，我们可以看出：第一，心理发展是有阶段的；第二，心理的发展是有其生理基础的，性欲的发展是心理发展的内部机制；第三，儿童早期的性经验和家长有着十分密切的关系，家长的教养态度和方法对儿童心理发展至关重要。这里特别需要说明的是，弗洛伊德关于心理性欲发展的理论，并不是将心理发展归结为本能和性行为。其实质是向我们揭示出在人格发展的过程中，每个人都必须要在孩子气与成熟、本能欲望与社会规范、愿望与现实之间的冲突中寻求自己的平衡点。顺利解决这些冲突，实现了它们之间的平衡，个体的人格就会完整形成，个体也就能顺利地适应社会生活。否则，人格将可能出现病态，同时会对社会生活表现出格格不入。可以说，弗洛伊德的心理性欲发展的理论，形式上是生理的，但其内容是社会的。过去，人们对弗洛伊德理论的批评绝大部分的火力都集中在心理性欲的发展上，究其原因，可能与没有分清这一实质有关。

晚年，有人问弗洛伊德什么样的人才是正常的人。他回答道："to love and to work"，即有爱情和工作的人，才是正常的人。这一答案是极其深刻的。他所说的爱情，"指的是亲密的宽宏大量和性爱；而当他说到爱情和工作时，他指的是一种普遍的工作创造性，但又不使人专心致志到那种程度，以致失去作为一个有性欲的和表示爱的人的权利和能力"[①]。可见，寻求生理与社会之间的平衡是弗洛伊德学说一贯坚守的原则。

弗洛伊德的心理性欲发展阶段的揭示，反映了在常态情况下，儿童心理发展的普遍趋势。但在个体的发展过程中，来自各方面的因素都可能导致心理性欲的发展偏离常态，于是出现了里必多的非常态发展——停滞和退化。

（二）停滞和退化

在里必多的发展过程中，有一部分心理机能由于在某一阶段得到过度满足或过度失望而停留在原先的阶段，不再继续发展到下一个阶段，称为停滞（或称为固结、执着）。发展到下一阶段的里必多又倒流回到先前停顿的地方，称为退化。弗洛伊德假设，停滞和退化是互为因果的，"在发展的路上执着（停滞）之点越多，则其机能也越容易为外界的障碍所征服而退到那些执着点上；换句话说，越是新近发展的机能，将越不能抵御发展路上的外部困难。譬如，一个迁移的民族，若大多数人停滞在中途，则前进最远的那些人，假使路遇劲敌或为敌所败，也必易于退回。而且，他们前进时停在中途的人数越多，也越有战败的危险"[②]。弗洛伊德认为，了解停滞和退化的关系，对于正确认识神经病因有重要意义。

有必要指出一点，退化与压抑不是一回事，一种心理的动作属于前意识系统，本来可以成为意识的，但被抑为潜意识而降入潜意识系统，这叫压抑。压抑是一个纯粹的心理过程，它本身与性欲没有关系。而退化是一种性欲的演变状态，具有具体的对象和活动方式

---

① 埃里克森著：《同一性：青少年与危机》，孙名之译，浙江教育出版社1998年版，第122页。
② 弗洛伊德著：《精神分析引论》，高觉敷译，商务印书馆1984年版，第271页。

等心理内容。

在心理性欲的发展过程中,停滞和退化可以发生在任何一个发展阶段中,其结果是导致人格发展受到影响。

口唇期的儿童如果受到过度看护或曾经历极大打击和曾被剥夺权利,会产生口唇期停滞,表现为极度追求口唇的愉快,如大口吞食、吸吮手指头、咬铅笔之类的东西,或嗜烟嗜酒等。在日常生活中,当一个人体验到打击后,会表现出口唇期的部分特征,后来就倒退到口唇固定点,例如,一个男孩在自己的妹妹出生后感到自己失去了父母的爱而一度吮吸手指头,一个女孩因失去一个异性的朋友而以吃东西来寻求慰藉。

肛门期儿童的停滞则表现为由于家长对儿童提出过高过严的排便训练要求,结果儿童反而以凌乱和涂抹来反抗,或出现强迫性洁癖;也可能变得特别节俭和吝啬。当一个人处于紧张状态时,会反复检查门关好了没有,反复检查稿子上有没有错别字等,这是一种肛门期退化行为的表现。

(三) 儿童的焦虑

任何人都曾经体验过焦虑的情绪。弗洛伊德认为,"焦虑这个问题是各种最重要的问题的中心,我们若猜破了这个哑谜,便可明了我们的整个心理生活"①。我们在前面分析自我的时候,曾经说过自我能根据过去的经验和当前的因素,预见活动的结果,作出有力的决策。自我的决策是由焦虑情绪相辅佐的,焦虑情绪总是标明某些活动具有危险性,这种对危险的"准备",使知觉变得更敏捷,肌肉也比较紧张,有利于应对可能突发而至的危险或及时逃避危险。处于焦虑状态的人有时会产生恐惧的情绪,但两者是不同的。焦虑是就情境而言的,不涉及具体对象,而恐惧则集中注意于对象。

1. 焦虑的分类

焦虑有不同的分类。弗洛伊德提到了三种焦虑:真实性焦虑、神经病焦虑和道德的焦虑。

(1) 真实性焦虑。它是对于外界危险或意料中伤害的知觉的反应,它与逃避反射相结合,可被看作自我本能用以保存自我的一种表现。至于引起焦虑的对象和情境,则大部分随着一个人对于外界的知识和能力的感觉而异。莽丛中的足迹会引起猎人的紧张和兴奋,但一个普通游客却茫然不知;日食当空,某个部落的土著惊恐地祈祷着,而掌握现代科学知识的人们则在饶有趣味地观察着太阳的变化。可见,焦虑与个人的知识和能力有密切关系。在现实生活中,焦虑的作用不仅仅是准备逃避危险,而是当危险迫近时先要用冷静的头脑估量自己可支配的力量,以和面前的危险相比较,然后再决定最有希望的办法是否为逃避、防御或进攻。

(2) 神经病焦虑。神经病焦虑是对于表现冲动的欲望感受到可能被惩罚的担心,即对本我占优势的行为可能受到威胁而害怕。这种焦虑是一种病态,表现形式很多。第一

---

① 弗洛伊德著:《精神分析引论》,高觉敷译,商务印书馆 1984 年版,第 315 页。

种焦虑有一种普遍的忧虑,它浮动在心理中,很容易附着在一个适当的思想上,影响人的判断力,引起期望心,专等着有自圆其说的机会。这种状态可称为期待的恐惧或焦虑性期望。患有这种焦虑的人常以种种可能的灾难为虑,将每一个偶然的或不定的事都解释为不祥之兆。有些人多愁善感或悲观失望,总是惧怕灾祸降临。第二种神经病焦虑经常附着于一定的对象或情境之上,表现为对各种不同内容的特殊恐惧症的焦虑。例如,怕黑暗,怕天空,怕猫,怕血,怕广场,怕群众,怕独居,怕过桥,怕过马路,怕航海等。以上一些因素对于正常人也是引起惧怕的原因,但神经病焦虑者表现得惧怕过分,有一些因素一般人并不害怕,但神经病焦虑者却表现为异乎寻常的恐惧。有一些因素在有人帮助的情况下可以变得不那么恐惧,例如,有朋友陪同过马路时,空间恐惧症患者的焦虑就会减轻。第三种神经病焦虑由于焦虑与危险之间没有明显的关系而成为不解之谜。这种状况经常发生于癔病之中,焦虑心态被身体的一种特别症候——如战栗、衰弱、心跳、呼吸困难等所代替。

弗洛伊德认为,产生神经病焦虑的原因是由于性的节制或节欲。当里必多既不能得到发泄,又不能升华时,就有发生神经病焦虑的可能。"里必多若受压抑,便转变而成焦虑,或以焦虑的方式而求得发泄。"[①]

(3) 道德的焦虑。这是由于对良心的畏惧而产生的焦虑,当一个人的行为与他的道德观念发生冲突时所体验到的羞耻和罪过。其焦虑水平决定于主体的道德观念水平。

弗洛伊德认为,"忧虑在儿童心理学中是一种很普通的现象","我们以为儿童有一种强烈的真实焦虑的倾向"[②]。

2. 儿童焦虑的来源

弗洛伊德认为,儿童的焦虑倾向来自遗传。这里所说的"遗传",不是简单地从父母身上得到的遗传信息,而是指种系发展中形成的基因特点。儿童只是在重演史前人及现代原始人的行为。这些人因为无知无助,对于新奇的及许多熟悉的事物都经验着一种恐惧之感。这些在种族发展过程中的恐惧经验通过基因遗传了下来。此外,弗洛伊德还认为儿童真实性焦虑的主要特征,又与神经病焦虑相同。他注意到,"那些对各种对象和情境异常畏怯的小孩,长大后往往转变为神经病者。所以真实的焦虑如果过分,则可为神经病倾向的标志之一"[③]。

神经病症是一种自我的错乱。儿童期的自我是脆弱的、不成熟的、没有抵抗力的,因而儿童期很容易发生神经病。弗洛伊德特别强调指出,6岁以前的儿童很容易得神经病症。尽管,这种病症要到很久以后(甚至成年后)才表现出来。

弗洛伊德认为,儿童的焦虑,无论是真实的焦虑,还是神经病倾向的焦虑,其根源都是由于里必多得不到发泄。以儿童害怕陌生人为例,弗洛伊德认为,儿童畏惧陌生人,并不

①　弗洛伊德著:《精神分析引论》,高觉敷译,商务印书馆1984年版,第329页。
②　同上书,第325页。
③　同上书,第326页。

是以为他人心怀恶意,或认为陌生人强大、自己弱小因而危及自己的生存、安全和快乐。真实的原因是因为儿童习惯于母亲那张亲切而又熟悉的面孔。而当陌生人出现后,他感到非常失望,他的里必多无从消耗,又不能久储不用,于是就变成惊骇而得以发泄了,这种焦虑只不过是儿童出生时与母亲分离的原始焦虑的复现。

此外,弗洛伊德还注意到儿童年幼时总是高估自己的能力,对于一些真实的危险浑然不觉,在行动中也无所畏惧,例如,沿着河边跑,坐在窗台上,玩剪刀,玩火。总之,他们知道越少,害怕也越少,究其实质,也是儿童的里必多冲动的表现。在这种情况下,成人需要给儿童以更多的关注和爱心,以训练引发他们真实的焦虑。不久前报载一个小女孩因家长外出被单独反锁在家中,为了想到外婆家去玩,竟从六层的窗口纵身跳下,结果是"还珠格格"未当成,身体却受到重伤。按弗洛伊德的学说,必定是这个女孩的里必多未能得到正常运作,便采用冒险手段。"儿童一旦失去所爱的对象,便利用其他外在对象或情境作为代替。"①

3. 焦虑的防御机制

当焦虑的强度不断增加,本能的冲动可能淹没自我的时候,防御机制便开始作用。防御机制是人在潜意识中自动进行克服焦虑,以保护自我的方法。在弗洛伊德的著作中,以及后来在安娜·弗洛伊德的著作中,防御机制的数量不断变化,加之我们在前面论述人格结构和心理性欲发展阶段时不可避免地涉及有关内容,这里再提会有重复之嫌,但为了阐述完整,只能从不同的角度重复一次了。在此,我们把讨论限定在五项主要的防御机制上,这就是压抑、反向作用、投射、退化、停滞(固结)。

(1)压抑。如前面所述,压抑是将危险的思想或冲动赶出意识领域并将它们移置到潜意识中去的过程。当引起焦虑的思想不出现后,我们也就体验不到焦虑。压抑的直接结果是造成一个"眼不见心不烦"的状况。但被压抑的思想或冲动并没有消失,它只是贮存在潜意识之中。如同一块冰,为了不使它在意识的阳光下融化,便拖到潜意识的冰库中,这块冰在冰库中变得更加坚硬,形成一种"情结"。

人们经常要压抑一系列记忆。因为一些记忆会使人联想起痛苦的往事。在《过失心理学》一文中,弗洛伊德讲了一个故事:"有一青年遗失了一支他所喜爱的铅笔。几天前,他的妹夫给他一封信,信是以这几个字结束的:'我现在可没有时间和兴致鼓励你浮薄游荡。'原来铅笔就是这位妹夫的赠品。"②表现在日常生活中的遗忘,往往是对不愉快经历的压抑造成的。为了防止焦虑,我们会忘记伤害过我们的人的名字,忘记那些引起焦虑的账单。据弗洛伊德说,儿童一旦到了上学的年龄,就会大量地压抑童年期的记忆。通常要花很大的力气才能唤起这些记忆。

弗洛伊德关于压抑的思想来自他的临床观察。当病人在自由联想时,一些重要的回

---

① 弗洛伊德著:《精神分析引论》,高觉敷译,商务印书馆 1984 年版,第 328 页。
② 同上书,第 35 页。

忆马上就出现。平时,它们可是被压抑在潜意识中的"矿藏"啊!

如果一个人严重地依赖防御机制,就会产生压抑的人格,畏葸退缩,不可接近,犹豫不决,顽固不化。另外,这种人还会脱离现实,在记忆、言语、感知方面经常发生严重的错误,或者发生歇斯底里症,例如,歇斯底里的耳聋使他听不到不想听的事,或歇斯底里的失明使他看不见不想看的东西。

压抑,是儿童对付焦虑的主要机制,它将不愉快的观念赶出意识之外,并阻止它们回到意识中。这些受压抑的观念或冲动,很容易在儿童的梦中得到表现。

(2)反向作用。反向作用是自我为控制或防御某些不被允许的冲动而做出的相反举动,并以夸张的方式强调对立面。反向作用分两步进行。第一步,把不得体的冲动压抑下去,第二步,把与其相反的方面表露于意识水平。这两步都是在未意识到的情况下进行的,从而它有效地减轻了对个体造成的焦虑和罪恶感。弗洛伊德认为,不论是正常人或神经症患者,都具有反向作用的防御机制。儿童对新生同胞的嫉妒用过分的友爱来表示,一个学步儿童想弄脏尿布或玩粪便,则表示出过分爱清洁,频繁洗手的洁癖倾向。贞洁包裹着性欲,高尚掩盖着罪孽,"矫枉过正","欲盖弥彰","此地无银三百两",都是反向作用的表现。

(3)投射。当本能的冲动或欲望得不到满足或受到压抑时,自我就把这些冲动和欲望转移到其他人或周围的事物上。投射表明在这方面被压抑了,在其他方面表现出来。把自己的欲望、态度转移到别人身上,也可以把自己的错误归咎于他人。

(4)退化。当一个人面临的焦虑过多又无法控制时,心理水平就退回到早先发展的阶段,这时就不需要太多的控制了。退化的结果是成人表现出孩子气,如打架、恶作剧、大吃冰淇淋,足球比赛时大骂裁判、寻求拥抱、酩酊大醉。儿童则表现为吸吮手指头、尿床、撒娇等。

(5)停滞(固结)。固结是人格发展的某个因素突然停止在原有阶段上,一部分里必多滞留在某一点上,使儿童不能顺利地发展到下一阶段。过度的满足和过度的失望都会造成停滞。例如,吸吮母亲的乳房会带来很大的快感,于是儿童不顾断奶的压力,不肯放弃吸吮,固结便发生了。当下一步要求太高,看起来太可怕,或不能令人满意时,固结也会发生。例如,大小便训练过分严厉,会使学步儿童停留在口唇期,而不向肛门期发展。学步儿童会固结在一个特定的满足方式(如吸吮)、对象(如母亲)或思维方式(如初级阶段)。

本章前面曾提到过的升华、自居其实也属于防御机制。精神分析学派对防御机制的阐述一直在发展之中。

防御机制固然有对付高度焦虑,减少内心冲突的作用,但它也消耗了大量的心理能量。本来,这些能量是可以用来发展自我的,例如,形成创造性思维或解决问题的技能等。当过多的能量用于防御机制,人格就不可能得到正常的发展。因为过多的防御机制往往会歪曲事实,自欺欺人,使自我与现实之间的调节更为困难。

（四）弗洛伊德的方法论

弗洛伊德创造了心理学史上的一个奇迹，他并没有直接研究儿童，但却建立了儿童心理发展理论。他创立的精神分析法，首先是治疗的方法。他在为神经症病人治疗的过程中，发现"我们的儿童时代一直跟随着我们，我们成人的人格是儿童时代的遗迹"，"我们只有了解了行为在某人早期生活中的发展历史，才能真正理解这种行为"[①]。因此，他的精神分析和方法又是儿童心理学的研究方法。弗洛伊德运用这个方法从成人那里探寻到了儿童心理发展的信息。这里介绍精神分析法的三个要点：自由联想、精神分析暗示、移情（包括梦的分析和移情）。

1. 自由联想法

自由联想法要求病人用言语报告正在发生的一切思想。在自由联想过程中，病人放松地躺在长沙发上，弗洛伊德坐在沙发头的一边，不让病人看到，引导着病人报告每一种想法，无论是多么琐碎的想法也都不要漏掉。这种轻松的状态，使病人的自我放松了对潜意识的控制，各种受压抑的想法便会出现。通常，这些受压抑的想法仍要乔装打扮一番，弗洛伊德则从这些想法中分析它们之间的联系，寻找病人心理结构的组织。自由联想法的理论基础在于弗洛伊德的一个假设：每一个心理事件都是有意义的。如果一个思想导致另一个思想的产生，那么其中必有原因。例如，当一个病人谈论他那生病的父亲时，突然把话题转向他准备旅行，那么，弗洛伊德就能推断出他正在担心父亲死去（弗洛伊德发现旅行常常是死亡的象征）。

弗洛伊德理论的中心概念来自自由联想的过程。病人的思想常常会转向童年期的性经验。起初，弗洛伊德认为这些早期的性经验是真实的，后来他认为，儿童期的性经验实际上是性欲的幻想或歪曲的感知。性经验虽不真实，但丝毫也不能减弱它的重要性。我们早期的感知和记忆，不论真伪，都会影响人格的发展过程。此外，病人歪曲记忆的方式也为医疗提供了有关他们人格的线索。弗洛伊德对自由联想法充满信心，他认为，"任何凡人都藏不住心头的秘密，即使他紧闭双唇，他也会用手指交谈；他的每一个眼神都会泄露心中的秘密。因此，洞察心灵深处的任务并不是不能完成的"[②]。

2. 精神分析暗示法

精神分析暗示法是精神分析（心理分析）的主要方法之一。它的主要原理是将潜意识中的欲望加以暴露，然后使其消除，即在引起症候的矛盾中求其病源所在，通过精神分析的暗示，让病人自己努力，消灭内心的抗拒。弗洛伊德说："克服抗力就是分析法的主要成就；病人必须有此本领，医生则用一种有教育意味的暗示，作为病人的帮助。所以我们可以说，精神分析疗法乃是一种再教育。"[③]释梦，就是一种典型的精神分析的暗示法。这里

---

① Miller P. H. (1989). *Theories of developmental psychology*. W. H. Freeman and Company, New York, p. 143.

② 同上书，p. 144.

③ 弗洛伊德著：《精神分析引论》，高觉敷译，商务印书馆 1984 年版，第 364 页。

需要补充说明的是,精神分析是一项十分复杂的、困难的专业工作,本书不负有培训释梦技术的教学任务。

3. 移情

在治疗过程中,患者会把自己对双亲的情感转移到治疗者身上,治疗者成了患者双亲的替身。这种情况,弗洛伊德称为外移情作用(简称移情)。移情作用在治疗的开始即发生于病人心中,成为一种暂时的动力。这种动力的结果,若引起病人的合作,则有利于治疗,但有时,患者可能由于感到治疗者不公正,或感到与双亲一样的冷淡、可恨,则会产生对治疗者的反感。前者称为正移情,后者则为负移情。弗洛伊德认为,敌视的感情和友爱的感情同表示一种依恋之感。"要克服他的移情作用,不如告诉他,说他的情感并不起源于目前的情境,也与医生本人无关,只不过是重复呈现了他以往的某种经过而已……不论是友爱的或敌视的,都可变成治疗最便利的工具,而用来揭露心灵的隐事。"[①]如果治疗者能正确利用和引导患者的移情,便能达到很好的治疗效果,并且有良好的预后。

总之,弗洛伊德的方法是认真倾听病人的谈话,通过把病人潜意识中的欲望和观念提到意识的层面,使以往压抑在潜意识中的势力与留在意识层面上的势力在同一场所"相遇",从而分析出问题的症结。弗洛伊德本人正是对病人进行长期研究,从病人的自由联想、梦、情绪、使用的防御机制等现象中收集到各种信息,并将它们拼凑成一幅斑驳陆离的心理图画。精神分析治疗者并不是患者行为的导师,而只是帮助病人自己找到解决问题的途径。"我们不是改良家,只是观察家;然而既然要观察,便离不开批判,"弗洛伊德说,"我们努力的目标可表达为不同的公式——使潜意识成为意识,消除压抑作用,或填补记忆的缺失;它们通通是指同一件事。"[②]精神分析治疗只希望通过对传统观念的批判,让患者对各种问题,包括性的问题能习惯于不带偏见的考虑。

弗洛伊德的研究方法,对儿童心理学的研究和发展起到重大的推动作用。例如,后来常用的谈话法、临床法、个案法都是从弗洛伊德的研究中沿袭和引申出来的。

有人说,弗洛伊德是一个领袖,在他周围集结起一批有力的支持者,其中有些人毕生效忠于他,另一些人则不再以他为"父",批评了他的学说,并各自建立敌对的派别。20世纪40—50年代,从弗洛伊德的精神分析学说阵营中分离出一支新的力量,对正统心理分析进行了修正。后来,他们被称为新精神分析学派,主要是反对弗洛伊德学说中的生物学倾向,把文化、社会条件和人际关系等因素提到精神分析的个性理论的首位。代表人物有霍妮(K. Horney)、弗洛姆(E. Fromm)、沙利文(H. S. Sullivan)和埃里克森(E. H. Erikson)等。新精神分析学派虽属同一理论体系,但并不是统一的派别,他们彼此按不同途径发展。为此,我们介绍新精神分析学说的两位代表人物霍妮和艾里克森的儿童心理

---

① 弗洛伊德著:《精神分析引论》,高觉敷译,商务印书馆1984年版,第358—359页。
② 同上书,第350、351页。

发展理论。

四、霍妮的基本焦虑理论

（一）霍妮略传

霍妮（Karen Horney,1885—1952），美国新精神分析学派心理学家，生于德国汉堡，1915 年获柏林大学医学院医学博士学位。1915—1918 年任柏林精神医院住院医师。20 世纪 20—30 年代，她固守传统的精神分析理论框架，但开始尝试修订弗洛伊德关于女性心理学的观点。1932 年，她应邀到美国芝加哥精神分析研究所担任副所长。1934 年迁往纽约私人开业，并加盟纽约精神分析研究所。期间，她受美国新的知识和社会思潮的影响，出版了《当代的神经质人格》(1937)和《精神分析新法》(1939)，提出以文化、人际关系取代弗洛伊德理论的基本前提。后来她受到正统保守的同事们的攻击，被迫辞职，离开纽约精神分析研究所。之后，她与弗洛姆、沙利文等合作，进行"文化学派"的精神分析。1941 年她创办美国精神分析研究所，在比较宽松的范围内发展了她的成熟理论。在《自我分析》(1942)、《我们的内心冲突》(1945)和《神经症与人的成长》(1950)中，对人的焦虑和防御机制作出精细分类和全面阐述。在她的一生中，理论研究和临床研究的重点不断转移，为精神分析学说作出了巨大贡献。她的理论，尤其是对内心冲突和防御机制的解释，不仅在医学临床实践上，而且在文学、文化、政治心理学、哲学、宗教、传记、性别等研究领域中都具有重大影响。当她的著作《女性心理学》于 1967 年重版后，霍妮被公认为首位伟大的精神分析女权主义者。

拓展阅读

童年的压抑[①]

我把手指按在嘴唇上保持沉默、沉默、沉默。陌生人对我们算得了什么，值得我们将内心向他们开放？

——霍妮

霍妮 1885 年 9 月 15 日出生在德国汉堡的郊外。她的父亲瓦科尔斯是一位祖籍为挪威的船长，一位钟表匠的儿子，在此次婚姻前是个鳏夫，有四个即将成年的儿女。这意味着这对夫妇之间不仅年龄相差悬殊，双方的社会门第也大不相同。从霍妮的日记中可以看出，童年时家庭成员间的关系非常紧张。她和大她四岁的哥哥本特站在母亲一边反对父亲，而父亲头一次婚姻的子女们则怂恿她远离母亲索妮。日记中关于父亲的段落多写在霍妮 15 岁时。霍妮的父亲从未梦想过她在社会上取得任何特殊地位，他更希望她待在家里接管女仆的活计，这使得霍妮"几乎想诅咒自己的美好天赋"。霍妮对父亲的愤恨在日记中表露无遗："父亲可以为我那个又笨又坏的继

---

① 熊哲宏主编：《心理学大师的失误启示录》，中国社会科学出版社 2008 年版，第 243—245 页。

儿童心理发展理论（第二版）

兄挥霍几千马克,可是在我身上花每一分钱他都得用手指掂量十回!"霍妮一直无法尊敬父亲,并认为"那个人,使我们大家都因为他的极端虚伪、自私、粗暴、缺乏教养而不快活";她抱怨父亲每天早上做的"无休无止、愚蠢不堪的祷告";她在父亲不在家时,感到"说不出的快活"。直至霍妮在成年工作后,都时常回忆起"父亲两只蓝眼睛凶巴巴地盯着她"。

从父亲那里得不到温暖,小霍妮就对母亲倾注了自己全部的亲情与关爱。最初,她不断体验了挫败感——"时常很悲伤、很沮丧。家里一团糟,而母亲,我的一切,病成这样,又不快乐。我是多么想帮助她,让她高兴起来";而当发现母亲偏爱她的哥哥本特,"默默地忽视哥哥的卑鄙,然而只要我说出一句不友好的话,她就会大发脾气"时,霍妮又时常觉得受到了冷落,这种不公正的感觉使她"生气至极";在小霍妮心中理想化的母亲形象幻灭后,她不再掩饰对母亲的失望与不满。在后来的一封信中,她写道:"我和母亲之间的紧张关系,变得日益难以忍受。虽然没有发生一丝一毫的事情,但是她对待我就像对待空气一样……我希望她死去,或者离我远远的……"这种母女间尖锐的对立状态使霍妮"湮没在自己的愤怒之中"。童年,压抑的家庭环境使霍妮身上有股强大的怀恨,而他的哥哥本特是愤怒爆发的导火索。霍妮认为本特是个"冷冰冰、怀疑一切的玩世不恭者",并在《青春期日记》抱怨"他对待我一直是那么不公平,如今,往日的仇恨觉醒了,它已缓慢但却实实在在地积累起来"。一个粗暴的父亲,一个因婚姻不幸而多病的母亲,一个得到偏爱的哥哥,可以说,霍妮的家庭环境是培养其特殊人格的苦涩土壤。

家庭对霍妮的影响,一生如影随形。依据霍妮后来提出的基本焦虑理论,我们可以看到她早期的生活经验对于她人格发展的影响。霍妮的父母具有基本罪恶——缺乏对她的温暖和爱,这使得霍妮心中产生了对父母的敌意,即为她后来所定义的"基本敌意"。但由于身为儿童的无助感、恐惧感、内疚感,她压抑了自己的这种敌对心理。这样她就陷入了既依赖父母又敌视父母的不幸处境中,埋下了发生神经症人格的种子。这种敌意后来投射、泛化到外部世界,使她觉得整个世界充满着危险和潜在的敌意,并深感自己内心的孤独、软弱、无助。同时,她那坎坷的童年迫使她有了一种防御行为,而这种防御在日后损害了她的人际关系。

童年使霍妮感到了无法忍受的压抑,在步入学校生活后,她只有用自己的勃勃雄心帮助她补偿被父亲和哥哥抛弃的屈辱感,用完美的成绩来克服母亲对她自尊心造成的伤害。有了这种情感体验,我们可以想见精神分析为何对霍妮来说有如此大的吸引力,她可以从中进行精神探索,并寻找安慰。正如霍妮的女儿瑞纳特所言:"童年时期与家庭的矛盾,她深重的抑郁和神经质倾向,皆使她因祸得福。不然她如何提出一种理论,如何能洞察人的本质?"

(二) 霍妮的几个基本观点

1. 对弗洛伊德精神分析学说的评价

霍妮认为,弗洛伊德学说是一个逐渐发展完善起来的理论体系,你一旦陷入其中就很难使自己的观点不为它所左右。尽管这个学说确实有一些争议之处,但对它进行全盘否定是令人遗憾的,因为全盘否定不但把精神分析中可信的内容和可疑的部分一起抛弃,同时,也否定了精神分析所能提供的真知灼见。霍妮宣称,她对这个学说运用了 15 年之后,"我发现我越对一系列精神分析理论采取批判的态度,我就越认识到弗洛伊德基本原理的建设性价值,理解心理问题的途径也就越多"[①]。因此,霍妮认为,"精神分析是一门因果的科学,是理解我们自己及他人的具有独特价值的建设性工具"[②]。为了使它的作用得到真正的发挥,精神分析应超出本能和遗产心理学的范围,把文化因素引入精神分析。她认为,"特定的文化环境造就特定的品质和才能,于男人如此,于女人也如此。我们希望了解的,正是其造就方式"[③]。根据这一基本观点,霍妮对弗洛伊德学说中的一系列基本概念作了重新的说明和系统的批判,建立了自己新的精神分析方法。从霍妮的一系列论著中,我们可以看出,她是一位性格复杂但名声斐然、富有建设性、令人尊敬的精神分析思想家和临床实践专家。

2. 童年经验的重要性

霍妮承认,"童年经历对一个人的发展产生了决定性影响,这是毫无疑问的"[④]。确认早期经验的重要性是弗洛伊德众多的功绩之一。问题不在于早期经验对一个人的发展是否有影响,而在于如何影响。霍妮认为,早期经验的影响方式有以下两种。

第一种方式是早期经验留下了可被直接追溯的痕迹。自发地喜欢一个人或不喜欢一个人,可能与早期记忆中父亲、母亲、女佣、兄弟姐妹的类似品质有直接关系。例如,一个教师受到校长的批评,可能会造成创伤性经验。因为这时校长代表了她父亲的形象。校长的批评意味着往昔父亲拒绝的重复,还可能激起因曾幻想得到父亲(奥狄帕司情结)而负的内疚感。早期受到不公正待遇的经历与后期感到受虐待的倾向有某种直接联系。

第二种更为重要的方式是童年的整个经历带来了某种性格结构,或更确切地说,开始了它的发展。这种发展在不同人的身上有不同的停止时间。因此,事实上我们很难划分所谓早期与后期的反应联系,更不能一一对应地去解释早期行为与后期行为的联系,更重要的是应从整个性格结构上来理解后期行为。因为性格结构不仅受早期行为的影响,还受到以后各因素的重要影响。脱离这一点,理论假设就会变得不完全,而弗洛伊德的理论恰恰在这一点上暴露了其不完全的弱点,霍妮从自己的临床实践中发现,仅仅给病人指出他当前的行为是早期某一行为的重构,并不能给病人带来中止某种冲动的效果。"重构激

---

① 霍妮著:《精神分析新法》,雷春林等译,上海译文出版社 1999 年版,第 2 页。
② 同上书,前言,第 4 页。
③ 同上书,第 74 页。
④ 同上书,第 97 页。

起的记忆使病人能更好地了解自己的成长。但是，重构或者说用童年记忆来解释当前行为，越没有证据就越无价值，或者证据多时也只是一种可能性。"更何况，由于记忆模糊，有时甚至很难断定所谓的早期经验到底是真实的经历，还是幻想。加上与现在怪癖相关的幼儿经历往往是散乱无章的，不能解释任何事情。因此，"当童年的真实图画给蒙上了一层迷雾时，人们便强作努力穿破迷雾，这实际是用知之依旧甚少的东西（童年）来解释尚且不知的东西（现在的怪癖）"①。霍妮认为，重要的是"理解现在人格的复杂性以及构成他心理均衡的条件。然后，我们才能理解为什么特定的事件一定会扰乱这种均衡"②。事实上，平静的、心态平衡的人不会成为心理失衡的受害者，受害者只能是那些为内在冲突所撕裂的人。一个人的性格结构越不稳定，就越容易受各种鸡毛蒜皮的小事的扰乱，使心理失去平衡，呈现出焦虑、消沉或其他病症。因此，霍妮坚持认为，"我相信不必从记忆中寻找最终答案，而应当努力根据具体人的实际性格结构来理解那些直接事件……意味着什么"③。

3. 关于女性心理学

弗洛伊德的精神分析学说是"男子优势理论"，"纯属男性的宣传"④，弗洛姆严正批评道："他关于人类的一半（女性）在生理解剖以及心理上是劣于另一半（男性）的观念，除了暴露出他的父权社会大男子主义的态度外，似乎是他思想中唯一的不可救药的念头。"⑤霍妮对这一问题的态度则更具建设性。她认为，女性的身体结构是为了适应其特殊的生理功能而形成的。这种适应女性生理功能的身体结构，怎么可能会产生心理上对自己结构的厌恶、焦虑、不满以及对男性生理特征（即所谓"阴茎妒忌"）的渴望呢？霍妮指出，要证实弗洛伊德对于女性"阴茎妒忌"的说法，需要大量的证据。言外之意，弗洛伊德的这一说法是缺乏根据的。造成弗洛伊德这一错误观点的根源有二，一是理论偏见，这种理论偏见在某种程度上与现存的文化偏见不谋而合。二是由于某些女性患者容易接受暗示，倾向于从简单的性器官根源来解释复杂的深层次原因，从而避开实质性的症结所在。霍妮明确表示，"基于阴茎妒忌的解释阻碍了人们理解心理学的基本难点。如抱负，以及与这些难点相关的整个人格结构。由于这些解释使真实的问题变得模糊，所以我强烈反对这些解释"⑥。至于女性神经症患者的问题，霍妮认为，要寻找的不是生理原因，而是文化原因。"多少世纪以来，妇女被剥夺了重大的经济和政治责任，只局限于个人情感的生活领域，这就是她们的生存条件。"⑦因此，妇女只能依赖于男性和家庭才能很好地生存，这必然导致妇女把爱视作生活唯一重要的价值，力求保持性的吸引力，取悦男性，恐惧衰老。

① 霍妮著：《精神分析新法》，雷春林等译，上海译文出版社 1999 年版，第 93 页。
② 同上书，第 96 页。
③ 同上书，第 97 页。
④ 弗洛姆著：《弗洛伊德思想的贡献与局限》，申荷永译，湖南人民出版社 1986 年版，第 11 页。
⑤ 同上书，第 10 页。
⑥ 霍妮著：《精神分析新法》，雷春林等译，上海译文出版社 1999 年版，第 67 页。
⑦ 同上书，第 70 页。

衰老对每个人来说都是个问题,但当年轻成了被人关注的核心时,衰老就成了一种绝望。这种对衰老的恐惧还造成她对生活的极度不安,包括对女性角色的不满。在现有的文化中,人际关系普遍存在问题,以致人们很难在爱情生活(不是指性关系)中获得幸福,加上现有的文化又很容易使人遭到某些方面的失败或挫折,产生自卑感。(其实,这一点对于男女都是一样的)但妇女却容易联想到自身的性别而产生自卑。究其根源,仍是文化的原因。因此,霍妮指出,尽管很多人会赞同弗洛伊德的观点,认为性别构造及功能的不同影响了男性和女性的精神生活,"但对这种影响的确切本质作出预测,似乎没有什么建设性意义"①。

在女性的心理方面,弗洛伊德没有找到衡量文化环境同女性心理内在联系的复杂性的方法。特定文化环境,对于造就人的心理品质和能力的作用是一样的,不论这个人是男性,还是女性。心理学家的任务在于了解和掌握这种造就的方式,以便保证人的心理的健康发展。因此,后来霍妮偏重于中性的研究。她在《女性害怕行动》一文中呼吁:第一,停止对女性气质操心,应把注意力放在作为人的潜力的发展上;第二,女性应团结起来,普遍地提高自信心。这样,霍妮充分地展示了作为女权主义运动先锋的英姿。可惜的是,当时她超越自己所处的时代太远了一点。直到 20 世纪 60 年代,人们才重新发现她。

4. 基本焦虑与防御机制

我们已经知道,弗洛伊德认为,无意识的心理冲突是一切神经症的根源,而一切神经症的核心便是焦虑。霍妮认为,儿童的基本焦虑来自人际关系的困扰。焦虑就是"一个孩子在一个充满潜在敌意的世界里所抱有的一种孤独和无助的感觉"②。

对于一个孩子,如果环境中存在着一系列不利因素,比如别人对他实施直接或间接的支配以致使他难以发挥主动性;或者别人对他的存在漠不关心、缺乏指导、缺乏尊重;或者对他过度表扬或过度批评,缺乏真诚的温暖的关怀;或者由于父母冲突,使孩子夹在中间左右为难造成情感创伤;或者由于孩子过早地承担过多责任或过迟承担应有的责任;或在同伴交往中被孤立,受委屈,遭歧视,产生过重的防范心理;或环境充满排斥,令人难以适应和接受等,孩子势必会产生不安全感和无助感,于是焦虑是不可避免的。儿童在这样的环境中被烦恼所包围,他们探索着自己前进的道路,应付着这个充满潜在危险的世界。"尽管他柔弱而恐惧,他还是无意识地调整着自己的行为策略来适应在环境中起作用的一些特殊力量。如此,他不仅形成一些特别的行为策略,而且形成了持久的性格倾向,这成为其人格的一部分,我称其为神经质倾向。"③

后来,霍妮注意到并不是所有处境不良的儿童都会形成神经质倾向。一个处境不良的儿童最终是否形成神经质倾向,与他人格中的自我是否失调有关。霍妮指出,人的自我可以划分为三个部分,即真实的自我、理想的自我和现实的自我。真实的自我是人的生命

---

① 霍妮著:《精神分析新法》,雷春林等译,上海译文出版社 1999 年版,第 73 页。
② 霍妮著:《我们内心的冲突》,王轶梅等译,上海文艺出版社 1998 年版,第 17 页。
③ 同上注。

核心和人的天赋潜能的自然流露;理想的自我是为满足内心的神经症驱力而形成的尽善尽美的自我意象;现实的自我是在环境的影响下人的一切表现。对于正常人来说,人格中的三个部分是协调的,并不产生相互之间的排斥、对立和冲突。可是,当一个人在现实的人际冲突中失去了这三部分之间的协调,或者说,当一个人人格中的真实自我、理想自我和现实自我之间失去了变通性,神经症就不可避免地发生了。因此,人际中的基本冲突不仅会影响一个人与他人的关系,而且也会影响与自己的关系。这两种关系还会无休止地纠缠在一起,导致基本焦虑的产生和性格结构的异常。霍妮十分重视个人环境在童年期所导致的性格结构。她认为,人生后来发生的种种困难,都是源自早期形成的性格结构。基本焦虑是文化和神经症之间的中介。

处于这种环境中的儿童应付外界的主要手段有三种,即趋众、逆众或离众:(1)所谓趋众,就是承认自己无能,尽管他也疏远自我,心存恐惧,他依然要努力赢取别人的感情,并依靠上他们,只有和他们在一起时才感到安全。当群体(包括家庭)出现意见分歧时,他总是依附其中最有势力的人或群体,通过随大流获得归属感,从而消除软弱和孤独;(2)所谓逆众,就是儿童坦然地承受周围的敌意,并有意识或无意识地决心抗争,企图成为击败对手的强者;(3)所谓离众,就是表现为既不归属于谁,也不想与他人抗争,总是与人保持一定的距离,建立属于自己的小天地(如特定的空间、玩具、书籍、梦想等)。

趋众、逆众和离众是个人为了获得安全所使用的行为模式,它们都和某种与基本焦虑有关的因素被过分强调有关。趋众出于无助感,逆众出于敌对感,离众则出于孤立感。在实际的生活中,这些密切关联的因素是同时存在的,不过在某一时期可能有一项比较突出。霍妮指出,以上这些心理状态并不仅仅局限在人际关系中,它会逐渐扩散到整个人格及生活关系的各个方面。"始于我们与他人的关系而生的冲突迟早会影响整个人格,这一切并不是偶然的。人际关系是如此重要以致必定会造就我们成长的品质、奋斗的目标、所信仰的价值观念。所有这一切反过来又会影响我们与他人的关系,并因此纠缠在一起,相互混杂。"①

霍妮认为,人际关系的困扰引起基本焦虑,而焦虑则导致防御策略的形成。这类无意识的方法可归类为:盲点作用、分隔作用、合理化作用、过分自控、自以为是、捉摸不定和犬儒主义。

(1)盲点作用(盲点现象)。人们,尤其是神经症患者对自己的实际行为与他的理想化形象之间的差异视而不见。他们把潜在的冲突排斥在知觉之外,表现为对自身情感体验的麻木不仁。例如,有人一面标榜自己心地善良、人格完整,一面却大肆在背后诋毁别人,恶意中伤;有人一面描绘自己清正廉洁,一面却利用职权贪污公歀,却看不出自己的实际行为与理想自我的差距何其之大。

(2)分隔作用。一个人在各种现存的冲突中自我失去了整体感,便将自我分割成若

---

① 霍妮著:《我们内心的冲突》,王轶梅等译,上海文艺出版社 1998 年版,第 21 页。

干小块，一块留给自己，一块留给家庭，一块留给朋友，一块留给敌人，一块留给上流人士，一块留给市井青皮。块与块之间毫不抵触。这种分隔作用既是因冲突而自我分离的结果，也是因不愿承认冲突而设的防卫手段。其结果是矛盾依然存在，但冲突悄然消失。分隔作用也就是我们通常所讲的"多重人格"。

（3）合理化作用。通过推理的方式自我欺骗，称之为合理化作用。它主要用来替自己辩护或将自己的动机和行为与约定俗成的意识形态看齐。这个通常的想法只在某种程度上合理，其含义是生活在同一文明中的人们都沿着同一准则进行合理化，而实际上，被合理化的内容和方式因人而不大相同。事实上，合理化是所有建立在基本冲突之上的每个防御机制的支点。例如，盲点现象就是通过合理化把差距推理成不存在，分隔现象就是通过合理化把人格的分解演绎成理所当然。

（4）过分自控。过分自控是一道抵御矛盾感情冲击的大坝。在早期，它表现为有意识的行为，后来变得多少有些自动化。神经症患者在对自己施加控制时，不允许自己因热情、性冲动、自怜或愤怒而失去自制力，竭力克制所有的自发性。其中，对愤怒的控制是最重要的。因为愤怒在人际关系中最具破坏性，而且对愤怒的控制容易形成恶性循环。对愤怒的控制会积聚越来越大的爆发力，而对越来越大的爆发力则需要更强的自控来抑制。这就又可能会产生强迫症，导致新的麻烦。

（5）自以为是。自以为是是明显的进攻倾向与超然特征结合产生出的防卫法。患者试图通过武断地宣称自己一贯正确来"一劳永逸"地平息冲突。此时，自身的感情往往是这一机制的不安定因素，必须加以严格控制。自以为是的人通常不肯接受心理分析。

（6）捉摸不定。与呆板的自以为是相反的是捉摸不定。这种人永远无法固守己见，他们会对自己的言行矢口否认，或信誓旦旦地声称不是那么回事，具有高超的莫衷一是、搅糨糊的本事。让这种人去作一个确切的报告是不可能的，他们通常的能耐是在领导面前虚张声势，在群众面前装腔作势，讲起话来漫无边际，做起事来颠三倒四。在现实生活中，他们时而凶狠粗暴，时而悲天悯人；时而体贴周到，时而冷酷无情；时而趾高气扬，时而自贱自惭；一心想发号施令，到头来逆来顺受，一会儿他们又盛气凌人；恶劣待人后又懊悔莫及，作出补偿后又凶狠至极，恶语伤人。

（7）犬儒主义。这是一种拒绝承认冲突的防御机制，表现为否认和嘲弄道德标准，在社会生活中摆出一副十足的痞子相，弄不清楚自己实际相信的是什么。这种犬儒主义可能是有意识的，表现为一些阴谋权术，例如，有些人醉心于仿效历史上封建帝王的权术，翻覆云雨，施虐加害。也可能是无意识的，他们用表面顺从流行观念来掩饰对道德的嘲弄倾向。

以上各种防御机制都是围绕着基本冲突而建立起来的。霍妮把这整套防御机制体系称为保护性结构。多种防卫措施可以综合利用，但其作用的程度大小是不等的。保护性结构虽然能给人造成一种平衡感，但它是十分脆弱的。实质上，这种表面的平衡感是用极大的代价换取得来的暂时宁静，它并没有解决冲突。霍妮说，要想真正解决冲突，就不是能用理性的决定、逃避或是意志力所能做到的。唯一的办法是改变存在于人格本身导致冲突产生的条件。"必须帮助神经症患者自己拯救自己,使他意识到自己真正的情感和需求,形成自己的一套价值观,并依赖自己的情感和信念同他人相处。"[1]当然,要达到这一点,必须采用特殊的治疗步骤。这项任务只能由心理医生来完成。霍妮指出,"幸运的是,心理分析并不是解除内心冲突的唯一办法。生活本身就是极为有效的治疗师。一个人的某些经历可能足以使人发生人格变化"[2]。霍妮乐观地宣称:"我的信条却是人类有能力也有愿望开发自己的潜力并成为一个健全的人。"[3]

五、埃里克森的儿童心理发展理论

(一) 埃里克森略传

埃里克森(Erik Homburger Erikson,1902—1994),美国精神分析医生,当代最有名望的精神分析理论家之一,他的祖籍丹麦,1902 年出生于德国的法兰克福。埃里克森只进过文科中学,喜爱历史和艺术,其余各科成绩平平。18 岁高中毕业后去中欧漫游一年,回国后攻读一段时间的艺术,再一次外出旅游,在维也纳做一名年轻的画家。25 岁那年,"仅仅根据他的人格特征——而不是他的训练——他被送到安娜·弗洛伊德那里作为一个有培养前途的心理分析工作者。很快他便成为弗洛伊德及其女儿的心腹一员"[4]。最后,毕业于维也纳精神分析研究所。

纳粹统治期间,由于犹太血统,埃里克森被迫于 1933 年移居美国,1939 年加入美国籍。期间,他在波士顿开业,是该地第一个儿童精神分析医生,并先后在哈佛、耶鲁等医学院和人类关系学院任职。随后又到旧金山、堪萨斯等地任教。他的富有特色的人格发展理论"同一性渐成说"就形成于这段时期。1949 年,美国正处于反动的麦卡锡时代,埃里克森因拒绝当局要求的忠诚宣誓而愤然离开加利福尼亚大学,直到 1960 年,他才到哈佛大学任人类发展学和精神病学教授。20 世纪 60—70 年代,他开始研究美国当代资本主义社会的一些棘手的问题,把精神分析与生态学、文化人类学、历史、哲学、政治科学和神学结合起来。他的声誉超越了美国国界,成为当代自我心理学领域最杰出的代表人物。"埃里克森对同一性的强调显示出一种一扫无遗的跨文化倾向……在一种和人的深邃社会需要相应的普通心理学中,赋予人格以一种时间的而不仅仅是一种横截面的形态。"[5]精神分析学说变成弗洛伊德所梦想的那样,是一种对一切有关人性的东西的关注。

埃里克森的主要著作有:《童年与社会》(1950,1963)、《青年路德:一个精神分析与历史的研究》(1958)、《同一性:青少年与危机》(1968)、《新的同一性维度》(1973)、《生命历史与历史时刻》(1975)等。

---

① 霍妮著:《我们内心的冲突》,王轶梅等译,上海文艺出版社 1998 年版,第 157 页。
② 同上书,第 172 页。
③ 同上书,序,第 7 页。
④ 墨菲著:《近代心理学历史导引》,林方等译,商务印书馆 1982 年版,第 420 页。
⑤ 同上书,第 422 页。

拓展阅读

传奇般的求学经历①

九岁时，埃里克森结束了三年的小学生活，进入卡尔斯鲁厄预科学校学习古典文学和语言学。他学了八年拉丁文、八年德国文学、六年希腊文，也花了几年时间学习数学、物理、哲学和历史。其间，他读的书大致可以分为两类，其中大部分是关于社会和社会战争，如《伯罗奔尼撒战争史》，还有一些是关注自我冲突的古希腊悲剧。

当然，学校里的生活也并不尽如人意。与班上别的孩子想成为医生或是律师不同，埃里克森的志愿是"美术和手工艺"，但学校并不开设这方面课程。学校生活，缺乏艺术的灵动，却充斥着各种教条和死记硬背的学习方法，九年生涯使埃里克森觉得自己的热情几乎被无情地碾碎了。同时，作为班上仅有的两个犹太孩子之一，他再次受到不公正的待遇。可以说，他很小的时候，就体验到了自己日后提出的"同一性危机"。

从预科学校毕业后，埃里克森没有选择继续深造，而是背起行囊游历欧洲——从卡尔斯鲁厄出发，到黑森林，经康斯坦茨湖，再回到卡尔斯鲁厄进入巴登锅里艺术学校学习，未及毕业又前往慕尼黑，接着于法意边境写生，继而暂居意大利。这一路走来，他不断思考着人生和社会的种种问题，体验着"同一性危机"。这种在他看来是一种文化仪式的游历，在当时的德国非常普遍——年轻人三五成群相约旅行，思考着社会和政治问题，找寻着自我。无论埃里克森走到哪里，母亲卡拉始终默默地支持儿子，与此同时，继父则变得越来越不耐烦，他将埃里克森的行为视为失败和放弃。

正是在这种游历中，他意识到自己不能也不想成为一名画家，但他还不知道自己该干什么。游历中的他情绪多变——有时感觉很糟糕，对生活中的一切都失去耐心；有时又充满激情，梦想成为与众不同的人。他从不写信回家。多年后，他回忆起这一时期的生活时说自己"几乎得了精神病"。但无论情况有多糟糕，他最终还是恢复了，而传统的诊断并没有对此现象给予足够的重视。他更喜欢将自己那时的心理状态定性为"有些严重的'同一性危机'"。这一切在他那个年纪，处于他那个位置上的年轻人身上还是很常见的，算不上是什么恶兆。

从慕尼黑到意大利的途中，他一直用文字表达自己。这些文字不是旅行日志，没有明确的时间地点，不涉及家人和朋友的情况，亦不涉及政治和经济问题，很少是连续的，长度从一两行到一整页不等。他的笔记表明，他似乎很难正视自己的情绪，很难理清自己的想法。几十年后，他将青少年时期这种心理状态刻画为"同一性危机"。

---

① 熊哲宏主编：《西方心理学大师的故事》，广西师范大学出版社 2006 年版，第 194—197 页。

此外，笔记中的一些片段也折射出埃里克森在20世纪的一些学术观点。可以说，一些可能被误以为是得益于他所受的精神分析训练的观点，实际上早在他到维也纳的四年前就发展起来了。例如，他认为"随着生命的进程，人类经验的本质是不断变化的。童年和青年期是交织着各种欲望和动因的阶段；接下来是'站在较高层次观察，有较高水平想法'的中年，这一阶段要与他人交流；最后，'死亡是第三个也是最后一个阶段：是在道德圆满中实现自我超越，是充满关爱的理解，是向着起始之本意的回归'"。短短几句话，我们看到了他日后所持的"毕生发展观"和"生命环"思想的雏形。

其实，埃里克森最初的想法更多地得益于德国浪漫主义传统。他从尼采、歌德、黑格尔等人的作品中吸收了大量的营养。他的思考体现出对自由个体的尊重，表现出对顺从民族主义的不满。而弗洛伊德也受益于这些德国先哲们，其理论亦包含了普遍性的观点，这些共同点使二人的理论具有"兼容性"。但在1923—1924年间，当埃里克森闪现自己日后思想火花的时候，这个年轻人并不知晓那位精神分析的创始人。

埃里克森没有受过正规的大学教育，却成为当代自我心理学的执牛耳者，这在整个近代心理学史上也是不多见的。那么最初他是如何走进维也纳精神分析核心圈的呢？

当埃里克森还在意大利思考着自己今后的人生时，他中学时代的好朋友布洛斯在维也纳大学读书，此君那时是桃乐西·伯林厄姆的四个孩子的家庭教师。伯林厄姆是S·弗洛伊德的病人，也是安娜·弗洛伊德的密友。后来，当布洛斯因故辞去家庭教师之职时，他向伯林厄姆推荐了埃里克森，并将埃里克森引见给安娜·弗洛伊德。

初到维也纳，埃里克森对自己能否胜任这份工作并没有多大信心，但是伯林厄姆的孩子们很快就被埃里克森和他的绘画天赋迷住了。而他对小孩子的亲和力给安娜·弗洛伊德留下了深刻的印象。于是他获得了生平首份正式工作。1927年，埃里克森成为安娜·弗洛伊德创办的维也纳精神分析实验学校的教师。他教授美术、历史、德国文学。他是怎样的教师呢？他高挑、英俊，十分在意自己的形象——只要出现在人前必定梳洗整洁，西装笔挺；他有些紧张，很容易脸红，总是喝水、拉扯自己熨烫一新的裤子，甚至有些滑稽。撇开这些外在形象不谈，真正使他的学生们感到激动的是：这位老师十分关注他们所关心的事情。就这样，通过关注学生们认为有意义的事情，赞扬他们做得好的事情，埃里克森最终获得了他们的信任，从而能够贴近他们的情感，使他们敞开心扉表达自己内在的需要和恐惧——这体现了他日后的治疗风格。

在维也纳的日子里，除了当老师之外，埃里克森还不定期地选修维也纳大学的课程。尽管当时的维也纳反犹太情绪日益高涨，校园里不断出现各种针对犹太人的限制令和袭击事件。但这一切似乎并未给埃里克森造成很大影响。作为儿童精神分析实习咨询师，安娜·弗洛伊德给埃里克森的工资是每月七块钱。她主持日常分析会议，为埃里克森作精神分析，督导他的咨询工作——埃里克森不明白为什么安娜·弗洛伊德还要雇用自己。"他犹豫不决地提及自己'曾想当个画家，但是也很喜欢当老师'"，安娜建议他将自己的兴趣与精神分析结合起来。就这样，埃里克森成为安娜·弗洛伊德精神分析圈中的一员。但是埃里克森对自己的能力还是不太自信，直到后来安娜转述父亲的话给他，他方才释然。弗洛伊德说："他（埃里克森）能帮助我们使他们（病人）看得更清楚。"——这意味着在精神分析的王国里有这个带着艺术家气质的精神分析师的一席之地。埃里克森于1933年正式获得维也纳精神分析学会会员的资格。

（二）同一性渐成说

1. 理论基点

埃里克森理论形成于一个剧烈动荡的时代。20世纪30年代美国资本主义社会的经济大萧条以及社会活动，使整个社会呈现一种病态。埃里克森面对社会现状，深感弗洛伊德的精神分析学说已不足以应付当时的社会需求，于是，他沿着安娜·弗洛伊德强调自我的适应性功能的路线，创立了新的精神分析学说。埃里克森将人的发展中的人格结构，即整个心理过程的重心，从弗洛伊德的本能过程转到自我过程，把人的发展动机从潜意识扩展到意识领域，从先天的本能欲望转移到现实关系中。埃里克森认为，在人的心理发展过程中，自我与社会环境是相互作用的。人在发展中逐渐形成的人格，是生物的、心理的和社会的三个方面因素组成的统一体。在人格发展的过程中，可以按主要冲突的不同，划分为不同的阶段。他把人的一生从出生到死亡划分为8个相互联系的阶段。每一个阶段都包含着两个对立的双极相互斗争的特定心理社会任务。个人在发展任务的斗争和解决的过程中，按次序向下一阶段过渡。各阶段的发展任务解决顺利与否，直接影响到个人未来人格和生活的具体方面。如果个体在某一阶段未能很好地解决发展任务，那么，儿童也可以由此获得克服不适应发展的机会，通过教育在下一阶段得到补偿。

在埃里克森的理论中，同一性是一个中心概念。早在20世纪30年代，他就提出有关同一性的见解，在1950年出版（1963年修订）的《童年与社会》一书中对人格发展和同一性概念作了系统的理论阐述。在1968年出版的《同一性：青少年与危机》中更是对同一性渐成说作了详尽阐述。

2. 关于同一性的概念

埃里克森说："迄今为止，我已审慎地在几种不同的含义上试用了同一性这一名词。有一时期它似乎指的是个人独特性的意识感，另一时期指的是经验连续性的潜意识追求,再一时期则指的是集体理想一致。"①自我发展最初是通过心力内投和投射的过程产生的,继而是通过自居作用,再后是通过同一性的形成而实现的。这些途径并不是自我发展的阶段,而是自我形成和转化的形式。这里所讲的心力内投是指儿童早期将父母的命令和表象加以结合,它有赖于儿童与成人(主要是母亲)在照看过程中因满意而产生的情感共鸣。这种最初的情感共鸣为自我提供了一个安全支柱,从而又延伸到另一支柱,即儿童最初所爱的"对象"。儿童晚期和青年早期的自居作用为儿童提供了有意义的角色层次,形成同一性。但心力内投和自居作用都不能说明真正的同一性。真正的同一性不是前二者的总和,而是对自己的本质、信仰和一生中重要方面前后一致的,以及较为完善的意识,也就是个人的内部状态与外部环境的整合和协调一致。说得通俗些,就是将人格发展的不同水平之间不可避免地存在着的间断性加以沟通和整合。"从发生的观点来看,同一性形成的过程的发生就像一个不断进化的完形(即结构,编著者注)——在整个儿童期中自我经过连续的综合和再综合而逐渐建立起来的完形。正是这个完形把制度的赋予、特质的里必多需要、有利的能力、有意义的自居作用、有效的防御、成功的升华作用以及连贯性的角色逐渐地整合了起来。"②埃里克森认为,"只有一种坚实的内在同一性才标志着青年过程的结束,而且也才是进一步成熟的一个真正条件"③。

根据不同的维度,可以将同一性作不同的分类。例如,相对于个人与集体的关系,存在着个人同一性与集体同一性;从意识与无意识的角度看,可分为自身同一性(一个人对"我"的身体、人格、各种角色的意识)与自我同一性(属于无意识的,能意识到它的工作,却意识不到它的本身和过程)等。埃里克森认为,自我同一性是一个人的自我疆界之一。与自我同一性相对立的概念是同一性混乱,表现为儿童在重新认识自我,认识自己的社会地位和作用的过程中产生自我意识的混乱,突出表现为情感障碍。

3. 同一性渐成的发展阶段

埃里克森把个体从出生到临终的一生称为生命周期。同一性的形成是一个终身的过程,"生命周期是同一性的各种必不可少的坐标之一"④。在生命周期中,机体的成长遵循着渐成性原则,即任何生长的东西都有一个基本方案,各部分从这个方案中发生,每一部分在某一时间各有其特殊优势,直到所有部分都发生,进而形成一个有功能的整体为止。根据这一原则,"人格乃是在人类有机体准备被驱动、准备意识到、准备在与范围逐渐扩大的有意义的个人和公共机构发生交互作用的各种预定步骤中发展而成的"⑤。为此,埃里克森将同一性的渐成划分为以下八个阶段。

---

① 埃里克森著:《同一性:青少年与危机》,孙名之译,浙江教育出版社 1998 年版,第 198 页。
② 同上书,第 149 页。
③ 同上书,第 75 页。
④ 同上书,第 79 页。
⑤ 同上书,第 81 页。

（1）第一阶段：婴儿期（0—1.5 岁）

此阶段的发展任务是获得信任感和克服不信任感，体验着希望的实现。这一时期，表现为本能冲动的里比多尚未成熟，作为潜在的本我力量伺机而动，随着神经系统的成熟，婴儿的吮吸、视觉反应和动作日益受到皮层的控制，逐渐变为自我过程，为本我指出方向。但其时超我尚未显露，行为举止都是自我中心的。新生儿出生后，结束了与母亲共生的状态，以嘴吮吸的先天反射在母亲的哺育和照料下，变得更为协调。儿童用嘴去生活，用嘴去获得爱，而母亲则用乳房去喂养，用乳房去表示爱（当然也包括用面容和身体的任何部分去表达满足孩子需要的热切心情）。这相当于弗洛伊德的精神分析学说所谓的口唇期，但埃里克森认为，把口唇期改为口腔—呼吸—感觉—动觉阶段更能反映这一阶段儿童广泛地使用各种感觉器官接受刺激的事实。婴儿从生理需要的满足中，体验到身体的舒适和环境的宁静，感到了安全。如果这种满足既不太少，也不太多，儿童就对周围环境产生了一种基本信任感。基本信任感"是由人生第一年体验而获得对一个人自己和对世界的普遍态度。所谓'信任'，我指的是对别人的一种基本信赖，也是对一个人自己的一种基本信任感"①。婴儿把母亲的品质和母爱加以内化，同时，又把自己的感情投射给母亲。于是，婴儿生命的第一阶段便带有亲子相互调节的社会性的情绪和态度。埃里克森称之为相依性。它是信任感的实质核心，也是推动母亲去积极照料儿童的主要动力。婴儿学会了调节自己的准备状态与母亲的方法相适应，而母亲则在发展和协调自己的给予方法时允许婴儿协调他的获取方法。这样，婴儿完成了接纳母亲的爱并把它合并到自己的心理中去的两项活动，使儿童学会先爱自己，后爱别人。这对今后的心理社会发展有重要影响。同时，婴儿也从母亲身上获得自居认同，最终变成一个给予者。因此，埃里克森说，"最早儿童期的同一性获得的最简短公式，可以很好地表达为：我就是我所希望自己占有的和给予的"②。

亲子关系对儿童信任感的发展具有十分重要的作用。母亲以一种管理方法在婴儿身上创造出一种信任感，其实质就是将婴儿对良好照料的迫切需要与母子共同的生活方式结合起来，成为一种情感上的持久依赖感。这在儿童心中构成一部分同一感的基础。埃里克森强调指出，"从最早的幼稚经验中获得的信任总量似乎并不依靠食物或爱情表露的绝对数量，而是有赖于与母亲关系的性质"③。儿童的基本信任感来自一个成熟的、稳定的和自信的人。事实上，母亲的情绪、气质经常反映在她的身体状态中，例如，她怀抱、摇拍和扶持儿童的方式，面部表情、身体姿态和语言。一个自信和慈爱的母亲，其抱孩子的方式是轻松的、坚定的、舒适的，语音是平和的、宁静的。反之，一个充满不安和缺乏自信的母亲，常常表现为身体紧张，动作笨拙，不灵活，不舒适，抱孩子的方式也显得不自在，语音尖锐，语调紧张，表情生硬，情绪消极。母亲的身体状态和情绪状态会通过儿童的各种

① 埃里克森著：《同一性：青少年与危机》，孙名之译，浙江教育出版社 1998 年版，第 84 页。
② 同上书，第 93—94 页。
③ 同上书，第 90 页。

感觉器官所接受,并内化为儿童自己的东西。

在婴儿期的发展中,并不排除一定程度的基本不信任感,这种基本不信任感的根源是新生儿从母亲的子宫中分娩而出的痛苦。儿童被动地离开母体,进入外界世界,受到大量的刺激,需要自己去完成许多的生命机能。之后,每当儿童感受到身体上或心理上的不舒适时,就会重新体验到最初的痛苦经验。一般说来,当儿童在获得基本信任感的时候,也会保留一些基本不信任感,但这种消极的情感只与一些具体的、实际的危险有关,并不构成对世界的总体不信任和怀疑。事实上,这种适度的不信任感对于保障儿童的安全,避开危险是必要的。

但是,埃里克森认为,婴儿期过多的需要或过少的满足,会引起固结(停滞)作用,形成人格特征发展迟缓的基础。例如,婴儿期的前半阶段(出生后的半年之内)如果需要得到过度的满足,会产生一种留恋这一生命阶段的欲望,使儿童的被动依赖行为得以长期保留。起初表现为依赖养育者(父母,主要是母亲),以后则表现为依赖其他权威人物。婴儿期后期(出生后的半年之后)的过度满足更容易产生一种口腔乐观主义,热衷于追求口腔的快感,以及一种使奉献和领受都成为生活中最主要活动的需要。

过少的满足将引起破坏性的特性。例如,婴儿期前半阶段如果发生由于疏忽、突然断奶或真正失去母亲而不能充分满足需要时,可以引起空虚、被遗弃和"一无是处"的感觉,对世界和对自我都缺乏基本信任,导致像精神病患者那样试图逃离这个世界,或导致一种深沉的压抑感。而婴儿期后半阶段的过度不满足会产生悲观主义和口腔施虐狂,热衷于用一种残忍的方式对待别人或自己,从而得到兴奋和满足。

在通常情况下,一个仁慈的母亲无论怎样尽责,也难以在任何时候、任何地点给予婴儿最充分的关心。这并不立即造成儿童的基本不信任感,因为婴儿能运用幻想来满足和安慰自己,埃里克森指出,儿童的一些基本不信任可以通过幻想那些可以引起基本信任感的条件而抵消掉。也就是说,婴儿具有一种自我治疗或自我愈合的过程。这正是一种希望的实现。

如果父母对培养婴儿的信任感信心不足,可以求助于信仰,包括宗教。他认为,婴儿的信任感是父母信仰的反映。"只有一个合情合理的连贯世界,才能提供一种信仰,由母亲以注入希望活力的方式传递给婴儿,这种希望也就是一种持久的心理倾向,相信主要的欲望可以不顾混乱的冲动和依赖性的愤怒而终究可以得到实现。"[1]

埃里克森十分重视人生的第一阶段——婴儿期对同一性发展的重要影响,婴儿期的儿童获得信任感是今后发展阶段特别是青年期同一性发展的基础。人生之初的信任感可以使儿童将来在社会上成为易于信赖和满足的人。如果未能充分发展信任感,则容易成为一个不信任他人和苛刻无度、令人生厌的人。

---

[1] 埃里克森著:《同一性:青少年与危机》,孙名之译,浙江教育出版社1998年版,第93页。

（2）第二阶段：儿童早期（1.5—3 岁）

此阶段的发展任务是获得自主感而克服羞怯和疑虑，体验着意志的实现。

儿童进入这一阶段后，生理的成熟和活动的经验迅速增长，儿童具备了更加完善、多样的动作能力，如走、跑、爬楼梯、双手摆弄积木和其他玩具；也具备了必要的认知能力，如记忆、分辨、思维、计划以及言语等。同时，儿童还发展了与父母、其他成人（包括陌生人）、其他儿童（同伴）进行社会交往的能力和经验。总之，生理的、心理的和社会的成熟的经验，为儿童增加了新的能量。此时超我也开始出现，有助于维持本我与自我之间的平衡。儿童开始体会到要满足自己的需要，不能只依靠他人的帮助，还可以靠自己的能力和活动。于是，这个仍然有着高度依赖性的儿童开始以种种方式体验他自己的自主意志。此阶段儿童的信念是："我就是我所能自由意欲的。"

但是，也正因为儿童一面保留着高度依赖性，另一面又在努力表现自主意志，因此，儿童与养育者或照料者之间的冲突就不可避免。在文明社会中，对儿童的大小便训练时，往往正是儿童的尿道口和肛门成为性感带的时候，儿童通过"握住"和"释放"大小便获得快感。这里的所谓握住和释放，是心理上的两种不同的期待和态度。"握住"可以变成一种毁坏性的和残酷的挡住和约束，也可以变成一种"好好拿着"的关心模式。而释放能变成毁坏性力量的恶意放出，也能变成一种缓和的"让他过去算了"的情绪。在儿童的大小便训练中，成人与儿童之间互相协调的问题现在面临着最严峻的考验。如果父母对儿童的大小便训练过早过严，那么儿童面临着父母的压力和肛门本能性，产生双重的对抗，面临双重的失败。儿童可能由此而退化到口唇期，用吮吸手指来表达焦虑；或者采取敌视或一厢情愿的态度，利用粪便（后来则改用脏话）作为攻击手段；或者用虚假的自主性和能力掩盖自己得不到真正帮助的事实。

埃里克森指出，"本阶段在可爱的善良意志和可恨的自我坚持之间，在通力合作和一厢情愿之间，在自我表现和强迫性的自我约束或温顺的依从之间，各自所占的比例起着决定性的作用。不失自尊的自制感乃是个体发生自由意志感的根源。于是从不可避免的自我控制丧失感和父母过度控制感当中产生出一种疑虑和羞怯感的持久倾向"①。儿童的羞怯出现于与疏远感相应的感情，即一种尚未成熟就愚蠢地显露自己的感情。羞怯是一种幼稚的情感，它来源于一种不断增长起来的渺小感，是当儿童能够站立起来并意识到大小、强弱的对比时发展起来的。疑虑是一种"先愣住后醒悟"的感情，它既包括对自己的疑虑，也包括对训练者的坚定性和敏锐性的疑虑。羞怯和疑虑会导致儿童不良的人格特征。例如，肛门期的初期阶段形成的羞怯可以引起一种固执的反抗，用以对抗被人控制的观念，对抗那些控制他们的企图。这些反抗的形成象征着大小便不受管束，如凌乱、肮脏和无序，也可能象征着对父母及其要求的蔑视，例如，儿童对抗权威、规则、规定的方式、地点、时间等。还可能表现在人际关系上，出现放任或拒绝两种对立的倾向。肛门期后期的

---

① 埃里克森著：《同一性：青少年与危机》，孙名之译，浙江教育出版社 1998 年版，第 96 页。

羞怯可能导致强迫观念、强迫行为或吝啬,也可能产生一些象征控制大小便的人格特征,例如,过分爱干净,爱整洁,机械恪守秩序,或极度迷信权威和规则。还可能表现在人际关系上,表现为以一种操纵、剥削和占用的方式抓住家属和朋友的倾向。又如,对自主性的怀疑会滋生偏执狂的萌芽。偏执狂是一种非理性的恐惧,害怕幻想的迫害者在背后以隐蔽的方式加害于己。

因此,明智的父母对儿童的态度应掌握好分寸,既要给儿童适度的自由,又要对儿童的行为进行必要的控制,不要为偶然的排便不当而辱骂或嘲笑儿童,不要伤害儿童的自尊心,让儿童形成宽容和自尊的人格。否则,儿童可能产生永久的羞怯和疑虑,压制自主的冲动。埃里克森认为,儿童的自主感是父母作为自主者的尊严的反映。如果父母缺乏自尊,造成儿童行为不知所措而十分困惑,就会引起本阶段的心理社会危机。本阶段发展任务的顺利解决,对于个体今后对社会组织和社会理想的态度将产生重要的影响,为其参加未来的秩序和法制生活做好准备。

(3) 第三阶段:学前期(或称游戏期)(3—6岁)

此阶段的发展任务是获取主动感,克服罪疚感,体验着目的的实现。

随着儿童知觉的准确性、肌肉活动的精确性和语言表达能力的提高,儿童的独立性大大增强。决定心理发展主要方向的自我已开始表现出用同一性来替代以前的自我中心。本我、自我和超我之间开始出现一种彼此平衡、整合的关系。由此,儿童已经在言语和行动上探索和扩充他的环境,同时,社会也向儿童提出了新的挑战,要求他们的行为具有主动性和目的性。在这种情况下,儿童感到向外扩展并不难以达到目的,因此主动性大增,但同时又感到闯入别人的范围,与其他人,尤其是自己过去信赖的人的自主性发生冲突,于是产生了一种罪疚感,这就是为什么主动感与罪疚感构成本阶段主要冲突的缘故。埃里克森把本阶段的主要行为方式称为侵入。形式上看,侵入是对生殖器活动的一种描述,但作为一种普遍的方式,它具有更广泛的内容。例如,儿童想方设法侵入未被邀请或不需要他们的地方,闯入父母的寝室,甚至晚上挤在父母的床上以至遭受被驱逐的痛苦。或者,儿童用无休无止的问题高声尖叫,用粗暴的游戏破坏家庭的和平与邻居的宁静,因而遭受谴责和拒绝;甚至怀有侵入性的性幻想,幻想两性生殖器相互侵入的情景。这种侵入性正是罪疚感的来源。当儿童认识到他们最大胆的计划、最天真的希望注定要失败时,就会产生罪疚感。例如,儿童内心的奥狄帕司情结被社会禁忌破坏时,儿童便将社会禁忌加以内化,由此产生内疚的超我以控制这一类危险的冲动与幻想。其结果是以一种新的自我约束的形式控制着自己的活动。埃里克森认为,超我的形成是人生巨大的悲剧之一,因为超我窒息了大胆的主动性,但超我对于儿童社会化又是必需的。正是超我的存在,才使3—6岁的儿童比其他任何时候都积极地学习,把自己的野心纳入对社会有益的渠道。这时的父母可以在一些活动中允许儿童以平等的身份参加成人的活动,将儿童的野心归并和隶属于成人的社会生活目标。

埃里克森把学前期又称为游戏期,表明游戏的作用很重要。游戏在儿童生活中占据重要的地位,是自我的重要机能。游戏在解决各种矛盾中体现出自我治疗和自我教育的作用。本阶段游戏表现出两种形式:一是角色游戏或白日梦,二是共同游戏。儿童在游戏中表演出自身的矛盾,使危机得以缓和,并使先前遗留下的问题借机得到解决。

埃里克森认为,主动性阶段对于其后的同一性发展具有重要的贡献,儿童树立的信念是"我就是我所想象的我所能成为的我"。但是,这种信念的本身隐藏着一个幼稚的理想与现实之间的不一致的危机。这种危机并不能保证得以解决。若要顺利解决,父母必须及时向儿童指明行为的适应程度和道德评论,并随之以奖赏或惩罚。如果父母对儿童的行为不表示评价或不予以奖惩,儿童的道德和抱负便得不到发展。另一方面,父母过高的标准和期望也会妨碍儿童的发展。因为,过高的标准和期望只能使儿童感受失败,形成低水平的自信心和自尊心,最终导致停止奋斗。当然,也可能情况相反,过高的标准和期望引起儿童长期使身心处于高度紧张的状态中,最终导致身心疾病。这种过高的标准和期望还可能导致儿童过分地要求别人,而一旦别人不能符合他的期望,便使其幻想破灭。过于严格的要求会限制儿童的想象以及探究行为,压抑性的想象会导致压抑一切性的思想和情感,最终形成性感缺乏的心理基础。父母的过严管束和不当惩罚,还可能形成儿童的专制人格,变得习惯于不恰当地惩罚自己和惩罚别人。埃里克森尤为深刻地指出,"人生最深刻的冲突之一是由对父母的恨所引起的。父母最初充当模范和良心的执行者,但是后来却被发觉他们偷偷想做成的事情正是儿童本身不能容忍的违法事件。所以儿童开始觉得,整个事情并不是一种普遍的德行,而是一种专横的力量。超我的'不全则无'这一性质应用于猜疑和推诿,使说教者对自己和同伴都造成了极大的潜在危险。道德可以变成报复性和压制别人的同义词"[①]。任何一位具有一定领悟能力的读者,都一定会感受到埃里克森的这一段言论所反映的真理的普遍性。

(4) 第四阶段:学龄期(6—12 岁)

这一阶段主要是获得勤奋感而克服自卑感,体验着能力的实现。处于这一阶段的儿童由于生理和心理的成熟,能够掌握各种工具,例如,掌握铅笔和书写,具有了运动的力量。大脑皮层的发展使认知机能不断得到完善,情绪和社会交往的技能也更为丰富,社会关系更加广泛,儿童开始不完全依赖家庭而活动。男女儿童各守自己的疆界,本我与超我相对安分,儿童尽最大的努力改善自我过程,努力掌握社会所要求的任务。儿童进入学校,实质上就是进入了真正意义上的社会。他一方面要努力学习,力求学业上的优秀成绩,争取在同伴中有一席之地;另一方面又在努力的过程中搀杂着害怕失败的情绪。因此,勤奋感和自卑感便构成了这一阶段的主要冲突。

学龄期儿童之所以能在本阶段适应学校生活,是他们在前一阶段,即学前期以父母自居而形成的一种普遍化自居能力。这种能力是学龄儿童体验与同伴及老师之间和谐一致、感情深入等关系的必要条件。而且,这种以父母自居的作用也影响到儿童超我的建

---

① 埃里克森著:《同一性:青少年与危机》,孙名之译,浙江教育出版社 1998 年版,第 105 页。

立,形成儿童的道德、目标和强化作用等内部指导系统,使儿童产生积极参与和妥善处理学校生活的欲望和能力。此外,学前期儿童自我的发展,大大增强了主动性,增强了自我对本我的控制。对本能冲动的控制,使儿童能采用更加机智的方式实现自己的目标。

儿童进入学龄期后,面临着具有明确要求和系统内容的学习。他们一方面学习文化知识,另一方面学习工艺技能,因此,对以前游戏的兴趣逐渐发生了变化,儿童更加注重和投入社会性更强的游戏,开始感受到幼儿的游戏缺少一种能够制造而且制作精美的感觉,从而产生不满和不快。埃里克森把这种感觉称为勤奋感。正是这种勤奋感推动儿童在成熟之前力求使自己成为一个初具模型的成人。因此,年龄稍大的学龄儿童逐渐将梦想和游戏的驱力升华,用之于具体的追求和赞同的目标。"他现在学会了用制作物件以求获得承认。他逐渐变得不屈不挠,使自己能适应工具世界的无机规律,并能变成生产情境中一个热情而专心致志的人。"①埃里克森还告诉我们,"这个年龄的儿童最喜欢的就是温和但坚定地强迫他们冒点险去发现一个人可以完成他本人没有想到的事情,发现那些之所以最富有吸引力的事情,恰恰不是因为它们是游戏和幻想的产物,而是由于它们是现实的产物。由于它们的实用性和逻辑性,因而这些事物为参加成人的真实世界提供了一种象征意义"②。这一阶段对于同一性的直接贡献可以说是"我就是我所能学会进行工作的我"。埃里克森指出,许多人将来对学习和工作的态度和习惯都可溯源于本阶段的勤奋感。但是,埃里克森又告诫我们,要注意同一性发展中的另一种危险,即表面顺从的儿童把工作当作唯一有价值的标准,不顾及想象和游戏,结果变成了马克思所说的"工艺白痴"。

与勤奋感相对立的是自卑感。它是一种对自己和自己任务的疏远。自卑感可能产生于儿童对母亲的依恋超过对知识的需求;或者是儿童宁肯在家当宝贝而不肯到学校当学生;或者是与父亲相比引起过于强烈的罪疚感和自卑感;或者是家庭生活没有为孩子的学校生活做好准备;或者是学校生活对儿童先前几个阶段的发展成果缺乏允诺和支持,使儿童感到自己毫无可取之处;或者是儿童本身的潜力还没有得到及时、有效地开发。此外,儿童还会在学校中很快地发现,种族、肤色、父母的背景,甚至出生地等也都是能否做好学生的因素,凡此种种,对于学龄期儿童的发展任务的完成都具有很大影响。埃里克森严正指出:"一个人感到无价值的倾向不断增强,可以成为性格发展的致命因素。"③

正因为学龄儿童在学校中的学习对人格的发展具有不可低估的影响,埃里克森十分强调和重视教师对儿童发展的作用。"教师的选择和训练,对于防止本阶段儿童可能发生的危险是至关重要的。教师可以把自卑感的发展,一个人自觉毫不足取的感情这种危险降到最低程度"④。一个好的教师应该懂得承认学生的特别努力,让那些厌烦学校生活的儿童热爱学校,应该善于去点燃未被发现的天才心中的火焰,让儿童在学校生活中获得工

---

① 埃里克森著:《同一性:青少年与危机》,孙名之译,浙江教育出版社 1998 年版,第 109 页。
② 同上书,第 112 页。
③ 同上书,第 110 页。
④ 同上书,第 111 页。

作的快乐和成功的自豪。总之，教师要成为孩子值得信赖的人，成为儿童自居的榜样。值得我们重视的是埃里克森对当前教师队伍中性别比例严重失调发出深沉的悲叹，他相信，假如有同等数量的胜任工作、头脑灵敏、热爱学生的男性和女性来担任教师和运动教练，就能克服不同性别的儿童在以同性别教师自居作用中所能出现的冲突，有效地改变"知识属于女性，行为才是男性"的不当观念。

影响本阶段心理发展任务的另一个因素是同伴关系。许多儿童对于同伴的态度是充满矛盾的，他们一方面希望得到同伴的认可和接纳，另一方面也感到与同伴之间的竞争；一方面在比较中确定自我的价值，另一方面又十分关心同伴对自己的评价。

总之，儿童学业成绩的成功、教师和同伴的认可、赞赏和接纳使儿童产生勤奋感。反之，如果儿童缺乏主动性又没有努力掌握知识技能。成绩落后，不符合父母和教师的期望，就会自感失望，体验到不胜任感和自卑感。

(5) 第五阶段：青年期(12—18岁)

这一阶段发展任务是建立自我同一性(或称同一感)和防止同一性混乱，体验着忠诚的实现。随着性的成熟，原先蛰伏着的升华了的心理性欲在青年期同时表露了出来，需要对先前各阶段的自居作用的同一性核心进行整合，尤其突出了自我同一性。自我同一性不是儿童期各方面的自居作用的总和，而是整合成一个结构(埃里克森称之为"完形")，它包含着意识和潜意识两个方面，其目标是既为先前各阶段遗留下来的同一性危机寻求最终的解决途径，又使青少年在心理上做好准备，形成同一感，与成人处于相同地位，去对付即将面临的人生重大问题，如职业、婚姻等。

为了理解同一感的形式，我们来看一个埃里克森所举的事例。

假如一个出身于保守背景的女大学生，进入大学后遇到各种不同背景的人。她必须在这些人中选择朋友，也必须决定她将对性的问题采取什么态度，同时她还要确定一个适合于自己的职业目标。在这一点上，她以前的同一性及各种自居作用变得软弱无力。因为当前的每一个决定，既有对过去经验的肯定和吸收，又有对过去经验的否定和摒弃。比如，当她想在性方面变得活跃一些，就会破坏她的家庭灌输给她的传统价值观，但却可以符合自己的愿望。因此，当她作出决定并由此而承担相应义务时，她就把先前的一些自居作用进行加工形成一种新的同一性。她的任务就是"从(她)儿童时代的有效残余物中以及从(她)参与成人生活的希望中，铸造出某种主要的前景和方向，某种工作的统一性"[①]。实际上，儿童进入青年期，个体的意识分化为理想自我和现实自我，这两种自我之间的统一，就是自我同一性的形成，自我同一性的形成包括两个双向的过程，其一是努力改变现实的自我，使之与理想自我一致；其二是修正、改变理想自我，使之符合现实的自我。自我同一性的形成与先前各阶段中建立起来的信任感、自主感、主动感、勤奋感有直接关系。如果先前各阶段的发展任务完成得比较顺利，自我同一性的建立也就比较容易。青年期

---

① 格莱茵著：《儿童心理发展的理论》，计文莹等译，湖南教育出版社1983年版，第232页。

的自我同一性必须在以下七个方面取得整合,才能使人格得到健全的发展:(1)时间前景对时间混乱(如急躁、拖拉等);(2)自我肯定对冷漠无情(如缺乏信心);(3)角色实验对消极同一性(例如,不能认识自己,或出现一种超人感);(4)成就感预期对工作瘫痪(例如,对成就不抱希望);(5)性别同一性对性别混乱(例如,疏远异性或性生活随便);(6)领导的极化对权威混乱(例如,盲目反上或盲目服从);(7)思想的极化对观念混乱(例如,找不到文化、哲学方面的真实意义,即我们通常讲的信仰危机)。同一性形成的工作,大部分是一种潜意识的过程。要在这七个方面完成整合,对于青年人来说,绝不是一件轻松的事,他们往往痛苦地感到自己没有能力持久地承担义务,他们感到要作出的决断过多,过快,而且每一个决断的作出都付出了相应的代价——使未来的抉择有所减少。总之,他们需要一个合法延缓期。青年期既是童年期的延续,又是成人期的准备。在他们需要作出最后决断之前,合法延缓期起了一个"暂停"的作用,以便用各种办法延续承担义务。避免同一性提前完结的内心需要,也有便于社会为青年提供准备的机会,如各种正式教育(指高等教育或职业教育)、学徒期、服兵役或实习期等。这样,青年人将最终能忠诚地献身于社会和职业。虽然对同一性寻求的拖延可能会造成一定的痛苦,但它最终能导致个人整合的一种更高形式和真正的社会创新。埃里克森指出:"'忠诚的'和'合法的'在语言符号上和心理学方面都具有同一根源,因为如果没有体验作为忠诚的最高选择感的基础,法律上的承担义务就会是一种不安全的负担。"[①]

与自我同一性相对立的是同一性混乱。如果说同一感是指个人的内部和外部的整合和适应之感,同一性混乱则是指内部和外部之间的不平衡和不稳定之感,典型的同一性混乱表现为"我掌握不了某些生活",结果是退学,离开工作。整夜在外逗留或孤独地陷入古怪而难以接近的心境之中。埃里克森还用同一性混乱理论解释青少年对社会不满和犯罪等社会问题。

在青年期的同一性发展中,还有一种值得注意的倾向是青年人表现出来的消极同一性的危机。当青年人的积极同一性形成受阻时,会出现带有强迫性的消极同一性,表现为故意藐视他人,脱离社会,违背社会准则,热衷于追求故意的惊人之举。他们想通过这种行为举止引起社会的注视和承认,哪怕是谴责,也是一种重视的反映。对于这样的青年人,应该鼓励他们克服消极同一性,在现实社会中找到一个献身的事业。埃里克森说:"只有当忠诚找到它表现的场所时,人类才可以依赖它自己的翅膀在生态学等级中找到成人的位置,在自然中安顿下来。"[②]

埃里克森特别重视第一阶段和第五阶段。

(6)第六阶段:成人早期(18—25岁)

这一阶段发展任务是获得亲密感,克服孤独感,体验着爱情的实现。经历了第五阶段

① 埃里克森著:《同一性:青少年与危机》,孙名之译,浙江教育出版社1998年版,第226页。
② 同上书,第238—239页。

自我同一性的形成后,青年男女已经具备了独立能力并自愿准备着分担相互信任、工作调节、生儿育女和文化娱乐等生活,以期最充分而满意地进入社会。青年男女需要在巩固自我同一性的基础上获得共享的同一性,才能产生美满的婚姻而感受到亲密感。

如果一个青年人未能确保自己的自我同一性,他或她就无法与他人体会到真正的共享。例如,一个青年人过于注重自己的男子汉气魄,过于注意自己的一举手一投足,他就不可能专注而温柔地对待自己的情人,难以达到真正的感情共鸣。自我专注的结果是导致孤独感。

埃里克森注意到,有些青年人在建立自我同一性之前就结了婚,本意是想在婚姻生活中发现自己,但事实上,他们很少能达到目的。使你的内心产生的变化很少共鸣。"一个人在身心都变得处于正常状态以前,他是不能期望与他人亲密地共同生活的。"①真正的亲密性乃是意味着两个人都愿意共享和互相调节他们生活中的一切重要方面。

(7) 第七阶段:成人中期(25—50岁)

这一阶段的发展任务主要是获得繁殖感而避免停滞感,体验着关怀的实现。在这一阶段中,男女建立了家庭,他们不仅建立两个人之间的亲密感,而且开始把他们的兴趣扩展到下一代。这就是埃里克森所说的繁殖感。但这里的繁殖感是一个广义的名词。它不仅指生儿育女,而且也指通过工作以创造事物和思想。当然,主要是指前者。有些人虽然自己并不生孩子,甚至放弃了生孩子的权利,但他们在自己的专业领域内发挥自己的才智,指导和关心着下一代,为下一代创造更美好的社会生活。这些人同样也能达到繁殖感。

没有繁殖,其人格就会发生停滞和贫乏。这时,人们往往会倒退到一种"假亲密"的状态中,或者开始沉溺于自身。处于假亲密状态中的夫妇无休止地分析彼此的关系。终日想的是自己为对方提供了多少好处,以及自己从对方身上究竟得到了多少好处。而沉溺于自身的人,处于极度的自恋状态中,只关心自己的需要。造成本阶段不能顺利发展的原因可能是由于父母本人童年期充满了空虚和挫折,不懂得怎样去关心下一代,也可能与文化的价值观有关,一个只强调个人取向而排斥或忽视集体取向的社会,会严重地削弱人的责任心。

(8) 第八阶段:成人后期(50岁以后直至死亡)

这是人生的最后阶段,这一阶段主要为获得完美感,避免失望和厌恶感,体验着智慧的实现。老人的身体机能下降,特别是退休后,工作结束、收入下降、社会活动减少,社会地位沦丧,随着时间的流逝,还会丧偶、失去亲友等,一系列的失落和挫折接踵而至。老年人应当适应这一些身心和社会的挫折,一方面把重点从外界适应转移到内心来保证潜能,另一方面环视人生,从自己的生命周期中产生完美感。埃里克森把它称为人类自我的一种后期自恋,是一种同类之爱,是对于久远时代和不同追求的一种有秩序的确信,表达出

---

① 格莱茵著:《儿童心理发展的理论》,计文莹等译,湖南教育出版社1983年版,第235页。

某种宇宙秩序和崇高意愿,也就是对自己文化的捍卫。这个最后阶段包括一种长期锻炼出来的智慧感和人生哲学,延伸到自己生命周期之外,与新一代的生命周期融合而为一体。

常言道:回忆是属于老人的。老年人面临着人生的终结,往往会回首往事,对自己的一生作出一个价值的判断,看看自己活得是否有价值、有贡献。其中,最令人感到失望的是落花流水,岁月不再。老人已无法寻求另一种生活的机会,因而经常为琐事而厌恶,对别人的奋斗和失败也失去耐心。所有这一切都是失望的表现。失望意味着对自己的鄙视。老年人面临失望时,就努力去发现一种自我整合感,承认历史,承认现实,承认自己干过的好事和失误,甚至会超越文化的疆界去总结人生。因此自我整合会导致对生命的一种超然的哲学智慧。

六、对精神分析发展理论的评析

(一) 对弗洛伊德精神分析学说的评析

弗洛伊德晚年时,曾对他的一位崇拜者说:"我不是一个伟人——我只是作出了一个伟大的发现。"[1]而心理史学家波林在提起弗洛伊德时曾用一大段情真意切的文字为他作了概括:他是这样的一位创始人,"他忠于自己的基本信念而辛勤工作了五十年,同时他对于自己的观念体系不掸修改,使它趋于成熟,为人类的知识作出贡献……他的观念日益扩展,直至他的有关人类动机的全部思想普及于心理学家们和普通人之间,在他们看来,弗洛伊德的这一形容几乎与达尔文主义同样耳熟了……这里你便可有一个伟大的最好标准——身后的荣誉"[2]。就心理学范围而言,至少可以从以下三点来分析弗洛伊德的贡献。

1. 开拓了心理学的研究范围

如果把精神分析以前的心理学称为常态心理学,或合理主义的心理学的话,精神分析学说则给了它们根本的动摇。合理主义的心理学认为人类本是理性的动物,而理性主宰着道德行为。人的欲望、冲动和动机来对是非的理性认识或判断。而弗洛伊德认为,人类的行为都受到潜意识欲望或本能的控制。潜意识,是意识心理学从未染指的领域,在弗洛伊德看来,意识只是全部心理活动中很少的一部分,如同冒出海面的岛屿,其余大部分都沉浸在海面之下。"意识不是心理的实质,而只是心理的一个属性,一个不稳定的属性,因为它是旋即消失的,消失的时间远长于存在的时间。"[3]弗洛伊德认为,意识是用以发现潜意识的唯一探照灯,而潜意识心理学的研究给意识的知觉填补了空白。尽管弗洛伊德在这里无限夸大了潜意识的作用,但把潜意识列为心理学的研究对象确实是弗洛伊德的一大贡献,由此,推动了心理学对动机、对儿童性欲、对梦等的一系列研究。时至今日潜意识在

---

① 墨顿·亨特著:《心理学的故事》,李斯、王月瑞译,海南出版社 1999 年版,第 206 页。
② 波林著:《实验心理学史》,高觉敷译,商务印书馆 1981 年版,第 814 页。
③ 弗洛伊德著:《精神分析引论》,高觉敷译,商务印书馆 1984 年版,译序,第 VII 页。

心理学中的地位已经没有任何疑义了。这一点不能不归功于弗洛伊德的精神分析学说。

由此生发出另外两个相关的贡献：一是使心理学向主体回归，使心理学与人生的关系更加密切；二是使心理学坚持贯彻决定论原则。

心理学自冯特以后，在理论和方法上都有长足进步，但构造主义的指导思想把心理划分出越来越细的元素，离人的整体心理现象越来越远，心理学变成了一种纯粹的学院式科学。弗洛伊德的精神分析则与人的实际行为、内部感情和深层动机紧密相连，把人看作是一个体肤完整的整体，他一部分生活在现象之中，另一部分生活在内心的冲突和矛盾之中，被一种莫名的力量所鼓动，成为一个充满着对立斗争的复杂动物。精神分析的结果一般来说是令人折服的。甚至连华生那样的行为主义者在解释日常过失和梦时，也沿袭弗洛伊德的观点，解释为欲望的满足。

此外，弗洛伊德的精神分析使我们对哲学家们的"自由意志"产生了怀疑，弗洛伊德认为一切行为都存在原因，哪怕是口误、遗忘、做梦或发神经症，也都是有原因的，弗洛伊德在心理研究中极端地主张因果原则的决定论，这一原则也为当今各派心理学所接受。就这一点而论，弗洛伊德的功绩就该大书一笔。

2. 推动了对儿童早期经验的研究和儿童心理发展理论的建立

弗洛伊德对于人类个体的发展提出两个大胆的假设，其一是生命的最初几年是形成人格最重要的几年；其二是个体的发展包括在性欲心理的阶段之中。

弗洛伊德认为，我们只有了解了一个行为在某人早期生活中的发展历史，才能真正理解这个行为。常态行为和变态行为，都能在个体的早期经验中找到根源。个体早年是人格基本形成的时期，人格紊乱的起因在于儿童期未解决的创伤性性经验。遥远的过去并没有从心理中消失，它依然存活在儿童时期被压抑的欲望中、儿童期获得的防御机制中和成人的梦中。童年是成人顺序模式发展与定型的阶段。因此，从这个意义上讲，"儿童乃是成人之父"。在这一理论和治疗实践的基础上，弗洛伊德提出了儿童心理发展阶段，这是弗洛伊德对发展心理学的重大贡献。弗洛伊德的学说使人们首次开始认真地看待儿童以及在他们身上发生的事情，其认真程度使人相信，在这些早期的童年经验中，已经找到了进一步认识发展的钥匙。因此，弗洛伊德的理论体系比任何其他理论体系更有助于在儿童心理学领域中发动更多的研究。弗洛伊德强调早期经验的重要性，也为家长正确认识和全面承担自己肩负的责任指明了重要性和必要性。所以，有人说，如果没有精神分析，今天儿童哺育方法就会截然不同。其道理正在于此。对于这一点，皮亚杰有一段客观而精彩的评述："由弗洛伊德和他的学派所发现的两个基本事实是：第一，婴儿的情感经历明确的划分阶段；第二，存在着一种潜在的连续性，即在每一个发展水平上，儿童把当前的情感生活情境无意识地同化到早期的情境，甚至更遥远的情境中去。在我们看来，这个事实甚至更有趣的是在于，它们与智慧发展的事实完全一致。"[①]

---

① 熊哲宏著：《心灵深处的王国》，湖北教育出版社 1999 年版，第 235 页。

儿童心理发展理论（第二版）

3. 其运用的研究方法极大地丰富了心理学研究方法论

他运用自由联想、精神分析的暗示法和移情的方法震惊了心理治疗的行业和同仁，最终赢得普遍的认可。

弗洛伊德的这些研究方法对于研究儿童心理是切实有效的，对改进工作和推动儿童心理学研究方法产生了重大影响。他的临床法还在当代心理学中得到进一步的应用。

毋庸置疑，弗洛伊德的精神分析学说也是引起争议最大、批判最多的发展理论。其主要缺陷表现如下。

（1）精神分析太富有主观色彩。尽管这个理论体系的材料来源于临床和分析的实践，但它的一系列概念玄而又玄，简直有包藏"幽灵"的嫌疑。从精神分析学说早期的意识和潜意识到后期的本我、自我和超我，原是一套纯思辨的体系，一堆主观臆造的公式，虽有改头换面，但实质不变。就理论体系而言，精神分析学说是一个完整的形而上学的体系。

（2）弗洛伊德精神分析学说的泛性论倾向。弗洛伊德把本能，主要是性本能视为心理发展和各种行为的动力，而且把"性"的含义推得极为广泛，性的后面潜伏着一种动力，即里必多，驱使人不断地追求快感。里必多是性本能的能，在正常情况下，通过正当的性活动得到发泄，在失常的情况下，就通过各种非正常的途径——与性活动似乎无关的活动中表现出来。因此，这一切活动仍是性活动。因此，人们批评精神分析学说是泛性论。泛性论的实质是抹杀了人的本质特征，抹杀了社会文化和社会历史条件的重要性。马克思主义认为，"'特殊的人格'的本质不是人的胡子、血液、抽象的肉体的本性，而是人的社会特质"[①]，"人的本质并不是单个人所固有的抽象物。在其现实性上，它是一切社会关系的总和"[②]。在这一切社会关系中，生产关系对人的心理发展具有决定性的意义。尽管弗洛伊德本人对"泛性论"的判断十分恼火，甚至愤懑。他曾表示，其实他满可以用更斯文的术语来代替性欲，如"爱的本能"或"爱欲"，但他不愿意向攻击者屈服，而坚持使用性欲这个术语，其目的就是为了要尽力使被人们否定掉的性的作用得到应有的承认。但他的坚定并没有摆脱"泛性论"的帽子。弗洛伊德的泛性论的谬误是致命的，连精神分析学派内部都在这一问题上产生严重分歧，导致学派的分裂。但是，纵观弗洛伊德的理论，我们也应该承认，弗洛伊德关于性的观念，其目的不是主张解放性欲，放纵性欲，而是为了解除对性欲的压抑，也就是说，主张用理智的力量来控制性欲，以正当的途径来满足性欲。这个主张，无论是对个人还是对社会，都是有益的。这是我们客观评价精神分析学说时应有的态度。

（3）歧视妇女，反对男女平等。在弗洛伊德看来，女性由于缺少男性生殖器官的结构而产生阴茎妒忌和阉割情结，甚至她们超我也不及男性，而自恋又较男性强烈，因此，在性生活以及一切社会生活中总是处于接受的、被动的地位上。即使女性获得了学术成就，也

① 马克思著：《黑格尔哲学批判》，《马克思恩格斯全集》第1卷，人民出版社1956年版，第270页。
② 马克思著：《关于费尔巴哈的提纲》，《马克思恩格斯选集》第1卷，人民出版社1972年版，第18页。

只是被压抑的阴茎妒忌的升华的化装。这是精神分析学说从两性生理差异上引申出来的荒谬结论。弗洛伊德十分看重穆勒(J. S. Mill,1773—1836,联想主义心理学家),称他"也许是本世纪最善于使自己摆脱习惯偏见之束缚的人"。但对穆勒关于"解放妇女"的观点,弗洛伊德却大表不敬,认为"穆勒的这个观点简直没有人性……让妇女完全像男人一样为生存而斗争确实是个流产的思想"。弗洛伊德对妇女的态度是那个时代父权偏见在理论上的翻版。弗洛伊德在洞察人性时表现出批判传统偏见的能力和勇气,但在对待妇女的态度上,他却未偏离传统态度一步。这一态度伴随了弗洛伊德一生。时过50年后,当他批评美国文化具有"母权制"时,他仍坚持认为,男女平等"这实际上根本不可能。必定存在着不平等,两害相权,还是男人优越些好"①。弗洛伊德有时也兼顾生物性和社会性,认为"我们可不要因此忽视社会习俗的势力,因为这种势力迫使女人退处于被动的情境"②,同时,也指出妇女的攻击冲动受了她自己的体格和社会的压制。但弗洛伊德对妇女的态度总的来说是不公的。他无限夸大了生理差异,基本上忽视了社会文化因素对性别角色的作用。难怪弗洛姆说:"尽管我赞赏他的理论的光辉,但很难否认他的男女不平等的主张的荒诞无稽,而这也只能释以为他的根深蒂固的对妇女的歧视。"③

(二) 对霍妮的基本焦虑理论评析

霍妮的基本焦虑理论认为当儿童在家庭中因环境的影响而在心中产生焦虑时,就不得不采取一些行为策略来帮助自己克服孤独和不安全感。儿童的人格就是在对特殊环境要求作出反复的反应中形成的。如果他们运用的一种策略变成人格中的一个固定成分时,这种策略就要变成对付焦虑的防御机制。可见,霍妮在对待人格发展的因素时,注重的不是先天的、生理的因素,而是家庭环境因素。家庭环境因素不适当,就引起儿童内心的基本冲突,而当家庭充满慈爱和温暖,儿童就可以防止神经人格特征的产生和发展。可见,霍妮对儿童人格的发展持乐观主义的态度,对治疗神经症患者的态度也是乐观主义的。所有这些都是霍妮的理论比弗洛伊德理论进步的体现。墨菲指出,"霍妮运用心理分析学的一切武器一直在社会解释的这条道路上迈进……不言而喻,霍妮的方法所取得的成果是丰硕的"④。

此外,霍妮把文化因素引入女性心理学,彻底摆脱弗洛伊德"解剖结构即命运"的信条,强调文化因素是女性问题及其性别定位的重要诱因。妇女羡慕的是父权社会中男子的特权,而不是生理方面的某个器官。妇女需要有更多的机会发展"人"的能力。现实社会中妇女比男性更容易成为受虐狂的根本原因是由社会造成的。在霍妮的职业生活中,霍妮花了大量时间投入到女性心理学的研究中。后来,霍妮感到,文化对女性心理的形成的作用很难准确界定,关键在于只有当妇女从男性统治文化中所定义的女性观中解放出

① 弗洛姆著:《弗洛伊德的使命》,尚新建译,三联书店1986年版,第25—26页。
② 《高觉敷心理学文选》,江苏教育出版社1986年版,第248—249页。
③ 同上书,第249页。
④ 墨菲著:《近代心理学历史导引》,林方等译,商务印书馆1982年版,第412—413页。

来之后，我们才能真正地区分妇女与男子心理究竟有什么不同。当前的首要任务不是探讨"女性本质"，而应是推动整个人类人格的完善。从此以后，霍妮开始着力于对两性同样适用的中性心理学理论。因此，霍妮在争取男女平等的运动中，作出了杰出的贡献。

当然，我们要看到，霍妮的理论体系本质上仍是精神分析的。她重视社会因素、文化因素对人格的影响，但她所说的家庭环境是一种脱离经济、阶级和社会关系的抽象的家庭环境，并没有真正揭示社会因素的本质含义。

（三）对埃里克森同一性渐成说的评析

埃里克森的同一性渐成说是他本人的临床经验与弗洛伊德的精神分析学说、儿童发展、文化人类学、历史传记等方面的知识，整合成的人格发展理论体系。它有以下特点。

首先，同一性渐成说最核心的进步是把整个心理过程的重心从弗洛伊德的本我过程转移到自我过程，也就是把人的发展动机从潜意识领域扩展到意识领域，从先天的本能欲望转移到现实关系之中。所谓同一性渐成说，就是强调自我与社会环境的相互作用。人在发展过程中逐步形成的人格是生物的、心理的和社会的因素相互整合的统一体。

第二，埃里克森突破了弗洛伊德对发展阶段的划定，把人格发展看成是终生的任务，并为各发展阶段提出特定的心理社会任务，把解决发展任务作为一种两极分化的对立面的斗争过程。同一性在发展任务的斗争和解决过程中，依次向下一个不同质的阶段过渡。这种发展过程并不是单维的纵向发展，而是双维的，即在每一个阶段中都有两个不同的发展方向：成功或失败。儿童在每一个特定阶段不存在发展或不发展的问题，但存在一个发展好坏的问题。儿童总是处在每一发展阶段的两端之间的某一点上。如果在前一阶段发展得好，则能顺利过渡到下一阶段；如果前一阶段发展得不好，在下一阶段还可以得到补偿。发展的成败与发展的内容有关，而与发展的阶段无关。儿童每一阶段发展任务解决的成败，影响到个人未来人格的整体面貌，而这些任务的解决，又与社会、教育有关。因此，埃里克森的发展阶段理论比其他发展阶段理论更加全面和深刻，也更富有乐观主义精神。也正是这一点，埃里克森的理论为精神分析学说注入了新的活力和带来了新的解释，埃里克森也理所当然地成为当代精神分析学派的新一代代表人物。也正是这样，我们可以从埃里克森对于发展任务的对立引申中清晰地看到弗洛伊德理论框架的影子。从根本上讲，他的变革是不彻底的。同一性渐成说从本质上讲只是一个精心乔装的反理性主义理论，它仍植根于弗洛伊德的理论体系的土壤之中。

从以上介绍和评析的精神分析学派的三个代表人物的观点，我们可以看出，精神分析学说从弗洛伊德对批评者充满敌意和绝不容忍发展到现在正在向一般科学结构艰难地靠拢。也许，这种靠拢就能使精神分析学说变成常规科学所能公认的理论体系。但我们也知道，一旦这一天真的到来，就是精神分析学说分崩离析之日，尽管科学本身能从精神分析学说中得到题材和效果方面的收获，但精神分析本身失去的将会更多。因此，一般地说，目前人们还不太希望有这一天。

七、精神分析学说发展理论与学前教育

精神分析学说与学前教育的关系,可谓源远流长。尽管精神分析是一种精神病学的临床治疗的方法,但正是这种临床治疗的方法发现早期经验对于人的最终发展的深远影响,才发掘出精神分析学说的儿童心理学价值,以及发现儿童心理发展对人格形成的不可忽视性。从而,促使我们认真重视在学前教育中自觉运用精神分析学说的必要性和重要性。

(一) 重视童年经验,保护幼儿心理健康

精神分析学说最突出的贡献是发现了童年经验对今后人格发展和情绪健康的重要性。因此,在学前教育中,应该学会运用精神分析学说保护幼儿的心理健康。

正如埃里克森所说,游戏是儿童自我的重要机能,具有自我治疗和自我教育的功能。所以,在幼儿园的教学中强调以游戏为基本的活动方式,即使像集体教学这样的有计划、有组织的活动,也以游戏为基本方式。游戏的本质是遵循快乐原则,自由选择、自愿参与,它没有外部目的,重过程而不重结果。虽然游戏是自由的,但是在自由中,儿童游戏也有一定的运作方式。即在游戏中,需要有组织者、追随者,需要一定的组织规则,互动模式。儿童在游戏中能感受不同的内容、规则、体验游戏的自然结果。于是,游戏中也有儿童自我的作用,它帮助儿童控制情绪、疏导压力,积累互动经验,不断平衡内心欲望和外部规则。

此外,关于性的问题,是幼儿教育中绕不开而又难启齿的话题。精神分析学说也让我们认识到,对幼儿适时地进行性教育是完全必要的,也是完全可行的。北京巴学园的李跃儿老师为我们提供了很好的案例:

有一次李老师与孩子们一起欣赏高更的名作《在塔希提岛上》,孩子们看到画面上有个上身赤裸着的女人便大叫:"老师,这是黄色的!""这个女人没穿衣服,露着奶糕糕(当地儿语,指乳房)!"李老师立刻意识到,一次教育的契机来到了。她先让孩子们看画上那位女人的面部表情,有没有得意扬扬的献媚的样子,孩子们一致回答她不是在显摆她的身体。李老师告诉孩子们,当地天气炎热,塔希提女人世世代代都裸露上身,所以她们的表情与穿衣服的人是一样的。接着,李老师让孩子们看那裸露上身的女人手中托着的一盘红樱桃,多像红宝石!再看那女人的"奶糕糕"上红点点美不美?孩子们齐声赞叹美!李老师进一步启发孩子们,在塔希提岛上,女人的"奶糕糕"就像人的脸一样,不需要遮遮盖盖的。这时,李老师再问孩子们能说这幅画是黄色的吗?大多数孩子不再认为是"黄色"的了,虽然仍有少数孩子坚持原来的观点。接着,有孩子提出,为什么女人长奶糕糕,李老师认为这是一个涉及生理知识的问题,应该坦然地给他们以科学的解释。于是,孩子们的话题就从奶糕糕自然说到了妈妈。又有孩子问:"为什么妈妈生孩子而爸爸不生孩子?"孩子们却不好意思回答这问题。后来在李老师的鼓励下,有小朋友开始悄悄地说:"男人长的是'鸡鸡',所以不能生孩子。"李老师告诉孩子们,每个男人都有"鸡鸡",作为科学研究,

谁也不用害羞。但在文明社会中,随便暴露出来就不文明了。话题从爸爸引向男人,又从男人引向道德行为,最后又回到妈妈身上。李老师告诉孩子们,当妈妈怀着他们的时候是多么辛苦。生孩子的时候,肚子是多么疼。许多孩子举手说出自己有创意的想法,例如,当娃娃很小的时候,在妈妈肚皮上戳个针眼,让娃娃出来长等,想法很幼稚,但充分反映出孩子们对妈妈的关心和爱护。李老师在总结这次教育活动时,深情地说:"我发现,作为教育者,就是要灵敏地抓住出现在你面前的每一个机会,然后发展,最后回归到那个原点上面,这个点就是人的最基本的情感,基本的爱。"①可见,真正的性教育,就是爱的教育——爱自己、爱他人。在这里,李跃儿老师为我们上了一堂生动的性教育课,也是一堂爱父母、爱自己和爱艺术的课。这对于幼儿的心理健康是有益的。用李老师的话说,就是:"它的建设性在于,增加了孩子们人性的光辉。这是我在极力想给孩子们输入'自己心里是莲花看到别人就会是莲花,自己心里是牛粪看到别人也会是牛粪'这样的观念。而对于人的生命质量来说,看到的莲花多生命质量就会高,看到的牛粪多生命质量就会低,而这一切并不取决于这个世界上是牛粪多还是莲花多。"

说到这里。我们有必要再举一反例:某地一幼儿园以性教育的主题,为100位"经过自由恋爱"的幼儿举办了隆重的"幼儿集体婚礼"。在"婚礼进行曲"的伴奏下,"新郎"和"新娘"手拉手走进婚礼的殿堂,接受父母和老师的祝福。该园园长为"幼儿集体婚礼"辩解道,幼儿处于"婚姻敏感期",婚礼以后"新人们""责任感更强,关系更融洽,更加自信和阳光了"。

稍有心理学常识的人都知道,所谓的"婚姻敏感期"是一个杜撰的伪概念,毫无科学依据。而以"性教育"为幌子的这个"集体婚礼"对幼儿的心理发展是有害的。儿童发展心理学的研究告诉我们,3—6岁的幼儿尚未形成性别恒常性的概念,他们侧重于与同性别的同伴一起游戏,以形成适合自己性别的角色行为,同时建立社会归属感和独立的社会自我。在幼儿还没有形成社会自我和没有内化社会规范之前,他们不可能也没必要承担所谓的婚姻责任。而且,这种荒唐的幼儿婚礼倒是有可能刺激幼儿性心理的内部张力,引发更多的性游戏,进一步导致幼儿的性紧张,并导致同伴交往的困难,诱发更多的行为问题。因此,"幼儿集体婚礼"不是科学的性教育,而是愚弄幼儿取乐的错误教育行为,对幼儿心理健康的发展是有害的。

精神分析学说还告诉我们,不能忽视儿童的生理需要,并强调在不同阶段要采取适当的教育方式。例如,在0—1岁的口唇期,需要满足儿童吃的需要,无论是吸吮,还是咀嚼都让儿童感觉到安全快乐;在1—3岁的肛门期,儿童对排泄很感兴趣,而这个时期需要做的是控制大小便的训练,从白天不尿裤子,发展到晚上能不尿床。训练大小便不能操之过急,不能太早也不能太晚。训练太早会导致儿童的紧张和焦虑,因为儿童的限于身体的发育阶段,还不具备控制大小便的能力。过早和过晚训练大小便易导致行为问题。3—6岁

---

① 李跃儿著:《谁拿走了孩子的幸福》,广西科学技术出版社2008年版,第37—42页。

出现了依恋异性父母的俄狄浦斯情结(恋母情结),男孩更依恋妈妈,女孩更依恋爸爸,所以我们强调完整家庭对于儿童的重要性。在完整的家庭中,无论男孩子还是女孩子,体会与同性别和不同性别的成人的交往。从同性别父母那里,获得性别刻板印象、性别认同、性别角色,在娃娃家的游戏中,便能够看出儿童学习的部分成果。同样的,儿童也会从异性父母那里获得情感依恋。

精神分析重视童年经验和体验,生动、快乐、充实、有安全感的童年对以后的成长起着重要的作用。9岁男孩的童年经历了父亲的凶暴、爷爷的慈爱、父母的离异、爷爷的去世,这一切让他从一个好孩子变成了一个不努力学习的孩子。小小年纪竟经历如此多的悲欢离合,不过,这段经历既有让他忧郁的理由,也有让他健康成长的财富,且听法国圣玛格丽特医院儿童精神病专家卢弗教授为您娓娓道来。

案例 5-1

世界上最漂亮的坎肩儿[①]

这是一个9岁的男孩子,他那双眸子黝黑黝黑的。他哭泣着,眼中的泪水将他的双眼变得更忧郁、更明亮。

他母亲三言两语简单地解释了前来诊视的缘由:"他在学校里不努力学习,其实他特别聪明。"我相信母亲说的话,我不需要任何东西,既不需要做心理测试,也不需要和他谈得更多,就知道这孩子确实很聪明。母亲接着说:"他学习成绩不好时,他父亲就揍他。"她补充说,她丈夫总是很粗暴,她和丈夫早在三年前就分手了。

我请求母亲能让我和她儿子单独谈一谈,当然要看孩子是否愿意。母子俩都同意了。我在孩子身边坐下来,他把椅子又向我身边拉了拉,接着,眼泪流得更多了。我问他为什么会这么伤心,他告诉我,当然他怕父亲对他的成绩不满意,但这并不是他内心真正的痛苦。于是,我又问他那痛苦的原因究竟是什么。没想到他哭得更伤心了,最后还是说了出来:"因为我的爷爷死了……他是最好、最可爱的爷爷。"他对爷爷的爱让我十分感动,我便问他:"这么可爱的爷爷过去是做什么的?""全世界所有的职业他都干过。""那么所有那些职业里,他最喜欢干什么呢?""他是全世界最棒的裁缝!""他都做过什么衣服呢?""他给我做了一件全世界最漂亮的坎肩儿,那年我才3岁。他在那坎肩上镶了好多金子和宝石,在阳光下,坎肩儿闪闪发光,到晚上还发光呢。"接着,他补充道:"你知道,这件坎肩儿我要一直保存下来,等我儿子3岁时,我就送给他。"这孩子的想法非同一般,在美好的过去和可能的将来之间架设起一座桥梁,是理想化的爷爷让那美好的过去熠熠生辉。

听完这话,我不禁热泪盈眶。听他娓娓道来的往事,我能想象出,虽然父亲对他很凶暴,后来父亲又走了,但有爷爷在身边,他也就觉得放心多了,况且爷爷又那么疼爱他。爷爷的死让他感到心慌意乱,他害怕失去美好的前景。这个长着一双黑眼睛的小男孩所面

---

① 〔法〕马塞尔·卢弗著:《破解儿童身体语言的密码》,袁俊生译,团结出版社2004年版,第168—170页。

临的是双重损失：一个是他的家已破裂了；另一个是可爱的爷爷又去世了。因此，人们也就不难理解他那脆弱的心理、他的恐惧、他那突然下降的学习成绩。然而，至于他将来的变化，我丝毫不感到担心：这孩子经历过如此丰富多彩、如此富有诗意的过去，我们可以毫不犹豫地说，他将来一定会有美好的前途，而且他已经有了一个好的前景。

几天后，我给他父亲打了电话，同他谈起了他的儿子，谈起他儿子的苦恼，他父亲是长途货车驾驶员。他答应来见我，也同意和我谈一谈，这表明他已意识到同儿子沟通上存在着困难，但他很愿意改变自己的态度。他一直想当一个好父亲，但对儿子却很凶，这恐怕也是事出有因：他本人上学时就没取得过好成绩，因此，他要让儿子处处拔尖；他忍受不了丝毫懈怠……不管怎么说，我们俩的谈话让他改变了自己那倔强、凶暴的态度；很快，小男孩在学校的成绩就提高上来，因为他是个聪明的孩子。

在我和小男孩谈话的过程中，他对我说起他爷爷，说起他学习上的困难；而我则督促他去爱自己所喜欢的东西，去关心自己感兴趣的事务，去关注所有能让生活冲动起来的事情："你的学习成绩不好，咱们先不谈它，跟我说说你过去学习好时那段经历……"患者过去所有的东西，也许对将来都有用，都可作为精神病科医生的材料。面对每一位患者，这是针对性极强的工作，几乎就是在量体裁衣……

这个小男孩将他祖父的影像投射到我身上，让我来替代他那慈祥的爷爷，这对他颇有帮助。这样他就放心地对我讲起他的苦恼，正像他对我说的那样："我父亲既不和蔼，也不善良，但假如你是我爷爷的话，你大概会让他明白，他应当改变自己的态度。"当我和父亲谈话时，他耐心地听我说着，仿佛在聆听自己父亲的教诲，或许我正是按孩子所说的那么做的……

不久以后，我又见到了这个长着一双黝黑眼睛的小男孩，我问他将来准备干什么职业。他把知心话讲给我听，算是送给我的礼物，他说："以前，我一直想当裁缝，就像我爷爷那样。现在，我相信将来会当儿童精神病科医生。"

（二）充分认识每一个发展阶段的重要性

精神分析学说关于儿童心理发展阶段论的观点，是一个重大的理论贡献，对以后的发展心理学的研究具有模式性的价值。经典的精神分析学说十分重视早期发展对人生过程的重大影响，而埃里克森的理论认为自我的成长贯穿一生，人要不断地完善自我。埃里克森认为统一性在发展任务的斗争和解决过程中，依次向下一个不同质的阶段过渡。如果在前一阶段发展得好，则能顺利过渡到下一阶段；如果前一阶段发展得不好，在下一阶段还可以得到补偿。发展的成败与发展的内容有关，而与发展的阶段无关。教育则能帮助儿童处理每个阶段所遇到的发展问题。

案例 5-2

在《谁拿走了孩子的幸福》一书中，李跃儿描述了她的一段痛彻心扉的经历：我曾经是一位糟糕的母亲，不懂儿童的世界，不懂教育，因而与学校的老师一起对儿子实行折磨……

记得有一次，因儿子没做作业而且还撒了谎，被老师告状，我挨了老师的训，回来问他为什么不好好学习，为什么不做作业，怎么问都不吭声。我跟先生一起把儿子赶出家门，说不要他了。儿子两手死死拉着门把手，我们两人一个拉，一个抠他的手，直到把他推到门外为止。到现在我脑海里还在时不时地浮现出儿子绝望的眼神。

我的儿子先天身体就不太好，6岁时就像4岁的孩子一样。儿子从上幼儿园起老师就开始告状，说他上课不听讲，自己不穿衣服。其实那时儿子正是到了执拗敏感期，我们不知道，不懂，就折磨他……

后来又一次，幼儿园老师说我儿子上课不看黑板，怎么说也不听，让我到医院检查一下，看看是不是脑子有问题。我绝望得不得了，骑车子回家差一点让汽车撞了。回到家抓住他的胳膊边摇边喊，问他为什么上课不看黑板，他说老师不让动糖。现在想起来那个老师太差了，她根本不懂得儿童的特点。幼儿园午睡起来要发吃的，那天发了两块糖，平时在家里我们一般不让孩子吃糖，怕吃坏了牙，所以他觉得糖很珍贵。这个老师呢，不让孩子吃完糖再上课，而是让孩子上完课后再吃糖，还不让动糖。3岁半的孩子哪能忍得住呢？幼儿园桌子并不像学校那样摆着，要是儿子看黑板，桌子就在他的身子背后，这样，说不定听完课后他的糖会被其他孩子拿走了。既然老师不让动，他就用眼睛盯着。这其实是一种智慧的表现，当时我意识不到，还打他。

上小学后，老师告状告得更厉害了。回家后，我就对儿子大喊大叫，完全按自己无知的方式教育他。我的柔情是以钢铁一样的形式显示出来的，我以为这样就能把儿子教育得很优秀，没想到却把儿子折磨成了小木头人。在对待儿子上，先生的做法更是过分，动辄打骂，还进行精神折磨。儿子对他一点感情也没有了。可是，先生一次办案的经历改变了我们的做法。于是我们决定让他在13岁时，休学一年，调整好了再上学。

具体怎么做呢？就是让他返回童年。因为我们是从3岁开始折磨他的，所以就让他返回到那个时期。就像穿越了精神的时空隧道，到达他受伤的那个阶段。然后一步步回到现在的年龄。那段时间我俩腾出时间专门和孩子一起交流，一起疯玩，一起打闹，孩子的需要都满足他，给他充分的自由与尊重，他一下子幸福得不得了。一个13岁的孩子，也算个半大的小伙子了，竟然开始喜欢婴儿的玩具，看婴儿的书籍，撒娇撒得满地乱爬，嘴里发出奇奇怪怪的声音。让他用体觉呀，味觉呀，口觉呀，手的触摸呀，脚的探索呀等自由地体验。遗憾的是，由于时间太短，一年后再上学时只恢复到10岁左右的状态……

重新上学后，先生也开始了驯养儿子的行动，前后大概三四个月什么也不做。儿子从学校回来就跟他一道玩，聊天。儿子一去学校，他就把这些事记录下来。他记的时候事无巨细，一边记一边反思，常常记录到半夜，最长一次记到凌晨4点多钟。那些天，他每天早晨爬起来给儿子做早餐。吃完早餐，他还把儿子送到门口，拥抱告别。儿子娇娇地用脚后跟倒着假装不会走路，一摇一摆地下楼，到楼的中间还要再喊一声"娇"，他的爸爸在上面等着,这时候也回应一声。有时候,干脆送儿子到楼下或者小区门口,再送过马路。有一次儿子走出好远了,他喊儿子,儿子没听见,放学回来后他就把这事告诉儿子。结果第二天,送到小区门口时儿子故意慢慢走路,故意不掉脸,准备爸爸喊了之后好掉过脸来。过了马路,先生喊了一声他的名字,儿子赶忙掉过脸来看了一眼,便撒腿向学校跑去……驯养不光是跟儿子玩,这个驯养有很多内容,如每天的创意比赛,一起读书、讨论、谈论儿子喜欢的话题,等等,终于,他们成了铁哥们。①

李跃儿老师的儿子在 13 岁前所经历的事情,已然是不可改变的事实。它难道仅仅是个案吗?每个家长、每个老师都可以反省思索自己的教育态度、教育方式。教育者是否能在这个孩子的童年生活中,看到自己某一时刻的模样:命令代替商量,镇压代替理解,粗暴代替宽容,自以为是,任意揣测,随意贴标签。没错,大人们发脾气了!很多时候,成人的脾气源于自我中心,他们认为自己对,要求孩子按照自己的标准做事。成人思维、成人标准成为成人发脾气的重要原因。

成人的情绪也需要管理,需要随时地、有意识地排解不良情绪。大人情绪愉快,才能比较冷静地对待孩子的各种行为。最近的心理学研究显示,成人的情绪远不止控制、排解这么简单。元情绪理论中明确指出,成年人如果反对情绪的感受和表达,他们就会通过批评、惩罚,或是以轻蔑、回避的方式对待孩子表达的情绪,甚至教育儿童要压抑情绪②;相反,成人如果认可情绪表达的重要性,就会接纳儿童的情绪,慢慢疏导儿童,帮助儿童逐步建立起适宜的情绪表达方式。

成人管理自己的情绪时,不止于简单地压抑和疏导,更重要的是反思自己对于情绪的观念,反思自己能接纳哪些负面或是积极的情绪。作为教育者,需要进一步考虑:如果我想让儿童能适度地表达自己的情绪,那么我该怎么做?很多成人在教育过程中,负面情绪常不断累积,直至不自觉地发怒。发怒是一种情绪表达,也是一种无奈的表现。他们常常因为没有办法解决儿童的问题而懊恼。懊恼后情绪变得激动和无法控制,接着转化成愤怒,没有反抗能力的幼儿便承担了最后的结果。"儿童并不能用理性来判断待遇是否公正。但是,儿童能感觉某些事不对头,并因此变得抑郁和心理扭曲。儿童出于对成人的怨恨或对轻率行事的成人的反抗,就用怯懦、说谎、出格的行为、没有明显理由的哭闹、失眠和过度的惊恐来表现,因为他们还无法用理性弄清楚抑郁的原因……"③

当成人的负面情绪从恼火、发怒升级为傲慢和专制后,就不太会顾及儿童的情绪表达及愿望。所以,教育者应该经常反思自己对于负面情绪的观念,多多考虑儿童的困境;在无法解释和容忍儿童的行为时,首先控制好自己的情绪;在看清儿童行事的意图后,再尝

---

① 李跃儿著:《谁拿走了孩子的幸福》,广西科学技术出版社 2008 年 4 月第 1 版,第 17—36 页。
② 凯瑟琳·济慈曼博士:《学前教育者对情绪社会化的培养:心理学中的概念模型》,PECERA 会议,2010 年杭州。
③ 玛丽亚·蒙台梭利著:《童年的秘密》,中国发展出版社 2006 年版,第 132 页。

试用各种策略来对待和解决。

非常幸运的是，家长在孩子13岁时，注意到了家庭教育和学校教育所存在的问题，于是，决定让他休学。他们让孩子重新经历一遍3岁直到13岁的体验。当13岁的半大小伙子退回到婴儿状态——"喜欢婴儿的玩具，看婴儿的书籍，撒娇撒得满地乱爬，嘴里发出奇奇怪怪的声音"，是他正在重新体验、完成3岁后的发展任务，获得主动感。家长所给予的自由和尊重，并给予他获取主动感的情感保证和时间保证。一年的时间换来了以往近10年的补偿，在一年的时间里所解决的问题为他今后的发展奠定了坚实的基础。事情的发展令人振奋，童年的各种创伤有办法弥补，童年的挫败感，也有办法克服。孩子的成长路线并不统一，有各自的成功和失败。在成长路上，重要的是发现问题，正视问题，并解决问题。

这一发展观点对于我们从事学前教育的人来说至关重要。我们既要高度重视婴幼儿期的发展价值，积极开展早期教育，让婴幼儿在一个适宜的环境中成长，同时，我们又要树立终身发展的理念，不要将学前教育的作用绝对化、夸大化，要充分认识学前教育的奠基性，把学前教育的目标与儿童的终身发展联系起来，使学前教育既适合幼儿的年龄特征，又有利于今后的连续发展。人生的每一个发展阶段，都有自己的发展任务和发展目标。每一个阶段都要过得充实和有意义。每一个发展阶段的成果对于人格的健康都是重要的，不可或缺的。

（三）关心幼儿人际关系，克服基本焦虑

儿童的基本焦虑来自人际关系的困扰。在电影《小人国》中，小王子便是这样一位中班的儿童。他不会表达自己的情绪，不会发泄和调节自己的不良情绪，在同伴关系中受挫，好在李跃儿老师及时对他进行了干预。

案例5-3

《小人国》中的王子[①]

那天，小王子穿了一件长长的披风，非常威风。他待在自己的王宫（滑梯）上，一待就不下来了。可是，公主没有来找她。小王子在滑梯上，高声地呼唤："尹尹，你来我的王宫里来啊！尹尹，你来我的王宫里来啊！"几次下来，公主无动于衷。于是，王子放下身段，走下滑梯，来到公主团体周围，问："你们为什么不来我的王宫里玩呀？"其中一个公主说："大姐不让我们去。"小王子继续努力着，他指着天上的飞机："尹尹你看，飞机！"尹尹一甩手说："走开！"小王子痛苦地咬指甲。回到王宫的小王子十分难过，在滑梯上来回踱步，有半个小时之久。大李老师及时进行了干预，他让三个公主排好队，请王子来选。果然不出所料，王子如愿以偿地选了尹尹，两人一起走上了王宫。

---

① 张同道导演：《小人国》，中国科学文化音像出版社2009年6月首映。

4岁半的王子想和同年龄的尹尹一起玩王子和公主的游戏,小王子想邀请大公主尹尹参加游戏的过程并不顺利。他想了很多办法,邀请公主,说有趣的话题,协商,等待。但是,都没有成功。小王子还没有足够的魅力来主导游戏。而故事中的大姐尹尹,才是游戏的组织者,她与其他两位公主组成了游戏团体。小王子没有办法让尹尹和他一起游戏,他甚至不能进入到公主团体中。王子因此非常沮丧、痛苦,他有时咬指甲,有时呼唤,直至后面发展成一直在滑梯上来回踱步。负面情绪主导着小王子。我们在他失望的眼神中,在他不断地咬指甲的动作中,在他不停地来回走动中,看到了无奈、无助和痛苦。小王子所表现出的压抑、焦虑、独自忍耐,值得老师关注。

如何分析这些焦虑的表现? 焦虑表现在长时间的等待和局促不安。情绪压抑对儿童身心没有任何好处。我们假设王子气愤地向老师控诉,或者王子生气后不理尹尹,重新找个玩伴,都可以让不良情绪得以发泄和疏导,可是王子没有这样做。李老师发现问题后,用童话的方式——童话中王子可以选择其中一个公主进王宫,婉转地、不留痕迹地满足了王子与公主游戏的意愿,暂时地让尹尹公主放下了傲慢的身份,并且让游戏进行下去,我们赞赏大李老师的及时干预。也许,从女权主义的角度来看,对大李老师的做法会有异议。但是,就帮助小王子而言,大李老师所选择的干预时机十分恰当。大李老师在情绪的控制和管理上堪称教师学习的典范,她对每个事件中的情绪问题,都使用了不同的方式来解决。相信小王子在大李老师的帮助下,能够逐渐树立起与异性小朋友相处的信心,而尹尹也能够多为小王子着想。无论是同伴交往中的信心,还是交往中的移情能力,都是个体融入群体的基本能力,而这正是一名幼儿教师帮助儿童克服基本焦虑的必要途径。

本章小结

精神分析学说是一个最受争议也是最引人关注的发展理论。与传统心理学关注意识相对立的是,弗洛伊德的精神分析学说将关注点放在潜意识上。而潜意识是一锅沸腾的本能,其中最根本的本能是营养本能和性本能,后来弗洛伊德改称为生本能和死本能。所谓心理的发展,就是心理性欲的发展。心理性欲的发展是有阶段性的,其发展目标就是形成完整的人格结构,使个体在本能欲望与社会规范之间寻求一个平衡点,让个体既能适应社会规范,又能满足自己的欲望。霍妮在此基础上将文化引进了精神分析学说,提出人际关系对儿童心理发展的影响。长时间的人际冲突可能引发基本焦虑。埃里克森则将发展的重点从本我拉到自我,指出自我的发展是终身的,可以划分为8个阶段,每一阶段都有自身的发展任务和目标,并形成一定的发展成果。

精神分析学说的发展理论对于我们认识人的内心需要和动机,对于我们认识情感对儿童心理健康发展具有重要的价值。

1. 早期的弗洛伊德十分重视无意识的概念,后来这个概念的重要性被"人格结构"所替代。弗洛伊德把这个变化自认为是"认识的进展"。请你思考一下人格结构的含义以及人格结构中三个"我"之间的关系。为什么说,心理的发展本质上就是人格结构的发展?

2. 弗洛伊德将儿童心理性欲的发展划分成几个相互联系的不同阶段,这是对儿童心理研究和发展理论建设的重大贡献。儿童心理性欲的发展阶段,到底向我们揭示出什么样的规律? 这个发展规律的核心是什么? 请你联系实例加以阐述。

3. 大多数批评者都指责弗洛伊德的学说是泛性论。本书指出弗洛伊德学说在形式上是生理的,而在内容上是社会的。你对这一观点有什么异议?

4. 霍妮的基本焦虑理论着重分析了人际关系和自我的协调对性格发展之间的关系。当人际关系不协调和自我缺乏变通性时,就会出现神经症倾向。这一基本观点对我们的儿童教育具有什么意义? 你能否结合实例阐述霍妮这一观点的正确性?

5. 霍妮很重视早期经验的重要性,但她并不主张早期决定论的观点。她认为关键是要培养儿童灵活的性格结构。这对于我们当今的教育(包括家庭、学校、社会各方面的教育)有什么现实意义?

6. 埃里克森将精神分析的重点由本我移到了自我,并将发展的观点延伸到整个生命周期。它的理论意义和实践意义是什么?

7. 埃里克森高度重视人生的第一和第五阶段。请你分析他的道理何在?

8. 埃里克森指出:"道德可以变成报复性和压制别人的同义词。"(本书稿第 84 页)请你认真阅读这一段原文,结合家庭教育和学校教育,谈谈你对这段论述的感受。

9. 由于精神分析学说高度重视早期经验对人生的影响,每一个从事教育工作,尤其是早期教育工作者都能从这一理论中获得专业的动力和职业的自豪感。你如何根据精神分析学说来认识早期教育的重要性?

阅读导航

1. 弗洛伊德著:《梦的解析》,赖其万、符传孝译,作家出版社 1986 年版。

2. 弗洛伊德著:《精神分析引论》,高觉敷译,商务印书馆 1984 年版。

3. 弗洛伊德著:《弗洛伊德后期著作选》,林尘、张唤民、陈伟奇译,上海译文出版社 1986 年版。

4. 埃里克森著:《同一性:青少年与危机》,孙名之译,浙江教育出版社 1998 年版。

5. 霍妮:《精神分析新法》,雷春林、潘峰译,上海文艺出版社 1999 年版。

6. 霍妮著:《我们的内心冲突》,王轶梅等译,上海文艺出版社 1998 年版。

7. 熊哲宏著:《心灵深处的王国》,湖北教育出版社 1999 年版。

8. 葛鲁嘉、陈若莉著:《文化困境与内心挣扎》,湖北教育出版社1999年版。

9. 美国心理学家希尔加德说:在20世纪的前50年,"进行学术研究的心理学家们对文学和戏剧中很大的情欲主题缺少兴趣,这真是憾事一桩"。今天,人们已经认识到精神分析学说对文学艺术的价值。可以说,不懂得精神分析就难以理解艺术的真谛。要理解这一点,仅靠本书的知识是不够的。你如果感兴趣,建议你进一步阅读《弗洛伊德文集》(1—5卷)(车文博主编,长春出版社1998年版)中的有关内容。

10. Erikson E. H. (1963). *Childhood and society*, (1950). NewYork: Norton. 2nd ed.

第六章　日内瓦学派认知发展理论

通过本章学习，你能够

◎ 理解皮亚杰的发展理论的基本概念和理论体系；

◎ 了解这一理论对儿童认知发展的特点和发展规律的揭示；

◎ 理解儿童思维发展的阶段及其对学习的影响；

◎ 学会运用发生认识论的理论观点认识儿童的思维特点，努力使幼儿教育适应儿童的发展水平。

本章提要

皮亚杰的认知发展理论，是 20 世纪发展理论的顶峰。这个理论告诉我们，人的认识能力是认知结构的机能。认知结构具有同化和顺应的机能。认知结构是主体在与客体的相互作用中不断地建构起来的。动作是认知发展的起点。认知结构的不同决定着儿童不同的认知阶段和认知能力。儿童的认知发展是有阶段的。阶段的发展是相互联系和相互整合的。认知的发展要不断地解除自我中心。根据这些观点，皮亚杰认为，学习要适应儿童的发展水平。

皮亚杰不仅为我们构建了宏大的理论体系，还为我们创立了新的有效的研究方法即临床法，这对于推动儿童心理的研究具有重大实际价值。

本章内容是围绕着儿童认知发展的主题组织的。

一、理论背景

当代的认知心理学分狭义和广义两类。狭义的认知心理学，或称信息加工心理学，用信息加工的观点和术语来说明人的认知过程。它研究的认知过程就是人接受、编码、操作、提取和利用知识的过程，包括感知觉、注意、记忆、表象、思维、言语等。广义的认知心理学侧重于研究人的认知过程，研究人如何获得知识，以探究人类认知活动的规律。当代著名的心理学家皮亚杰创立的发生认识论，属于广义的认知心理学。由于皮亚杰在日内瓦创建了"发生认识论国际中心"，因此，人们把皮亚杰理论称为日内瓦学派认知理论。尽管有人非常准确地指出："皮亚杰是一位发生认识论者而不是一位心理学家,无论如何强调这一点也是不会过分的。"[1]这主要是从皮亚杰的职业目标和理论归宿的角度来讲的。但是,皮亚杰力图从生物学到运算逻辑、发生认识论之间架起一座宏大的桥梁,他的目的是研究人的认知结构是怎样形成的。因此,他选择了儿童认知的发展,试图从儿童认知发展的过程中找到人类认知发展的规律。通过对儿童心理的研究,重建人类认知的可变性并揭示了人类认识的发展规律。"皮亚杰的事实是儿童心理学的最可靠的事实。"[2]他的理论代表着一种具有丰富事实、概念、解释和罕见的一致性的系统。他的学术思想极大地丰富了人类思想文化的宝库,推动发展心理学的理论建设和研究方法的革新。他对当代心理学的贡献是无与伦比的。一向自傲的苏联心理学界,在这一点上也不加否认,达维多夫(В. В. Давыдов,1930—1998)承认"在我国(指苏联)的年龄心理学中,目前还没有一种受到公认的个体心理发展的一般理论,在研究的水平和资料积累的丰富性上,能够与皮亚杰的理论相提并论"[3]。因此,我们认为,一种更准确的表达应该是:皮亚杰不仅是一位发生认识论者,也是一位心理学家。作为心理学家的皮亚杰,十分重视心理学在科学体系中的地位和作用,他认为,在人类的科学体系中,心理学处于中心地位,"心理学之所以占有中心地位,这不仅因为它是一切其他科学的产物,而且因为它是能够对其他科学之形成和发展作出解释的一个源泉"[4]。

皮亚杰的发生认识论是一个发展的理论,其体系有三个支点,即逻辑学、相对论和辩证法。

(一) 逻辑学支点

逻辑学是联结各种不同学科的一种"基因型"。在皮亚杰的发生认识论中逻辑学起着中心的作用。皮亚杰认为,"每种心理学的解释都迟早要依赖生物学和逻辑学"[5]。自1939年起,皮亚杰采用符号逻辑来研究儿童的认知活动,把逻辑学中的"运算"等术语引进儿童认知发展的研究,作为衡量思维水平发展的标志。在儿童时期,逻辑运算的出现便使他有可能改造和理解物理的、社会的和生物的世界。虽然,逻辑学是人类心理活动所固有的特性,但在个人的发展过程中乃是一个不断演变的结构。婴儿最初表现出来的逻辑是原始的,简单的,非系统的。随着年龄的增加,儿童所表现出来的逻辑日益复杂,到了青年时期,儿童才能形成如同逻辑学家所建立的那种真正的、形式化了的逻辑结构。这些逻辑结构构成了儿童认知过程的中间环节。在皮亚杰看来,一切智慧和思维都表现出一种逻辑结构,这种逻辑结构与社会、生物的实体结构是一致的。因此,逻辑是建立任何认识论的基础。在这里,皮亚杰强烈地抨击了行为主义和格式塔心理学,认为前者是无结构的

① 皮亚杰著:《儿童的心理发展》,傅统先译,山东教育出版社 1982 年版,编者导言,第 1 页。
② 奥布霍娃著:《皮亚杰的概念》,史民德译,商务印书馆 1988 年版,第 7 页。
③ 达维多夫:《教育发展阶段年龄心理学与教育心理学的基本问题》,《心理学问题》1976 年第 4 期。
④ 凯德洛夫著:《同让·皮亚杰的五次会见》,李树柏译,《自然科学哲学问题丛刊》1982 年第 1 期。
⑤ 高觉敷主编:《西方近代心理学史》,人民教育出版社 2001 年版,第 432 页。

发生,而后者是无发生的结构,都不符合儿童认知发展的实际过程。他宣布,"逻辑的结构是被构造出来的,并且要经历十多年它们才充分完善起来"[1]。

(二)相对论支点

爱因斯坦(Albert Einstein,1879—1955)曾经指出,如果概念判断和作出这个判断的观察者的地位总是紧密相关,那么在概念的构成过程中就不能遗漏掉这个观察者。这一见解增强了皮亚杰的一个早已形成的信念,即实体总包含着一个主观因素,也就是说,实体总是,至少部分是思维或行为的外在化或具体化。人并不是被动地、简单地接受外部环境的影响,而是与外部环境相互作用,才能构成人的活动,包括认识活动。没有人的活动,也就没有了心理的实体。甚至于婴儿把抓到手的东西送到嘴里去吸吮这样一个最普遍的、常见的动作,也是主体与客体的一种相互作用。因为婴儿的抓握和吸吮构成了一个由他的动作所组成的世界。这里有必要说明的是,所谓没有主体的活动,就是没有心理的实体,并不是否认物质世界的客观存在。皮亚杰专门对这一问题作过说明。他说:"我也认为,客体是不依赖于主体而存在的,可见我并不是一个唯心主义者。但我是生物学家,而生物学家并不等同于唯心主义者。我认为,生物体不仅依赖于环境;生物体也要对环境作出积极的反应和'回答',而这就要依赖于生物体自身的积极性。换言之,主体只有作用于客体才能认识客体,而认识客体(对客体的认识并不等于客体本身)就要求客体和生物体或主体的活动之间进行不可分割的相互作用。"[2]所以,在皮亚杰看来,一切知识都属于中间的工具,而不是对外界的直接描摹。皮亚杰认识论的相对论,是对传统认识论的批判。

1. 传统认识论概述

传统认识论包括唯理论(先验论)、经验论和康德的批判哲学。

(1)唯理论(先验论)的认识论认为,人的知识来源于先验的理性,而不是感觉经验。认识是对先验理性的回忆。感觉经验的作用只不过是唤醒心灵中固有的概念,其本身是不可靠的。因为感觉经验分不清实在与幻觉,他不能保证客体的永恒,因而它总是不确定的,只有理性才是实在的。凡属具有普遍性、必然性的知识都是先验的。唯理论认为演绎法是获得知识的唯一方法。例如,数学,就是一种具有确定性和永恒性知识的典型,人们只有通过理性的分析才能达到追求这种确定的、永恒的知识的目的。

(2)经验论则与唯理论相反,认为感觉经验是一切知识的源泉,它是完全可靠的。可靠知识的典型学科是实验科学,尤其是物理学。承认知识来源于感觉经验是经验论的共性,但对感觉经验的来源又分为两个阵营,一是唯物主义经验论,例如,英国哲学家洛克认为,人的心灵本来没有任何观念,一切知识都建立在经验之上。一切观念都来源于经验。即著名的白板说。洛克认为构成知识的观念有两类经验:一类是外部经验,即感觉;另一类则是内部经验,即内省。由感觉和内省得来的观念最初都是简单观念,而一切复杂观念

---

① 皮亚杰著:《结构论》,见左任侠、李其维主编:《皮亚杰发生认识论文选》,华东师范大学出版社 1991 年版,第 469 页。
② 凯德洛夫著:《同让·皮亚杰的五次会见》,李树柏译,《自然科学哲学问题丛刊》1982 年第 1 期。

都是内心通过过程把简单观念联合起来所组成的。另外,简单观念又分两类,一类叫第一性的质,不论人们知觉与否,都存在于物体之中,如物体的大小、形状等。这一类观念与客体的原型是相符合的。另一类为第二性的质,它只存在于人对物体的知觉之中,如色、声、味等。这一类观念随主体的状况而变化,外部事物虽然是引起这一类感觉经验的诱因,但却没有与之相符合的原型。洛克的经验论属于一种不彻底的唯物主义,他夸大了第二性的质,结果被另一阵营的经验论者发展为主观唯心主义和不可知论。

主观唯心主义者贝克莱(George BerKeley,1685—1753)认为,知识起源于感觉经验,但他否认经验的客观来源,认为存在就是被感知,否认外部事物的客观存在。不可知论(或称为怀疑论)者休谟(David Hume,1711—1776)只承认感觉经验的存在,但他认为其不是来自客观现实,而是由心中产生的,而且产生的原因是什么也不得而知。在休谟看来,我们只能观察到事物在时间和空间上的顺序,而绝不可能观察到原因。人们所具有的因果观念只不过是由于不断重复而形成的联想和推论的习惯,因此,人的大多数知识是或然的、不确定的。

(3) 康德的批判哲学。康德(Immanuel Kant,1724—1804)认为,唯理论和不可知论有可取之处,但又都是片面的。他对人的认识能力作了一番批判之后,认为人的认识能力有三个环节:感性、知性和理性。

感性包括两个因素:一是感觉,二是时间和空间。感觉只能提供杂乱无章的、相互不联系的感觉材料,只有经过先天的时间和空间两种形式的整理、综合,才能使感觉材料具有一定的形状和位置。

知性是运用先天固有的逻辑范畴(即一定的原则或规则)对我们的经验进行批判和评价的思维能力。知性具有较高的认识能力,能借助于逻辑范畴把感性所获得的材料纳入实在、可能性、必然性、因果性等12个先天的思维形式。在康德看来,时间、空间、因果性等都不是事物本身的特性,而是人类认识能力的主观特性,是人在经验之前就已经具备的一些先天形式,人必须通过这些先天的主观形式,才能产生经验。正是由于这些形式是主观的,因而通过它们所获得的经验,即认识也是主观的。

理性是康德认为的人类的第三种认识能力,它要求超出经验、现象的范围以外而达到对本质,对“自在之物”的认识。但康德又认为理性超出经验而认识客观世界时会碰到“二律背反”的矛盾(即两个正好相反、互相排斥的命题都可以同样得到证明),如世界在时间、空间上是有限的,又是无限的;世界由单一的不可分割的部分构成,但世界上没有单一的东西;世界上存在自由,但又没有自由,一切都是必然的;存在着世界最初的原因,但又没有世界的最初原因。因此,人的认识是有限的,永远达不到对客观世界、“自在之物”的认识。

2. 皮亚杰对传统认识论的批判

皮亚杰对以上三种传统的认识论提出了尖锐的批判。

(1) 传统认识论所要解决的只是“一般知识”问题,而有关一般知识的问题往往是含糊不清,无法回答的。皮亚杰认为,认识论者应该像逻辑学家、数学家和其他科学家那样致力于解决特定领域中的具体问题,这就是为什么皮亚杰在 80 年的学术生涯中孜孜不倦地研究各类具体问题的指导思想。在研究方法上,皮亚杰不主张把研究局限在推理上,而主张采用实验研究,加强理论的客观性。

(2) 传统认识论将认识的形式与认识的内容相割裂,认为认识论要解决的是认识的本质和有效性的问题,关心的是如何确定命题的真伪等形式问题,而把人们如何获得知识的过程及人的思维活动当作心理学问题排斥在认识论之外。皮亚杰认为,人类的认识活动的确有其形式化的一面,但不能将认识的形式与内容完全割裂开来。认识论与心理学应相互联系。要想知道认识的本质和有效性,就必须知道认识的心理来源和认识机制的发生、发展过程。离开了主体的思维活动,就无法真正把握认识的本质。

(3) 传统认识论以为外部世界的状况是静止的,知识本身也是静止的,不考虑认识本身的发展问题。皮亚杰从达尔文的进化论中汲取了营养,认为应该用发展的观点来研究人类的认识。发展包括两个平行的方面,即历史的发展和个体的发展。认识论要解决的是作为主体的人,与作为客体的外部世界之间的关系。从历史来看,人的认识是不断变化的,从个体一生的发展来看,人的认识也是不断变化的,皮亚杰认为两者在认知结构发展方面有相同之处,都要不断地解除自我中心。科学知识永远处于不断的构造和改组之中,任何一个特定时期的特定知识,都只是知识发展过程中的一个横切面。传统认识论正是停留在这一个横切面上静止地看待知识,而忽视了知识的发展性。皮亚杰认为,认识论要解决的问题应该是知识是怎样发展变化的。这既要研究科学知识的逻辑组织发展,又要研究人类的智慧通过怎样的机制过渡到高一级水平的知识。前者属于逻辑学的任务,后者是心理学的目标。因此,认识论、逻辑学和心理学三者是不可分割的。这正是皮亚杰毕其一生奋斗而建立起来的全新的认识论——发生认识论的全部体系。

(4) 这里要特别提一下皮亚杰对康德的批判哲学的批判。首先应当承认康德的哲学对皮亚杰具有重要影响。皮亚杰自己说过,“我把康德范畴的全部问题加以重新审查,从而形成了一门新学科,就是发生认识论”[①]。这表明了康德哲学与皮亚杰理论之间的渊源关系。但这并不表明他们之间是一脉相承的。康德的知性的范畴是先验的,而皮亚杰认为认知结构是发生的,是不断建构的,是在主客体的相互作用中不断建构的。康德认为人的认识的内容是客观的,而认识的形式是主观的,只有主客观相结合才能形成认识。皮亚杰则认为只有通过主客体相互作用的活动,才能使认识的形式与内容得以统一,活动是联结主、客体的桥梁,是认知发展的最终源泉,没有活动也就无从认识。皮亚杰在康德哲学的核心,即范畴的起源上,与康德具有原则性的区别。

(三) 辩证法支点

辩证法表达了心理成长与知识获得的动力。皮亚杰指出,心理发展的动力除了通常人们认为的成熟、物理经验、社会经验之间的复杂作用之外,还有第四个因素,即平衡化。

---

① 李其维著:《论皮亚杰心理逻辑学》,华东师范大学出版社 1990 年版,第 5 页。

儿童心理发展理论(第二版)

平衡化是调节成熟与环境相互作用的一种辩证的原理。在个体发展的每一个阶段,有机体的结构既不能为外部因素的冲击所破坏,又不能保持僵化不对外界刺激作出适当的反应。这就要在结构的解体与僵化,这两个极端中通过平衡化调整结构,达到保持内外系统的统一的程度。任何一个平衡的系统都是开放的、灵活的、变化的,而不是静止的、封闭的。如同生物学上的平衡状态是一个新的不平衡状态的准备阶段一样,心理学上的平衡也使主体有了接受新知识、新矛盾的可能性。人的认识就是在不断追求平衡-不平衡-新的平衡的过程中,即平衡化的过程中不断发展的。没有平衡化,成熟、物理经验和社会经验的效果就不能得到正确的解释。皮亚杰在这里表达的是一种方法论上的辩证法。

综上所述,我们可以看出,"逻辑学、相对论和辩证法是皮亚杰发生认识论的三个主要论点。逻辑学为心理学、生物学和物理学提供了共同的基因型;相对论表达了心灵与实体的关系,而辩证法的平衡提供了发展的动力或成长的原理,它既支配着人们去获得知识,又支配着获得知识时所必需的结构"[①]。

作为心理学家,皮亚杰深受欧洲机能主义心理学的影响,重视个人对环境的适应,有明显的生物学倾向。在方法论上,皮亚杰也深受结构主义思潮的影响。此外,系统论控制论也为皮亚杰提供了一种工具。总之,皮亚杰从众多的学科理论中汲取了营养,"他以认识论的目标作为思考的起点,通过生物学的方法论类比,从而诞生了一种新的心理学。它是一种关于发展的心理学,贯穿着渐成论的基本思想,强调主客体的相互作用。对这种心理学的研究,乃是皮亚杰用以实现发生认识论研究目标的手段"[②]。

二、皮亚杰略传

皮亚杰(Jean Piaget,1896—1980),生于瑞士纳沙特尔的一个历史学者家庭。少时天智睿慧,博览群书,1907 年,时年 11 岁的皮亚杰便发表了一篇关于软体动物的论文,受到当地专家、纳沙特尔博物馆长的赞赏和肯定,并且充当他的小助手,十三四岁时皮亚杰便独自工作,发表更多的论文。19 岁就完成了动物学博士论文。20 岁时,他放弃了生物学,开始转向心理学,1919 年,皮亚杰在巴黎大学学习病理心理学,其后到比纳实验室工作。其时,比纳(Alfred Binet,1857—1911)已经去世,比纳的合作者西蒙(Theophile Simon)又不住在巴黎,这使皮亚杰有了相当多的独立工作的机会。"西蒙一直希望我将已有的英文版测试问卷,译为法文而加以标准化",皮亚杰在一次谈话中回忆道,"这项测试,从它的逻辑结构来说相当不错。可是,我却对小孩的推理方法,小孩所面临的困难,易犯的错误,犯错误的原因,以及小孩为求得正确答案所尝试的方法等发生了很大的兴趣。从那时起,我研究的方向便一直朝着定性的分析去了解事物,而不用统计定量的方法,到今天都一直是这样"[③]。也就是说,皮亚杰在智力测验中发现,不同年龄的儿童经常犯不同的错误,而相

---

①　皮亚杰著:《儿童的心理发展》,傅统先译,山东教育出版社 1982 年版,编者导言,第 10 页。
②　高觉敷主编:《西方心理学的新发展》,人民教育出版社 2005 年版,第 107 页。
③　布林格尔著:《皮亚杰访谈录》,刘玉燕译,书泉出版社 1996 年版,第 14 页。

同年龄的儿童都经常犯同样的错误。皮亚杰感到,这里面一定蕴含着一个属于认识论范畴中的问题,这促成了他对儿童心理学的研究。1921年,皮亚杰应日内瓦大学的克拉巴雷德(E. Claparade,1873—1940)的邀请,从巴黎回到日内瓦,任日内瓦大学卢梭研究所的研究部主任。1940年,继任所长。29岁那年,皮亚杰任日内瓦大学教授,并连任瑞士心理学会主席3年。1929—1967年,任联合国科教文组织领导下的国际教育局局长。1933—1971年,任日内瓦教育科学院副院长。1954年任第14届国际心理学会主席。1955年,皮亚杰创建了日内瓦大学"国际发生认识论研究中心"并担任中心主任,他集合了各国著名的心理学家、逻辑学家、哲学家、语言学家、控制论学者、数学家、物理学家、生物学家和教育家进行跨学科的研究。1971年退休后,皮亚杰辞去了卢梭研究所所长职务,但仍继续担任国际发生认识论研究中心主任的职务,直到1980年逝世为止。

纵观皮亚杰的一生,"看起来几乎有三位皮亚杰:二十年代进行初步研究的年轻的皮亚杰和进行道德判断研究的中期的皮亚杰(1932);但接着又出现了第三位皮亚杰,更坚韧,更倾向于科学的概括,以顽强不移的精神要使心理学成为一门严密而首尾一贯的科学"[①]。

皮亚杰60多年的学术生涯,为我们留下了"几乎可以装满整整一个书橱"的丰富著作,为人类思想宝库增添了宝贵的财富。由于他的杰出学术贡献,1968年,皮亚杰荣获美国心理学会卓越贡献奖;1972年,荣获荷兰伊拉斯姆士奖。此外,他还荣获哈佛、巴黎、布鲁塞尔等世界著名大学的荣誉称号。国际学术界推崇皮亚杰为20世纪最有影响的发展理论学者,认为他对心理学的贡献,可以与爱因斯坦对物理学的贡献相提并论;可以与弗洛伊德和巴甫洛夫媲美。

拓展阅读

巨匠是怎样炼成的[②]

让·皮亚杰(Jean Piaget,1896—1980)是20世纪最负盛名的学者之一。他被公认为是与斯金纳和弗洛伊德并驾齐驱的当代心理学三大巨人之一。在美国评出的20世纪100位最杰出的心理学家的排名中,他居于榜眼的位置。事实上,皮亚杰首先是一位生物学家和哲学家,其次才是心理学家。但是,皮亚杰在儿童心理学方面的成就和影响是最引人瞩目的。英国著名的发展心理学家彼特·布莱安特说过:"没有皮亚杰,儿童心理学将是微不足道的。"

1896年8月9日,皮亚杰出生于瑞士的纳沙特尔,一座拥有浓厚文化氛围的大学城。父亲是当地大学的研究中世纪历史学的教授,他治学严谨,讲求证据,同时也将系统性研究的观念灌输给皮亚杰。皮亚杰的母亲聪慧、精力充沛且和蔼可亲,但她相

① 墨菲著:《近代心理学历史导引》,林方等译,商务印书馆1982年版,第565页。
② 熊哲宏主编:《心理学大师的失误启示录》,中国社会科学出版社2008年版,第382—384页。

当神经质。在这样的家庭环境下,皮亚杰在他童年、幼年的时候就因为做一些"大人的"事而缺少游戏。

皮亚杰的父亲是理性的,常拘泥于实际证据,母亲则是非理性的,常沉溺于"想象性沉思"。父母亲个性的对立对皮亚杰本人的影响十分明显,而这些影响在他日后的成就乃至失误中都能看出,其结果是,"理性的验证和想象性沉思"这两种对立的东西,都成为成年皮亚杰重要的思考和研究工具。

皮亚杰的童年生活缺少游戏,难得有一般小孩经历过的那些童年快乐。好在他所有学校开放式的管理使得皮亚杰能够有余力去从事他所感兴趣的事情。他在很小的时候就开始从事生物学观察,并发表小论文。11岁时,皮亚杰发表了一篇关于患白化病的麻雀的简短的科学报告,并因此很快成为当地自然历史博物馆馆长的兼职助手,皮亚杰在这一工作中学到了很多,以至于他在16岁前就能够独立地在动物学杂志上发表科学论文。生物学的"学徒生涯",使皮亚杰不仅学会了如何从事自然科学研究,还养成了严谨的治学态度。

皮亚杰在获得博士学位之前,一直从事生物学研究,并接受自然科学的系统训练。然而,由于早期父母亲个性对他的影响,皮亚杰一方面从事生物学的科学研究,另一方面又喜欢想象性沉思,还私下学习哲学和宗教。这使他发现了心理学才是连接生物学和认识论的纽带,并且是他将二者结合起来的有效手段。

在皮亚杰获得了博士学位之后,他才开始了心理学生涯。在随后60年的职业生涯中,他始终坚持研究科学认识的起源,按照自己所选定的主要途径——儿童心理——进行研究。他以非凡的合作精神和宽广的胸怀,与众多的弟子、同事以及外国专家们一起,不知疲倦地从事着紧张而有序的研究工作,直到他生命终结的前夕。他最大的成就莫过于建立了"发生认识论",并且描绘了从儿童出生的第一周到青春期之间的完整发展历程。他对儿童自我中心的发现使他名扬世界,他的卓越成就使他声名鹊起,他的文献的引用率超过了除弗洛伊德以外的其他任何学者。很多世界知名大学都授予皮亚杰名誉学位,而且国际心理学会也授予他心理学最高荣誉——爱德华·李·桑代克奖。

皮亚杰既没有接受任何专业的心理学系统训练,也没有任何心理学学位,却能取得如此骄人的成就。除了他的非凡天赋以外,早年所受的教育,儿童时期所从事的"成人化"的自然科学观察和研究,广泛的兴趣和阅读,严谨的治学态度,坚定不移的志向,非凡的合作精神,以及广阔的胸襟等都对他取得这样的成就有着不可或缺的作用。

三、日内瓦学派认知发展理论的基本观点

(一) 认知机能不变性

一切生物体都具有组织和适应的两大生物机能。生物体的每一个行为活动都是组成

的,也就是说,都是有结构的。它的动态方面就是适应。为此,我们先从适应的机能谈起。

生命是一种由简单形态向复杂形态不断创造的过程,也是有机体与环境之间实现各种不同形态的、向前推进的平衡过程。人的认知,或者说智慧,也是一种生命现象。因此,可以把人的智慧看作是生物适应的一个特例,智慧的本质是一种适应,而所谓适应,是一种特殊的平衡,是同化与顺应之间的平衡。

为了便于理解同化与顺应的含义,我们先从较低级的运动过程讲起:

有机体本身总是在与环境不断地发生作用,产生着无休止的循环。这种循环一休止,既意味着生命的终止。假定 a、b、c 是已经被组织进有机体的成分,而 x、y、z 是相应的环境的成分。这两个方面不断相互作用,产生了循环过程:

1. $a + x \rightarrow b$
2. $b + y \rightarrow c$
3. $c + z \rightarrow a$

例如,有机体吃进食物 x,经消化成为 b,此时 b 就成为有机体组织结构中的一部分。随后,又吃进了食物 y,经消化成为 c,c 又成为有机体组织结构中的一部分。再后来,又吃进了食物 z,经消化又还原为 a,这就使有机体与环境之间发生着不断的循环。这种循环过程不仅表现在最简单的理化过程中,也表现在复杂的心理活动中。

皮亚杰把连接所有已被组织的成分与环境中现存的成分之间的联系,称之为同化。同化作用保证有机体组织在循环中的稳定。

如果环境发生了特殊的变化(例如,环境变化导致食物链改变),x 变成 x',那么,有机体就会不适应,致使循环破裂。这时,有机体必须作适度调整,以达到重新组织循环的目的,那么:

1. $a + x' \rightarrow b'$
2. $b' + y \rightarrow c'$
3. $c' + z \rightarrow a$

皮亚杰把这种由于外界的分化、环境的压力引起的生理和心理的动作变化称为顺应。上式中 b 转化为 b',就是顺应。

这种同化与顺应同样也表现在人的智慧活动中,把当前的经验资料体现到已经组织的整体结构之中,或把新知识组织到旧知识里去,或通过施加于外物的动作、形象,加入到已有的动作格式中去,都是智慧的同化。此外,任何同化都不是纯粹的、单一的。因为在同化时,虽然新的因素同化于旧的格式,但由于客观现实的分化,主体又不得不同时修改着旧的格式,使它配合新的成分。因此,智慧的适应与其他形态的适应一样,是由同化机制与顺应机制相辅相成,形成一个不断向前推进的平衡过程。适应必须在个体内部具有连贯性的情况下才能产生,一旦缺乏了这种连贯性,就不可能产生适应状态。例如,当环境中再也没有什么事物可以修改我们原有的格式而只剩下同化过程时,人的心理就陷入完全顺从状态,缺乏发展的动力,使心理发展停顿和萎缩。相反,当外部环境完全违背了原有经验所积累和整合成的现存格式，超越了顺应的范围，适应过程也不复存在。所以皮亚杰说，"一种基因型可能提供能被顺应的或多或少的全距，但是所有这些顺应总是限定于一种统计学上称之为'常模'的范围之内。同样地，从认识方面来说，主体可能产生种种顺应，但只限于为保存相应的同化结构的需要所确定的某些范围之内"①。尽管有机体的发展阶段有不同，发展水平有高低，但同化与顺应的机能是不变的。打个比方，如同从蝌蚪演变为青蛙，它的呼吸系统的结构发生了变化，但它呼吸的机能并未改变一样。机能不变性，表现为儿童与成人在活动和推理时，虽有不同的方式，但都有一致的动机需要（生理上、情感上和理智上的需要）和共同的智力上的努力方向——理解和解释事物等。皮亚杰认为，"一切动作，即一切行动、一切思维或一切情绪，都是对一种需要的反应。如果不是由于一种动机的活动，任何儿童或成人都不会在外表上作出任何动作，甚至不会完全在内心产生什么活动；这种动机总是能转变成为一种需要（一种基本的需要，一种兴趣，一个问题等）"②。皮亚杰又认为，一切的需要首先倾向于"把外在世界'同化'到主体原已构成的结构中去，然后随着细微的变化去适应于这些结构，使得这些结构去'顺应'于外在的客体"③。尽管主体的同化作用是借助于一定的心理结构进行的，而不同的发展阶段有着不同的结构，但"在所有的各个阶段上，心灵发挥着相同的机能，即把宇宙吸收于心灵之中"，"在同化客体的过程中，儿童的动作和思维必须顺应这些客体；它们必须适应外在的变化"。④ "同化作用与顺应作用越是分化细致和相互补充，适应就越彻底。"⑤

机能不变性不仅表现在生物性方面和一般的智慧活动中，而且还表现在特殊的智慧活动即理性的范畴（或逻辑概念）中。

适应机能发展到最高峰，便形成了与智慧机能中的同化与顺应相联系的两类理性范畴。其中有一类范畴比较现实，如实物与空间、因果与时间等。这些范畴的运行都同经验与演绎的综合不可分割地联系着。另一类范畴是比较形式的，如质与类、量与数的关系。现实的范畴显示着外化的机能，而形式的范畴显示着内化的机能。与内化、外化相对应的是在思维中相应产生类概念、数概念、实物概念和因果概念。

（二）认知结构的建构性

皮亚杰认为，儿童的认知发展是通过认知结构的不断建构和转换而实现的。所谓结构，就是一个系统，一个整体，它不仅指具有解剖学意义的实际结构（如中枢神经组织的结构或呼吸系统的结构），也包括功能意义上的结构。

皮亚杰是把现代结构论引进心理学的第一人。他认为，现代结构论方法中的"结构"概念，包含三个基本特征：整体性、转换性和自动调节性。（1）整体性指结构是一个整体，

① 皮亚杰著：《皮亚杰的理论》，见左任侠、李其维主编：《皮亚杰发生认识论文选》，华东师范大学出版社 1991 年版，第 10 页。
② 皮亚杰著：《儿童的心理发展》，傅统先译，山东教育出版社 1982 年版，第 24 页。
③ 同上书，第 25 页。
④ 同上书，第 26 页。
⑤ 皮亚杰著：《教育科学与儿童心理学》，傅统先译，文化教育出版社 1981 年版，第 156 页。

有它自己的法则。这些法则独立于它的组成因素的特征之外,即"不能把支配一个结构结合的规则归结为它的元素的累加性的逐个联结"①。(2) 转换性指的是支配整体的法则是按照广义的转换过程,而不是按照静止的特性运行的。结构包含一个运算的结合,就是把一个项目转换成为另一个项目。(3) 结构的自动调节性意味着一系列的转换总是朝着有利于继续保持结构自身的存在而使结构不断地丰富和复杂化。

皮亚杰通过对儿童的实际思维进行大量的观察和实验,得出了儿童智慧发展进程中存在着结构的特征。

证明主体认知结构存在的论据是儿童心理发展中的同步性现象。所谓同步性现象就是指儿童在一定的发展阶段上,能完成同样水平的课题。例如,9—10 岁儿童对杠杆问题的反应与对斜面上车辆升高问题的反应就清楚地表现出同步性。儿童已经理解到物体重量所引起的作用力是作为空间关系的一个函数而变化着的。同步性现象的唯一解释就是存在着某种一定水平的认知结构在发挥作用。这个认知结构如同一张网络,当给定的思维内容输入网络后,就沿着各个方向传导过去。这张结构的"网络"是不断"编织"着的,即不断建构的。只有当一定的刺激能够被结构所同化时,才能作出相应的反应。同步性现象正是从结构反应的功能方面证明着结构的存在。

前面讲到的同化和顺应的机能,都是在一定的结构中进行的,从生物学的观点看,"同化就是把外界元素整合于一个机体正在形成或已完成形成的结构内"②,顺应就是改变内部结构(格式)以适应现实。因此,没有相应的结构就无法施展生物机能。当我们说一个主体对一个刺激敏感了,能对它作出反应了,也就是说他已具备了能同化这个刺激的一个格式或结构,表明这个格式正好具备对这一刺激作出反应的能力。这是皮亚杰与行为主义心理学大相径庭之处。皮亚杰认为,行为主义的 S—R 公式,是一种无结构的发生,事实上,应该是 S→(AT)→R,其中 S 是刺激,R 是反应,而 AT 是同化刺激的结构(其中的 A 是大于 1 的系数);没有 AT,刺激就不可能被主体同化,也就不会对刺激作出应有的反应。特定发展水平的格式(格式)只能在主体认知过程中提供相应的经验组织和构造作用。与此水平相适应的任务才能解决,否则就不可能解决。不同年龄阶段儿童在认知能力上的局限,正是来自他们各阶段认知结构发展水平上的差异。儿童认知发展的本质,就是认知结构的建构和转换。

皮亚杰认为,结构不是先天的、预成的,每一个结构都有它的发生过程,每一个结构都是一点一滴地构造起来的。"所有这种构造过程也都来源于以前的结构,而在最后的分析中,还要追溯到生物学方面去。"③这一观点告诉我们,在儿童的思维与成人的思维之间,

① 皮亚杰著:《结构论》,见左任侠、李其维主编:《皮亚杰发生认识论文选》,华东师范大学出版社 1991 年版,第 432 页。
② 皮亚杰著:《皮亚杰的理论》,见左任侠、李其维主编:《皮亚杰发生认识论文选》,华东师范大学出版社 1991 年版,第 8 页。
③ 皮亚杰著:《儿童的心理发展》,傅统先译,山东教育出版社 1982 年版,第 164 页。

不存在理论上的中断性,最高级的数理逻辑结构的起源应该在主体的活动中去寻找。皮亚杰特别强调,"我认为,生物体不仅依赖环境,生物体也要对环境作出积极的反应和'回答',而这就要依赖于生物体自身的积极性。换言之,主体只有作用于客体才能认识客体,而认识客体(对客体的认识并不等于客体本身)就要求客体和生物体或主体的活动之间进行不可分割的相互作用。"①儿童是刺激的主动寻求者,是环境的主动探索者。儿童与环境之间的相互作用,决定着儿童自身发展的方向和水平。皮亚杰认为,任何一个年龄阶段的儿童在与外部环境相互作用时,都有一套属于自己的独特的表征和解释世界的方法和原则,表现出儿童思维的独特性。因此,个体的发展,不只是量的增加和扩大,更重要的是质的转变。其实质是认知结构之间质的差异。

说到这里,有必要对皮亚杰理论中结构的概念正一下名。在皮亚杰理论中,结构包括两个不同层次的概念,一个是格式(scheme),另一个是认知结构。格式"代表着一种动作中可以重复的和泛化了的东西(例如,'推动'格式就是那种用一根棍棒或其他任何工具去推动的动作中的共同东西)",②认知结构则是完全的逻辑结构,可以灵活地转换和组合。格式与认知结构并不完全等同。格式是认知结构(逻辑结构)形成之前的一种微弱的原型结构,它只与逻辑结构部分地同形。至于图式(schemata),"是一种简单化了的意象(如关于一个城市的地图)"③,它不同于格式。不少介绍皮亚杰理论的论著将图式与格式混淆了,用图式来代替格式,似乎有悖于皮亚杰的本意。

现在回到认知结构的建构问题上来。皮亚杰认为每一个结构都有一个发生过程,每一个结构都是在主体与客体的相互作用中一点一滴地建构起来的。主客体之间的相互作用,包含两方面的内容:其一是向内协调主体的动作,通过反省抽象形成逻辑数理化经验;其二是向外组织外部世界,以产生认知的内容,即形成物理经验。向内和向外活动,构成同时的双向建构。人类的一切知识既是顺应于客体,同时又是同化与主体的结果。这两个过程的极端就是对外部经验的获得与对内在智慧运转的意识。这就说明,在精密的科学领域内,所有一切伟大的实验发现,都伴随着理性方面的进展。因此,皮亚杰说,"客观知识总是从属于某些动作结构的","知识在本原上既不是从客体发生的,也不是从主体发生的,而是从主体和客体之间的相互作用——最初便是纠缠得不可分的——中发生的。"④

在皮亚杰的理论中,有两处易遭非议的"软档",一处是关于结构的起源"可以追溯到生物学方面去",被批评为"生物学倾向";另一处便是"对外组织外部世界",被指责为"唯心主义体系"。关于前一点还比较容易辨析,因为目前幸好还没有人把"心理是脑的机能"

---

① 凯德洛夫著:《同让·皮亚杰的五次会见》,李树柏译,《自然科学哲学问题丛刊》1982 年第 1 期。
② 皮亚杰:《皮亚杰的理论》,见左任侠、李其维主编:《皮亚杰发生认识论文选》,华东师范大学出版社 1991 年版,第 28 页。
③ 同上书,第 28 页。
④ 同上书,第 3 页。

这一命题批评为"生物学倾向"。关于后一点，需要加以说明。这里所说的"组织外部世界"，并不是创造物质或现实，因为物质或现实是不以人的主观意志为转移的客观存在。但就认识主体来说，凡是与他无关的现实都是不能被他所认识的。人只能认识与他有关系的对象，"凡是有某种关系存在的地方，这种关系都是为我而存在的"①。皮亚杰所说的对外组织世界不是讨论哲学的根本问题，而是阐述主体如何认识外部对象。他郑重地宣称："我也认为，客体是不依赖于主体而存在的，可见我并不是一个唯心主义者。"②对此，我们应该有一个客观的把握。

向外和向内的双向建构在不同水平上同步发展，依次形成不同层次的认知结构。这种结构在主体与客体的相互作用下完成着渐进的平衡化。所谓思维的发展，就是认知结构平衡化的发展过程。

根据皮亚杰的研究，儿童发展的早期是感知—运动阶段。在这个阶段中，儿童还没有获得语言之前就已经有了某种结构，如平移群的结构。这种结构只是在一些连续动作之间的协调，在实际动作上有了联合和可逆，它还不是在同时表象之间的协调，当儿童获得了语言之后，他的动作便内化了，形成了表象，大约在5—6岁，儿童就增添了一种所谓具有组织作用的机能，以表达动作格式所固有的内在联系和客体的可变特征之间相互依赖的情况。例如，这时的儿童懂得在一个方框盘上，把一块长方形的木块推到一个角落时，就再也推不动了，唯一的办法是沿着方框盘转一个方向才能继续推动。这就表明儿童形成了一些类型的基本结构。但这时的儿童还不懂得表象水平上的可逆性，不掌握守恒概念。也就是说，对空间位置与物体数量之间的关系没有一个确定的认识。

到了具体运算阶段(7—11岁)，儿童的动作或动作格式之间的协调，形成了具体运算水平的结构群集。这种结构以可逆性的特点丰富了原有的感知运动格式。在具体运算的基础上，具体运算之间又产生新的协调，产生了四元群结构和组合性结构，使儿童的智力达到了形式运算阶段(约12岁以后)。如果说，具体运算是对客体的运算，而形式运算则发展到对命题和命题关系的运算。

皮亚杰认为，这些结构不能视为"先天的观点"或"先验的必然"，每一个结构都是通过同化、顺应、平衡过程，把在它以前的各个结构结合起来从而建构成的。这个建构过程首先把一些简单的系统加以协调，然后在过去运算的基础上进行高一级的运算，从而创造出一个新的整体。可见，每一个结构都是从一个简单的结构过渡到另一个复杂的结构，并把这些简单的结构整合起来，超过它们而建成一个新的结构。

(三) 儿童认知中的自我中心

皮亚杰几十年研究的主要成就是发现儿童不同于成人。儿童思维的核心特点是自我中心。所谓自我中心是指儿童把注意集中在自己的观点和自己的动作上的现象。这种自

① 马克思、恩格斯著：《费尔巴哈，马克思恩格斯选集》第1卷，人民出版社1972年版，第35页。
② 凯德洛夫著：《同让，皮亚杰的五次会见》，李树柏译，《自然科学哲学问题丛刊》1982年第1期。

我中心不仅表现在儿童的言语、表象和逻辑中，而且在儿童的外部行为中也比比皆是。皮亚杰在关于儿童的世界表象和物理因果关系的研究中指出，在一定的发展阶段中，儿童在大多数场合下都认为对象就是直接知觉的那个样子，而不懂得从事物的内部关系中来观察事物，例如，儿童认为月亮在跟着他走，只要他不走，月亮也就不走了。这种拟人化（泛灵论）的现象，皮亚杰称之为"实在主义"。正是这种所谓"实在主义"妨碍了儿童，使他们混淆了自我与客体间的界线，不能摆脱自己的主观感受的束缚，不善于从事物内部的相互联系中去认识事物，因而把注意力仅仅集中在自己的观念和动作上，导致儿童把个人瞬间的感知当作绝对的真理。把主观感觉当作了现实，正是皮亚杰把它取名为实在主义的缘故吧。儿童的实在主义，使儿童表现出令人十分费解的现象，一方面他们与直接观察相连，另一方面，他们比成人远离客观世界。概而言之，实在主义使儿童徘徊在世界的现象之中，而又使他们远离了世界的客观本质。

　　体现儿童自我中心的实在主义不仅表现在智力活动中，也表现在儿童的道德认识中。由于儿童在认知和情感上都处于心理的劣势，他们对成人（主要是对父母）形成了单方面的尊敬。这种由爱和怕所构成的单方面的尊敬表现在儿童处理与成人关系时形成的服从。服从是儿童责任感的源泉。皮亚杰说，"儿童的第一个道德感是服从，而所谓善的另一个标准长期以来就是父母的意志。"如同他们的思维发展水平一样，幼儿的道德情感也是直观的，"幼童的道德在本质上始终是受外界支配的，是服从于外在意志的，即他所尊敬的人或父母的意志的。"[1]因此，皮亚杰把这时的儿童道德认识称为是他律为主要特征的阶段。所谓他律是指儿童的道德判断受他自身以外的价值标准所支配。在对待游戏规则的态度上，幼儿并不能全部掌握它们，但他们把规则看作是神圣不可违背的。因为规则是成年人制定的。因此，幼儿表现出规则实践与规则意识之间的矛盾。皮亚杰把幼儿由他律引向的一个有规则的结构称为道德实在论。道德实在论引向客观的责任感。所谓客观的责任感，就是指儿童对行为作出判断时，主要依据行为的物质后果，即行为符合或违反规则的程度，而不是考虑行为者的主观动机。即使对说谎这一类行为，在幼儿看来，"说一次谎话的严重性，不在于儿童存心欺骗的程度，而在于说谎和客观的真相在实质上相差的程度。"[2]例如，一个孩子在街上散步被一只大狗吓了一跳，回到家中告诉母亲说，他看到一只像牛一样大的狗。另一个孩子放学回到家中告诉妈妈，老师给了他一个"优"，而事实上根本没有这么回事。对于以上两例说谎行为，幼儿认为前者，即说自己看见一只跟牛一般大的狗的孩子更坏些，因为"根本就不会有像牛一样大的狗"。而对后者，即以报优的方式骗取母亲奖赏的孩子，幼儿则认为性质不那么严重，因为"在学校中，有时候能得到好分数，有时候不能"，"他母亲相信这个谎言。"[3]随着儿童年龄的增长，客观的责任相应减少，主观的责任逐渐占据了主要地位。研究发现，如果把10岁以下的儿童对道德判断问题的

---

① 皮亚杰著：《儿童的心理发展》，傅统先译，山东教育出版社1982年版，第58页。
② 皮亚杰等著：《儿童心理学》，吴福元译，商务印书馆1981年版，第95页。
③ 皮亚杰著：《儿童的道德判断》，陆有铨译，山东教育出版社1984年版，第172—180页。

回答分为客观责任和主观责任两类，可以发现，6岁以下的儿童还不能进行比较，7岁左右的儿童对道德判断表现为客观的责任，而9岁左右的儿童开始表现出主观责任。

在皮亚杰看来，不仅是道德发展存在一个从自我中心中解脱出来的问题，整个社会化发展也是如此。"儿童的社会发展从自我中心的状态开始转向互相交流，从不自觉地把外界同化到自我转向互相理解，导致人格的形成，从整体混沌的未分化状态转向以有纪律的组织为基础的分化状态。"①

自我中心是一种稳定的和无意义的错觉，意味着对世界的相对性和协调观点缺乏应有的理解，在认识活动中将主客体混淆，而把自我的看法不自觉地强加在周围的人和事上。究其本质，自我中心是由于思维缺乏可逆性，而缺乏可逆性的机制则在于同化与顺应的对抗。

随着主体对客体相互作用的深入和认知机能的不断平衡，认识结构的不断完善，个体能从自我中心状态中解除出来，皮亚杰称之为去中心化。

认识上的自我中心不仅发生在幼儿期，事实上，它可以发生于任何一个发展阶段，因此，从自我中心状态向解除自我中心的过渡是认识在任何发展水平上的特征。这个过程的普遍性和必然性，皮亚杰把它称为发展规律。从出生到青少年的智力发展中，儿童从三个不同水平上解除自我中心，第一次是在出生到2岁之间，儿童从完全分不清主体与客体的混沌状态发展到能理解世界是由客体组成的，而他本人也是一个在时间和空间上客观存在的人。第二次自我中心表现在前运算阶段，儿童分不清自己的观点与其他人观点之间的差别，快到7—8岁时，由于去中心化的结果，儿童得以理解物体之间的客观关系，并且在人们之间建立合作关系。第三次自我中心出现在11—14岁，少年儿童认为自己的思维能力是无限的，沉湎于无休止的脱离现实的"改造社会"的议论之中，这个时期的去中心化是儿童从抽象地改造社会转变为实际的活动家，开始严肃和切实地考虑实际职业和工作，产生了一种成人感。皮亚杰认为，任何一次自我中心的解除，必须有两个条件：第一，意识到自我是主体，并把主体与客体区别开来；第二，把自己的观点与他人的观点协调起来，而不是把自己的观点当作绝对真理。

有人会说，儿童思维中的自我中心可能与他们知识的贫乏有关，如果扩大儿童的知识面，增加他们的知识量，能否避开自我中心呢？苏联的心理学家们曾经针对这一问题做了专门研究。研究发现，新的信息不能不反映在儿童的思维内容上，但新的知识并不能使儿童克服自我中心的错觉。研究者在大班幼儿身上看到了幼稚的自我中心主义与现代科学说法的奇妙结合，儿童依然用泛灵论的、人为的原因解释自然现象，年龄越大的儿童，越能经常运用电影的内容，用现代科技的产物，如飞机、火箭、人造卫星的类比解释自然形象。例如，一个6岁5个月的男孩在回答"天上的星星是从哪儿来的？"这个问题时，说"是用金纸做的，是宇航员扔在那里的。""太阳在运动吗？""不能，因为它不能到处走。""星星在运

---

① 皮亚杰著：《教育科学与儿童心理学》，傅统先译，文化教育出版社1981年版，第179页。

儿童心理发展理论(第二版)

动吗?""在运动。""为什么?""因为风把它吹向四面八方。"这类研究表明,"首先,单纯地积累,自发地掌握知识,不能代替思维形式,这一点与皮亚杰经常发挥的思想相一致。"①其次,5岁以前的儿童只能根据自己看到的具体事实对现象作类比,他们能运用动画片和电视节目的内容,但形形色色新内容的后面仍是"实在论",万物有灵论和"人为主义",儿童只是看到表面现象,依据他们的知觉作出判断。

对于一个具体的人来讲,解除自我中心并不是必然的、必胜的。在一些心理发展水平低下的人身上,自我中心状态会纠缠终身,表现为认识上的主观臆断,行动上的为所欲为,作风上的独行其是,情绪上的喜怒无常和人格上的浮虚狷狭等心理特征,这些都是自我中心状态的反映。社会生活中常见的角色错位现象,也是自我中心的范例。"不知从何时开始,作家们一个个觉得自己是天地第一人。走到哪里都有一副舍我其谁的神态。据说,几位在文坛一度叱咤风云的作家甚至上书要求列席政治局会议。"②诸如此类,不实行去中心化,是很难在社会生活中准确定位的。正如皮亚杰所说:"一个人自己的思路越是前进一步,他就越能从别人的观点看待事物,越能使他自己为别人所理解。"③任何一个希望成功的人,如果不能解除自我中心,就不可能达到自我实现的最高境界。

从更广泛的视角来看,一部人类认识史,就是人类不断解除自我中心的发展史。例如,人类摒弃地心说,信奉进化论,发现无意识,破除迷信观念,关心生态环境,保护野生动物,寻找宇宙生命等,无一不是一种自我中心的解除。

因此,"发现自我中心主义是皮亚杰在儿童心理学上的第一个巨大成就。这使他作为一个学者而誉满全球"④。

(四) 从动作到运算——儿童思维发展的过程

皮亚杰理论认为,思维起源于动作,动作是思维的起点。儿童最初具有的动作是反射性动作,本身并不具有智慧性质。从反射动作到智慧动作,再内化为具有可逆性的动作——运算,需要一个发展过程。⑤

1. 从反射动作到智慧动作

新生儿,儿童生命的第一月,属于感知—运动阶段的第一个子阶段。儿童的出生带来了先天的反射能力。皮亚杰并不研究全部的反射。那些随着儿童年龄增长而消退的反射,如巴宾斯基反射、惊跳反射不属于研究对象;对那些不随年龄变化的反射,如瞳孔反射、膝跳反射他也不感兴趣。皮亚杰只对随年龄增长而变化的反射,如吮吸反射、抓握反射感兴趣。下面以吮吸反射为例看看它是如何发展的。

新生儿一出生就具有吮吸反射。在练习的影响下,第二天的动作就比头一天更准确、

---

① 奥布霍娃著:《皮亚杰的概念》,史民德译,商务印书馆1988年版,第117页。
② 陈世旭:《角色错位》,《文汇报》,1999年10月28日,第11版。
③ 皮亚杰著:《儿童的语言与思维》,傅统先译,文化教育出版社1980年版,第57页。
④ 奥布霍娃著:《皮亚杰的概念》,史民德译,商务印书馆1988年版,第34页。
⑤ 皮亚杰著:《发生认识论》,见左任侠、李其维主编:《皮亚杰发生认识论文选》,华东师范大学出版社1991年版。

有力。反射的积极重复是最初的同化形式。皮亚杰称之为机能同化(或称再现同化)。儿童逐渐对不太复杂的对象进行实际地反射辨别,起初他试图吸吮所有碰到嘴边的东西,然后,把奶头与其他对象区别开来。儿童具有的这种反射经验称之为认识同化。最后,吸吮活动发生泛化,儿童不仅吃奶时吸吮,不吃奶时也吸吮,吮手指头、吮被角、吮脚丫,总之,这个时候对于儿童来讲,整个世界都可以吸吮,皮亚杰把这种同化称为泛化同化。

反射练习的结果形成了新的习惯。感知—运动智力发展进入到第二个子阶段:基本习惯阶段(从 1 个月到 4 个月)。这一阶段出现了新的生活中习得的行为方式,例如吸吮手指头,头部转动朝向声源,移动视线追随物体等;形成了新的动作格式,例如,去看,去听,试图抓起物体等。环境成了形成儿童生活经验的条件。

皮亚杰认为,循环反应是习惯形成的基础。循环反应就是一系列动作的重复。基本习惯阶段的特征是形成第一级循环反应。这是具有一定发展的完善的同化形式。习惯的获得通过两种器官活动的联系而实现(如视与听),表明有新的因素被同化到先天反射的格式之中。儿童能完成某种动作,有很多无特定目的不断重复的"纯粹动作",即为动作而动作,使动作得到充分联系。此时,儿童的注意力集中在自己的活动上,对活动的结果以及对环境的影响并不在意。第一级循环反应虽然在时间和空间上比遗传反射有较大的灵活性,但还算不上智慧动作,因为这时儿童的行为与效果之间没有分化,行动还没有目的。

第二级循环反应的形成组成了感知—运动阶段的第三个子阶段(4—10 个月)。当婴儿的视觉和抓握开始协调后,就过渡到这一阶段。这时儿童能重复他即刻前偶然做出的动作。例如,婴儿偶然抓到摇篮顶上的一根绳子,拉动后发出了拨浪鼓的咕隆声,他立即多次地重复这一动作,而每一次动作所引起的兴趣又促成这种重复。往后,你只需在摇篮上挂上一只玩具,引起儿童寻找这根绳子,就使目的和手段之间开始分化。再以后,你从距摇篮两码(6 英尺,约 1.83 米)远的一根竹竿上摇动一个物体,并在幕后发出其他机械的声音,当这些情景和声音消失后,儿童又将寻找并拉动原先那根绳子。这一情况表明,儿童开始试图采用同样的方法达到不同的效果,这正是智慧的萌芽状态。

第二级循环反应的协调和应用,产生了实际的智慧,使发展进入第四个子阶段(8—10 个月)。这时儿童开始不依赖原有的方法而能达到一定的目的。"目的"开始吸引儿童,但一时还没有达到目的的手段,需要依靠自己去寻找。为了达到目的,儿童开始把已有的动作格式组合起来,运用经验解决最简单的任务(如从一块布的下面取得物体)。此时动作开始明显地表现出方法的性质。例如,婴儿抓住成人的手,拉向他自己够不到的物体,或要成人的手去揭开被覆盖住的物体。这一阶段中目的与手段(方法)之间的协调是新生的。而且在无法预见的情况下,每次都有不同的创造性(这就是智慧的表现!)但所有使用的方法都是从已知的动作格式中产生的。

当儿童发现了达到目的的新手段时,便出现了第三级循环反应。儿童的认知发展进入第五个子阶段(11—12 个月)。从已知的格式中寻求新的方法,即所谓的"支持物的行为模式"。例如,把一物体放在毯子上婴儿拿不到的地方,婴儿企图直接取得这物体失败后,偶尔会抓住毯子的一角,从而观察到毯子的运动与物体间的关系,并逐渐开始拖动毯子以便取得物体。皮亚杰把这种现象看作是利用新手段达到目的的一种表现。这种表现不是顿悟,它一方面是以过去的若干行动格式为基础,另一方面,尝试错误也起着一定的作用。

在以后的发展中,儿童能够寻找新方法,不仅用外部的或身体的摸索,而且也用内部的联合,达到突然的理解或顿悟。这标志着儿童智慧的发展进入感知—运动阶段的第六个子阶段(12—18个月)。这一子阶段标志着感知—运动阶段的终结和向下一时期(前运算阶段)的过渡。皮亚杰为我们提供了一个典型事例:一位儿童面临着一只稍微开口的火柴盒,内有一只顶针。当他用尽各种方法都未能打开火柴盒后,便停止动作,细心地观察情况,小嘴巴缓慢地一张一合了几次,然后,突然把手插进盒口,成功地打开了火柴盒,取得了顶针。这种顿悟是儿童向运用表象来解决问题的过渡,顿悟来得如此之快,给人的印象好像是突然改变了结构,但它的发生事实上经历了很长时间的发展。

感知—运动阶段的发展使儿童获得动作逻辑——一种实践的智慧。形成感知—运动智慧的行动是可以重复的,而且是可以概括的。我们已经知道,凡能在动作中可以重复和概括的东西,就可称格式。一个格式往往包含着几个子格式,形成包含逻辑。这是包含关系的开端。在以后的阶段中,这种包含关系便形成类的概念。

在动作协调中包含的另一种逻辑是序列逻辑,例如,为了完成一个目的,我们必须通过一定的手段。手段和目的之间有一个次序。正是这种实践的次序关系,成为以后逻辑数理的序列结构。此外,这一阶段的发展还形成了一一对应的原始类型,例如,婴儿重复一个动作时先做的动作与后做的动作是一一对应的。我们称之为对应逻辑。在感知—运动智慧中,一定的包含逻辑、一定的序列逻辑和一定的对应逻辑,都是构成逻辑数理结构的基础,它们虽然还不能算作运算[①],但已经在守恒的形式和可逆的形式上,为运算的最终形成开了个头。

感知—运动智慧的守恒性特征表现为物体客体永久性的观念。这个观念在婴儿接近1岁末时才出现。如果你在一个七八个月的婴儿正伸手去拿一物体的瞬间,突然在他与物体之间放上一层幕布,婴儿的手便立即缩回,仿佛这个物体已经不存在了似的,他们并不想推开幕布去寻找刚才想抓的物体。而接近1岁末的儿童在这种情况下会拉动幕布,继续取拿那个物体,他甚至能留意许多连续的位置变动。例如,当把一个物体放在一个小盒子里,而把这个小盒子放在椅子背后,这个儿童将能追随这些连续的位置变动。这就表明,儿童已经获得了客体永久性观念。客体永久性是儿童以后获得守恒观念在机能上的等价物。

与客体永久性的表征相类似的是在儿童的意识中也形成了空间、时间和因果关系的表象。客体永久性表象的产生,与时间、空间表象的形成是密切联系的。起初,儿童没有

---

① 根据皮亚杰学说,运算是内化的、可逆的动作,下文将有分析。

第六章　日内瓦学派认知发展理论

一个统一的空间,他们对物体的定位完全是主观的。在皮亚杰的一个实验中,实验者给儿童一个玩具,再把它夺回来,当着儿童的面,把它放在床单 A 的下面。儿童注视着实验者的举动,并找回了玩具。第二次,实验者再次把玩具夺回来,慢慢地把球放在床单 B 的下面,儿童注视着实验者的动作,但他没有到床单 B 下面去找玩具。有趣的是所有被试儿童都从床单 A 下面开始寻找!可见,儿童的主观定位依赖于以前取得成功的动作,只有客观定位才反映物体本身的移动。儿童是逐渐地从主观定位向客观定位过渡的。起初,物体是当着儿童的面从一处藏到另一处时,他才能找到。稍后,在比较困难的场合他也能找到,只要看到藏东西的地方鼓起来,就发现了藏处,把盖布掀掉,便能拿到藏物。儿童通过空间的移动逐渐组织为结构,如 AB＋BC＝AC,AB＝BA,AB＋BA＝AA,AC＋CD＝AB＋BD＝ABCD(见图 6-1),这表示空间和感官逐渐地协调起来了。皮亚杰把儿童运动的这种组织称为"位移群"。感知—运动水平的"位移群"就是把现实的运动结合为群,在这些运动之间建立动作上的可逆关系。儿童从而可以理解朝向于某一方向的运动能被朝向于另一方向的运动所抵消,理解我们能通过许多通道中的任何一条到达空间的某一点(即迂回行为)。

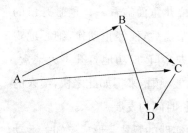

图 6-1 位移群示意图

客体永久性和位移群的形成,是儿童在感知—运动阶段从自我中心状态的第一次解除,是第一次去中心化的重大成果。皮亚杰十分重视儿童发展的这一成果,把它称之为"哥白尼式的革命"。"在儿童头十八个月的过程中,发生一种好比'哥白尼式'的革命,或者更简单地说,发生一种普遍的'脱离自我中心'的过程,使儿童把自己看作是由许多永久客体(即是以空间—时间状态组成的永久客体)组成的世界中的一个客体。而在这永久客体中,因果关系在起着作用,它在空间上得到确定的位置,并使多种事物都成为客体化。"[①]

2. 动作的内化

经历了感知—运动智慧的发展,儿童的动作越来越内化,逐渐产生了智力活动的内部形式。这时儿童有了借助表象进行思维的可能,我们称之为表象性思维。表象的形成,使儿童的动作可以离开对具体客体的直接操作而移到头脑内部来进行,因而表象性思维比感知—运动智慧有较大的灵活性。在感知—运动智慧中,事件按它们的真实存在彼此联系起来,而表象性思维则可能立即把握整串连续事件。在感知—运动智慧中,动作是一个接一个完成的,而在表象性思维中,儿童可以在头脑中出现两种运动。因此,表象性思维使儿童的思维开始离开实物,摆脱对当前情境的依赖性,因而变得较灵活、较广阔、较丰富。

怎样才能从感知—运动智慧向表象性思维过渡呢?

① 皮亚杰等著:《儿童心理学》,吴福元译,商务印书馆 1981 年版,第 12 页。

在感知—运动阶段，儿童与物体之间的关系是实际的、具体的、狭窄的，因此，儿童只有利用知觉对物体产生动作，影响它，以达到自己的目的。但是，现实并不总是人们所知觉到的那个样子。主体要适当地反映它，就必须要先了解它。为此，就必须把关于现实的各种不同观点协调起来。而这种协调只可能发生在心理内部和表象中，否则就无法实现协调的目的。只有在表象中才能考虑到别人的观点，并把自己的观点与别人的观点相比较。"思维借助于表象而超越眼前的局限，从而扩大了主体对环境适应的时间和空间范围。延迟模仿，象征性游戏、绘画、心理意象，最后是言语（语言的获得），这样一些心理活动的产生，表明思维有了新的可能性。"①延迟模仿、象征性游戏、绘画、心理意象和言语都属于符号功能。任何一种符号功能都有可能使儿童在想象的情境中完成某种动作。这是在儿童发展进程中，现实对象与符号手段之间的第一次分化。其中，有一些符号手段，与所标志的对象之间没有共同之处，如象征性游戏；有些符号手段则是个别对象的形象表示，如儿童绘画和心理意象；还有的符号手段，如言语，是在社会约定俗成的过程中获得它。各种符号功能都有一个共同的起源——主体的实际动作。

例如，延迟模仿是直接模仿的内化，而直接模仿与外部动作的关系是显而易见的。皮亚杰认为，离开了模仿，其他象征性活动的形式便不复存在。没有模仿动作，便没有象征性游戏。游戏的象征，是儿童创造的一种独特的表现方式。在游戏中，儿童可以随心所欲地根据自己的需要加以改变活动对象和游戏方式，从而重新体验过去的事件，使经验与自己的需要、兴趣相适应，或用皮亚杰的习惯用语：把它同化于自己的认知结构。

皮亚杰将儿童的游戏分为四类：感知—运动水平上的游戏（适应动作的重复）、象征性游戏、规则游戏和创造性游戏（智力游戏）。其中，象征性游戏是儿童特有的活动。

介于象征性游戏与心理意象之间的是儿童绘画。在一定的发展阶段，儿童所画的东西不是他所看到的，而是他所知道的。因此，可以根据儿童的绘画判断他们的心理意象。皮亚杰认为，儿童绘画是智力发展的尺度。

这里所提的心理意象是内化了的模仿的结果，是借助于内部的心理动作的模仿，是感知过的事件和物体的积极模型。当心理意象产生时，可以把它与内部每次出现的图画相比较。映象是物体的象征，不是符号。因此它在思维中的作用是在一定程度上适当地、图式化了地与它所标志的客体相符合。

言语在智力活动中的作用特别重要，它给儿童思维的发展和行为带来了本质的变化。儿童借助言语可以讲述发生过的动作，可以预见将来，可以与人交往，从而达到动作的社会化。最后，语言的内化，使思维的过程得以实现。语言虽然属于社会的，但没有主动的动作便无法掌握它。

综上所述，各种不同的表象都是内化的心理动作。

---

① 奥布霍娃著：《皮亚杰的概念》，史民德译，商务印书馆1988年版，第64页。

正因为符号功能中有言语的使用和其他人为制定的符号,表象性思维的社会化就要比感知—运动智慧的要求高。儿童为了适应新的社会方面,会再一次地表现自我中心的倾向,这种自我中心倾向表现范围之广,涉及儿童精神生活的各个领域;时间之久,一直延续到学前期末。

表象性思维的工具是表象。表象为儿童的理解水平提供了一些正确而又缓慢的进展。但是,表象本身自然保持着静态的和不连续的性质,忽视了转变的过程,缺乏可逆性,因而它本身不足以产生运算的结构。因此,皮亚杰把前运算时期的思维称为"半逻辑的思维"。"半逻辑是儿童的这个年纪的特征。这里所谓半逻辑是真正从文字上理解的,它是逻辑的一半。"[1]半逻辑使幼儿只能从一个方面来思考和认识,其结果是导致不守恒。在皮亚杰的研究中,关于幼儿不守恒的系统研究和结果,是十分引人入胜的。例如,许多在成人看来是属于度量性质的关系,在儿童看来只是次序的关系。度量完全不在它们的判断之中。长度不守恒就是这类现象中的一个典型表现。先将两根等长的木棍,整齐排列在儿童面前,让他们得出"一样长"的结论,然后,实验者当着幼儿的面把两根等长的木棍一前一后地错开平行放在桌子上,问两根木棍是否一样长。幼儿并不从棍子的左右两端的距离来判断棍子的长度,而是根据两根棍子的某一端的前后位置来判断长短,在他们看来,一端在前的棍子肯定比一端在后的棍子长,全然不顾及另一端的情况完全相反。在许多情况下,幼儿的反应是以次序关系为依据,而不是以数量关系为依据,包括数量、质量、容积、体积、面积等守恒实验中各种不守恒的判断均是如此。

这种半逻辑的另一个特征是同一性概念先于守恒性概念。在感知—运动智慧中,儿童已经获得了同一性概念,即懂得物体具有一定的稳定性。这种同一性概念并不等同于守恒,而只是以后守恒概念的起点。皮亚杰说:"在这个心理发展阶段上,同一性是半个别化的和半共同化的。儿童将相信:当他能同样处理这些对象时,这些对象便是同一的。"[2]例如,幼儿认为桌子上的一堆珠子和项链上的一串珠子是同一的,因为只要把项链拆开来,就变成一堆珠子;一堆珠子串起来就成了项链。

幼儿的同一性概念是变化的。年龄稍大一点时,儿童对同一性的标准便要求更多一些,同一性变得比较个别化了。例如,当一根直的铁丝变成一根弧形铁丝后,儿童便认为形式不一样了,便不再是同一根铁丝了。

总之,7岁以前的儿童仍处在逻辑以前的阶段,用直觉的机制代替逻辑。所谓直觉的机制,就是利用表象与内在经验的形式简单地把感知和运动内化了。其本身只是感知—运动格式的延伸,而没有真正在理智方面达到协调。表象一方面作为认识的工具推动了思维发展,另一方面又由于其直观性束缚了思维的深化,使前逻辑阶段的思维处于自我中心状态,同一性与不守恒是直观的基本特征。

---

① 皮亚杰著:《发生认识论》,见左任侠、李其维主编:《皮亚杰发生认识论文选》,华东师范大学出版社1991年版,第83页。
② 同上书,第85页。

3. 内化的可逆的动作——运算

随着智慧的发展，"当直观构成了既可以组成，又可以逆行的组合时，它们就转化为运算了。换言之，当同类的两个行动能够组成同类的第三个行动而这些行动又能够予以补偿或取消时，行动就变成了运算。因此，组合的行动(逻辑上和算术上的加)就是一种运算。"①因为，一个单独的组合是由几次相加构成的，而这个组合又可以通过几次相减来取消，简而言之，运算就是内化的可逆的动作。运算具有以下的性质：

(1) 运算具有可逆性。一个动作既可以向一个方向进行，也可以向另一个方向进行，就说明这个动作具有了可逆性。可逆性是运算的本质特征之一。可逆性有两种，一种叫反演可逆性(或称否定可逆性)，指的是"反演性运算(过程)结合而消失了整个东西"。例如＋A是－A的反演(否定)，＋A－A＝0。另一种叫互反可逆性，指的是"原运算与它的互反运算结合而产生一个等值"。例如，$A \geqslant B$，则它的互反运算是$B \leqslant A$，这两个运算之间等值，即$(A \geqslant B) = (B \leqslant A)$。皮亚杰认为，反演可逆性支配着分类的系统，它是一切类概念产生的基础。互反可逆性支配着关系的系统，它是理解一切事物的对称关系或不对称关系的基础。

(2) 运算具有守恒性。由于运算具有可逆性，儿童在认识事物的变化时可以严格地回到原来的出发点，这就意味着儿童开始认识到事物虽有个别变化过程，但它不仅性质未发生变化，而且数量也没有发生增减，于是，形成了守恒的概念。同一性是一个质量概念，而守恒是一个数量概念。运算的守恒性与可逆性是相互联系的。首先，守恒是通过可逆性而获得的。其次，没有某种内容的守恒，可逆性也就失去依据。一杯水倒到另一个容器中，才可以讨论守恒和可逆，如果把一杯水泼到地上，就不可能讨论可逆与守恒。运算的守恒性与可逆性是不可分割的。

(3) 运算不是孤立的。一个单独的内化动作，只能算作直觉表象，不能算作运算。凡是运算，都不是孤立的。运算总是随着同类运算总体的变化而形成。例如，类(许多个体的组合)这个逻辑概念就不是孤立构成的，而必然是在组合的归类中作为这个组合中的一分子而构成的。逻辑的家属关系(如兄弟、叔侄)也只能随着一整套类似的关系而构成，而这些类似的关系总体便组成了一个关系系统。数字也不是独自出现的，而只能作为一个有秩序的系列1、2、3、4……之中的一些因素而为我们掌握的。同样，价值也只能随着整个价值系统或"价值等级"的变化而存在。即使是一个不对称关系，如$B < C$，也只能把它和一套可能的系统$0 < A < B < C$……联系在一起才能被我们所理解。尤其显著的是，这些集合系统只有和明显的运算可逆性联系在一起才可能在儿童的思维中形成，这样一来，它才能立即获得一个明确而完整的结构。

儿童在11—12岁之前，处于具体运算阶段，即他们只涉及现实本身，尤其只涉及那些为真实行动所操纵的、可触及的客体。当在具体运算阶段上，思维离开了可以触及的现实

---

① 皮亚杰著：《儿童的心理发展》，傅统先译，山东教育出版社1982年版，第72页。

时,不在眼前的客体就被一些相当生动的表象所替代,而这些表象和现实是相符的。如果要求这个阶段的儿童对于成人口头上提出的一些简单假设进行推论,他们的思维就立即失去了依据而又回复到学前儿童所具有的那种逻辑学的直观上去。例如,当问具体运算阶段的儿童"伊迪丝的头发比莉莉的头发黑些,而伊迪丝的头发又比苏珊的头发淡些,请问谁的头发最黑?"他们一般都回答说,既然伊迪丝和莉莉的头发都比较黑,而伊迪丝和苏珊的头发都比较淡些,那么莉莉的头发最黑,苏珊的头发最淡,而伊迪丝的头发则在二者之间。看得出,学龄初期的儿童对于这三个虚构人物的推理存在一定的困难,如果采用三个真实的人向学龄儿童提出关于头发深浅的问题,他们回答起来要容易得多。

到了11—12岁,逻辑的运算开始从具体操纵客体阶段转变到观念阶段,形式运算成了可能。在这个阶段,逻辑运算是用某种符号(语词或数理符号等)来表达,而不再用感知、经验或信念来加以支持了。对于上述"头发问题",则能以纯粹假设的形式抽象地提出来,思维则是对这个假设进行推理。形式运算的思维是"假言演绎"式的,它使得一个人可能从纯粹的假设去得出结论而不仅仅只能从实际的观察去求得结论。这种结论甚至具有独立于事实真理之外的有效性。

构成形式运算思维的条件是什么呢?儿童不仅必须对客体应用运算,而且还必须在没有客体而用纯粹的命题的条件下,对这些运算进行"反省思考"。这种反省思考即是对思维的思维,是高一级的第二级思维。皮亚杰说,"具体思维乃是一种可能的行动的再现(或表象),而形式思维则是可能的行动再现的再现。""从它们的机能来讲,形式运算和具体运算并没有什么不同,不过前者应用于假设或命题而已。形式运算产生了'命题的逻辑',而具体运算产生了关系、类、数目的逻辑。"①

以上,我们详尽地介绍了皮亚杰学说中关于动作的重要性以及从动作到运算的一般过程。正如皮亚杰本人所说,整个运算最一般特征的形式是,"首先,在外显行为的部分之间开始协调;然后这些调节便逐渐深刻到足以使动作越来越内化,最后,它们便呈现转换的、可逆的运算结构的形式。"②"运算乃是动作之继续;它们表达了所有的动作普遍具有的某些协调的形式………具有普遍的适用性。"③在儿童发展的过程中,特殊地讲,在教育过程中充分发展儿童的动作,是发展儿童智力的必由之路,"因为没有动作,就意味着与外部世界失去接触。"④这一观点对于我国的学前教育与特殊教育,具有尤为重要的启示和指导作用。

(五)阶段论与平衡化

自从弗洛伊德提出心理性欲的发展阶段后,阶段论已经在发展心理学领域内扎下了根。因为,绝大多数发展心理学家都认为发展的阶段是存在的,尽管在划分阶段的标准和

---

① 皮亚杰著:《儿童的心理发展》,傅统先译,山东教育出版社1982年版,第88页。
② 皮亚杰著:《儿童的早期逻辑发展》,陆有铨译,山东教育出版社1987年版,第525页。
③ 同上书,第524页。
④ 皮亚杰著:《皮亚杰的理论》,见左任侠、李其维主编:《皮亚杰发生认识论文选》,华东师范大学出版社1991年版,第31页。

解释上持有不同的意见。阶段论构成了发展心理学领域内的一个重大理论问题。

皮亚杰的认知发展阶段，是继弗洛伊德以后又一重要的阶段理论。皮亚杰首先把阶段论当作一种研究方法。他说，"人们之所以致力于构造阶段，是因为这是一种分析形成过程的不可缺少的手段。发展心理学试图探讨心理机能的构造，阶段就是这些形成过程提供分析的必要手段。但我必须坚定地主张这一事实，一些阶段自身并不构成一个（研究）目标。"[①]在皮亚杰看来，发展心理学运用阶段的手段，如同动物学和植物学的分类法一样，生物分类就是分析前必需的一种手段。

儿童的生长，是一个多维度的发展过程，以至于在儿童身上存在着若干种发展指标，如牙齿年龄、骨骼年龄、脑的年龄、内分泌年龄等。一般说来，这些年龄之间的发展是平行的，但并不完全同步发展，从而形成机能相对独立发展的多样性。这就为运用阶段法研究发展提供了客观上的可能性。

皮亚杰认为，作为发展阶段，必须具备两个必要条件。其一是，它们必须定义为保证着一种固定的和连续性的次序；其二是，这定义必须估计到递进的结构，从而不致留下完全预成的印象。显然，皮亚杰的这两点是有所指的，前一点指向弗洛伊德。因为弗洛伊德依据一种优势的生理特征为阶段划分标准，而事实上这些特征的优势是"任意"的，在以前和以后的阶段中都存在，因而缺乏一种固定的和连续性的次序。后一点指向格塞尔。因为格塞尔的发展阶段是根据似乎排他的成熟作用的假设，它虽然保证着一种固定的连续性的次序，但它明显地忽视了递进构造的因素。皮亚杰的阶段理论很好地恪守着连续和建构的原则，为我们提供了一个关于认识发展的全新理论。

1. 皮亚杰认知发展阶段的特征

皮亚杰认知发展阶段的特征，具有以下性质。

(1) 阶段的获得次序是连续的、恒定的

这里所说的连续和恒定不是指时间（年龄），而是指相继的次序。年龄只是一个表示阶段的形式化指标，在某一特定的全域中，研究者可以利用年龄线索来表示这些阶段的特征，但年龄线索是极容易变化的，不仅表现在不同的全域间具有时间的差异。即使在同一全域中，个体的发展不仅有赖于他的成熟，他的经验，特别有赖于社会环境。"因为社会环境能够加速或延缓一个阶段的出现，甚或阻止其到来。我们在这里面临一个相当复杂的问题，我不能根据我们研究得到的阶段的平均年龄值去对另一人口全域作出判断。我把某些年龄仅看作与我们研究所及的人口全域有关；因此，从本质上讲，它们总是相对的。"[②]皮亚杰在这里以十分客观的态度给我们说明阶段的连续性体现在阶段的相继次序上，而不能拘泥在年龄上。这是一个十分重要的方法论的观点，对于我们把握发展理论的实质具有规范性。

阶段的连续性除了表现为次序的恒定外，还必须当作是稳定的。即一个特征不可能

---

① 皮亚杰著：《儿童期和青少年期的智慧发展阶段》，见左任侠、李其维主编：《皮亚杰发生认识论文选》，华东师范大学出版社 1991 年版，第 177 页。

② 同上书，第 174 页。

在某些被试中出现在另一特征之前,而在另一组被试中却出现在另一特征之后。或者,换一句话说,行为的连续顺序应具有普遍性,否则,就不能确定阶段。

(2)阶段的整合性

整合性指阶段之间的内在关系,在某一年龄所构造的结构将成为下一年龄结构的一个整合的部分。例如,客体永久性是在感知—运动水平上构造起来的,它的形成为今后形成守恒观念打好了基础,并成为守恒的一个整合部分。同样,具体运算也是形式运算的一个整合部分。一个新的阶段总是在以前阶段的基础之上形成的,而新阶段形成之后,先前各阶段就成为新阶段的内涵,被整合在其中。

(3)阶段的双重性

每一个阶段,一方面包括一个准备水平,另一方面包括一个完成水平。这是由于每一个阶段的形成都是一个动态的过程。它需要不断地同化和顺应,需要连续地平衡,最后形成一个稳定的整体结构。所以,每一个阶段都包含着形成的过程和最后平衡的形式。最后平衡的形式,意味着整体结构的形成。

(4)阶段的滞差

尽管皮亚杰十分强调认识论意义上的发展过程的稳定性和一致性(这一点与一般的发展心理学家的专业兴趣有所出入),但他仍然注意到了发展之间的滞差(严格地说,这一点与一般的发展心理学家关于个别差异的概念也不是一回事)。滞差体现着同样的形成过程在不同年龄阶段儿童中的重复或再现的特点。这一概念实际上表明皮亚杰承认了发展的不均衡性。它在一定程度上回答了同一儿童在不同认知领域中的发展差异。皮亚杰认为具有两种滞差:一种是水平滞差,另一种为垂直滞差。

水平滞差表现为当同一运算被应用于不同内容时表现出来的重复。例如,在具体运算领域中,7—8岁的儿童能对数量、长度等内容加以分类、计算、测量,并获得守恒的观念。但他们还不能对重量领域进行任何运算。只有到两年以后,他们才能对重量问题进行运算,并获得重量守恒。再往后,他们才获得体积的守恒。虽然,这里所使用的运算形式是相同的,但在不同的内容领域中运用的水平上表现出明显的差异。这种差异,就是水平滞差的表现。所谓垂直滞差指的是处于不同阶段的儿童,对同一动作从不同水平上进行的改造。例如,处于前运算阶段的儿童从表象水平上对感知——运动阶段要形成的平移群动作加以重现,把外显的动作改造为内化的表象动作。这就形成了两种水平之间的垂直滞差。也许这一概念与我们常讲的"螺旋形上升"和"更高水平的重复"这一类术语相通。意味深长的是皮亚杰本人也确实讲过类似的话,在他分析认知结构的发展和知识的形成时说,"简言之,与其设想人类知识如同金字塔或某种建筑物一样,不如把它看成为一个螺旋体,随着它的不断上升,它的旋转的半径也在不断增大。"[①]

---

① 皮亚杰著:《结构论》,见左任侠、李其维主编:《皮亚杰发生认识论文选》,华东师范大学出版社 1981 年版,第 451 页。

皮亚杰认为，"从一个阶段过渡到另一个阶段就是一种平衡化。"①平衡化是皮亚杰理论中的又一核心概念。所谓平衡化，就是对更好的平衡的追求。它有时指一种状态，但更多的是指一个过程，即追求新的平衡的过程。为了说明这一问题，还得从发展的因素讲起。

2. 影响发展的因素

皮亚杰认为，影响发展的因素，即发展的条件有四个：成熟、物质环境的经验、社会环境的作用和平衡化。前三者是发展的经典性因素，而第四个条件才是真正的原因。

（1）成熟

大脑与神经系统的成熟对认知的发展具有重要影响。"成熟的影响主要是为发展开辟新的可能性，就是说，对结构提供门径；在这些可能性未被提供以前，结构是不可能演化出来的。但是在可能性与现实性之间，还须有一些其他的因素，例如，练习、经验和社会的相互作用。"②生理成熟虽然是心理发展的必要条件，但两者之间不能直接等同，"'神经原的逻辑'和思维的逻辑间没有直接关系"、"命题逻辑并非神经原逻辑的直接后果。"③因此，不能把成熟作为发展的决定性因素。

（2）经验

这是通过与外界物理环境的接触而获得的知识，包括三类不同的来源：一类是简单的练习，包括并不引出任何知识的纯粹动作重复，以及能提供外源信息的探索知觉活动的练习或进行试验的练习；另一类是物理经验，指对对象采取行动并通过一些简单的抽象过程从客体本身中引出信息；第三类为逻辑数理经验，这类经验也是对对象采取行动，是从动作中抽象出来的知识，这种知识不是基于客体的物理特性，而是基于施加在这些客体上的动作的特性。例如，一个儿童从一排石子的点数中发现物体数量与排列方式无关的知识，就是逻辑数理经验。

（3）社会环境的影响

主要指语言和教育的影响。皮亚杰认为，"社会的或教育的影响和物理的经验在这方面都是建立在同一的基础上，它们对于主体能有某些影响，只要他能同化它们……实际上只有当所教的东西可以引起儿童积极从事再造的和再创的活动，才会有效地被儿童所同化"④。

（4）平衡化

皮亚杰注意到，每一个结构的形成，不是两种对立力量的均衡，而是一个自动调节的过程。结构的构造主要是平衡化的工作。平衡化是主体对外界干扰所进行的一些积极反

① 皮亚杰著：《皮亚杰的理论》，见左任侠、李其维主编：《皮亚杰发生认识论文选》，华东师范大学出版社 1981 年版，第 39 页。
② 同上书，第 29—30 页。
③ 同上书，第 30 页。
④ 同上书，第 32—33 页。

应的一个集合。从这个意义上讲,平衡和运算的可逆性是浑然不分的。最高的平衡状态将不是一种静止的状态而是主体最高程度的活动。它既是对现实干扰进行补偿,又将是对可能干扰的补偿。在心理学中,"主要的不是把平衡当作一种状态,而是当作一个现实的平衡过程。平衡状态只是平衡过程的一个结果,而过程本身则有较大的价值。""平衡并不是一个外来的或附加的特性,而是生命和心理中所固有的特征。"平衡化就是追求一种越来越佳的平衡状态。或者说,平衡化就是平衡状态的发展过程。如果没有平衡化的过程,任何平衡状态都是短暂的、脆弱的,它将很容易受到内外因素的干扰而失去平衡,而不平衡就成了持久的状态。"持久的不平衡则构成了一种病态的有机状态或心理状态。"①因此,皮亚杰说:"平衡化是发展的基本因素,并不是一种夸张;平衡化甚至是协调其他三种因素的必要因素。"②

皮亚杰给我们分析了三种类别的平衡。第一种是我们在前面提到的同化和顺应之间的关系。当同化与顺应之间达到一定的比例,形成适应状态,就是一种平衡。第二种平衡是主体格式中各子系统之间的平衡。认知结构中的子系统有时会相互矛盾,例如,关于数的构成属于逻辑数学运算的子系统,而长度则属于空间运算的子系统。当儿童面对一把大多是短棒,其中有少量的长棒的对象作数量判断时,他有时根据木棒的长短作出判断,这两个子系统以不同的速度发展,最后达到一种平衡。第三种平衡是根本性的。在任何阶段上,主体的部分知识与总体知识之间,必定要逐渐建立一种稳定的平衡。总体的知识不断地分化到部分中去,而部分的知识又不断地整合到总体中来。这种分化和整合的平衡,起着基本的生物学作用。

在认识机能水平上存在着一种平衡的基本形式,因为整合作为一种分化的机能会提出新的问题。这些新问题,使在以往活动的基础之上构造新的活动,或在以往运算的基础之上构成新的运算。这个在运算基础上的新的运算构成,也许就是发展和由一个阶段向下一个阶段转化的奥妙所在。

在皮亚杰看来,平衡是守恒和创新的结合,"任何时候都有某种创新——也就是某种转化过程——发生。同样,也总会有某种守恒,总会有一些在整个转化过程中不变的东西。这两种过程是绝对不可分的。"③在一个结构中,如果有一些东西变化了,就必须有另一些东西产生变化来补偿它,因而产生守恒。这些补偿都被组合于一种特定的结构中。因此,"如果没有创新也便没有守恒,而伴同守恒的创新又导致新的构造的不断要求。"④正因为这样,我们不能把平衡想象成一种静止的、固定的状态,而应该把平衡当成一个持续地追求更好状态的连续的过程。皮亚杰一言概之:"平衡化总是在追求一种愈来愈佳的

① 皮亚杰著:《儿童的心理发展》,傅统先译,山东教育出版社 1982 年版,第 126、127 页。
② 皮亚杰著:《皮亚杰的理论》,见左任侠、李其维主编:《皮亚杰发生认识论文选》,华东师范大学出版社 1981 年版,第 40 页。
③ 皮亚杰著:《平衡化问题》,见左任侠、李其维主编:《皮亚杰认识论文选》,华东师范大学出版社 1981 年版,第 144 页。
④ 同上书,第 145 页。

平衡。"①

(六) 语言与思维的关系

皮亚杰早在 20 世纪 20 年代初,就对儿童的语言和思维的关系做过大量研究,并写就了早期著名的论著《儿童的语言与思维》。在这本书中,皮亚杰提出,儿童语言的发展是从自我中心的独白,发展到集体独白,最后发展为社会化语言。根据他的观点,儿童的语言最初不具有社会交往的功能,只有发展到社会化语言阶段,语言才具有交往功能。语言的获得与认知的发展一样,也是一个解除自我中心的过程。皮亚杰的这一观点首先受到以维果茨基为首的社会文化历史学派的批评,他在后期对这一观点有所修正。

但是,皮亚杰关于语言和思维的关系,为心理学理论带来了新的观点,值得我们认真研究。

马克思主义经典作家曾对语言和思维的关系提出了非常精辟的见解,认为语言是思维的形式,思维是语言的内容。语言是思想的直接现实。离开语言的赤裸裸的思维是不存在的。这在抽象思维的范畴中是毋庸置疑的。如果从发展心理学的范畴研究语言与思维的发生之间的关系,需要我们从一个更广泛的角度来认识这一问题。

关于语言和思维的关系,集中在两个问题上:第一,语言在动作内化为表象和思想方面起什么作用? 第二,语言是逻辑运算本身的来源吗?

对于第一个问题,皮亚杰认为,语言在动作内化于表象和思想方面无疑起着主要的作用。但是,这种语言的因素不是唯一起作用的因素。我们必须把象征的或符号学的机能作为一个整体来考虑,而语言只是其中的一部分。正如我们在前文中介绍过的那样,表象的工具包括延迟模仿、象征游戏、绘画、心理意象和语言五种,而一般性的模仿早在获得语言之前就构成了知觉运动和象征机能之间的过渡。因此,语言必须置于象征机能的一般格局中来加以考虑,不论它所占的地位是多么重要。

关于这一点,我们不妨从对聋童的研究来看看没有语言对思维发展的影响。法国的奥来隆(P. Oleron)和美国的弗尔特(H. Furth)对聋童的研究发现,聋童由于没有语言能力,所接受的社会刺激受到限制,但他们的思维发展除了比正常儿童迟缓(例如,守恒问题的解答比正常儿童延迟 1—2 年)之外,在逻辑结构的发展方面是一样的。在聋童身上一样也可以发现分类、系列化、对应关系、计数的量,还发现了空间的表象等。总之,在这些没有语言的聋童中,逻辑思维也得到很好的发展。研究还发现,虽然聋童的发展比正常儿童迟缓,但较之天生的盲童,并不比他们迟缓。这是因为天生的盲童由于缺乏正常儿童在1—2 岁时在空间所进行的那种协调,以致感知—运动智慧的发展和这个阶段上的行动协调受到严重损害。在表象的思维阶段,他们的发展甚至更加迟缓(掌握了语言的盲童与正常儿童相比,进行同样的思维作业要延迟 4 年甚至 4 年以上)。尽管盲童在语言上比聋童

---

① 皮亚杰著:《平衡化问题》,见左任侠、李其维主编:《皮亚杰认识论文选》,华东师范大学出版社 1981 年版,第 145 页。

占有优势,但语言不足以补偿盲童在行动协调方面的缺陷。虽然,这种发展上的延缓现象最终还是得到了弥补,但行动协调方面的缺乏所引起的阻碍认知发展的严重性,要比聋童逻辑发展中的延缓情况大得多。

从以上研究结果中可以看出,语言对于表象和思想的形成是重要的,但不是唯一的,也不是不可补偿的。

对于第二个问题,皮亚杰始终认为逻辑运算的起源要比语言深远得多,发生得早。也就是说,思维从属于普遍的动作协调规律,这些协调控制着包括语言在内的所有活动,说得更清楚些,就是思维与语言是异源的。从发生上看,思维起源于动作,而语言产生于经验。逻辑的起源要比语言的起源深远得多,思维不能归结为语言,也不能用语言去解释思维。为了说明这一点,皮亚杰曾向我们介绍过辛克莱(H. Sinclair)的研究。这一研究是对 5 岁和 8 岁之间儿童的运算水平与语言水平之间关系的专项。研究者在被试中组织两个样组,首先利用守恒实验将已经具有守恒观念的儿童分为一组。这一组儿童明白,当一定量的液体从一种形状的玻璃杯倒入另一形状的玻璃杯时,虽然表面看来不同,但总量并没有改变。另一组是非守恒者。然后,辛克莱给儿童一些简单的对象,要他们描述,从而研究这两个样组儿童的语言。通常,她给儿童的对象是一一配对的,例如,一个大的物体与一个小的物体;一组有 4—5 粒弹子,另一组只有 2 粒;一个物体比另一个物体短些,但宽些等。然后把每一对物体中的一个交给某个人,而把另一个物体交给另外一个人,要求儿童说明每对物体的关系。这样,儿童便能够对它们作出比较,从而描述它们或者单独就每一对象进行描述。研究者发现,两组儿童描述对象时所采用的语言有着显著的不同。非守恒者采用纯量式的语言,一次只描述一个对象,一次只描述一个特征,如"那支铅笔是长的,""那支铅笔是粗的,""它是短的"等,而且他们的观察也是这样进行的,而守恒者能一次考虑几个对象,一次考虑几个特征,采用比较式的语言,例如,他们会说"这支铅笔比那支铅笔长些,但那支铅笔比这支铅笔粗些"等。从以上结果,我们可以看出运算水平与语言水平之间的关系,但这种关系中到底是语言水平影响运算水平呢,还是运算水平影响语言?研究者继续进行实验研究。由她负责对非守恒者进行语言训练,按古典学习论的方法教这些儿童利用守恒者所用的同样的字句去描述这些对象,然后对于这些已经学会了比较高级的语言形式的儿童再进行检验,以便发现这种语言训练对他们的思维水平是否已经发生了作用。结果发现,只有 10% 的儿童从一个小阶段前进到另一个小阶段。这一比例如此之小,以致皮亚杰怀疑,这些孩子的进步,也许是因为他们本身就已经发展到了这一阶段的中间水平甚至已经接近到另一小阶段的边缘了。"辛克莱根据这些实验所得的结论是:智慧运算看来促进了语言的进步,而不是相反。"[1]"语言似乎不是运算进展的动力,不过是为智慧服务的一种工具而已。"[2]

---

[1]　皮亚杰著:《发生认识论》,见左任侠、李其维主编:《皮亚杰发生认识论文选》,华东师范大学出版社 1981 年版,第 83 页。

[2]　同上书,第 34 页。

（页边竖排）儿童心理发展理论(第二版)

揭示出思维与语言在发生上的异源性，并不意味着贬低语言在思维中的作用。皮亚杰在论述语言的作用时，十分客观地肯定了语言对思维的重要性。皮亚杰说："语言是构成逻辑运算的必要条件，但不是充足条件。它是必要的，因为没有构成语言的符号表达系统，运算就会始终保持在一种前后连续的行动阶段而不能综合成为一个同时发生的系统，或者不能把一组互相依赖的转换同时包含在内。没有语言，运算始终是个人的，结果将不会受个人之间的交流与合作所调节。语言是有两重意义的：它既是一种凝缩的符号，又是一种社会的调节。语言在这种双重意义中便成为思维缜密发展不可缺乏的因素。因此，语言与思维在发展的圈子里是联系在一起的，而在这个发展的圈子里，在相互依赖的形成过程中，在继续互换的行动中，语言与思维必然是彼此相依的。"①

我们在这里详尽地阐述了皮亚杰关于语言与思维的关系，一方面是出于对理论的兴趣，另一方面也是基于当前学前教育与特殊教育中迫切需要引起重视的实际问题，那就是如何有效地促进儿童智力的发展。事实证明，推进逻辑运算前进的内部动力是动作与动作之间的协调，语言不是思维发展的源泉。如果我们在教育中只注重儿童语言能力的培养或在教学中只注重语言的灌输，即使所有这些努力都是成功的，在皮亚杰看来，也不至于影响儿童形成思维发展的"必经之路"——常定的和必要的发展进程。

（七）学习与发展

学习与发展的关系，是发展心理学家和教育心理学家共同探索的问题。皮亚杰对这一问题作过明确的答复："关于学习能否加速儿童认知发展的问题，其关键在于学习活动所指者是成人教导下儿童被动地学习知识，还是儿童在其生活情境中自行探索主动学到知识。我认为，教育的真正目的不是增加儿童的知识，而是设置充满智慧刺激的环境，让儿童自行探索，主动学到知识。如果在发展尚未达到适当水平之前提早教他知识，反倒将会对儿童自行探索主动求知的行为产生不利影响。"②从皮亚杰的论著中，我们可以看到他对于学习与发展的基本观点是：

1. 学习从属于主体的发展水平

皮亚杰坚决反对传统的学习理论把知识归结为对外部现实的被动复写的观点，而认为学习从属于主体的发展水平。例如，只有当儿童发展到接近于运算的水平时，也就是说当他们能够理解数量关系时，他们在学习中才能很好地达到依次的守恒概念。如果他们的思维水平距离运算量化的可能性越远，那么，他们运用学习次序达到守恒概念的可能性就越小。

英海尔德(B. Inhelder)等人设计过一个实验装置：用透明的玻璃瓶分三层排列，最上层的第一层和最下层是形状和大小完全一样的玻璃瓶，中间一层是与上下玻璃瓶一一对应并连通的形状各异(如不同高度和宽度)的玻璃瓶。当最上层玻璃瓶中装满等量的液

---

① 皮亚杰著：《儿童的心理发展》，傅统先译，山东教育出版社1982年版，第123—124页。
② 张春兴主编：《教育心理学》，浙江教育出版社1998年版，第111—112页。

体后通过底部的出口慢慢地注入中间的瓶再由中间的瓶又注入最下一层的瓶中。这一装置可使儿童对水在容器的高、宽两维上和容积(水的量)上作比较,使他们逐渐懂得上、下两层瓶子中的水量是相等的。

研究发现:(1)那些处于前运算阶段初期的儿童没有一个人能够成功地学习作为物质守恒初级概念之基础的逻辑运算。只有12.5%的儿童从前运算阶段的初期上升到中期水平,大多数儿童(87%)没有表现出任何真正的进步。(2)一些在实验开始时处于前运算阶段中期水平的儿童中,有77%的儿童从实验的练习中得益,在真正的运算结构的基础上获得守恒的概念。只有23%的儿童不能达到守恒。(3)对于一开始便处于具体运算阶段初期的儿童,在实验情境中的进步是比较普遍的和完全的。他们中86%的被试完成了守恒,其中64%的儿童能够运用可逆性来论证守恒。可见,同一个学习内容对于处在不同发展水平的学习者来说,学习效果是不同的。学习者原有的认知结构决定着当前学习的效果。"为了学习构造和掌握一种逻辑的结构,主体必须首先学习一种更加基本的逻辑结构,然后加以分化并使之完成。换句话说,学习不过是认识发展的一个方面,而这一方面是由经验促进和加速的。"[①]

2. 知识是主、客体相互作用的结果

我们在《从动作到运算——儿童思维发展的过程》一节中,详尽地描述了动作对思维发展的重要性。这一点已经在事实上为我们阐明了人的知识的获得,绝不是经验主义者所说的只是知觉记录,运动联想,口头说明所组成的集合,智力的机能也绝不是只能将各种信息集合加以编排、校正。人们为了获得知识,为了认识物体,必须对它施加动作,从而改变它们:他必须移动、连接、组合、拆散并再次集拢它们。"从最基本的感知运动的动作(如推和拉)到精巧复杂的智慧运算,即在心理上进行的、内化的动作(interiorized actions)(例如,把物体合并在一起,排成次序,排成一对一的行列),知识是经常与动作或运算联系在一起,也就是与转化联系在一起的。"[②]主体通过自己的动作,作用于客体,形成主客体之间的相互作用。这一相互作用必然包含着两种活动,一方面,主体在内部协调自己的动作,形成动作结构,另一方面将外界的客体组织起来形成客体之间的相互关系。这两种活动是相互依赖的,因为只有通过动作,这些关系才得以发生。这种主客体相互作用的结果是客观知识总是从属于某些动作结构,我们知道,这些结构是一种构造的结果,它既不是出于客体(因为它依赖于动作),也不是天生地存在于主体之中(因为主体必须学会协调他的动作)。如同乐师操琴,乐曲发自手指与琴弦的相互作用。"若言琴上有琴声,放在匣中何不鸣?若言声在指头上,何不于君指上听?"(苏轼《琴诗》)这个包含着动作内化和格式外化的两极转化,就是"同化于己,顺应于物"的主客体相互作用过程。

因此,皮亚杰指出,"知识在本原上既不是从客体发生的,也不是从主体发生的,而是

① 皮亚杰著:《皮亚杰的理论》,见左任侠、李其维主编:《皮亚杰发生认识论文选》,华东师范大学出版社1981年版,第20页。
② 同上书,第3页。

儿童心理发展理论(第二版)

从主体和客体之间的相互作用——最初便是纠缠得不可分的——中发生的。"①皮亚杰把动作内化和格式外化的过程称为双向建构。在他看来,不仅从感知——运动智慧到形式运算的发展,经历了内化和外化的双向建构过程,而且在个体每一个认识关系的建立时刻,也体现着内化和外化的统一。即一方面,主体把外界信息同化于主体已经形成的结构,形成某种广义的物理知识,另一方面也使主体结构顺应于物,在一定程度上使主体认知结构得到发展。皮亚杰对于学习与发展的关系的基本立场是:既反对把发展理解为一系列外因造成的习得的一元论,也反对把学习和发展当作认知的两种独立来源的二元论。在皮亚杰看来,纯外因的习得是不存在的。具体的、单个的学习只能在已经形成或正在形成的认知结构中发生。从更概括的层次上讲,主体之所以获得知识,是由于主体的认知结构与客体结构的同型关系,主体结构被应用于客体的缘故。用皮亚杰的原话说,就是"客体肯定是存在的,客体又具有结构,客体结构也是独立存在于我们之外的。但客体及其恒常性只是借助于运算结构才为我们所认识,人把这些运算结构应用到客体上,并把运算结构作为使我们能达到客体的那种同化过程的构架。所以客体只是由不断地接近而被达到,也就是说,客体代表着一个其本身永远不会被达到的极限"②。显然,这段论述的认识论意味已经大于心理学的意味了,好在我们一开始就声明,皮亚杰不仅是一位心理学家,而且更是一位认识论者。

3. 早期教育应该着眼于发展儿童的主动活动

皮亚杰十分重视早期教育。他认为,"儿童愈小,对他们进行教学就愈难,而对于幼儿的教学未来的后果就愈有影响。"③早期教育不仅可以用感知—运动的操作引导儿童去掌握关于数与形式的概念,"这个阶段所进行的活动,还可以超过数目与空间直觉这些初步阶段之上,为儿童从事逻辑运算作准备。"④早期教育的重要任务就是促进认知的发展。而促进认知发展的必需的途径是让儿童主动活动。时至今日,我们已经知道了,"智力过程首先是一种行动过程,而感知运动的机能,就其充分的意义来讲,既是在自由操作的推动下构成知觉结构,也是这种自由操作本身。这种感觉运动机能的培养便构成了一种基本训练,而这是智育本身不可缺少的。"⑤那么,怎样才能使学前儿童得到良好的发展呢?皮亚杰本人虽然没有系统地提出过具体措施,但其原则是清晰而连贯的,那就是为儿童提供实物和环境,让儿童自己动手操作,帮助儿童提高提问的技能,了解儿童在认知发展中存在的困难。这些原则被无数热情的教育工作者演化为切实的教学原则和方案,并极大地推动了学前教育的实践。这里的关键是转变教育工作者本人的观点。皮亚杰指出,教育包含着两个因素,一是成长中的个人,二是传递社会的、理智的和道德的价值。而传统

---

① 皮亚杰著:《皮亚杰的理论》,见左任侠、李其维主编:《皮亚杰发生认识论文选》,华东师范大学出版社 1981 年版,第 3 页。
② 皮亚杰著:《发生认识论原理》,王宪钿译,商务印书馆 1981 年版,第 103 页。
③ 皮亚杰著:《教育科学与儿童心理学》,傅统先译,文化教育出版社 1981 年版,第 130 页。
④ 同上书,第 101 页。
⑤ 同上注。

教育只是把注意力集中在第二点上,也就是说,把教育单纯地看作是社会价值的传递,而忽视了儿童发展的规律。皮亚杰认为,教育的目的在于为儿童提供发现和创造的可能性。现代教育要求教育者不要脱离儿童心理发展的自然规律,盲目追求价值和知识的传递,试图以此来加速儿童的发展。皮亚杰深刻地指出:"每次过早地教给儿童一些他自己日后能够发现的东西,就会使他不能有所创造,结果也不能对这些东西有真正的理解。"[①]"过度加速发展,将使后来同化作用的成效大打折扣。"[②]造成这种结果的原因就是因为过早地向儿童传授未经操作的知识,只不过是单纯的模仿,儿童无法进行更多、更深的同化,久而久之,顺应大于同化,造成不平衡状态,难以建构应有的认知结构,从而使以后的学习变得困难。更为严重的是由于儿童没有获得充分的操作活动而扼杀了他们的创造性。而事实上,"童年期是一个人最精彩、最具创造力的时期。"[③]

童年期的创造力集中地反映在儿童的游戏之中。皮亚杰说,"从感知运动的练习与符号这两种主要的形式看来,游戏乃是把现实同化于活动本身;活动具有其必然的持续性而且按照自我的需要改变着现实。这就是幼儿教育的活动法之所以要求为儿童提供适当的设备的缘故,因而儿童就可以在游戏中同化一直存在于幼儿智力之外的理智现实。"[④]儿童一方面在游戏中把现实同化到活动本身之中,另一方面努力在游戏与实际工作中自发地交换,以达到同化与顺应之间的平衡。儿童认知的发展有它自己的必经之路。教育者既不能把他们的起点压低,肆意地牵制他们,也不能把他们的起点抬高,任意地催促他们,因为这两种倾向都会使儿童认知发展的道路变得漫长而艰难。

(八) 临床法简介

皮亚杰的理论是通过一系列科学研究的方法积累大量资料而创立起来的。皮亚杰的过人之处就在于他善于从别人不加注意的儿童活动中发掘出内在的结构来,将儿童的经验加以系统化,从而创建出一座雄伟的理论大厦。他与他的同事们采用的研究方法称为临床法。了解这一方法不仅有助于理解皮亚杰的理论观点,也有助于我们自己的实验研究。

皮亚杰独创的临床法包括研究主题与问题的搜集和设计、提问的技术及对所收集的资料的诊断、分析、解说等环节。[⑤]这实际上是一种提问的艺术。

临床法是从医学上借用过来的名词。在医学中,临床法是通过医生与病人的直接谈话,包括中医的望闻问切了解病史、症状,使医生对疾病作出正确的诊断。在儿童心理的研究中,临床法是通过提问的方式为儿童创造一种特别设计的实验环境来测定儿童的思维倾向。在具体应用时,事先确定一个谈话的主题,让儿童自由叙述自己的想法。主试在

① 皮亚杰著:《皮亚杰理论》,见左任侠、李其维主编:《皮亚杰发生认识论文选》,华东师范大学出版社 1981 年版,第 21 页。
② 布林格尔著:《皮亚杰访谈录》,刘玉燕译,书泉出版社 1996 年版,第 210 页。
③ 同上书,第 185 页。
④ 皮亚杰著:《教育科学与儿童心理学》,傅统先译,文化教育出版社 1981 年版,第 159 页。
⑤ 方富熹:《介绍皮亚杰临床法》,《心理学动态》1987 年第 2 期。

过程中可作必要的提问,引导谈话;也可灵活地改变问题的提法,查明儿童的真实想法。在谈话过程中要将内容完整地记录下来,以便分析、总结。

在儿童回答实验者的问题时,实验者不宜多话,不宜暗示或启发,要善于观察,善于提出假设,推测隐藏在儿童答案后的思想观点,思维方式,分辨儿童答案的真伪,然后通过提问来证实或否定自己原先的想法。

在应用临床法时,对以下五种回答要予以注意:

(1)随机式回答:儿童未经思考的胡乱回答;

(2)虚构的答案:儿童自己也不相信的答案或在成人压力下的答案;

(3)受暗示的回答:儿童努力迎合主试的心意,或受到暗示后作出的回答;

(4)释出的回答:对一个全新的问题,儿童不是立即作答,也不是受暗示作答,而是通过思考推理过程作出的答案;

(5)自动的回答:儿童曾经事先考虑过这一问题,有能力自动作出回答。

以上五类答案中,随机的回答和受暗示的回答不能为实验分析提供可信的资料。应该加以取消。

如何诊断儿童的答案属于哪一类型呢?

皮亚杰分析道,对于受暗示的答案在本质上是暂时的。只要过一会儿,一个相反的暗示就会使儿童很容易地取消原来的答案。或者在与儿童读几分钟别的问题后再间接地回到原来的问题上,看儿童是否坚持原来的答案。碰到特别敏感的儿童,需要研究者仔细辨别,因为这一类受暗示的答案往往容易与同一年龄儿童的其他类型的答案区别开来。

当儿童对问题不感兴趣或当问题太难时,儿童会表现出随机的胡乱问答。对于随机式的答案,鉴别起来比较容易。这些答案的特点是:(1)脱口而出;(2)容易改变;(3)经不起追问。凡是有以上表现的就可加以定性。

诊断虚构的回答主要有两种方法:

第一,如果一两个答案与同年龄组的大多数答案不同,一般说来,可以断定其为虚构的。当然,不能一概而论。如果问题难度超过了大多数儿童的理解水平,大多数答案也可能是虚构出来的,这需要进一步诊断。

第二,如果两个相邻的年龄组中,年幼组儿童的答案与年长组儿童的答案之间未表现中间过渡的痕迹,而是一种答案被另一种答案一下子完全取代,那么,对答案的真实性要加以怀疑。

防止儿童回答问题时受暗示,主要取决于实验者本人的实验技巧。研究者应该熟悉儿童的言语特点,尽量用儿童自己的语言来提问。此外,主试还要审慎地策划自己的提问方式,防止提问人带有暗示倾向。要知道,儿童是极敏感的,他们特想在回答你的问题中得到你的肯定和赞赏,因此,他们特别注意你提问时的方式、语调和表情。

关于释出的回答和自动的回答,比较难以区分。从功能上看,两者有以下共同点:

(1)两者都是儿童通过认真的思维推理活动而得出的,具有年龄阶段的典型性。

（2）两者在儿童思维发展中可持续好几年时间，期间不成熟的观点逐渐被成熟的观点所替代，而不是突然消失；在成熟阶段中仍然能发现以前的那些不成熟观点的痕迹。

皮亚杰告诫人们要防止两种偏差。一种偏差是低估儿童的思维能力。这种偏差往往发生在对临床法掌握不熟练，没有足够的能力探查出儿童思维能力的研究者身上。另一种偏差是高估了儿童的思维能力，甚至把受暗示的答案或偶然的念头也当作普遍的思维活动。

为了防止以上两类偏差，皮亚杰总是在实验前系统地收集儿童的自然提问，加以归类整理，然后在实验过程中询问儿童。在整理实验材料时，皮亚杰又总是把儿童在实验中的回答与平时儿童自发提问所得的材料加以对照，以寻求证实实验材料的可靠性。

对于皮亚杰的研究而言，他的兴趣并不在儿童对每一问题的具体回答内容上，事实上，每一个儿童对问题的回答内容都不一定相同。皮亚杰注意的是确定儿童作出具体回答背后所反映的观点和思维倾向。例如，年幼儿童形形色色的答案背后普遍存在的泛灵论（拟人化）倾向或年长儿童通过具体答案表现出的因果关系认识。

对于儿童的回答是否反映他们的心理结构的产物，皮亚杰提出了 5 项鉴定标准：

（1）同一平均年龄的儿童具有共同的智力倾向性，因而儿童在同一年龄水平大致上达到某一现象认识的概念水平也是相同的。

（2）随着年龄的增加，原来的观点逐渐进步，这就表明原先的答案是反映儿童实际水平的。

（3）真正反映儿童心理产物的观点其发展特点是渐变的，新、老观点之间有一个组合和演化过程，不会突然消失。

（4）真正反映儿童心理产物的观点不易受暗示。

（5）儿童确信的观点具有扩散性，对相邻的概念也表现类似的反应。例如，处于前运算阶段的儿童受自我中心的影响，不善于区分主观与客观的事物，不善于区分自己的观点与他人的观点，因而表现出泛灵论、实在性、不守恒等。

皮亚杰独创的临床法所收集的资料，为创建发生认识论作出了有效的贡献，也对发展心理学的研究提供了新的研究方法。有人如是说："皮亚杰伟大之处正在于，即使最不相同的研究者，即使在不同的国度里，运用他的诊断方法始终都能得出相似的结果。"[1]但该研究法也有一定的局限性。首先，它比一般的实证实验对研究者提出更高的要求，不经过严格的训练是很难真正掌握并灵活运用这一方法的；其次，由于临床法具有较大的灵活性，因而也不可避免地增加了研究的不确定性，对资料分析的误差较易发生；第三，临床法是通过语言来实施的，主试的口头表述和儿童的口头报告，都对言语能力提出很高的要求。尤其是对幼儿而言，由于他们受言语能力的限制，往往难以准确表达自己的想法，而这种不准确的表达又容易导致主试的误解，从而影响研究工作的可靠性。看来，较为理想

---

[1]　奥布霍娃著：《皮亚杰的概念》，史民德译，商务印书馆 1988 年版，第 125 页。

的研究方法应该是综合观察、谈话、实验、测验等方面的长处,通过多种途径对儿童展开研究,才是客观的、真实的保证。

有人说:"皮亚杰的贡献之所以如此巨大,不是因为他是心理学家或教育学家,而恰恰是因为他既不是心理学家,也不是教育学家。"[①]皮亚杰的发生认识论属于认识论范畴,并不是纯粹的发展心理学。皮亚杰去世以后,他在日内瓦的同事们继承了皮亚杰理论的基本概念和发展模式,运用心理学科研方法及现代化的技术手段,开展全方位的发展研究,开拓创新,积累资料,密切联系学校教育实践。可以说,新皮亚杰学派的研究更贴近科学心理学的范式。我们相信,它的生命力将是无比旺盛的,总有一天它会以完整的新姿态在发展心理学界发扬光大。

四、对日内瓦学派认知发展理论的评析

皮亚杰是 20 世纪最有影响的发展理论家,他的认知发展理论已经成为一个完整的心理学体系的核心。皮亚杰把自己对儿童心理的研究当作是"从事思考在方法论上的一个插曲"[②]。然而,这一插曲结构完整,旋律鲜明,精湛雄伟,宛如一首完整的交响乐,以其独特的表现力影响着当代的心理学。

(一) 揭示了儿童认知发展过程中质的演变

儿童不同于成人,这是资产阶级启蒙思想家们早在 18 世纪就发出的强烈呐喊。苏联心理学家维果茨基在谈论这一点时指出:"皮亚杰所做的新的和伟大的东西,也和许多伟大的事物一样,实际上普遍而平凡,甚至可以用一个通俗古老的原理来表达和说明。皮亚杰在自己的书里就引用了卢梭说的这个原理:儿童完全不是小成人,他的智慧也完全不是成人的小智慧。皮亚杰用事实揭示和证实了这个简单的真理,但是这个真理后面却隐藏着一个实际上也很简单的思想——发展思想。这个简单思想贯穿皮亚杰内容翔实、卷帙浩繁的科研篇章,闪闪发光。"[③]皮亚杰关于儿童认知发展阶段的研究和理论,关于在认识过程中不断解除自我中心的论述,关于认知结构不断建构的学说,以精湛的实验和严密的逻辑,把儿童思维与成人思维的不同之处,清楚地呈现在我们的面前,从而使我们认识到儿童不同于成人这一判断的科学性、真理性。

儿童与成人的差异,不仅是大小、高矮、轻重的量上的差异,更重要的是认知结构上质的差异。虽然认知结构只是一种机能结构,并不是物质结构,但是,它的作用是客观存在的。正是这种质的差异,构成了儿童心理的特殊性,从而也决定了儿童发展和儿童教育的特殊性。皮亚杰关于儿童认知发展的理论,是儿童心理学为教育学提供的重要结论。它告诉我们,一方面,这种发展在实质上依赖于主体的活动,而它的主要动力,从纯粹的感知

---

① 皮亚杰著:《儿童的心理发展》,傅统先译,文化教育出版社 1981 年版,第 2 页。
② 李其维著:《悼念皮亚杰》,见左任侠、李其维主编:《皮亚杰发生认识论文选》,华东师范大学出版社 1981 年版,第 578 页。
③ 维果茨基著:《思维与语言》,见余震球选译:《维果茨基教育论著选》,人民教育出版社 1994 年版,第 17 页。

运动一直到最完全的内化运算,乃是一种最根本的和自发的可运算性(即重新结构和重新发现的可能性)。另一方面,这种可运算性既不是一次完成的,也不能单用外在的实验结果或通过社会进行传授去解释。它是连续不断形成结构的结果。而在这个结构的形成过程中,其内在的动力是自我调节所达到的一种平衡状态。这种平衡状态使我们有可能补救一些暂时的不协调,解决问题并经常精心构成新的结构去克服危机或度过不平衡的时期。对于这些新结构的构成,学校的教育既不能用人为的方法盲目催生,又不能加以忽视。只有充分认识到儿童认知发展的这一特点,才能真正做到理解儿童,也才能真正实现尊重儿童,尊重客观规律。强调儿童心理发展的客观性,决不是贬低教育的作用,宣扬一种无所作为的悲观主义。事实上,在皮亚杰看来,"真正的乐观主义应该存在于儿童具有创造能力的信念中"①。在皮亚杰看来,智力的发展就表现在理解和创造,作为一名哲学家,他却以诗人的眼光和语调深情地赞颂儿童所具有的创造力。他说:"单就学习的速度和生产力来看,我认为人类一生最富创造力的时期,是在从出生到十八个月之间,以惊人的方式"②在动作层次上构造认知,以后又在这个基础上进行着更高层次的再建构。教育应培养能革新的人,而不是培养顺从的人,"每一个人总是能够在某一领域内成为一个有创造力的人"③。当然,皮亚杰承认,"每个人都有属于自己的步调,而我们很难知道。最佳的步调从来没有真正地被研究过"④。皮亚杰理论所揭示的儿童认知发展的规律,是我们正确认识儿童,教育儿童的科学依据,也是在理论领域内对各种隐蔽的、残余的预成论的一次大扫除。在当今的心理学论著中公开继续宣扬儿童就是小成人的观点已经没有市场了,但仍有大量研究把儿童的发展仅仅解释为量的发展,忽视了质的转变。皮亚杰用他的理论和实验全面地抨击了儿童研究中的那种"前科学思维的可悲的余孽"(维果茨基语)。

(二)把结构主义研究方法引进心理学

结构主义是西方,特别是法国比较流行的一种哲学思潮,虽然它还不是一个完整的思想体系。结构主义哲学把结构内部描述成充满和谐、没有矛盾、没有运动的统一,实质上用结构掩盖了矛盾。但作为科学研究方法的结构论又被广泛地应用于各学科领域。皮亚杰的结构论就是从各种学科中找出它们的共同因素,他的结构论方法就是研究事物结构的科学方法。皮亚杰的发生认识论,从一般方法论的角度分析,乃是一种发展的结构论。儿童的认知(思维)的发展是通过儿童主体的认知结构与包括物理环境和社会环境在内的经验之间的相互作用而实现的。皮亚杰认为,这些结构不能视为"先天的观念"或"先验的必然";每一结构都是通过同化、顺应、平衡过程把在它之前的各个结构结合起来而构成

---

① 皮亚杰著:《皮亚杰的理论》,见左任侠、李其维主编:《皮亚杰发生认识论文选》,华东师范大学出版社 1981年版,第 21 页。
② 布林格尔著:《皮亚杰访谈录》,刘玉燕译,书泉出版社 1996 年版,第 201 页。
③ 同上书,第 213 页。
④ 同上书,第 210 页。

儿童心理发展理论(第二版)

的。这个结构过程是先把一些简单的系统加以协调，然后在过去运算的基础上进行高一级运算，从而创造出一个新的融贯整体。换句话说，每一结构都要求有一个发生，而每一次的发生都是从一个简单的结构过渡到另一个复杂的结构，并把这些简单的结构整合起来，创造出一个新结构。

皮亚杰的结构论认为每一个结构在其形成阶段是继续敞开的，它要不断地与其他系统或结构结合和重新组织以产生新结构。而结构一旦形成，便具有终端特征，使运算具有了必然性。例如，具体运算阶段的儿童已经具备关系的守恒，当看到 a＞b 和 b＞c 之后，他不必经过尝试错误便可得出 a＞c 的结论。

皮亚杰将结构论与辩证法紧密联系起来。他说，"从认识论的观点来看，日益取得平衡的这个过程在不平衡状态和新水平上重新建立的平衡状态之间交替地前进着，自然地使我们想起了辩证的概念，而且又是在这一点上我们需要强调结构主义必然要和辩证的构成两相结合"……"在一切自然科学和社会科学中，这种有时间性的、有历史性的、或发生的观点和结构主义倾向的调和使我们更有理由强调有一个继续的辩证过程，它既是主体理解实在所必需的，又是实在本身所固有的。"[1]

皮亚杰强调指出，"结构论是一种方法，而不是一种教义"[2]，这个方法是用来识辨一个整体的特征，它把整体看作由各个简单元素整合而成，从而具有新的特性的对象。结构论的研究方法并不排斥其他的研究维度，特别是在人的科学和生物学中。结构论也不抛弃发生学的和机能主义的研究，它只是提供一种分析的手段。也正因为如此，结构论方法的应用也是有限的。但是，皮亚杰把结构论的方法用于研究儿童认知发生和发展的方法，取得了卓越的成功，为发展心理学树立了一个运用结构论方法论的典范。

（三）皮亚杰的发生认识论丰富了心理学基本理论的体系

墨菲在综述当代发展心理学的发展时，不无感慨地说，"儿童心理学已经不得不超出讨论儿童问题的范围。它在一定程度上已经成为建设更完善的普遍心理学的一种样板。"[3]

在我们的心理学理论体系中，"心理是脑的机能，是客观现实的反映"是一条经典性的定义。这条定义阐明了人的心理的物质客观性和内容（对象）客观性，对批判哲学上的唯心论、机械唯物论、认识论上的先验论和不可知论具有积极的战斗意义。但是，随着客观实践的发展和心理学理论本身的深化，我们不难发现，这条定义在一个关键性的问题上留出了空白点，从而使整个定义变得间断起来，那么，心理作为脑的机能是怎样反映客观现实的呢？行为主义不想解决这个问题，其他学派也无能为力。巴甫洛夫条件反射学说被引进心理学之后，对克服传统的联想主义的弱点有一定作用，因为条件反射揭示了机体需

---

① 傅统先：《试论皮亚杰的结构主义》，《华东师范大学学报》1982 年第 6 期。
② 皮亚杰著：《皮亚杰的理论》，见左任侠、李其维主编：《皮亚杰发生认识论文选》，华东师范大学出版社 1981年版，第 523 页。
③ 墨菲著：《近代心理学历史导论》，林方、王景和译，商务印书馆 1980 年版，第 569 页。

要、机体的定向活动和强化行为在形成心理现象中的作用。但是,皮亚杰认为在心理学中运用条件反射学说,走的仍然是旧的传统道路,因为它对有机体本身在形成条件反射过程中的主动性仍然是估计不足的。没有主动性也就没有内在的稳定性,也就是说没有内在的结构。而事实上,任何联想总是伴随着一个先前结构的同化,同时也要对新信息作出相应的积极的顺应。可见,联想(或"暂时联系")只是人为地从同化与顺应的平衡的一般过程中分隔出来的一部分而已。皮亚杰用同化、顺应和平衡等概念来解释机体在获得新知识、形成新技能的进程中对环境所采取的主动行为。从这里可以看出,皮亚杰把整个理论大厦的地基安置在这个心理学基本理论的空白点上,以创造性的实验和理论阐明了主客体的相互关系,从而建筑起一座雄伟的理论大厦。从皮亚杰的理论中,我们可以看到,所谓"心理是脑的机能",这个机能的本质就是适应。"心理是客观现实的反映",就在于这个反映不是消极的印象,而是积极地同化和顺应及通过自动调节达到它们之间的平衡。主体原有的结构是活动的基础,当旧的平衡被破坏后,主体就会通过自动调节努力达到新的平衡。恩格斯指出,"暂时的平衡状态的可能性,是物质分化的根本条件,因而也是生命的根本条件","一切平衡都只是相对的和暂时的。"[1]皮亚杰关于认知平衡化的学说是充满着运动和平衡的活的辩证法,我们很难否定它的心理学的普遍意义。

从儿童心理发展理论的相互关系来看,皮亚杰的发生认识论与各大流派都有深刻的渊源关系。例如,皮亚杰理论重视儿童对环境的动作,即主客体之间的相互作用,用句专业术语来说,叫做重视"输出系统",就是对成熟论侧重输入系统的一个补充。而皮亚杰学派认为人的知识不是先天的,而是在主客体相互作用的过程中获得的观点,又与行为主义认为新生儿的心智是空白的、没有知识的观点有某种共同之处。(当然,说到这里,还需补充一下,皮亚杰同时也说,人的知识也不是由客体,即环境发生的,可见他与行为主义之间是划清界限的。)认识发生论强调认知结构形成后对其他知识的掌握具有普遍功能(即所谓"领域一般性"),与行为主义关于语言和认知发展的解释也有某种相似性。至于发生认识论与精神分析学说的关系,皮亚杰明确说过:弗洛伊德对于儿童发展阶段的划分以及阶段之间的内在连续性"在我们看来,这些事实甚至更有趣的是在于,它们与智慧发展的事实完全一致"[2]。我们是不是可以从中看到皮亚杰发生认识论的巨大包容性。

(四) 将认识论心理学化

辩证唯物主义的认识论是反映论,认为"认识是人对自然界的反映。但是,这并不是简单的、直接的、完全的反映,而是一系列的抽象过程,即概念、规律等的构成、形成过程……""人不能完全把握=反映=描绘全部自然界,它的'直接的整体',人在创立抽象、概念、规律、科学的世界图画等的时候,只能永远地接近这一点。"[3]辩证唯物主义认识论阐明了认识反映的客观性和主观能动性,认识发展的阶段性和连续性,认识的无限性和有

① 恩格斯著:《自然辩证法》,《马克思恩格斯选集》第 3 卷,人民出版社 1972 年版,第 563 页。
② 熊哲宏著:《心灵深处的王国》,湖北教育出版社 1999 年版,第 235 页。
③ 列宁著:《黑格尔"逻辑学"摘要》,《列宁全集》第 38 卷,人民出版社 1959 年版,第 194 页。

限性,特别是把反映论与实践论创造性地结合起来,指出社会实践不仅改变着客观世界,而且也改变着人的主观世界,即人类的认识能力。实践的社会性决定了认识的社会性。

皮亚杰则把个体作为认识的主体,以同化、顺应间的平衡和主客体相互作用的观点研究个体认识的发生和构建过程,从研究运算的心理学来源去解释科学知识,这正是他注意到心理学对认识论和其他学科的主要关系的必然结果。在皮亚杰看来,科学的发展是一种环状体系,他特别赞赏苏联哲学家凯德洛夫(Б. М. Кедров)的科学的非线性分类法。在这种分类法中,自然科学、社会科学和哲学分别为上、左、右三个顶点,组成一个三角形。心理学在三角形的中心。这个中心位置意味着心理学"不仅因为它是一切其他科学的产物,而且因为它是能够对其他科学之形成和发展作出解释的一个源泉。"[1]这一论述蕴含着主客体相互作用的观点。自然科学与社会科学的每一具体学科有它各自的研究对象、研究方法和理论结构,这些方向与心理学无关。但是,每一学科知识的获得与人的智力发展是分不开的,它包括一系列连续不断的构造。每一种客观知识都是从属于某些结构的。科学的每一学科都与心理学有着不可分割的双向联系。各学科"在认识论上则要依赖心理学,因为所有这些学科都是主体或生物体对客体进行个别的或共同的活动的结果。"[2]而恰恰是心理学才能对这些活动作出说明。凯德洛夫曾对皮亚杰说"您有把认识论心理学化的倾向,反之,我们则倾向于把心理学认识化"。皮亚杰回答道:"不论是前一种倾向还是后一种倾向,都有其存在的合理根据,这两种倾向甚至必须互相补充"[3]。确切地讲,皮亚杰的认识论是科学认识论,他的目的在于揭示科学概念形成后而存在着的心理结构,从而在认识论方面对科学问题作出解答。而辩证唯物主义的认识论是哲学认识论,是一种世界观和方法论。它们之间不是相互替代的关系,而是相互补充的。皮亚杰将认识论心理学化也为第二代认知科学的产生和发展奠定了基础。

皮亚杰在认识论和心理学的领域内做了持久漫长而成绩卓著的研究。由于他尊重事实和富于思想,终于在几十年来的科学生涯中构造了自己庞大而严密的理论体系,为人类的认识宝库作出了杰出的贡献。他的许多研究成果,在一定程度上接近于反映论的基本原理。例如,他的"内化"的概念,接近于列宁所说的"感觉的确是意识和外部世界的直接接触,是外部刺激力向意识事实的转化"[4]的说法;他对活动的强调,类似于反映论中强调的活动(实践)对认识的作用;他对科学的环状体系的思想,接近于列宁关于"科学是圆圈的圆圈"[5]的思想等,因此,我们可以说,皮亚杰的心理学研究为辩证唯物主义的反映论提供了现代科学的解释和论证,对于我们深刻领会辩证唯物主义哲学具有帮助。皮亚杰学说不是从辩证唯物主义出发的,但它最终恰证明辩证唯物主义是正确的。

---

[1] 凯德洛夫著:《同让·皮亚杰的五次会见》,李树柏译,《自然科学哲学问题丛刊》1982年第1期。
[2] 同上注。
[3] 同上注。
[4] 列宁著:《唯物主义和经验批判主义》,《列宁选集》第2卷,人民出版社1960年版,第46页。
[5] 列宁著:《黑格尔"逻辑学"摘要,《列宁全集》第38卷,人民出版社1959年版,第251页。

一个好的理论，不在于它能穷尽一切认识，而在于它能激发更广泛、更深入的思考和研究。引起争议是推动科学发展的动力。人们对皮亚杰理论也不是没有争议的。我们认为，它的主要理论缺陷表现为以下几点。

第一，沿袭机能主义心理学的基本观点。机能主义心理学家安吉尔（James R. Angell,1869—1949）声称，适应理论是"一切有名望的心理学都坚持的观点"①。皮亚杰的理论沿袭了机能主义心理学的理论体系，把"适应"、"同化"、"顺应"、"平衡"这些生物学概念引入发生认识论，作为反映心理本质的基本概念，把智慧看作是一种适应。他强调心理具有一种独特的生物机能，这种生物机能是达尔文进化论中选择的结果：它使有机体适应新环境。所有这些观点似乎仍然没有摆脱元素论和还原论的窠臼。由于皮亚杰沿袭机能主义的路线，用生物学类比来研究认识论，不可避免地轻视了主体作为社会人的本质属性，从而使整个理论体系成为抽象的、脱离社会和文化的学说。该学说过于强调认知的形式过程和适应机能，忽视了认知内容和学习过程中的社会交往对学习和发展的影响。这是皮亚杰去世后，心理学界对发生认识论最大的质疑。

第二，认知结构的概念过于抽象，有许多现象难以解释。这方面的问题主要表现在同步现象之中的"水平滞差"难以解释。当儿童看来使用同样的逻辑结构时，为什么解决这类课题的年龄都大不相同？例如，数的守恒在5—6岁通过，液体守恒在7—8岁通过，重量守恒要到9—10岁才能通过，长度守恒则更晚一些。同一类课题在同一个认知结构中的通过时间相差好几年。如果皮亚杰可以用同步现象来论证认知结构的存在，那么，人们也同样可以用水平滞差来质难和怀疑它。认知结构的概念本质上也是从生物学类比来的，而但凡重大问题，类比往往是难以周全的。

第三，皮亚杰身后的大量研究表明，由于受研究方法的影响，皮亚杰对儿童认知发展的阐述，可能具有低估年幼儿童认知能力和高估年长儿童认知能力的倾向。有学者批评道："皮亚杰的认知理论在大的范围上是符合发展次序的，但它没能详尽把握认知发展的复杂性和混乱性……当我们把皮亚杰的任务具体化，并在稳定和相同的条件下去观察认知时，我们发现了认知的稳定阶段。但是如果我们改变任务并促进儿童心理的发展，我们发现了认知的不稳定性、情景依赖性和易变性。"②他关于认知结构具有领域一般性的观点也受到了领域特殊性观点的挑战。③

但无论如何，"皮亚杰的理论代表着一种具有丰富的事实、概念、解释和罕见的一致性的系统。这个理论虽然迄今还不断地在充实资料、校正偏差，但它迄今是忠实于作为出发点的真知灼见。"④对于这样一个伟大学者构建的宏伟理论，我们可以从任何一个角度去

---

① 黎黑著：《心理学史》（下），李维译，浙江教育出版社1998年版，第525页。
② R.默里.托马斯著：《儿童发展理论》，郭本禹、王云强译，上海教育出版社2009年版，第169页。
③ A.卡米洛夫-史密斯著：《超越模块性——认知科学的发展观》，缪小春译，华东师范大学出版社2001年版。
④ 格雷科著：《介绍让·皮亚杰》，见左任侠、李其维主编：《皮亚杰发生认识论文选》，华东师范大学出版社1981年版，第551页。

学习它,推崇它。美国心理学家凯斯(R. Case)称,皮亚杰在智力发展中的地位,就如达尔文在物种进化中的地位一样。但皮亚杰本人却十分冷静。他把自己几十年的工作轻轻地说成"仅仅造就了一个封闭的系统",因为,他们的研究,在漫漫长路中"尚只刚刚起步呢"!皮亚杰讲这句话的时候,适逢公元1971年,那一年他75岁。

五、发生认识论与学前教育

皮亚杰以其庞大和严密的理论体系为学前教育提供了强大的理论依靠。这个理论向我们揭示了儿童与成人之间的不同:他们有自己独特的认知世界的方式,动作是思维发展的起点,他们的认知结构有一个漫长的发展过程,学习要适应儿童的发展水平等。我们从中着重思考以下几点:

(一) 充分认识幼儿思维的自我中心特点

皮亚杰用"自我中心"这一术语来指明儿童把注意集中在自己的观点和自己的动作上的现象。儿童不能区别自己的观点和别人的观点;把一切都看作与他自己有关,是他的一部分——这些都是自我中心的表现。需要指出的是,儿童认知发展理论中所说的"自我中心",是一种心理现象,不是道德范畴的问题,不能将儿童认知上的自我中心说成是"自私自利"、"人性本恶"。

案例 6-1

宝宝为什么会以自我为中心[①]

可是,在实际生活中,我们常常会看到不少大人将2岁左右孩子的自我现象误以为"自私自利"、"小气鬼"、"不大方"等,而且还害怕其性格有问题而忧心忡忡。

有位父亲告诉我,他的孩子23个月,有一天客人送来了一筐橘子,他看到后便将橘子朝自己房间拿,一点也没有想到周围的亲人和客人。他说孩子这么小就自私自利,长大后怎么办?

有位年轻妈妈曾来咨询,说她孩子22个月了,有一次5岁的表哥来玩,他却把表哥手中的玩具抢过来只顾自己玩,甚至连表哥坐他的小凳子也不许。妈妈教育他,要他把玩具还给表哥,他不但不肯,而且还大哭大闹。

还有一个2岁的孩子,与他爸爸一起去店里买了碟片回来,奶奶问他手里拿的什么东西?他马上把碟片藏在身后说:"弟弟的。"他爸爸说:"你看,这么小的孩子就知道他手里的一切都是弟弟的。满脑子以自我为中心,这样下去怎么得了!"

针对上面三个例子,我认为父母和奶奶对孩子的行为评价都有失偏颇。

第一,这孩子见到客人送橘子来,他出于食欲等方面的需要,拿到自己的房内,这是一种自我需要寻求自我满足的表现,不仅可以理解,而且也合情合理。至于他当时没有想到

---

① 梅仲孙著:《抚育者的眼睛:一位爷爷对孙子的心理解密》,中国福利会出版社2006年版,第85页。

他人或没有顾及他人,则反映了他这一年龄段的特点。他的思维能力和意识水平还不可能达到想到别人也有种种需要或在行为礼节上要懂礼貌、守规矩等。如果过早提出这一要求,既不合情,也不合理,因为超越了其心理发展水平的规范。

第二,孩子由于受"我向思维"的影响,自我中心表现得特别强烈。在玩耍中不仅自己的玩具不许人家拿,就是人家的玩具也要抢过来,这正是你我不分的表现。解决这一问题的办法,最好不要烦躁,要耐心,让他在与同伴交往中逐步了解各人有各人的玩具。自己的玩具要学会保护,别人的玩具也要学会爱护,要玩可以接,不可抢,自己的玩具也要借给别人玩。相信随着幼儿年龄的增长,有关游戏的规则是会逐步理解和掌握的。

第三,在这个年龄段的孩子满脑子以自我为中心是一种正常的心态。作为抚育者,不但不能作出否定性的评价和不必要的担心与焦虑,还应当感到欣慰,这说明孩子的自主意识在成长。

案例中呈现的例子,在现实生活中比比皆是。成人由于不了解孩子的成长特点,而误解孩子的行为。皮亚杰在分析婴幼儿思维发展的过程中认为:婴儿出生后一段时间内还不能意识到自己的存在,他们会将自己的脚当作玩具,会吸吮自己的手指。随着孩子逐渐长大,不断与周围的客体世界接触,他先感觉到自己身体的存在,形成以自己身体为轴心的自我中心。到了满 2 岁时,他不仅意识到自己的身体是属于自己的,而且还意识到自己的衣服与用品是自己的,进一步还意识到周围他所喜欢的玩具与物品也是自己的。自我中心思维是孩子在成长发展过程中,由于不能区分主体和客体、自我与他人,而表现出的正常行为。

案例 6 - 2

会不会变老?[①]

在搜集宝宝照片、探讨"我是怎样长大"的活动中,凡凡和玉玉在游戏区看照片时发生了争执。凡凡相信小孩是不会变老的,因为故事《一寸法师》是这样说的。小伙伴玉玉反对,争论中,玉玉问:"你爸爸会不会变老?"凡凡回答:"会!"玉玉再问:"那你会不会长成你爸爸那么大?"凡凡回答:"会!""那你会不会变老?"玉玉追问。凡凡回答:"不会!"两人相持不下。

老师面对这场争论处于两难境地:是否定凡凡让他提前从童话中醒来,还是支持凡凡的童话梦想否定玉玉的理性思考?

老师难以解决的问题被另一个孩子巧妙地解决了,一直"观战"的景儿对玉玉说:"等他变老了他就知道了!"这就是同理心的作用。凡凡非常高兴地跑了,因为自己没有被否定;玉玉如释重负地笑了,因为他找到了知音。

---

① 李岩:《幼儿科学游戏指导探索》,《学前教育》(幼教版)2010 年第 5 期,第 25—27 页。

这个案例非常生动地展示了一场由于自我中心思维导致的"讨论"。玉玉对客体——爸爸有正确、符合客观规律的认识,"爸爸会变老"。同时玉玉对自己的成长也有客观的认识,"我会长大"。但是对于"我会不会变老"这个问题,却表现出了自我中心思维,认为自己不会变老。玉玉对于这三个问题的回答,是不符合逻辑的,这恰巧说明了孩子对客体认识的不确定性。对于玉玉的这种认识,老师并没有试图向他说明人类成长发展的变化。事实上,即使老师想尽办法让玉玉理解"每个人都会变老,你也一样",也很有可能无功而返。最终这个问题被景儿巧妙地解决了。

(二)重视动作发展对思维的价值

皮亚杰认为思维起源于动作,动作是思维的起点。因此动作的发展对于儿童思维的发展至关重要。有很多家长不懂这个道理,盲目地剥夺了儿童以动作探索世界,发展智慧的权利。他们或是认为外部世界充满危险(如尖锐物品、不可食用物品、环境中有台阶等);或是怕弄乱弄脏,不提供足够的物品供儿童探索;或是以"更有教育意义"的认读识字卡、记忆英文单词等活动,占用了儿童本应探索世界的时间。事实上,在儿童早期,不论是大动作发展(如抬头、翻身、爬行等),还是精细动作发展(如捻物等),都让幼儿积累了大量的对于自己和客体世界的直观经验。儿童早期的动作,最终会内化为表象和运算,为儿童后期具体形象思维,乃至抽象逻辑思维奠定良好的基础。

一位从事教育工作的爷爷对孙子的探索行为是这样解读的:

案例6-3

10个月触摸增添智慧[①]

婴儿9、10个月之后,又有许多明显的变化,尤其是一双小手,不再像过去那样安分守己了,总是动个不停,对见到的任何东西都要触摸、把玩或乱抓。还在我小孙子7、8个月时,有一次我抱他到窗口去望风景,哪晓得他对窗外的景色什么也不看,只对玻璃窗前的那个铁栅栏有兴趣,用他的小手去触摸和把玩。当这个铁栅栏由于他的摇动而发出吱吱的声音时,他更是兴奋不已,边笑边摇,似乎发现了新大陆那样高兴。起初,我觉得这铁栏杆上有灰尘,乱抓乱摸会弄脏手的,也不安全,便把他的小手拉开,可他却拼命要抓摸,一旦抓到时,又好奇又开心地对我微笑起来,好像告诉我:"宝宝胜利了!"

此时此刻,我想到意大利儿童教育家蒙台梭利在她的名著《童年的秘密》中对手的论述:人的特征之一就是自由,人能自由地运用他的手,这手不只是运动的手段,而且是智慧的工具。手使心灵得到舒展,使整个人跟他的环境建立起特殊的关系。所以,我们可以说,人是靠手占有环境的。当婴儿第一次伸出小手去触摸外界物体时,正是他智慧的表现,发展自我的开始,是令人惊叹和神圣的举动。作为成人,应该为之充满喜悦的期盼,并给予赞美和支持。她又写道:在日常生活中,人们常常以相反的态度去对待婴儿这一神

---

① 梅仲孙著:《抚育者的眼睛:一位爷爷对孙子的心理解密》,中国福利会出版社2006年版,第36页。

圣的举动。成人害怕这双小手伸向那些毫无价值的东西，总是千方百计不让婴儿去接触周围的一切，而且，还会不断地重复说："别动!""不许碰!"哪晓得，这种干预和防患的后面，隐藏着一种极大的危险，影响着小生命未来智慧的拓展和人性的发展。瑞士心理学家皮亚杰也认为：婴幼儿的智慧起源于早期的触摸、抓弄等动作运行的过程之中。

婴儿到了 6、7 个月时，手的功能在抓抓、握握、触触、摸摸中提高了感知能力，尤其是触觉和运动觉机能得到了发展，其中还包括对冷暖、轻重、软硬及痛觉感知能力的增强。婴儿在到处抓摸中，产生了一种强烈的好奇心和探求欲，还得到了运动舒展的快感。因此，婴儿心理学十分重视早期经验的获得，认为婴儿对物体的操作，对其今后的发展和理解未知世界，都具有头等重要的意义。所以，不仅不可阻止，而且应创造各种条件，让婴儿多看、多听、多动、多摸、多抓、多握，在接受丰富的动作刺激中，增进智慧和才能。

几乎每个家长都盼望自己的宝宝从小能聪明灵巧，那么，就要把握婴儿早期好动、好玩、好抓、好摸的关键期，让婴儿在自由自在的抓摸中感受各种物体的性能，促进脑细胞功能的发展，为婴儿智慧的早期发展奠定基础。

人们常说：心灵手巧。从婴儿智慧发展的顺序来看，更应强调手巧心灵。科学研究证明，手的活动与手指精细灵巧的动作，可以刺激大脑皮层中手指运动中枢发展。人的大拇指在大脑皮质上占有的区域，几乎比大腿在大脑皮质上所占有的区域大 10 倍。手指的活动越多，越精细，就越能刺激大脑皮质上相应运动区的生理激活，从而促进人的思维发展。不少心理学家都认为手指是智慧的前哨，动作是智慧大厦的砖瓦。对于婴儿来说，他们无法懂得怎样思维，只有先通过具体的身体动作，来促进思维的发展。婴儿手的动作先于语言，手比语言更早反映其心灵世界，"手比嘴早说话。"我们要了解婴儿智力发展是否正常，测量其智力的水平，主要依据就是看他动作技能发展的水平。

这位爷爷的解读，对我们理解和运用皮亚杰关于动作发展与思维的关系是很有价值的。

(三) 学习要适应儿童的发展水平

皮亚杰认为认知发展是呈阶段性的，处于不同认知发展阶段的儿童，其认识和解释事物的方式与成人是有区别的。因此要了解并根据儿童的认知方式设计教学，如果忽视儿童的成长状态，一味按照成人的想法，教学便无法实现预想的效果。

案例 6-4
乒乓球也有弹性?[①]

点题征文：在一次科学活动中，教师提供了松紧带、弹簧、蹦蹦床、乒乓球等材料，让幼儿探索弹性的特征。在幼儿操作的基础上，教师总结了弹性的概念，接着引导幼儿区分

---

① 刘占兰：《科学探究活动应符合幼儿的年龄特点》，《幼儿教育》(教师版) 2007 年第 5 期，第 28 页。

儿童心理发展理论(第二版)

弹性材料。一幼儿说："乒乓球也有弹性。"另一幼儿立刻反驳道："乒乓球没有弹性。"乒乓球究竟有没有弹性呢？教师愣住了。过了一会儿，教师解释说，因为乒乓球弹起来时并未改变形状，所以乒乓球没有弹性。可那个幼儿坚持说乒乓球能弹那么高，就是有弹性。

我们知道，弹性是指物体在力的作用下改变形状，在力消失后物体又能恢复到原来的状态。在幼儿园科学活动中，有的概念（如"弹性"、"力"等）讲深了幼儿听不懂，讲浅了不科学、模糊。

您遇到过类似困惑吗？针对这种情况，您是怎样处理的呢？

……

确定符合幼儿年龄特点的目标和内容，是提供良好的科学教育活动的重要前提。一方面，《幼儿园教育指导纲要（试行）》没有规定幼儿园科学教育具体的目标和内容，教师对中小学阶段的科学教育课程标准又缺乏了解，所以，教师在确定幼儿科学活动目标和内容时往往凭自己的经验或想象。另一方面，教师求新立异，急于开辟"新主题和新内容"，而不想重复别人做过的活动，导致幼儿科学教育活动的目标和内容"偏、难、深"。

从"乒乓球有弹性吗？"这个话题中，我们可以看到上述问题。我国的《科学（3—6年级）课程标准》中"物质世界的具体内容标准"部分"运动与力"这个条目写道：知道一些生活中常见的力，如风力、水力、重力、弹力、浮力、摩擦力等。而学习和研究"弹力"以及与此相关的弹性、形变等概念，了解"弹力"的影响因素与"弹力"大小，则是高中一年级的课程内容。就实践经验而言，我曾经看到小学生探究哪些东西有弹性，哪些东西没有弹性。有的幼儿园组织孩子们探究"怎样让小球跳得高（实际上是'弹'得高，但教师没用'弹'这个词），怎样又让小球跳得低"。孩子们所用的球可以是乒乓球，也可以是弹力球。这个活动以探究有趣的现象和寻找各种解决问题的办法为主要目标和内容。如果要究其原因，那就是太复杂了，如球的材质、硬度、重量，击球时的用力程度和不同的击球点、落点，空气湿度与空气流动速度，等等。而从国外幼儿园科学教育实践来看，无论是法国、美国还是加拿大，至今我还没有看到有关乒乓球弹性的探究活动。

因此，教师在确定幼儿园科学探究活动的目标和内容时一定要有理论研究或实践经验的依据，不是任何科学概念都可以分解到幼儿园阶段进行教学的。

案例中呈现的幼儿园科学活动，目标是"让幼儿探索弹性的特征"。老师提供了丰富的材料供儿童体验，以期望孩子能够在探索的过程中了解弹性的特征。在活动中，孩子们就"乒乓球是否有弹性"展开了激烈的辩论，辩论中表现出幼儿对于"弹性"这一物理概念的不了解。正如后文中刘占兰老师所分析的，这次活动实施效果不理想的原因，是"弹性"这一物理概念远远超出了幼儿的认识理解范围。

了解儿童身心发展的阶段和水平，是任何一个学前教育工作者和家长的必修课。如果缺乏相关的知识，教养行为都会失去基石。生活中，这样的例子比比皆是，比如，望子成龙心切的家长过早训练孩子开展加减运算，幼儿园老师过早训练儿童跳绳等。这样的做法,不仅学习效果不佳,而且还会挫伤孩子的自信心,影响其以后的学习。

(四)正确看待语言与思维发展的关系

皮亚杰认为语言和思维是异源的。思维起源于动作,语言来源于社会学习。从发生的起源上看,思维是从个人对事物所采取的行动中抽绎出来的,而语言产生于经验。语言是思维的工具,语言是为思维服务的。这种服务表现在语言使思维变得有组织和便于社会交流。思维越缜密越需要语言的帮助,没有语言,思维总是个人的。就个体发展来说,不是语言决定思维,而是思维水平决定着语言的发展水平。在实际生活中,我们往往过于看重语言的作用而忽视了思维的发展,甚至用语言发展来替代思维发展,培养出许多语言高度成人化的"小大人"。还有就是很多老师和家长都认为思维是可以通过语言传递的,因此热衷于喋喋不休地灌输知识,以为灌得越多孩子就越"聪明"。其实,这些观念和做法是有害的。

下面这个案例就是个典型的例子。

案例 6-5

洋洋为何总说"我不会画"[①]

美术活动结束后,当我在众多"杂乱无章"的作品中看到洋洋整洁、有序的画时,我为洋洋流畅的笔触而感动,他画每一步都是那么认真。但与此同时,我也为洋洋规矩的构图而担心,他的作业中透露着这个年龄的孩子不该有的拘谨。

此外,我还发现洋洋在会画的那几样东西都画过之后,每次画新东西时他便说:"老师,我不会画。"这是为什么?我和洋洋妈妈进行了交流。原来洋洋很小的时候,妈妈就教他画人物、太阳、大树等。"今天我们来画小宝宝,先画圆圆的脑袋,再画他的头发、眼睛、鼻子……""看妈妈怎么画的,先画一个圆,旁边再画短线条作光芒。""洋洋,你怎么将太阳涂成蓝色了,太阳应该是红色或黄色的。来,妈妈教你涂。"洋洋在妈妈的指导下果然越画越像,可是,他的想象力和创造力却被扼杀了。他已经习惯于成人教他怎么画,他就怎么画,一旦让他画以前没画过的东西,他就不知该如何下笔。

幼儿绘画过程,应该是幼儿以视觉符号表达内心的所想、所感,反映了幼儿对外部世界的观察与思考。绘画是儿童不教自为的一种自然发现。同时,儿童也把绘画当作他们游戏生活中不可缺少的一个重要的组成部分。但是洋洋却总是说:"我不会画"。原因竟然是妈妈在洋洋成长过程中,对洋洋绘画的不当指导。我相信洋洋妈妈对洋洋画画的指导,是出于好心,希望洋洋的作品近乎完美。但是妈妈并不是引导洋洋思考如何更好地以绘画的形式表达洋洋眼中的客观世界,而是不断地用语言传递着妈妈自身对于客观世界的认识。洋洋的绘画过程,变成了机械执行妈妈指令的过程。这种做法限制了洋洋的思维,扼杀了他的想象力和创造力,最终造成了洋洋"不会画"。

---

① 陈伟琴:《洋洋为何总说"我不会画"》,《幼儿教育》2011 年第 6 期,第 20 页。

当今的家长背负着巨大的育儿压力,总是希望教给孩子更多。于是在教养孩子的过程中,他们总是在孩子开口询问之前,就喋喋不休地向他介绍这个,解释那个;乐此不疲地约束孩子的各种探索行为,这也不行、那也不对;固执己见地引导孩子的表达行为,应该这样,应该那样。殊不知,过多的语言指令,恰恰限制了幼儿的思维发展。我们应该更多地鼓励和引导幼儿主动探索世界,寻求答案,以独特的方式表达自己眼中的客观世界和内心感受。在这过程中,思维才能得到真正的发展。

本章小结

皮亚杰的发展理论似乎不太好懂。但其实,这个理论的核心是告诉我们,人的知识既不来自外部环境(客体),也不来自大脑的固有程序(主体),而是主体与客体的相互作用。人的头脑中的认知结构的同化和顺化功能,是人获得知识的基本机制。认知结构本身有一个不断建构的过程。这个过程就是儿童认知发展从动作思维(感知—运动思维)到表象思维(前运算思维)直到抽象逻辑思维(运算结构)的过程。这个过程同时也是儿童不断解除自我中心的过程。

皮亚杰的认知发展理论告诉我们,学习要适应儿童的发展阶段和发展水平,幼儿是最富有创造性的,需要我们认真对待。

思考重点

1. 皮亚杰用认知结构的同化和顺应的机能,来阐明机体与环境刺激之间的关系。这就划清了皮亚杰理论与行为主义之间的界限。也就是说,皮亚杰想告诉我们,在刺激与反应之间,还有一个认知结构在起作用。如果认知结构能同化刺激,就能发生反应,反之,如果认知结构既不能同化,也不能顺应时,刺激对机体就无效。请你谈谈现在你对行为主义理论的认识,从而进一步认识皮亚杰理论的合理性。

2. 认知结构不是先天的、预成的,而是由双向建构不断建构起来的。不同阶段的认知结构具有不同的质的差异。因此,儿童认知发展的本质就是认知结构的建构和转换。如何从这一观点出发理解儿童与成人思维上的差异?

3. 皮亚杰告诉我们,人的认知发展是一个不断解除自我中心的过程。请你结合实例分析儿童思维中自我中心的表现。也请你进一步分析你自己有没有认知中的自我中心?你是怎么解除的?

4. 动作是思维的起点,这对于早期教育有什么理论的和现实的指导意义?

5. 皮亚杰关于语言与思维关系的理论向我们揭示了一条重要原理,即语言不是思维发展的源泉。而在实际教学过程中,我们往往热衷于用语言教学来代替思维教学,具体表现为用满堂灌来代替活动和实践。你对这个问题有什么看法?

6. 皮亚杰指出,学习从属于发展水平。知识在本原上是主客体相互作用的产物。早期教育应着眼于发展儿童的主动活动。请你用这样的观点审视当前的教育弊端。

阅读导航

1. 左任侠、李其维主编:《皮亚杰发生认识论文选》,华东师范大学出版社1991年版。
2. 皮亚杰著:《儿童的心理发展》,傅统先译,山东教育出版社1982年版。
3. 皮亚杰著:《儿童的早期逻辑发展》,陆有铨译,山东教育出版社1987年版。
4. 皮亚杰著:《意识的把握》,陆有铨译,山东教育出版社1990年版。
5. 皮亚杰著:《儿童的语言与思维》,傅统先译,文化教育出版社1985年版。
6. 皮亚杰著:《教育科学与儿童心理学》,傅统先译,文化教育出版社1981年版。
7. 李其维著:《破解"智慧胚胎学"之谜》,湖北教育出版社1999年版。

第七章　社会文化历史的心理发展理论

通过本章学习，你能够

◎ 理解高级心理机能学说的基本概念及理论体系；

◎ 认识社会交往对儿童学习的重要价值；

◎ 学会在幼儿教育中运用社会文化历史学派的发展理论观点分析教学和发展中的具体问题。

本章提要

苏联心理学家维果茨基创立的社会文化历史学派将人的心理分为两大机能：低级心理机能和高级心理机能。前者是种系发展的产物，后者是个体在社会的人际交往中发展的。高级心理机能才是心理的本质内容。人的心理发展最初是外部的（社会的）心际范畴，然后才内化到心理范畴。维果茨基称其为"两次登台"。语言是心理的工具。学校的教学是推动儿童心理发展的主要动力。一个有效的教学必须走在现有发展区的前面，适应儿童的最近发展区。维果茨基指出，心理发展是一个整体过程，但不同的年龄阶段有不同的占主导地位的具体过程。

一、理论背景

20 世纪 20 年代，完成了十月革命的苏联人民在以列宁为首的布尔什维克党的领导下进入了经济建设阶段。为了巩固年轻的苏维埃政权和社会主义制度，在意识形态领域内宣传辩证唯物主义，便成了重要任务。1920 年，列宁再版了《唯物主义和经验批判主义》，介绍辩证唯物主义哲学以及从自然科学的最新发现中得出的哲学结论，号召与各种唯心主义，形而上学展开坚决的斗争。

当时，在苏俄心理学界，以切尔班诺夫（Г. Ц. Челпанов，1863—1936）为代表的唯心主义心理学势力影响很大。切尔班诺夫是冯特的学生，他完全继承了冯特的心身平行论的心理学观点，在研究方法上主张采用内省法，把内省法看作是认识心理机能，特别是高级心理机能的唯一手段。十月革命以后，他继续认为心理学是一种经验科学，不应该依赖一般的世界观,反对用辩证唯物主义指导心理学。而以科尔尼洛夫(К. Н. Корнилов,1879—1957)为代表的少壮派心理学家则坚决反对切尔班诺夫的错误观点,并力图以辩证唯物主义为基础对传统的唯心主义心理学进行彻底改造。十月革命之前,科尔尼洛夫曾在切尔班诺夫的实验室工作。而十月革命之后,科尔尼洛夫迅速显赫起来,并于1924年,成为苏联主导的心理学实验室的指导者和由他自己命名的"反应学"的倡导者。1926年,他出版了通俗的《辩证唯物主义心理学教科书》,根据他的理解,对行为主义心理学与辩证唯物主义哲学二者的协调作了初步的尝试。但后来的实践证明,由于受到自身理论水平的局限性,这项工作完成得并不出色。尤其是"反应学"所提的反应概念,实质上把高级的心理过程下降为对刺激的简单反应,并把心理过程说成是在有机体中发生的生理过程的主观反映,而不是客观现实的主观映象,到了30年代,这一点也成了批判的对象。

另一个以别赫捷列夫(В. М. Бехтерев,1857—1927)为首的反射学派,标榜自己是最彻底的唯物主义,1920—1926年间在苏联十分流行。这一学派主张把意识、心理都归结为各种反射,即声带、喉头、舌、唇等生理反射,把情绪归结为脏腑及肌肉的活动。明眼人一下就能看出,这不过是俄国式的经典行为主义,与华生的观点一脉相承。其结果也是在尖锐的意识形态的斗争中遭到了批判。

用意识形态领域的阶级斗争的方式控制学术研究,是苏联当时特殊政治条件下的特殊方式,其不幸后果已经被历史所证实。事实上,20世纪20年代苏联心理学的处境,正是世界心理学在方法论上危机的反映。当时的心理学要么根本否认高级心理机能的存在,根本否认意识是心理学的研究对象;要么就认为精神的内部力量只能用内省法才能加以研究。心理学停留在研究低级心理过程的阶段上,把大量精力放在研究感知觉、机械记忆、不随意注意等方面,其结果必然陷入心理学生物学化的沼泽。一个好端端的学科成了两半的拼盘,一半是对低级心理机能解释性的自然科学,一半是通过内省而产生的描述性的玄学。其结果导致心理学完全脱离了丰富的社会生活,使心理学变得毫无生机。

面对着这样的局面,维果茨基担负起了建立以辩证唯物主义为指导思想、建设新的心理学的历史任务,创建了后来被誉为社会文化历史学派的心理学体系。

1978年,维果茨基的著作《社会中的心理》英译本出版,在美国、西欧、亚洲、南非乃至整个世界产生了极大的影响,掀起了一股"维果茨基热",对不同文化背景中的心理学和教育学产生了全方位的影响,这充分表明维果茨基理论具有强大的生命力。

二、维果茨基略传

维果茨基(Лев С. Выготский,1896—1934),1896年11月生于莫斯科的一个职员家庭。童年的他热爱文学、戏剧和艺术。1917年毕业于莫斯科大学法律系和沙尼亚夫斯基大学历史—哲学系。他对心理学具有浓厚的兴趣,先后在莫斯科实验心理学研究所、缺陷研究所、莫斯科心理研究所工作,并在莫斯科、列宁格勒、哈尔科夫等城市的若干高等学校讲授心理学。1934年因患肺病逝世,终年仅38岁。尽管他英年早逝,但为后人留下的著作多达 186 种,为马克思列宁主义改造心理学理论体系作出了卓越的贡献。

1925 年,维果茨基发表了《意识是行为心理学的问题》一文,明确指出,"忽视意识问题就给自己堵塞了研究人的行为这一相当复杂的途径"[①]。"如果我们把意识驱逐出心理学之外,我们就会牢固地与永远地陷入生物学化的荒唐境地。"[②]这一观点成了他后来坚定地从事高级心理机能研究的出发点。

1927 年初,维果茨基从批判人的心理及其发展的生物学观点出发,要求把历史研究作为建立人类心理学的基本原则,提出了心理发展的文化历史理论。该理论的核心思想是:无论是在社会历史发展过程中,还是在个体发展过程中,心理活动的发展都应被理解为对心理机能的直接形式的改造和通过各种符号系统对心理机能的间接形式(即文化形式)的掌握。文化是人的心理发展的源泉和决定性因素,而文化自身则是人的社会生活与社会活动的产物。

1930—1931 年,维果茨基撰写了《高级心理机能的发展》一书,详尽地论述了他对高级心理机能的社会起源与中介结构的理论观点以及如何研究高级心理机能的原则和方法。这本书是维果茨基创立社会文化历史发展理论的主要代表作,它第一次把历史主义的原则引进心理学。维果茨基在本书中阐述了两种心理机能的区分。一种是低级心理机能,是生物进化的结果,另一种是高级心理机能,是历史发展的结果。在个体心理发展过程中,这两种心理机能相互融合。

1929 年,维果茨基发表了《儿童期高级注意形式的发展》一文,用一系列实验结果说明外部的中介方式在高级注意形式的形成中所起的重要作用。

维果茨基献给心理学的最后一本著作是《思维与言语》,它问世于作者 1934 年 6 月逝世后的几个月,其内容涉及维果茨基有关现代心理学中一系列高难度问题的理论研究和实验研究的成果。该书是维果茨基竭尽毕生精力向心理学高峰的最后一次冲击,成为维果茨基心理学理论的代表作。他的有关思想在 1929 年美国纽黑文第九届国际心理学会议的文献中作过报道,引起国际心理学界的强烈反响,并对皮亚杰本人产生很大的震动。

虽然维果茨基英年早逝,而且他的理论在 20 世纪 30 年代初期还受到当局的不公正批判,但后来人们终于发现维果茨基理论的真实价值——对苏联 20 世纪 50 年代开始的现代教学改革起到了理论指导作用,并越来越赢得国际心理学界的赞誉。著名的美国心理学布鲁纳(J. S. Bruner,1915—)评价维果茨基时,指出:"在过去的四分之一世纪中从事认识过程及其发展研究的每一个心理学家,都应该承认维果茨基的著作对自己的巨大影响。"[③]20 世纪 70 年代,更有美国心理学家把维果茨基喻为"心理学界的莫扎特",从事心理学的人如果不了解维果茨基,就很难自诩自己是当代心理学家。

维果茨基的学生列昂节夫及鲁利亚(А. Р. Лурия,1902—1977)公开承认自己是维

① 龚浩然:《Л. С. 维果茨基》,《外国心理学》1981 年第 3 期。
② 维果茨基著:《维果茨基教育论著选》,余震球选译,人民教育出版社 1994 年版,序,第 6 页。
③ 同上书,第 19 页。

果茨基路线的继承人和发展者,形成了维果茨基—列昂节夫—鲁利亚学派(简称"维列鲁学派"),又称为"社会文化历史学派",成为苏联最大的一个心理学派别,并得到了国际心理学界的认可。

三、维果茨基理论的基本观点

达维多夫曾将维果茨基理论概括为以下 5 个原理:1. 人从出生起就是一个社会实体,是社会历史产物;2. 人满足各种需要的手段是在后天通过不断学习获得的,因此人的心理具有文化历史特点;3. 教育与教学是人的心理发展的形式;4. 人的心理发展是在掌握人类满足需要的手段、方式的过程中进行的,这一发展过程离不开语言交流和人际交往过程;5. 人与人的交往最初表现为外部形式,之后内化为内部心理形式。下面简要介绍。

(一)心理发展观

维果茨基曾经对人类的种系发展和个体发展两方面做过出色的研究。他认为所谓发展,就是指心理的发展,心理的发展是指一个人的心理(从出生到成年)在环境与教育的影响下,在低级心理机能的基础上,逐渐向高级心理机能转化的过程。人的心理发展是受社会的文化历史发展规律所制约的。

维果茨基认为,心理机能分为两类:一类是低级心理机能,另一类是高级心理机能。

所谓低级心理机能是指感觉、知觉、不随意注意、形象记忆、情绪、冲动性意志、直观的动作思维等。低级心理机能是消极适应自然的心理形式,其本身也有简单和复杂之分。简单的低级心理机能指感受性,最原始的感觉能力;复杂的低级心理机能指动作思维。它们之所以统称"低级的"心理机能是因为它们具有的普遍共性是:(1)这些心理机能都是不随意的、被动的、由客体引起的;(2)就反映水平而言,它们是感性的、形象的、具体的;(3)就它们实现过程的结构而言,它们都是直接的、非中介的(不需要工具作为中介);(4)就心理机能的起源而言,它们是种系发展的产物,是自然发展的产物,因而它们都受生物学的规律所支配;(5)它们是伴随生物自身结构的发展,尤其是神经系统的发展而发展的。后来,维果茨基对这一观点又作了重大修改,认为"通常被认为是最初级的机能在儿童那儿服从于完全不同于种系发展的早期阶段的规律,其特点是具有同样的中介心理结构"[①]。

所谓高级心理机能,就是指观察(有目的的知觉过程)、随意注意、词的逻辑记忆、抽象思维、高级情感、预见性意志等。这些机能具有一系列根本不同于低级心理机能的共同特性:(1)这些机能是随意的、主动的,是由主体按照预定的目的而自觉引起的;(2)就它们的反映水平而言是概括的、抽象的。在所有这些高级心理机能中,都有思维的参与;(3)就其实现过程的结构而言是间接的,必须经由符号或词作为中介的工具;(4)就其起

---

① 维果茨基著:《天才的马克思主义心理学家列·谢·维果茨基》,《维果茨基儿童心理与教育论著选》,龚浩然等译,杭州大学出版社 1999 年版,第 13—14 页。

儿童心理发展理论(第二版)

源而言,它们是社会历史发展的产物,受社会规律所制约;(5)从个体发展来看,高级心理机能是在人际交往活动的过程中产生和发展的。人之所以不同于其他动物,就是因为人具有一切动物所不具有的高级心理机能,所以人才能总结经验,发现事物的内部联系和规律,主动控制自己的行为,并具有积极地改造客观现实、创造世界的本领。

维果茨基认为,低级心理机能与高级心理机能虽然是两条完全不同的发展路线的产物,前者是种系发展的产物,后者是历史发展的产物。但是,在个体的心理发展过程中,这两种不同的心理机能却是相互交织、相互融合的。对于一个具体的儿童来说,个体心理发展既包括种系的发展成分,也包括历史的发展成分。对于这两方面的因素必须以马克思主义为指导才能科学地研究,否则,很容易犯的错误,不是心理学生物学化,便是庸俗社会学化。

传统心理学由于没有划分心理的两类机能,甚至习惯用初级机能的成熟来囊括儿童的心理发展,实质上否定了高级机能的存在。此外,也有的研究者倾向于机械堆砌两类机能的关系,例如,在机械记忆之外,加上一个逻辑记忆,在再造想象之上,再加上一个创造想象等,并没有触及两类机能之间的本质关系。这样,造成的结果是儿童心理学只与低级心理机能打交道,而脱离或回避了高级心理机能,使儿童心理学与普通心理学割裂开来,严重妨碍了对儿童发展的本质认识和学科发展。

心理机能的起源,是一切发展理论的核心问题。针对人的高级心理机能的发生问题,维果茨基第一次明确地提出了社会起源学说,就是说,人的一切心理高级机能是通过人与人的交往而形成的。高级心理机能同样属于心理现象,它们当然离不开大脑的物质基础,但物质基础不等于心理发展的根源。高级心理机能不能从生物学中寻找根源,而只能从客观的社会环境中去寻找。维果茨基为了说明这个道理,举了儿童指示性手势的发展历史的例子。指示性手势在儿童的言语发展中有着极为重要的作用。维果茨基认为,它在很大程度上是一切高级行为形式的古老的基础。儿童最初的指示性手势只不过是指向于客体的一个未成功的抓握动作。当物体距离儿童太远而无法抓到时,儿童伸出双手却不断抓空,便成了首次自发的指物动作。当母亲走过来帮助儿童时,儿童自发的指物动作便发生了质的变化,因为它变成了对其他人的指示性手势。母亲根据这一指示性手势帮助儿童完成了抓握动作。可见,为了回答儿童未成功的抓握动作而产生的反应不是来自对象本身,而是来自另一个人。可见,是其他人给这种未成功的抓握动作加入了原初的含义,使儿童达到了抓握的目的。后来,儿童把未成功的抓握与整个客观情况相联系,便开始把这种动作当成了指示。于是,动作本身的功能发生了变化。"这种变化表现为:从指向对象的运动变成指向他人的运动,变成联系的手段,抓握转化为指示。"①由于这一缘故,最初的抓握动作便发生了压缩、简化,形成了指示性手势的形式。这种指示性手势的

---

① 维果茨基著:《高级心理机能发展史》,《维果茨基儿童心理与教育论著选》,龚浩然等译,杭州大学出版社1999年版,第181页。

形式最初只是儿童自发的动作，既是自用的指物，又是能被周围的其他人理解的指示，最后，才成为了儿童自己服务的指示。

又如，随意注意的发展也是如此，婴儿最初的全部注意是不随意的、低级的。就其生理机制而言是一种极为简单的定向反射动作。到了一定阶段，婴儿能根据成人的言语提示把某一特定对象作为注意的中心（例如，妈妈说"帽帽"，帽子便成了儿童注意的中心）。这一现象本身反映着婴儿很早就开始进入了社会环境，并在适应这一环境的过程中形成了自己的社会行为活动。这就是随意注意，在这里随意注意以妈妈的言语为开端，以儿童的动作为结束，通过两个人之间的交往而进行。维果茨基针对随意注意的发展指出，"从发生学角度理解随意注意的关键是如下一个论点：这种行为形式的根源应从婴儿个性的外部，而不是从其内部去寻找。注意的机体发展或自然发展在任何时候都不会，实际上也没有导致随意注意的产生。正如科学观察和实验所表明的那样，随意注意的产生是因为孩子周围的人用一系列刺激物和手段来确定婴儿注意的方向，引导他的注意并使他服从，与此同时又往孩子的手里塞上某些工具，使他后来自己能以同样的形式来掌握自己的注意。"[1]这一模式在儿童心理发展中具有普遍性。

从以上两个具体的高级心理机能发展的实例中，我们可以看出，高级心理机能的形成和发展，是在人与人的交往中发生的：最初由两人之间的动作，后来内化成他自身的心理活动的组成方式。简言之，两人间的动作转化为儿童内部的心理结构。维果茨基总结道："一切高级心理机能都曾是外部的，因为它成为内部的以前曾是社会的，它从前曾经是两个人之间的社会关系。对自身的影响手段在最初乃是对别人的影响手段或是别人对自己个人的影响手段。"[2]从更一般的意义上讲，维果茨基指出："我们可以将文化发展的一般发生规律作如下的表述：儿童文化发展中的一切机能都是两次登台的，都表现在两个方面，即：起初是社会方面，后来才是心理方面；起初是人们之间的属于心际的范畴，后来才是儿童内部的属于心内的范畴。这一原理无论是对随意注意、逻辑记忆、概念的形成还是意志的发展都是同样适用的。我们有理由把这一原理看成是一条真正的规律。""从发生的角度看，一切高级机能，这些高级机能之间的关系都是以人们的社会关系、现实关系为背景的。"[3]

这就是维果茨基为我们揭示的高级心理机能的社会起源。儿童是在特定的文化氛围中生活的，而文化究其根源来讲是人的社会生活和社会活动的产物。一切文化的东西都是社会的。因此，一切高级心理机能乃是内化了的社会方面的关系，乃是个性的社会结构的基础。在维果茨基看来，高级心理机能的成分、发生结构、行动方式——总之，它的全部实质都是社会的。马克思在论述人的本质时，有过一段脍炙人口的经典论断："人的本质

① 维果茨基著：《童龄期高级注意形式的发展》，《维果茨基儿童心理与教育论著选》，龚浩然等译，杭州大学出版社 1999 年版，第 208 页。
② 维果茨基著：《高级心理机能发展史》，《维果茨基儿童心理与教育论著选》，龚浩然等译，杭州大学出版社 1999 年版，第 182 页。
③ 同上书，第 182—183 页。

并不是单个人所固有的抽象物。在其现实性上，它是一切社会关系的总和。"①这一论断不仅揭示了人的社会本质的内涵，也揭示了个人在社会中的地位和作用。这里的"一切社会关系的总和"指的是人类社会的生产力和生产关系、经济基础和上层建筑、社会存在和社会意识等关系。其中最本质的关系乃是与物质生产力相适应的生产关系。显然，心理学并不研究这些社会关系本身。因此，维果茨基针对心理学的性质，引申了马克思的名言，指出"人的心理实质乃是移置在内部并成为个性的机能及其结构形式的社会关系的总和"②。他认为，这一原理最完整地表达了文化发展历史引导我们所得到的结论。

那么，高级心理机能是通过什么机制而实现其发生和发展的呢？维果茨基提出了中介理论。

首先，维果茨基把行为划分为两类：一类是动物具有的自然行为，另一类是人所特有的工具行为。行为的工具也分为两类：一类是物质工具——从最简单的器械到现代化的机器。物质工具是人的物质生产的用品。物质工具越是复杂和高级，物质生产的效益和质量也越高。另一类是心理工具——各种符号、记号、语词、语言。人运用心理工具进行心理活动和精神生产。如果说，人使用物质工具使人逐渐脱离了动物界，（尽管现代有研究表明，某些动物也会使用简单工具，如树枝、石块等，但与人的物质工具不可同日而语）那么，人使用心理工具则使心理机能从低级阶段上升到高级阶段。心理工具越复杂，心理机能和精神生产也就越复杂。从人类发展史看，心理工具是随着物质工具的使用而产生和发展的，而心理工具的使用又促进了物质工具的发展。

维果茨基认为，一切动物的心理机能从其结构上看是直接的，而人的高级心理机能则比低级心理机能多一个中介环节，使它具有了间接的性质。所谓中介环节，就是在心理活动中运用心理工具。心理工具的使用使人的心理机能发生了质的变化。具体地说，一切高级心理机能都是将符号使用作为导向和掌握心理过程的主要手段而包含在自己的结构里，而且是作为全过程里的中心和主要的部分。

为了便于说明心理工具的作用，维果茨基图解道，在低级心理机能中，刺激 A 与 B 是直接相连的（三角形的底线），它反映的是一种简单的联想性联系。而在高级心理机能中，刺激 A 通过中介工具 X，再引起 B 的反应，A 与 B 之间不是直接建立起来的，凡是选择反应以及一切高级行为形式的主要特点就在于此。这个三角形还有另外一个功能，

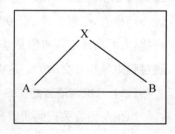

即向我们表明了高级行为形式与组成它的几个初级过程之间的关系。即一切高级的行为形式都可以分解为组成它的各种自然的初级的神经—心理过程。维果茨基指出，"低级形式是高级形式的基础与内容，高级的形式只是在一定的发展阶段上才产生的，而且它自身

① 马克思著：《关于费尔巴哈的提纲》，《马克思恩格斯选集》第 1 卷，人民出版社 1972 年版，第 18 页。
② 维果茨基著：《高级心理机能发展史》，《维果茨基儿童心理与教育论著选》，龚浩然等译，杭州大学出版社 1999 年版，第 183 页。

不断地重新转化为低级形式"①。这一点尤其体现在个体心理发展中两种机能密不可分地交织在一起的规律。

儿童心理机能由低级向高级发展的标志是什么呢？按照维果茨基的观点，主要表现为以下四个方面。

第一，心理活动的随意性增强。心理活动的随意性表现为人凭自己的愿望和意志保障心理活动的正常进行。心理活动的随意性越强，心理活动的水平也就越高，自我控制的能力也越强。

第二，心理活动的抽象概括机能增强。儿童的概括抽象是依靠语词等符号系统为中介而实现的。儿童越能广泛地、准确地使用语词概念，心理机能的水平也越高。

第三，各种心理机能之间关系的变化和重新组合性增强。在不同的年龄阶段，儿童心理发展中的优势过程是不同的。例如，三岁前的幼儿知觉占主导地位，因此思维带有明显的直接性，幼儿期记忆占主导地位，思维带有明显的形象性，到了学龄期，思维占据主导地位，知觉和记忆发生了质的变化，儿童如何思维，便如何感知和记忆。各种心理机能之间重新组合，引起儿童心理的质变，形成了新的意识系统。

第四，心理活动的个别化。随着儿童的活动与交往形式的不断内化，儿童意识系统越来越具有自己的独特性质，使心理活动表现出个别化的特征。我们在这里称为"个别化"而不称"个性化"，是鉴于个性和个性化在心理学中是一个十分复杂的概念，而在"维列鲁学派"中，个性又着重于生活主体的整体性，不主张用差异的研究来解决个性心理的问题，因此，用心理活动的"个别化"来表达个体心理发展中独特性质的形成，比用"个性化"更确切。

总之，维果茨基认为，所谓发展，就是指心理的发展，而心理的发展表现为心理机能由低级向高级发展。发展的起因在于外部，起源于社会。儿童在与成人交往过程中通过掌握高级心理机能的工具——语言、符号这一中介环节，在低级心理机能的基础上形成了高级心理机能，心理工具是人类物质生产过程中人与人之间的关系和社会文化历史发展的产物，人的高级心理机能是这些活动和交往形式不断内化的结果。但两类机能在个体发展过程中是相互交融的。这就是维果茨基的心理发展观。

(二) 思维与语言的关系

思维与语言关系的实质是心理功能与意识活动的关系，这个问题的中心环节是思维对词的关系。它一直是心理学范畴中的一个难点，因此研究得较少。维果茨基认为，导致这一问题研究困难的原因也有心理学方法论上的缺陷。这种缺陷集中地表现在心理学难以对心理作整体的研究，难以对心理的功能作相互联系的研究。"这不能不严重地影响对思维与言语问题的研究。如果我们综观这个问题的研究历史，那就不难确认，思想对词语

---

① 维果茨基著：《高级心理机能发展史》，《维果茨基儿童心理与教育论著选》，龚浩然等译，杭州大学出版社1999年版，第145页。

关系问题的中心点始终为研究者所忽视,问题的重心也总是被改变,转移到别的课题上,或者旁落到别的问题中去。"①正因为如此,心理学对思维与语言关系的研究成果不是把二者加以等同,融合为一体,就是将二者加以分离和脱节,或者在这种两极的"魔圈"中旋转,而得不出正确的结论。

为此,维果茨基提出,应该用"单元"来替代传统心理学中习惯使用的成分分析。"这种单元与以前的成分不同,它们是分析的产物,是不能再进一步分解的整体的活的组成部分,它们具有整体所固有的一切基本特性。"②这种单元可以在词义中找到。从心理学的观点看,词义,首先是概括的。词义的概括是名副其实的思维活动,同时,词义又是语词不可分割的一部分,因此,作为研究的单元,词义既属于语言的范畴,也属于思维的范畴。根据这样的方法论,维果茨基经过大量的研究,包括对皮亚杰、施太伦(W. Stern 1871—1938)、苛勒(W. Kohler,1887—1967)等人的研究成果的分析,提出了一套思维与言语关系的理论。

首先,维果茨基认为,思维与言语各有不同的发生根源和发展路线。在儿童思维发生之前,即"智力前时期",正常儿童已经具备了生理上的发声功能,并早在第3周便对人的声音作出专门的反应。2个月时,便能对人的声音作出社会性微笑。儿童的微笑、简单的和复杂的音节以及哭声、手势,成了他们生命最初几个月中的社会接触手段。以后的岁月中,思维遵循动作发展的阶段逐渐变为智慧动作,构成了"言语前思维"的发展。而言语则遵循自身的路线发展。到了大约2岁左右,以前一直分开发展的思维和言语的发展路线开始交叉、重合,并且成为人所特有的全新的行为形式的起点,思维和言语就是这样遵循各自的发展路线,有时交叉,有时分开,形成复杂的相互关系。思维与言语的第一次交叉,使儿童作了一生中最伟大的发现:"每件物品都有自己的名字"(斯通语)。维果茨基认为,"这是个转折关头,从此儿童的言语开始变成理智性的,而思维则开始成为言语性的了"③。这一转折关头有两个特征。第一个特征表现为儿童开始积极地扩大自己的词汇量,儿童碰到新的东西总要问"这是什么?";第二个特征则表现为跳跃式地增加词汇的运用。维果茨基强调指出:"'儿童生活中最伟大的发现'只能在思维和言语发展达到一定的、相当高度的阶段时才有可能。为了'发现'言语,就应当思维。"④

其次,维果茨基认为,内部言语过程对思维发展具有决定性的特殊意义。行为主义曾经简单地把思维与内部言语等同起来,而且将言语发展阶段归纳为从高声言语到低声细语再到内部言语。维果茨基认为这是不恰当的。正确的划分应该是:外部言语—自我中心言语—内部言语。自我中心言语是外部言语与内部言语之间的中间环节。"自我中心言语"在皮亚杰的早期研究中被用来表明儿童的一种言语现象,即不具备社会交往功能的

① 维果茨基著:《思维与言语》,《维果茨基教育论著选》,余震球选译,人民教育出版社 1999 年版,第 3 页。
② 同上书,第 7 页。
③ 同上书,第 101 页。
④ 同上书,第 102—103 页。

独自言语(独白),皮亚杰认为,儿童言语的发展是从自我中心言语向社会化言语发展的。维果茨基对此提出了异议。他认为"自我中心言语,除了单纯地表达功能和类别功能外,除了单纯地伴随儿童的积极活动外,很容易成为真正的思维,也就是说,它能担负筹划活动,解决活动中产生问题的功能"[①]。因此,自我中心言语只是一个中间环节。事实上,言语的内部操作与外部操作之间存在着永恒的相互作用。内部言语越是接近于外部言语,那它在行为中与它的联系就越紧密。当内部言语作为外部言语的准备时,二者在形式上会达到完全一致(例如,准备讲稿,备课等)。内部言语的发展是通过积累漫长的功能和结构变化,从外部言语中分化出来的。最终,儿童掌握的言语结构,成了他思维的基本结构。此时,儿童思维的发展依赖于言语,儿童思维的发展取决于对思维的社会方式的掌握,也就是说取决于言语。

关于思维与言语的关系,维果茨基主张用两个相交的圆来表示。一个圆代表思维,另一个圆代表言语,两圆相交处表示"言语思维"的范畴。言语思维既不能包含一切的思维形式,也不能包含全部的言语形式。可见,行为主义将思维和言语加以简单等同是不符合事实的。

(三) 概念形成的过程

维果茨基特别关心概念形成的过程。他深入地分析了概念研究的两种传统方法的弊端。第一种传统方法是定义法,即向儿童提供一个语词,让儿童解释。这种研究法处理的对象是已经完成的概念形成过程的结果,是现成的产品,并不能捕捉概念形成过程的丰富内容。所得的结果往往不是儿童的思维,而是儿童现成知识的复现。第二种传统方法是抽象研究法,即让儿童从一系列具体印象中抽取出某一共同点,最后,概括出全部印象的这些共同特征。这种方法使用的不是脱离客观材料的词语,便是脱离词语的客观材料,忽视了概念形成过程中语词和符号的作用。维果茨基提出了一种新的研究方法,叫作双重刺激功能法,即用对被试者的行为起不同作用的两类刺激来研究高级心理功能的活动和发展。一类刺激担负受试人的活动所指向的客体的功能,另一类刺激担负帮助组织这一活动的符号功能。如呈现给被试一套不同体积、形状、容积、高度和颜色的木块,要被试根据某些可以归纳的属性把木块分成不同的类别。每一木块底部都标有一个无意义音节(即人为的词),代表一种可能的分类属性。每当被试作出一个错误的分类后,就给他看一下木块的无意义音节,然后让他继续分类。在被试进行适当的类别抽象并对木块进行分类的过程中,学会表示不同范畴的无意义音节——人造的概念。这种方法可以研究概念形成的过程。

维果茨基的研究表明,导致概念发展的道路基本上是由概念含混、复合思维和抽象概念三个时期组成的,每一个时期又包含着若干小阶段。

1. 概念含混时期

儿童依据知觉或动作与表象相互联结成的一个混合形象对一堆物体进行分类,结果

---

① 维果茨基著:《思维与言语》,《维果茨基教育论著选》,余震球选译,人民教育出版社 1999 年版,第 106 页。

儿童心理发展理论(第二版)

是这一堆物体的关系表面上有联系而实际上缺乏内在基础。维果茨基把儿童的这一表现称为用过多的主观联系弥补客观联系的不足,并把印象和思维联系当作物品联系的一种趋势。这种思维在早期幼儿行为中最为常见,是一种无条理联结的思维。但儿童能在头脑中进行主观联系的再生产具有重大的发展意义,它是儿童思维进一步发展的基础。这一时期儿童所使用的语词的意义,从表面上看,能真正地近似成人语词的意义,尤其是当语词涉及儿童周围环境中的具体物品时,与成年人言语中所确定的语词是相近似的。这时的儿童经常使用自己的语词的意思与成年人接触,儿童与成年人对同一语词的意思经常在同一个具体物体上汇合,使儿童与成人相互理解。但他们之间思维走向的心理途径却完全不同。

这一时期可细分为三个阶段:

第一阶段表现为尝试与错误。儿童凭借猜测对物体分类,一旦发现错误就作调换。

第二阶段表现为儿童按自己的知觉揭示出的主观联系对物品加以分类。

第三阶段是概念含混时期向第二个时期(即复合思维时期)过渡的阶段。此阶段中概念的含混性形象建立在较为复杂的基础之上,把儿童在以前知觉中联结起来的物品的代表归结为一个意义。

以上的表述十分抽象,总的说来,就是这一时期的儿童以表面现象获得概念。这种表面现象来源于他们的知觉和动作。例如,一个婴儿起先将小狗和小猫统称为“毛毛”,相当于第一阶段。而后,他开始分化,将小狗称为“汪汪”,将小猫称为“咪咪”,相当于第二阶段。最后他开始叫它们为“狗狗”和“猫猫”。这里的“狗狗”和“猫猫”是一种概念缩小后的特指,不属于真正的概念。

2. 复合思维时期

这时期的思维包括各种各样的类型,它们之间形成一定的联系,导致儿童全部经验的调整和系统化。维果茨基之所以称这个时期为复合思维,是因为儿童的这种思维已经不再体现在印象中建立主观联系基础上的几个具体事物的组合(例如,根据主观印象将不同形状的木块堆在一起,而分不清它们的区别那样),而是体现在真正存在于这些物品之间客观联系的基础上联结成的具体物品的复合体。这是一种功能意义上的复合体,以物体的功能组成物品的复合体虽然不同于以本质特性形成概念,但却也是有重大意义的一个进步,它标志着儿童在一定程度上克服了自己的自我中心状态,向着扬弃含混主义的道路迈出了重要的一步。因此,维果茨基说:“复合思维已经是有条理的思维,同时也是客观的思维。”[①]但是,有必要指出的是,这时的条理性和客观性是不同于少年儿童掌握概念时特有的条理性和客观性。因为,复合思维反映的是组成复合体的各成分之间具体的和实际的联系,而不是抽象的和逻辑的联系。维果茨基举例说明,复合思维的特性,如同语言中的姓氏。一个姓氏是由许多各自不同的个体组成的复合体,但每一个同姓氏的个体之间

---

① 维果茨基著:《思维与言语》,《维果茨基教育论著选》,余震球选译,人民教育出版社1999年版,第140页。

并不一定有必然联系(亲缘联系)。因此,复合体反映的是实际的、偶然的和具体的联系。维果茨基将复合思维分为以下 4 个亚型。

复合思维的第一个亚型(阶段)称为联想型复合。儿童在处理对象、物品时,有时根据相同的颜色,有时根据相同的体积,有时根据相同的形状,总之围绕一个具体醒目的特性为核心,将各种各样的物品包括进这一复合体。例如:一位幼儿节目的电视主持人问:"嘴里有什么?"小朋友们回答:"牙齿"、"舌头"、"牙龈"、"巧克力"。从"嘴"想到"巧克力",就是很典型的联想型的复合思维。[1]在回答"我国有哪些民族"的问题时,小朋友们回答:"有汉族、壮族、苗族……白族。"有一位小朋友接着说:"我想……还有红族、黑族、黄族。"这位小朋友的概念就处于联想型阶段。[2]

维果茨基指出,"对处于这一发展阶段的儿童来说,词语不再作为个别物品的表示,不再是专有名词。词语对他来说已是姓氏名称。对这一时期的儿童讲一个词就意味着指出根据各种亲缘系统相互联系的物品的姓氏。用相应的名称称呼一种物品对儿童来说就是将它归入与它相联系的这个或那个具体的复合体。对这一时期的儿童称呼一件物品就是称呼这件物品的姓氏。"[3]

复合思维的第二个亚型(阶段)称为集合型复合,即将物品与物品的具体印象结合成特别的组合。这些组合在结构上很像成套的收藏品,如一套邮票或一套磁卡一样,各种具体物品按照一个特征在相互补充的基础上连接起来合成一个整体。维果茨基把这一阶段的思维特点概括为:成分的多样性、相互补充和在收集的基础上结合等三个特征。"如果混合形象的基础主要是儿童当作事物联系的印象之间的主观情感联系,如果联想复合体的基础是某些个别物品特征的重复和固执的类同,那么收集品的基础则是在儿童实际有效的和直观的经验中确立的物品的联系和关系。我们可以说,复合物——收集品是在共同参加统一的实际操作的基础上,在物品的功能合作的基础上的物品的概括。"[4]例如,幼儿在回答主持人"除了家里的门,还有些什么门"的问题时,纷纷说:"人家的门"、"铁门"、"天安门"、"玻璃门"、"冰箱门"、"脑门"。这就是在"门"这一概念下"收藏"的一套特别组合。

复合思维的第三个亚型是链型复合。它是儿童掌握概念的必经阶段。儿童建立链型复合就是暂时地、机动地把一些单个的环节连成一个链,并通过链中的某些个别环节转移意义。例如,在实验中向儿童提供一个黄三角形。要求儿童从一堆各种形状的物体中挑出与黄三角形配对的物品,儿童先挑一些黄色的物品,最后,儿童挑出一个蓝色多角体,接着,他又根据蓝色这一特性把蓝色的圆形、半圆形也都挑了出来。在形成复合的过程中,儿童始终从一个特征转变到另一特征。在这个过程中,词语的意义也随着复合环节的转

① 滕俊杰主编:《童言无忌逗你笑》,中国福利会出版社 2003 年版,第 18 页。
② 《幼儿教育》(父母孩子)2009 年第 9 期,第 4 页。
③ 维果茨基著:《思维与言语》,《维果茨基教育论著选》,余震球选译,人民教育出版社 1999 年版,第 142—143 页。
④ 同上书,第 144 页。

移而变化。每一个环节既与前一环节相连,又与后一环节相连。而且一个环节与前和与后一环节联系的方法或性质可能是完全不同的,也就是说,儿童在思维过程中不能把握对象同一分类标准,其思维的主题是游动的、直观的,无结构中心的。具体的单个成分可能不通过中心成分或样品而获得相互联系,处于这一复合体中的事物也许是由于某一具体特征与另一类事物联结在一起,又由于另一具体特性与第三类事物联结在一起,总之,形成一个无结构的链状。因此,这种复合不具备概念的特征,它只是进入其中的具体物品溶合在一起并相互联结的结果。维果茨基认为,链型复合是复合思维"最纯洁的类型"。有一个例子很能说明这一种类型的表现,例如,节目主持人问:"'马路'这个词是怎么来的?"幼儿回答道:"马路是汽车和摩托车走的,汽车和摩托车都有马达,所以叫马路。""虽然牛和狗也在马路上走,但是叫牛路和狗路太难听了。"[①]在这两句话中,有一条链,即:马路—马达—马—牛—狗—牛路—狗路。也许,这个实例有助于我们理解维果茨基的阐述。

复合思维的第四个亚型为弥漫型复合。儿童借助弥漫的不确定的关系把几组直观、具体的形象或者物品联结起来。例如,在实验中,儿童给黄色三角形样品挑选的不仅是三角形,还挑选了梯形,因为他觉得梯形是削去尖顶的三角形。接着,又给梯形配上了正方形,给正方形配上六角形,给六角形配上半圆形和圆形。可见,儿童已经将作为基本特征而采用的形式变得模糊了,变得不确定了。在以颜色为标准的配对中,儿童也会出现同样的弥散性,例如,先挑黄色,然后挑出绿色,再给绿色配上蓝色,最后给蓝色配上黑色。可见,复合思维具有轮廓的不确定性和原则上的无限性。"儿童在这里进入了一个弥漫性概括的世界,一切特征都漂移不定,不知不觉地由一个特征转化为另一个特征。这里没有固定的轮廓,这里起主导作用的是无限的复合物,由它们所联结的联系的广泛多样是惊人的。"[②]也就是说,这种联合有助于儿童扩大将越来越新的具体物品归入一个基本种类的可能性。

第五种类型称为假概念。所谓假概念,是从外部看起来像概念,而从内部看则是复合物的一种复合类型。也就是说,儿童运用复合概括而得出了与抽象概括一样的结果。它表面上与抽象概念相符,但从发生上讲,它是复合概括的结果,因此,就本质而言,它不是真正意义上的概念,而是假概念。例如,儿童为黄色三角形样品挑选的所有实验材料都是三角形,这一结果与抽象思维的结果是一致的,但事实上,儿童只是根据物品具体的、实际的和直观的联系,即在简单联想的基础上联结物品。维果茨基认为,"假概念是学龄前儿童最广泛、比一切其余形式都占优势的、经常几乎是独一无二的复合思维的形式"[③]。儿童之所以产生假概念,其原因是基于儿童言语的发展路线是按照成年人言语中确定的词语意义所预先规定的方向进行的。成人的言语把儿童自身的积极性引导到严格限定的轨道之上。儿童自己不能自由地形成复合物,而只是将物品串连成完整的组,并在成年人的

① 滕俊杰主编:《童言无忌逗你笑》,中国福利会出版社 2003 年版,第 33 页。
② 维果茨基著:《思维与言语》,《维果茨基教育论著选》,余震球选译,人民教育出版社 1999 年版,第 148 页。
③ 同上书,第 150 页。

语言中找到与之相联系的词语。这时的儿童在与成人的言语交往中虽然可以相互理解，但儿童使用的语词仅仅在功能上类同于概念，而从起源、思维方式和智力操作上看则属于复合思维。打个比方，假概念如同是概念的一幅图解，一个小故事，它们表示同一对象，但概念与图画毕竟不是一回事。比如，有的幼儿说，"这是猫，不是动物！"在她的头脑中，猫和动物是两个不相干的概念，没有上下级的内在联系。我们可以说，这位幼儿关于"猫"的概念，是一个假概念。还有一个例子，说的是在回答什么叫"小心眼"时，有儿童说："小心眼就是一个人的肚脐眼很小的意思。"另一位则说："小心眼就是告诉你要保护眼睛。"这里的"小心眼"同样是一个假概念。假概念虽然并不是真正的概念，但它是儿童向真正的、向具有辩证意义的概念转化的过渡阶段。维果茨基指出，假概念不仅是儿童特别重要的财富，而且也经常出现在成人的日常生活中。

以上五种类型的复合思维，其共同的特征就是儿童思维复合着他们感知的事物，将感知的事物联结成一定的组合，因而就本质而言，复合思维缺乏统一联系、缺乏层次等级、具有直观性，虽然它们可以用于与成人交流，但并不是真正的概念。但是，复合思维为将零星分散的印象结合起来奠定初步的基础，为最终过渡到概念思维作好准备。

3. 概念思维时期

这一时期并不是按时间顺序紧跟着复合思维的结束而出现的。概念思维时期的第一阶段，十分接近假概念。儿童以各成分之间最大限度的类同为基础，将具体物品加以概括。第二阶段称为潜在概念时期，儿童能区别出他根据某一特征所概括的一组物品。潜在概念与真正概念的外部类同，因而初看起来仍接近于假概念，但本质上已经不同了，其区别就在于潜在概念中已经出现了具体功能上的孤立抽象。当儿童能冲破情境、特征的具体联系，而将一些个别特征抽象化，并在新的基础上将这些特征重新联结起来后，便形成了真正的概念。儿童的思维便进入了第三阶段——概念思维时期。形成真正概念的决定性作用是词语，儿童借助于词语将抽象的特征符号化。

维果茨基关于儿童概念形成过程的阶段划分，是运用特定的研究方法收集实验结果后的分析和归纳，具有很强的学术性，但它不是用来划分概念水平的僵硬尺度。为此，维果茨基特别强调：不能认为思维发展中的阶段和时期的更替是一个机械过程，"发展的情况原本要复杂得多。各种发生形式都是共存的……人的行为总是处于同一个高层的或者最高级发展层次上。最新的、最年轻的、人类历史刚刚产生的形式能在人的行为里和最古老的形式肩并肩地和平共处。""在儿童思维发展方面同样的现象也是确定的。这里儿童正在掌握最高级的思维形式——概念，但他决不与较为基本的形式分手。这些基本形式还将长时期地继续在数量上占优势，是一系列经验领域里思维的主导形式。就连成年人，也像我们曾指出过的那样，并非始终都是用概念思维的。他的思维经常是在复合思维的层次上进行的，有时甚至降到更为基本的、更为原始的形式。"[①]

① 维果茨基著：《思维与言语》，《维果茨基教育论著选》，余震球选译，人民教育出版社 1999 年版，第 179—180 页。

维果茨基不仅通过实验研究探索儿童概念形成的一般规律,还进一步进行儿童的日常概念和科学概念发展的比较研究。他发现,儿童科学概念与日常概念的发展并不完全一致,科学概念的发展进程并不重复日常概念发展的道路。他认为,儿童的日常概念在自发的、情境理解的、具体使用的范围内,在经验和体验的范围内是强有力的,但在认识性和随意性所决定的范围内,日常概念则暴露出它的弱点。儿童日常概念的发展起始于具体性和经验的范围,并进一步向概念的高级特性——认识性和随意性发展,而科学概念则是在认识性和随意性的范围里开始并继续向上延伸到个人经验和具体性范围。通俗地讲,日常概念是由生活中的具体事物出发逐渐概括起来的,而科学概念则是在概念体系的演绎中不断延伸的。科学概念与日常概念的最大区别就在于前者具有系统性,而后者缺乏系统性。科学概念的系统性是儿童在掌握系统知识的过程中得以实现的,因此,掌握是儿童意识发展的基本形式,也是人所特有的反映形式。儿童掌握概念,尤其是科学概念,其实质是教学与发展的问题。

(四)教学与发展的关系

我们已经了解到维果茨基对"发展"的理解,侧重于强调人的心理发展受社会文化历史发展规律的制约。从这一基本观点出发,维果茨基认为,儿童的教学可以定义为人为的发展,"学校教学是发展的源泉"[①]。

维果茨基的这一基本观点,是针对当时流行的三种发展观而提出的。

第一种发展观认为,儿童的发展不依赖于教学过程。这种理论把教学看成是纯粹的外部过程。这一过程应当尽量去适应儿童的发展过程,但它本身并不积极参与儿童的发展,它不会改变儿童发展中的任何东西。这种教学与其说是推动儿童的发展过程和改变发展的方向,还不如说是利用了发展的成果。这一观点并非没有真理的成分,即为了使教学成为可能,儿童必须具备若干发展的前提,新的教学取决于儿童发展所经历的某些循环。维果茨基认为,"确实存在一个最低的教学临界线,在这条线外教学就是不可能的了。"[②]但是,维果茨基又认为教学对发展的这种依从性不是主要的,而是从属的。过分夸大这种依从性,把教学当成"似乎是收获儿童成熟的成果",而教学本身对发展仍然是无关紧要的看法显然是不当的。我们一眼便能看到,维果茨基的这一看法是针对皮亚杰的。

第二种发展观认为,教学就是发展。这是与第一种观点完全对立的意见,它认为教学与发展两个过程同等地、平行地进行着,教学上的每一步与发展中的每一步都是一致的,发展跟随着教学,其公式是教学即是发展。教学是发展的同义词。这是联想主义的发展观。维果茨基指出,"如果在第一个理论里教学和发展的关系问题的结子不是解开而就是砍断的,因为不承认在这两个过程之间存在任何关系,那么在第二个理论里这个结子根本上就消失了或者绕开了,因为总的来说,如果彼此是同一回事的话,并不会产生教学和发

① 维果茨基著:《思维与言语》,《维果茨基教育论著选》,余震球选译,人民教育出版社 1999 年版,第 262 页。
② 同上书,第 233 页。

展之间存在什么关系的问题。"①因此，维果茨基尖锐地指出，"尽管这两种观点有着明显的对立性，然而它们在基本点上都是一致的，相互之间是非常近似的。"②

第三种发展观是二元论的观点，它认为，发展以两种彼此不同但又相互联系、相互制约的过程为基础：一方面，成熟直接依赖于神经系统的发展，而不依赖于教学过程；另一方面，儿童在教学过程中获得一系列的行为方式，这种教学本身同样也被理解为是一种发展过程。这类理论的代表人物是德国格式塔学派的考夫卡（K. Koffka，1886—1841）。这一观点的进步作用表现在指出了两种对立观点之间的共同点；指出了构成发展的两个基本过程之间的相互影响，扩大了教学在儿童发展过程中的作用。但是，它未能指明整个儿童期发展中教学的作用。（对于此，我们将在下一点中专门阐述。）

维果茨基为了正确解决发展与教学之间的关系，提出了一个全新的概念：最近发展区。

维果茨基认为，教学应与儿童的发展水平相一致。这乃是通过经验而确立的并多次验证过的无可争辩的事实。但在确定发展过程与教学的可能性的实际关系时，"无论何时我们都不能只是限于单一地确定一种发展水平。我们应当至少确定儿童的两种发展水平。"③第一种水平称做儿童现有发展水平，第二种水平则是最近发展区。

所谓现有发展水平，指的是由一定的、已经完成的儿童发展系统的结果形成的心理机能的发展水平。传统的智力测验所得儿童的智力年龄（智龄），就是现有发展水平。但这种现有发展水平不能十分完全地判定儿童发展到今天为止的状态。例如，当两名儿童的智龄都相当于8岁时，只是表明他们能通过大多数8岁儿童能解答的题目。如果让这两名儿童进一步解答测验题时，其中一人借助于例题或示范等启示很容易地通过了12岁组的测试题目，而另一个只能通过9岁组的题目。于是，我们可以清楚地看出这两名儿童具有各不相同的发展可能性，也就是说，具有不同的最近发展区，前者的发展潜力（可用数学4表示）要比后者（只有1）大得多。因此，维果茨基指出，"用独立地解答习题的办法确定的这个智力年龄或现实发展水平和儿童在不是独立地、而是在合作中解题时达到的水平之间的差异，就决定了儿童发展的最近发展区。"④可见，在学校里，那些儿童之间由最近发展区所形成的差异，要比他们之间的现有发展水平的表现要大得多。这种差异首先反映在教学进程中他们智力发展的动态中，也表现在他们的相对成绩中。最近发展区对智力发展和成绩的动态的影响，要比他们现有发展水平的影响具有更直接的意义。为了证实这一命题，维果茨基引证道：在实际教学中，我们可以看到，儿童在合作中，在指导下，在有帮助时，总能比独立时做更多的事和解答更困难的习题。当然，这是有限度的，儿童

① 维果茨基著：《思维与言语》，《维果茨基教育论著选》，余震球选译，人民教育出版社1999年版，第235页。
② 维果茨基著：《学龄期的教学与智力问题》，《维果茨基儿童心理与教育论著选》，龚浩然等译，杭州大学出版社1999年版，第308页。
③ 同上书，第315页。
④ 同①，第254页。

只能在他们的发展状态和智力潜力严格限度的范围内,才能通过合作变得更有解决问题的能力。维果茨基研究表明,"儿童不能藉助模仿解决一切仍然未能解决的习题。他只是达到一定的极限,而不同的儿童其极限也是不同的。""儿童在合作中只能轻松地解答与他的发展水平最接近的习题,接着解题的困难在增长,最终即使合作解题也不能克服困难。儿童从他会独立做的事到他在合作中会做的事的过渡的可能性的大小,是最敏感的征兆,它说明儿童的成绩和发展的进程。这一进程和最近发展区是完全一致的。"①

最近发展区是一个动态的概念。因为处于某一年龄阶段的最近发展区能在一定条件下转变为下一个阶段的现实发展水平,而下一个阶段又有自己的最近发展区。儿童今天在合作中能完成的事,到了一定时候便能独立解决。因此,维果茨基指出,"学校中教学和发展的相互关系好比是最近发展区和现实发展水平的关系一样"。② 童年期的教学只有走在发展的前面对发展加以引导,才是好的教学。与皮亚杰不同,维果茨基认为,教学依赖的是正在成熟的功能,而不只是限定在已经成熟的功能中。教学的可能性是由它的最近发展区决定的。因此,从这个意义上讲,学校教学的任何学科总是建立在未成熟的基础之上的。这并不是说教育不要顾及儿童发展的实际水平,不要确定教学的最低阈限,而是说一个正确有效的教育既要确定教学的最低阈限,也要确定教学的最高阈限,"只有在这两个阈限之间教学才能取得成效。教学一门课程的最佳时期就在这二者之间。教学不应当以儿童发展的昨天,而是应当以儿童发展的明天作为方向。只有那时它才能在教学过程中引发处于最近发展区里的发展过程。"③反之,如果教学不是瞄准最近发展区,而只是把已经完成的发展系统作为目标,那么,从发展的角度看,这种教学就没有什么积极意义,充其量只是发展的尾巴。

维果茨基的最近发展区概念,是他的有关高级心理机能学说的逻辑结果。我们在前文中已经介绍了他的基本观点,即任何一种高级心理机能在儿童的发展中都是两次登台的:第一次是作为心理之间的机能登台,其性质是社会的,活动的;第二次作为内部心理机能而登台,其性质是个人的。这一规律也完全适用于教学过程。教学最重要的特征便是创造最近发展区,也就是引导并推动儿童一系列内部的发展过程。这些内部的发展过程现在对儿童来说,只有在与周围人的相互作用以及与同伴的共同活动中才可能实现。一切活动只有经过内化的发展进程,才能成为儿童自身的内部财富——高级心理机能。所以,维果茨基指出,"教学,从这一观点来看并不就是发展,但是对儿童正确组织的教学引起儿童的智力发展,使一系列这样的发展过程得以产生,如果离开教学是根本不可能的。这样一来,教学乃是在发展儿童的非自然的特点即人的历史特点的过程中内在必要的与普遍的因素。"④

① 维果茨基著:《思维与言语》,《维果茨基教育论著选》,余震球选译,人民教育出版社 1999 年版,第 256 页。
② 同上书,第 257—258 页。
③ 同上书,第 258 页。
④ 维果茨基著:《学龄期的教学与智力发展问题》,《维果茨基儿童心理与教育论著选》,龚浩然等译,杭州大学出版社 1999 年版,第 319 页。

那么,是不是就可以据此证明发展与教学之间的单向关系呢? 维果茨基并不这么认为。相反,他指出,不能把发展与教学等量齐观。发展的速度,与教学的速度是不一样的。个体发展的曲线与学校教学大纲进行的曲线也是不相重合的。教学基本上走在发展的前面,而发展有其自身的内部逻辑。学校中各学科的教学对心理过程的引发表现在以下三个事实上:(1) 各学科教学的心理基础具有相当大的共同性;(2) 教学对高级心理机能的形成具有促进作用;(3) 学科教学可加强各项心理功能的相互依从和联系,高级心理机能的发展是学龄期的一个主要发展成果。而这一系列高级心理机能,尤其是儿童抽象思维的发展,并不随着学校各学科的分设而分解为各自单独的渠道。

通过以上的分析,维果茨基对于教学与发展的关系所作的结论是:"对于最大限度地依靠认识机能和随意机能的学科,学龄期是教学的最佳时期,或者是敏感期。这些科目的教学也保证了处于最近发展区的高级心理机能发展的最优条件。"①

维果茨基进而指出了学前儿童的发展特点。

维果茨基认为,"教学与发展并不是在学龄期才初次相遇的,而实际上从儿童出生的第一天便互相联系着。"②当然,这里的教学并非课堂教学,而是广义的教学,甚至包括儿童获得语言在内。从广义的教学来看,维果茨基认为,在儿童的发展中,教学的性质具有若干个极限点。第一个极限点是 3 岁以前的儿童,他们是按照"自己的大纲"进行学习的。所谓"自己的大纲",当然是一种比喻性的修辞手法,指的是年幼儿童在与周围环境相处的过程中产生的对知识、技能的需要所决定的那种教学。儿童所经历的各阶段的次序,其延续时间的长短,不是由母亲的"教学大纲"所决定的,而是取决于儿童从周围环境中如何吸取新知识、发展新能力所决定的。这种类型的教学具有很大的自发性,可称为自发型教学。自发型教学的典型事例是儿童学习语言。第二个极限点是学龄儿童在学校里跟随教师学习。这时期的教学根据学校的教学大纲进行,儿童自己的"大纲"所占比重已经微不足道。这一类型的教学称为反应型教学。

学前儿童的教学则处在自发型与反应型之间,可称为自发—反应型教学。

处于自发—反应型阶段的幼儿,其教学的特点是从自发的一端向反应的一端运动,这种运动的全部过程可分为两个阶段。前半阶段接近于自发的一端,后半阶段则接近于反应的一端,在整个幼儿期,自发与反应的比重明显地发生变化。因此,幼儿期是一个充满过渡性和发展性的时期,它的重要性也正在于此。

维果茨基认为,"如果说,童年早期儿童在学习过程中能做的只是与他的兴趣相符合的事情,而学龄儿童能做教师要他做的事情,那么,学前儿童的态度就是这样确定的:他做他要做的事,但他要做的事情,恰恰也是他的领导希望他做的。"③幼儿教育的根本任务就在于如何帮助儿童从"按照自己的大纲学习",转变为"按教师的大纲学习",通过学前教

① 维果茨基著:《思维与言语》,《维果茨基教育论著选》,余震球选译,人民教育出版社 1999 年版,第 262 页。
② 维果茨基著:《学龄期的教学与智力发展问题》,《维果茨基儿童心理与教育论著选》,龚浩然等译,杭州大学出版社 1999 年版,第 314 页。
③ 维果茨基著:《学前教学与发展》,《维果茨基教育论著选》,余震球选译,人民教育出版社 1999 年版,第 379 页。

育,实现学习的转变,发展儿童的心理。这是一个众所周知的难题。为了寻找解决这一难题的切入口,维果茨基又提出了一个新概念,即学习的最佳期限。

维果茨基认为,任何广义的教学,包括言语教学,都是与年龄相关联的。通常,人们在谈论这个问题时,往往只关注下限。当儿童的成熟未达到一定程度时,不可能学习某一门学科,比如,你不可能教 6 个月的婴儿读书识字。但是,事实上对学校教学来说还有一个最佳上限期的问题,关注"上限",是为了使教学不要滞后。如果教学迟于这一上限,教学效果也会大打折扣。

"最佳学习期限"这一概念的提出是基于习性学对动物行为研究引申出来的。习性学的有关实验和观察提出了发展的敏感期概念,指的是,个体在发育的某个时期中,对某种类型的环境影响特别敏感。当这一年龄结束后或尚未到来之前,这种影响可能会失去原有的作用,甚至起相反的作用。正如有人用喂养婴儿的方式对待 7 岁儿童或用对待 7 岁儿童的方式喂养婴儿一样是有害的。这一观点是"对动物的发育方向有决定意义的独特的环境影响,只有在一定的发育时刻才能产生积极的效应,早于或者迟于这一时刻,这些影响都将是盲目和徒劳的"[1]。

发展中存在着对外界刺激的敏感期。把这一观点引进早期教育的是蒙台梭利(M. Montessori,1870—1952),她在罗马圣罗伦佐的"儿童之家"试图解决贫民儿童受文化剥夺问题的教育改革实验研究中,得出的重要结论便是要"特别重视和丰富儿童的早期经验,重视儿童早期教育"[2]。她从生物学和动物行为研究中得到的"敏感期"的启示,发现儿童在心理发展和学习过程中也存在着敏感期,即在不同发展阶段,儿童表现出对某种事物或活动特别敏感或产生一种特殊兴趣和爱好,学习也特别容易而迅速,是教育的好时机。这一时期经过一段时间便会消失。

维果茨基十分赞赏这些先驱的功绩。他认为,"任何教学都存在最佳的,也就是最有利的时期,这是基本原理之一。在这个时期任何向上或向下的偏离,即过早或过迟实施教学的时期,从发展观点看,总是有害的,对儿童的智力发展产生不良影响。"[3]也就是说,一定时期的教学在智力发展方面给教学和发展带来更大的效果。过早的教学可能对智力发展造成不良影响。同样,过迟开始教学或长时间缺乏教学也都会阻碍儿童智力的发展。这里的关键不仅在于确定儿童能够接受教学的成熟情况,更重要的还在于要关注儿童尚未成熟和正在成熟的阶段,因此,"对于一切教学、教育过程最富有实质意义的,还是那些正处于成熟期而在施行教学时刻尚未完全成熟的过程"[4]。这种建立在正在开始但尚未形成的心理机能基础上的教学,就是所谓"走在发展前面的教学"。只有这种教学,才能激

① 维果茨基著:《学前教学与发展》,《维果茨基教育论著选》,余震球选译,人民教育出版社 1999 年版,第380—381 页。
② 蒙台梭利著:《蒙台梭利幼儿教育科学方法》,任代文主译校,人民教育出版社 1993 年版,第 13 页。
③ 同①,第 381 页。
④ 维果茨基著:《学前教学与发展》,《维果茨基教育论著选》,余震球选译,人民教育出版社 1999 年版,第 382 页。

发和引起个体成熟阶段的一系列功能,对发展过程及时地加以组织,对不良倾向及时地加以调整,达到以教学促进发展的目标。

在学前期儿童的心理发展中,维果茨基十分重视心理的整体发展。他指出,"儿童及其意识发展中最本质的,不仅是儿童意识的个别机能随着年龄的递增在发展与成长,最本质的是儿童个性的发展与成长,是儿童总的意识的发展与成长。"①心理发展是一个整体的过程,但在不同的年龄阶段有不同的占主导地位的具体过程。例如,3 岁以下的儿童以知觉为主导过程,他们的知觉在儿童的心理生活中占主导地位,甚至影响到他们的思维和情感,使思维带有直接性,使情感带有情境性,儿童活动的一切方面都为知觉服务。而 3 岁以上的学前儿童已经形成了有别于早期儿童(3 岁以下)的心理机能,其特征是记忆占据了主导地位。这一变化使儿童与成年人的交往得到发展,概括能力增强,因而概念形成的方式也发生变化,这有利于儿童的思维向一般概念思维过渡。此外,也使儿童的需要和兴趣的性质发生了变化,其兴趣开始由情境对儿童显示的意义来决定,而不再像以前那样,单是情境本身表示的意义,从而使儿童的兴趣具有了概括性和转换性。记忆占主导地位还推动了儿童活动类型的转变,出现了儿童实践自己意图的可能性,开始了由思想到情境而不是从情境到思想的活动方向的转变,从而才出现幼儿游戏、劳动、艺术活动等的可能性。维果茨基还多次强调,幼儿期是第一个摆脱记忆缺失的年龄,而记忆缺失正是婴儿期的基本规律,人们不大可能记忆 3 岁以前的经历。幼儿摆脱了记忆缺失,也就意味着能对自我产生一个统一的认识的开端。此外,学前儿童首次产生了内部的道德规范,形成道德准则,开始建立对世界、对自然界、对社会以及对自己的一般概念。因此,学前教育对于个体心理发展的作用就是造就某些"继承联系成分","这些成分是架设一座桥梁通向已经结束了自己发展的童年时期的人的成熟世界观"②。维果茨基如是说。

四、对维果茨基心理发展理论的评析

维果茨基的心理发展理论,尤其是他的高级心理机能理论是他对心理学理论宝库的重大贡献。这一观点自提出后虽然一度遭到不公正的待遇,但最终被越来越多的心理学家所接受,不仅在苏联心理学界形成一个生机勃勃的社会文化历史学派,也被西方心理学家所重视,这绝不是偶然的。维果茨基理论的贡献主要表现在以下三个方面。

(一) 为意识的研究注入了新的生命力

维果茨基研究高级心理机能的目的在于研究意识。本来,意识一直是传统心理学的研究对象,但由于哲学观点和研究方法的局限,心理学对意识的研究一直未能通向真谛。加上行为主义对意识研究的排斥,造成了一定的偏离。维果茨基认为意识是人在活动开始之前对活动结果的映象,它是客观现象的反映,又对人的活动起调节作用。意识是高级

---

① 维果茨基著:《学前教学与发展》,《维果茨基教育论著选》,余震球选译,人民教育出版社 1999 年版,第 382 页。
② 同上书,第 385 页。

心理机能的一种系统。人的意识与各种心理机能之间的关系是整体与部分之间的关系。它们是两种不同质的反映水平。意识只适用于人，是人所特有的高级水平的反映形式，而心理既适用于人，也适用于动物，是人与动物共同具有的反映形式，混淆了二者必然导致生物还原论的错误倾向。基于这一认识，维果茨基不同意把意识强加在动物身上。他认为，如同机体是由各器官的活动构成的系统一样，意识是由需要、动机、目的为最高调节器的各种高级机能的系统，意识是"心灵机体"。意识不是一个与外界隔绝的封闭系统，而是以活动作为其客观表现的。可以通过活动来研究意识，把意识的事实加以物化，转换成客观的东西（如言语）。这一观点既有别于传统心理学中把意识和心理加以等同的观点，也反对了行为主义把意识排斥在心理学研究领域之外的错误，是一种十分可贵的正确观点，表现了维果茨基学识上的高瞻远瞩和学术上的勇敢精神。

（二）提出"教学应当走在发展前面"观点

维果茨基关于教学与发展关系的主要结论是"教学应当走在发展前面"，教学成了儿童发展的源泉，这集中体现了他的社会文化历史的发展观。由此而引申的一系列观点，如最近发展区、最佳学习期限、教学与发展之间复杂的动力制约关系、教学形式随发展阶段转变的变化、教学方法对发展的最大效果等，不仅指导教师尽可能科学地发挥教学的功能，科学引导学生的发展，也为教师发挥最大的能动性提供了舞台。

所谓教学应走在发展的前面，指的是教学应走在现有发展水平的前面，即在最近发展区之内，其实质仍是教学要适应儿童发展的水平。这一点与皮亚杰的"学习要从属于主体的发展水平"有异曲同工之妙。

维果茨基关于教学应当走在发展前面的观点，在教学实践中极富指导意义，这一学派的心理学家和教育家们在苏联教育界开展了长期的教学研究，涌现出像加里培林（Л. Гальперин）、赞科夫（Л. Занков，1901—1977）、达维多夫（В. Давыдов，1930—1998）、艾里康宁（Д. Эьконин，1904—1985）等一批优秀的学者，为推动教学改革和促进儿童智力水平的发展作出了积极的贡献。

（三）开创了以辩证唯物主义为指导思想的心理学理论体系

在心理学史上，维果茨基是第一个自觉运用辩证唯物主义建立比较完整的心理学理论体系、并获得学术界公认的第一人。他与同事们一方面着重研究高级心理机能的历史发生发展的条件，另一方面着重进行实验研究，研究高级心理机能的个体发生和发展，获得了举世瞩目的成就，形成了一个力图以辩证唯物主义哲学为指导的社会文化历史学派，从理论和实验两方面为克服西方传统心理学在研究对象上从意识到行为的自然主义作出积极的努力。

维果茨基还把唯物辩证法用到心理学方法论的改造上，创造性地运用单位分析法取代传统的肢解心理学的要素分析法，运用因果发生法研究概念的形成等，克服了传统研究方法静止、片面、孤立的形而上学倾向。

尤其是通过对思维和言语的卓越研究，维果茨基指出，"思维和言语是理解人类意识本质的钥匙"①，从而揭示了思维发展的文化历史根源，指明了社会生活对思维的制约性、言语的功能以及言语与思维之间的复杂关系。维果茨基把历史主义的原则引进心理学领域，既反对了人的心理发展的生物学化，又反对了唯心主义的文化历史观，极大地巩固了辩证唯物主义心理学的理论阵地。印度大诗人泰戈尔以艺术家的热情抒情道："儿童生活在永恒的纯真中，远离历史的尘埃。"而维果茨基则以科学家的冷峻指出："心理学的任务恰恰不在于揭示永恒的童性，而在于揭示历史的童性，或者用歌德的诗句说，暂时的童性。"②

由于受到时代和科研成果的局限，也是由于维果茨基短暂的一生，他来不及从容地构建和反思，因而他的理论也并不是无懈可击的。

第一，过于强调两种心理机能的区别。维果茨基的高级心理机能和低级心理机能的划分，是一个重大的理论贡献，但过于强调两种机能的对立，把低级心理机能当作是先天遗传的自然过程，不具有中介的性质，并不符合人的低级心理过程的实际，仍不免有自然主义的痕迹，好在维果茨基本人后来已作了重大修改，承认低级心理机能也具有同样的中介心理结构，从而克服了理论上的缺陷。但这样一来，又不免带来新的问题：如果两种心理机能都具有同样的中介心理结构，那么，它们的区别何在？

第二，过于强调自然过程与文化历史过程的对立。维果茨基在分析高级心理机能发展时，多次强调这一发展不伴随人的机体结构的生物型变化。这一说法是欠妥的，人脑是自然进化的产物，这个自然不可避免包括生态环境和社会环境。很难设想高级心理机能的产生和发展不能从人脑的结构中找到它的生物型依据。否则，"心理是人脑的机能"从何谈起？当然，生物型结构的变化是缓慢的、漫长的进化结果，不能指望一个文化历史的影响就造成一个有机体结构对应的生物型变化，但发展是硬道理，它是永不止息的。把有机体结构的生物型看作是不变的或不受文化历史影响的观点，也是没有根据的。

第三，过分强调教学对发展的决定性作用。维果茨基把教学当作"发展的源泉"，是"激起与推动儿童一系列内部的发展过程"的动力，甚至把教学的概念扩大到儿童发展的所有时间和空间，有教学概念无限扩张的倾向。显然，这一说法过分夸大了教学的作用，轻视了儿童心理发展的内部规律性，贬低了儿童发展的主动性，与当代发展心理学的发现结果是不一致的。教学是教师教和学生学两个积极性相互作用的交往过程。尽管维果茨基希望教师在教学中找到制约发展过程与教学过程之间动力状态的条件，但重心仍不在教学与发展的主体——儿童身上。

此外，维果茨基依据动物行为研究和人的某些具体心理现象（如儿童语言的获得），而断定教学最佳时期，在一定程度上也不符合连续发展和继续教育的实际。

顺便提及，维果茨基对儿童概念形成的研究是基于以词语概念为工具的抽象思维的认识之上，因而他特别重视语言对思维的重要作用。但现代心理学的研究告诉我们，

---

① 维果茨基著：《思维与言语》，《维果茨基教育论著选》，余震球选译，人民教育出版社 1999 年版，第 376 页。
② 同上书，第 75 页。

在个体的心理发展过程中，思维的发展趋势包括从动作思维发展到表象思维，最后进入抽象思维。不能把思维仅仅归结为抽象思维一种，这样会大大削弱思维研究的范围和功能。

总的说来，维果茨基在儿童发展和教学方面，无论是理论还是实践上，都作出了巨大的贡献。维果茨基的心理发展理论，是一笔宝贵的科学遗产。他与皮亚杰，是 20 世纪为人类创造划时代的心理学大师。著名心理学家布鲁纳在 1996 年 9 月的日内瓦"国际第二届社会—文化研究，纪念维果茨基—皮亚杰百周年诞辰"及"纪念皮亚杰百周年诞辰讨论发展中的智能"学术会议上发言指出："对于我们这些研究人类发展的人来说，有皮亚杰和维果茨基这样两位巨人激发我们的科学探索，该是多么幸运啊！……他们馈赠给我们的是一种真正值得珍视的、反对还原论简化法的精神遗产。""如果说皮亚杰是首先全神贯注于心理发展次序研究的一个人，维果茨基便是专心致志于探讨使教学过程可能实现的客观的文化模式的人。""选择他们中任何一个人作为导师都是值得的。"[①]出席这次会议的学者们一致认为，今天对维果茨基的研究并不是研究一个历史人物在历史上的作用，而是研究一个当代杰出的心理学家对现代心理学发展的全部重要的现实意义。维果茨基理论的能量，正日益转化为推动当代心理学沿着科学的道路不断深入的动力。

拓展阅读

维果茨基与皮亚杰[②]

维果茨基与皮亚杰是同时代的心理学家，并有一些相同的研究领域，如思维和语言，建构的思想等；同时，在二者的理论中又有较大的差异，例如，关于自我中心言语的问题、建构的社会性问题等。维果茨基反对皮亚杰关于儿童的自我中心言语的观点。他认为儿童的自我中心言语，事实上并非完全是自我中心，而是具有自己对自己沟通的意义。后来皮亚杰也对自己的关于自我中心言语的观点做了一定的修改。

皮亚杰更多强调每一个人对新知识的创建，而维果茨基则侧重文化和语言等知识工具的传播。维果茨基和皮亚杰在理解社会世界与社会交往上也有差异。根据前者的观点，社会世界是个体发展的核心，而后者则认为它只是个体发展的一种影响因素；前者认为，社会交往是儿童学习和认知发展必不可少的过程，而后者则认为儿童的认知发展是一个可能受到社会交往影响的个体过程。按皮亚杰的说法，"个体对社会化所作出的贡献，正如他从社会化所得到的同样多"。许多西方心理学家对此进行批评，认为皮亚杰的研究只是偶尔接触到社会关系，并未系统考察认知发展的社会背景。这一点上维果茨基要比皮亚杰更有道理。

---

① 布鲁纳著：《赞赏皮亚杰和维果茨基两位心理学家在学术观点上的分歧》，张粹然译，四川心理科学 1998 年第 1 期。

② 熊哲宏主编：《西方心理学大师的故事》，广西师范大学出版社 2006 年版，第 278—279 页。

五、社会文化历史学派的发展理论与学前教育

维果茨基理论的核心是高级心理机能,高级心理机能是在社会交往中逐步获得的,学校教学是儿童心理发展的源泉。自然,这个理论与学前教育之间的关系是必须予以高度重视的。

(一) 教育就是要促进高级心理机能的发展

维果茨基认为,人的高级心理机能是在与社会交互作用中发展起来的,或者说人的高级心理活动起源于社会的交互作用。学校教学是儿童心理发展的源泉。这个理论将教学提到"源泉"的高度,对于我们这些从事幼儿教育的教师来说,意义就非同一般了。

案例 7-1

我想换书看①

午饭时间,那些吃饭较快的幼儿一吃完饭,便搬起椅子去图书角看书了。没过多久,扬扬就跑来告状:"杨老师,诺诺不愿意跟我换书!"我说:"诺诺不愿意,你就看自己的书吧!"听我这么说,扬扬有些不情愿地走开了。过了一会儿,芯芯也跑过来委屈地说:"杨老师,瑞瑞抢我的书。"瑞瑞听到了赶紧辩解:"我想跟他换书,可他不跟我换啊!"

类似的换书纠纷经常会在小班图书角发生。幼儿大都有过换书的经历,有时他们能够顺利交换。可很多时候他们换书的过程并不顺利,常常引发冲突。经历得多了,我就深究起其中的原因来。我渐渐看出来,孩子们之所以会产生换书纠纷,主要原因是有些孩子并不理解"交换"的含义。于是,我组织了一次有关换书的谈话活动。

教师:"小朋友们,你们都交换过图书吗?"

幼儿:"交换过。"

教师:"你们都和谁交换过呀?"

天天:"我和青青交换过,我喜欢看喜羊羊的书。"

教师:"可是,当别人不愿意和你交换时,你怎么办?"

芯芯:"我会告诉老师。"

青青:"我会告诉小朋友我的书很好看,让他跟我换。"

教师:"要是别人不愿意换呢?"

庆庆:"把书抢过来!"

教师:"小朋友能去抢别人的书吗?"

瑞瑞:"不可以,这样会把书弄破的。"

扬扬:"书宝宝会疼的。"

教师:"如果没有换成书,想换书的人心里会很难过。谁能想出好办法来帮帮想换书

---

① 杨磊:《我想换书看》,《幼儿教育》2011 年第 6 期,第 35 页。

的人呢?"

恩恩:"可以找别的小朋友交换书。"

教师:"找一个愿意和自己交换的小朋友换书,是吗? 真是一个好办法!"

幼儿纷纷点头表示同意。

教师:"交换应该是两个小朋友都愿意的,如果有一个小朋友不愿意就不能交换。因此,如果小朋友不愿意换书,另一个小朋友是不能去硬抢的。因为硬抢不仅是不礼貌的行为,还会弄疼书宝宝。要是别人想和你换书看,而你又不愿意交换你该怎么说呢。"

诺诺:"我还没有看完呢!"

腾腾:"我现在不想和你换书看,你先找别人试试看吧!"

教师:"谁会用礼貌的话来说一说?"

天天:"对不起,我还没有看完呢! 你先找别人试试看吧!"

教师:"天天说得真好! 我们来学一学吧!"

······

此后,班级图书角的"抢书"现象明显减少了。在我看来,针对换书开展的谈话活动,其意义至少有以下几点:第一,帮助幼儿理解了"交换"的含义,让幼儿学会了从别人的角度去考虑问题。小班幼儿的心理特点大多是以自我为中心的,他们不太会考虑别人的感受。而交换作为一种社会行为,涉及双方的利益需要双方协商,因此必须考虑对方是否愿意交换。第二,引导幼儿用礼貌的语言进行沟通、协商,而不是抢夺。幼儿习得了沟通的技巧之后,就可以将其自发迁移到与小朋友交往的其他环节中,这样便提升了社会交往能力。第三,增强了幼儿自主解决问题的能力。以前,幼儿都是依赖老师来解决纠纷的,现在他们能够运用习得的交换技巧来自己处理问题,这样就激发了他们的自主性,进而有助于他的自我管理。

维果茨基认为,从个体发展看,儿童在与成人交往过程中通过掌握高级心理机能的工具——语言符号系统,从而在低级的心理机能上形成了各种新的心理机能。需要指出的是,在维果茨基的理论中,语言和语言符号的作用是非常重要的。他认为语言一方面为儿童表达思想和提出问题提供了可能性,也为儿童从周围人那里学习提供了可能性。同时语言也直接促进了其高级心理机能的发展。

在案例中我们也可以看出,班级里出现了越来越多的"换书纠纷",究其原因是孩子们没弄明白什么叫"交换"。老师并没有通过口耳相授的方式,向孩子们解释什么叫"交换"。而是组织了一场讨论,让每个孩子都能够表达自己的想法,听听别人的观点。最终,孩子们通过共同商议,找到了解决纠纷的方法。这一讨论商议的过程就很好地促进了儿童高级心理机能的发展。

(二) 好的教育要走在儿童发展的前面

维果茨基对教育学界的另一大贡献就是提出了"最近发展区"理论。维果茨基的最近发展区理论强调了教学在儿童发展中的主导性、决定性作用,揭示了教学的本质特征不在于"训练"、"强化"业已形成的内部心理机能,而在于激发、形成目前还不存在的心理机能。这一理论的重要性还在于:教师在教学中可以运用它作为儿童发展的指导,它试图让教师知道运用一些中介的帮助便能使学生达到其最高的发展水平,从而使教师帮助学生通过自己的努力达到最高的发展。[1]

案例 7-2

数 立 方[2]

"数立方体"是有关几何空间数量关系的教学活动。一般来讲,幼儿缺乏立体建构经验,要对有遮挡的几何体进行分解计数往往比较困难。在活动前,我曾有意识地组织幼儿按图例搭积木,以帮助幼儿积累有关建构经验。

教学活动一开始,孩子们就注意到桌上的一筐筐积木,他们有些兴奋,窃窃私语道:"要搭积木呀!"我笑而不答,只是先在黑板上呈现了两幅由数个立方体叠加构建而成的造型图片。

图片刚一贴好,豆豆就说了:"啊?真是要我们搭积木呀,我们以前玩过的!"豆豆的话让我窃喜,因为我希望幼儿能借助已有的建构经验来理解若干个立方体之间的空间数量关系,于是我有意追问道:"哦?那你们以前是怎么玩的呢?"

有孩子说:"我们搭楼房的时候就是这样一层一层往上搭的。"看来幼儿已经联系了平时的建构经验,对如何搭出图示的建筑造型有了一定的理解基础。

还有一些幼儿在议论:"这个(图示的建筑造型)有点像楼梯。我们在搭楼梯的时候,下面要垫上一些积木,才能搭上去的。""不然的话,上面的积木会塌下来的……"看来幼儿对如何根据图示的建筑造型推断立方体的数量已经有了必要的经验基础。

……

就这样,原本需要幼儿利用抽象思维能力去理解的三层立方体空间关系的难点,就在追问和充分的回答中自动化解了。此时,我深切体会到:将教师的"教"建立在幼儿"学"的基础上,找到幼儿学习的起点,重视幼儿自身的学习经验是多么重要。

作为教师应该清楚地了解学生所处的发展阶段以及他们所面临的各类问题,只有这样才能使他们的教学超前于发展并引导发展,从而填补学生的现有发展水平与他们潜在发展水平之间的鸿沟。在上述案例中,孩子们在以往搭积木的经历中,已经累积了一定的多个立方体之间的空间关系、立方体叠加搭建的经验,这就是儿童的实际发展水平。教师

---

① 王文静:《维果茨基"最近发展区"理论对我国教学改革的启示》,《心理学探新》2000 年第 2 期,第 17 页。
② 尚蒙妮:《在问与答中激发幼儿的数学思维——以大班"数立方"活动为例》,《幼儿教育》(教育教学)2011 年第 9 期,第 35 页。

在活动前,预先判断的潜在发展水平是根据图示的造型推断立方体数量。很明显,两个水平之间存在一定的差距。教师在组织教学的过程中,充分调动了幼儿已有的经验,通过追问和回答,在交往中,让幼儿达到了预先设计的目标,活动取得了成功。

(三) 重视内化,就是重视发展

高级心理机能是在交往过程中由于社会文化的影响而形成的,高级心理机能最初都是在人与人的交往中,以外部动作的形式表现出来,后来经过多次重复、多次的变化,才内化为内部的智力动作。因此,教育的目标就在于推动和促进内化。儿童只有将知识和规则内化到自己的心理结构中去,才会引起自身结构的变化。关于这一点,相信大家一定没有忘记我们在第一章绪论里所阐明的关于什么是发展的基本观点。重视内化,就是重视发展。

案例 7 - 3
怎么让孩子有礼貌?[①]

……

成人总是要教孩子懂礼貌,例如,见了所有的叔叔阿姨都要问好,临走的时候都要说再见。我们调查了一下,其实所有的孩子对这件事情都痛苦万分。

但是我们又不能让孩子没有礼貌。怎么让孩子有礼貌呢? 我们规定,所有的老师见了孩子都得先问好。因为成人已经有了多年的知识学习,心智成长也已经完成,并且有很好的文化修养。孩子还是一个脆弱的小苗子,没有多少经验与社会阅历,为什么成人不先问候一个不是成人的人呢? 所以,我们要求所有的家长不要逼着让孩子跟老师说再见,向老师问好,而是老师必须先向孩子问好。如果这个孩子向成人问好了,成人没看见,有人告诉他了,他要立刻撵上去说:"对不起,我刚才没听见你向我问好。"得补上,否则孩子就会受到伤害。

后来所有的孩子见了老师都主动问好,一边喊着老师好,一边挥着手就过来了。礼貌已经成了他们的人格状态了……

纪律也要从孩子的内心入手,外在的约束必须建立在内在认同的基础之上。我们有个老师非常爱孩子,孩子怎么闹都不发火。可是过了一段时间,孩子不尊重她了,胡闹,课堂上吵成一团。有一次,她哭着对我说:"李老师,我当不了这个老师了,我想辞职。"

于是我就示范给她看,我没喊着让孩子们安静下来,也没逮住一个不守纪律的杀鸡给猴看,但是孩子们很快就安静下来不闹了。三两下,就把那个班整顿得井井有条了。

纪律是什么? 纪律,是人类的一种素质。老师要是将纪律作为一种素质在孩子心中建立起来了,那他就会在所有的场合中自觉或不自觉地加以遵守。纪律的建立不能靠老师的威严,也不能只靠严格的规定。纪律是人的心灵里的一种声音。作为群体生物,人天

---

① 李跃儿著:《谁拿走了孩子的幸福》,广西科学技术出版社 2008 年版,第 150—151 页。

生就有着对纪律、对秩序的渴望。

那个老师,为什么孩子不听她的?关键是她没有让纪律进入孩子的内心,没有营造出一个氛围。

对幼儿开展行为规范的教育,教育工作者和家长采取的方法往往是首先解释"为什么这么做",然后提出具体的要求。接下来就默认孩子能够表现出符合规范要求的行为。比如,我们希望幼儿"讲礼貌",首先说明为什么要讲礼貌,比如,好孩子都是有礼貌的,一个有礼貌的孩子更容易获得大人的青睐,等等。然后告诉他以后不论碰到谁都要主动打招呼。完成以上步骤后,教育工作者和家长都认为已经完成了任务,孩子能够做到"讲礼貌"了。

按照维果茨基的理论,高级心理机能是外部活动不断内化的结果。新的高级的社会历史的心理活动形式,首先是作为外部形式的活动而形成的,然后才"内化",转化为内部活动,才能最终默默地在头脑中进行。这一系列活动中,少了一个重要的环节——内化。从案例 7-3 中,我们可以看出,李跃儿老师深谙此道,一个幼儿教师,就要善于通过改变客观社会环境,在人与人交往过程中,以语言为中介,让幼儿逐渐认同"讲礼貌"等外在行为规则,将规则内化,逐渐将外部行为内化为幼儿的心理活动,最终才能获得真正的发展。

本章小结

社会文化历史学派的发展理论强调儿童心理的发展,是儿童在社会交往中接受社会文化历史的影响,由低级心理机能向高级心理机能发展的过程。其中,所使用的心理工具是符号系统,主要是语言。学校教学是儿童心理发展的源泉。好的教学应该走在儿童现有发展水平的前面,促使儿童达到可能的发展水平(即最近发展区)。

维果茨基的这一理论对学前教育领域中的社会建构主义的学习论具有重大的指导意义。

思考重点

1. 高级心理机能是维果茨基心理发展理论的核心内容。维果茨基特别强调高级心理机能是人际交往的产物,受社会文化历史因素的影响。一切高级心理机能实质上都是社会的。你如何理解"两次登台"的说法?

2. 请结合自己的儿童发展心理学知识,谈谈高级心理机能形成的标志如何体现在儿童思维或高级情感的发展中?

3. 思维与语言的两次交叉,对认识思维的本质有什么指导意义?

4. 关于儿童的自我中心语言,维果茨基与皮亚杰之间有过一次争辩。请谈谈你自己对儿童自我中心语言的认识。从两位心理学大师之间的学术争辩中,你有什么感悟?

5. "最近发展区"的概念是高级心理机能学说的必然产物。你能阐述它们之间的内在联系吗?维果茨基指出,任何教学不能只注意下限(当儿童未成熟到一定程度就不能学习某门课程),而更要关注教学的"最佳上限期"。你怎么认识这一论断?

6. 如何正确理解"教学要走在发展前面"这一论断?为什么说维果茨基的这一论断与皮亚杰关于学习与发展关系的观点有异曲同工之妙?

阅读导航

1. 维果茨基著:《维果茨基教育论著选》,余震球选译,人民教育出版社 1999 年版。

2. 维果茨基著:《维果茨基儿童心理与教育论著选》,龚浩然等译,杭州大学出版社 1999 年版。

第八章 习性学的发展理论

通过本章学习,你能够

◎ 了解习性学中对儿童发展心理学产生重大影响的概念和理论,如关键期、依恋理论等;

◎ 了解习性学的研究方法对儿童发展心理学的作用和影响;

◎ 学会运用习性学的理论观点和方法,尤其是运用依恋理论分析和处理幼儿教育中的具体问题。

本章提要

习性学是生物学的一个分支。所谓习性学的发展理论就是借用习性学的基本观点和研究方法论来研究儿童发展。其中最有影响的观点和理论是关键期和依恋理论。

关键期原来是习性学研究鸟类行为的概念。引入发展心理学后,得到诸方面的印证,也受到不少质疑。一个普遍的共识是将关键期看作是反应水平而不仅仅看作是时间概念。在早期教育界,对关键期概念有滥用的倾向,值得重视。

依恋理论告诉我们,儿童有依恋成人的先天需要。依恋行为系统与其他行为系统相互作用,共同构成了儿童的复杂行为。依恋的发生是有阶段的。依恋分为安全依恋和不安全依恋。它们的形成与儿童的先天因素有关,更与教养者的教养态度和方式有关。依恋类型对儿童以后的社会行为具有后续的影响。

发展心理学与习性学的结合是认识人类个体发展特征和规律的全新尝试,目前还没有形成完整的理论体系。

一、理论背景

习性学是生物学的一个分支,研究物种在自然环境中进化的、有意义的行为。在习性学家看来,人类只不过是巨大的、不断进化的动物世界中的一个很小的部分。据估计,全球的物种数目可达三百万至一千万之众,而人类只是其中之一。有人说在一平方公里的巴西森林内,昆虫的种类比世界上所有灵长目物种的数量还要多。因此,习性学主张把人类置于动物世界这一广阔的背景中加以研究。当然,大部分习性学家并不研究人类行为,但他们的研究对发展心理学具有深远的影响。

习性学的发展首先与达尔文的进化论有关。达尔文和华莱士(A. Wallace,1823—1913)在各自研究的基础上,在大致相同的时间里都提出了进化论,认为大自然严峻地选择着物种适应生存的特征。作为选择的结果,物种发生了变化,有时分化为亚种。包括人类在内的众多动物通过共同的动物祖先而彼此相连。达尔文还进一步提出,智力以及其他行为与身体结构一样,都是进化的产物。生存机会的增加,使得这些行为和结构得以保存,否则就要灭亡。达尔文的理论把时间这一重要范畴引入生物学。

若干年后,习性学家开始仿效达尔文对动植物的仔细观察和分类,推动了习性学的发展。作为一门独立的学科,习性学诞生于20世纪30年代,其代表人物是奥地利的洛伦兹(K. Lorentz,1903—1989)和廷伯根(N. Tinbergen,1907—)等。习性学家把动物看作是生活在特定的生态小环境中的积极有机体,而不是像传统的学习理论所认为的那种被动接受刺激的消极有机体。

习性学一直影响着欧洲的行为研究,后来,习性学又被介绍到了美国,指导着众多生命学科的研究。自20世纪70年代以来,习性学与比较心理学相结合,在北美形成一种新的综合,例如,研究幼鼠如何凭借气味找到窝穴,猴子如何与同伴相互作用,哺乳类动物的母亲如何对待刚出生的幼崽等,使科学研究具有更多的实验性和科学性。廷伯根曾表示:"我相信,习性学建设性的成就可以使'富有灵感的观察'在行为科学中再一次获得应有的地位。"[1]

1975年,美国哈佛大学教授威尔逊(E. O. Wilson)发表了鸿篇巨制《社会生物学:新的综合》,指出社会生物学是"研究所有的社会行为的生物学基础"[2]。这本书不仅对社会生物学作了当时最为彻底、系统和完整的阐述,也引发了对社会生物学的争论。后来有学者在评论这场争论时指出,这场风暴的激烈程度,足以使社会生物学在人类文化思想史上赢得一席之地。社会生物学,作为习性学的一枝新芽,对研究生命现象,尤其是人类这一特殊的生命现象提出了新的视角。20世纪60年代以来,人类发展面临的种种挑战表明,人类对自然环境越是表现出超乎寻常的改造能力,就越要自重自律,否则人类将毁灭于自身盲目的创造热情之中。实质上,这是一次继哥白尼、达尔文、弗洛伊德之后,人类第四次解除自我中心的任务。此外,社会生物学力图运用现代生命科学的最新知识去探讨社会行为,把通常意义上的社会科学与自然科学统一起来,探求两大门类学科知识间的统一性。也许,社会生物学实际上肩负不了这一伟大任务,但它的科学精神和方法论的启迪作用是不可否认的。

习性学之所以被发展心理学所接受,是因为发展心理学家具有观察儿童和注重发展

---

① Miller P. H. (1989). *Theories of developmental psychology*. W. H. Freeman and Company, p. 337.
② Wilson, E. O. (1975). *Sociobiology: The new synthesis*. Cambridge, Mass. Belknap Press of Harvard Uni. Press, p. 4.

的生物学基础的传统。引起发展心理家注目的习性学理论,来自英国的精神病学家鲍尔贝(J. Bowlby),他在20世纪50年代关于依恋的研究使他从一位弗洛伊德的追随者变为一位习性学家。后来,带有习性学倾向的发展心理学家用习性学研究方法扩展到婴儿其他行为方面的研究,如面部表情、视觉偏好、同伴作用等。

习性学的发展理论不同于其他学派的发展理论。它目前还没有一个创始人,也没有一整套的系统理论,只有某些专题的微型理论(如依恋理论)。因此,本章不得不改变本书的体例,不设专门的人物略传。习性学为发展心理学作出的宝贵贡献更集中在它的理论倾向、研究视角、研究方法等方面。为了更好地理解这一点,我们有必要先介绍一下经典习性学的一些基本知识。

二、习性学理论的基本观点

这里我们介绍物种特有的遗传行为、进化观点、学习倾向和习性学方法四方面的内容。

(一) 物种特有的遗传行为

一般认为,遗传行为与身体的器官一样,是通过遗传获得的。对于同一物种的所有个体来说,遗传行为是必不可少的。遗传行为受基因的控制。尽管事实上环境对于生理结构和遗传行为都有不可排解的影响,但习性学更强调生物因素对行为的影响。

遗传行为有哪些特性呢?

第一,模式性。遗传行为在同一物种的所有个体中都能以特定的、固有的模式,按不变的次序表现出来。

第二,先天性。遗传行为不需要学习,是在经验之前就已经掌握了的。

第三,稳定性。遗传行为的获得性不会轻易改变,具有相对的稳定性。

例如,对于一种鸟来说,所有的个体到了性成熟期,都会发出同样的鸣叫声,尽管它们事先从未听到过其他鸟的鸣叫声。所谓"物种特有的"指的是这种行为存在于同一物种的所有个体,至少存在于某一特定的亚群中。如果在其他物种中也具有同样的行为,可能是这两个物种之间有着进化上的联系,即它们有一个共同的祖先;也可能是尽管它们是独立发展的两个物种,但它们有相似的生理环境和需要。因此,习性学研究告诉我们,在面对不同的物种间相似的行为方面时,必须采取慎重的态度,这不仅因为它们的行为可能是独立发展起来的,而且也因为它们的行为反映不同的功能,具有不同的含义。最容易理解的是摇尾巴这样一种遗传行为,狗摇尾巴与猫摇尾巴表达的意思就是不同的。

习性学所指的遗传行为包括三种类型。

第一种遗传行为是先天的反射。这是每一位学习过心理学的人都很熟悉的内容,例如,发展心理学家十分重视的抓握反射。这是一种强有力的反射。一个新生儿能利用抓握反射悬吊起自己的身体。做过母亲的人一定会注意到,婴儿特别喜欢抓母亲的头发,只要母亲的头发足够长的话。这种动作尤其频频发生于喂母乳的时候。这种反射显然与进化过程中幼小动物必须依附于母亲皮毛的动作有关。当然,作为先天的反射,绝大部分都会在一定的发展阶段消失。

第二种遗传行为是空间定向。空间定向是使有机体定向于一种特定刺激的身体运动,例如,昆虫趋光,蛇类趋暖等。

第三种遗传行为是固定的行为模式。固定的行为模式是一种复杂的遗传行为,有助于增加物种生存的机会。它产生于中枢神经系统中一种"协调的行为的遗传程序",例如,蜘蛛结网,丹顶鹤交配之前的求爱舞蹈,松鼠埋藏松果等,这些都是典型的固定的行为模式。

一个固定的行为模式的发生需要两个条件:信号刺激和特定的行为能量。

信号刺激是一种特定的刺激,它的出现会自动地释放出一个特定的固定行为模式。例如,小鸡急促的鸣叫声会引起母鸡的救援行为,但当把小鸡放在隔音的玻璃罩里,母鸡虽然看到小鸡面临危险但听不到小鸡的声音,便不去救援小鸡。可见,小鸡的求救声是母鸡救援这一固定行为模式的符号刺激。通常,对信号刺激适度的夸张,有助于诱发固定的行为模式。例如,雄性刺鱼的红色腹部是引起雄性刺鱼之间为争夺"领水"而打斗的信号刺激。如果把一个刺鱼状的但没有红色腹部的模型放在另一条刺鱼面前就不会引起打斗,但一个下部是红色的任何形状的物体都会引起刺鱼的攻击性行为。廷伯根发现,临街而放的刺鱼甚至对马路上驶过的红色邮车都会产生焦躁不安的情绪。

固定的行为模式得以诱发的第二个条件是特定的行为能量,即内驱力。按照洛伦兹的观点,每一种内驱力的能量都是在中枢神经系统中逐渐积累而成的。这种能量创造了一个行为的准备状态。当固定的行为模式将能量加以分析释放时,便产生一种需要得到满足的体验。两次行为之间间隔的时间越长,积聚的能量越大,信号刺激引发行为的可能性也就越大。当压力增大到一定程度时,即使没有信号刺激也能引发相应的行为。例如,如果母亲乳头上的输乳孔太大,乳流过速使得婴儿没有得到应有的吮吸练习的机会,婴儿就会啼哭,并且在嘴里没有东西时也出现吮吸动作。

当两种或两种以上的内驱力量同时起作用时,就会导致矛盾行为。例如,某些动物的求偶行为往往包含着攻击和繁衍这两种内驱力,雄性动物一方面以攻击的姿态接近雌性,另一方面又在完成交配后使雌性动物离开自己。有时,动物产生的行为与当时的内驱力并不存在因果关系,例如,还在厮打的一对公鸡会突然停战去忙于啄食。有时,内驱力不能同时达到满足时,便寻找替代的方式,例如,丽鱼科的雄性在交配前必须与其他雄性大战一场,才能得手。如果一条雄鱼在交配前未遇到交手的雄鱼,它所追求的雌鱼就会成为它战斗的牺牲品。

习性学家在总结固定行为模式、信号刺激和内驱力的关系时概括道:"当一种行为的内部准备状态与释放刺激的适当情境协调一致时,一个特定的固定行为模式就百年不遇地自动出现了。"[①]这一过程与具有遗传基础的心理机制相联系。习性学关于能量聚积和

---

① Miler. (1989). *Theories of developmental psychology*. W. H. freeman and Company, p. 342.

释放的说法很像精神分析学说中内驱力的概念,在这两种理论中,能量都可以移置到另一对象(如攻击性)上以替代预期的目标。但弗洛伊德所指的主要是性,而洛伦兹则提出了四种内驱力:饥饿、繁殖、攻击和退却。这些内驱力通过一系列固定行为模式表现出来,如吮吸、筑巢、进攻和逃避等。后来,有人又进一步提出其他的基本内驱力,如学习的内驱力,它表现为对动作和游戏的一种好奇心。现在,习性学家已经普遍地放弃内驱力这一概念,认为它过于简单,又不易于检验。即使是固定行为模式这一概念也得到了修正。因为研究发现,许多固定的行为模式是可以改变的,与其说固定的行为模式,不如说是"情境的行为模式"更准确。

先天的反射、空间定向和固定行为模式对于发展具有重大的意义。婴儿正是通过这些遗传行为与成人建立联系而得以生存的。有机体的需要与它所具有的先天遗传行为之间的协调正是物种漫长的进化历程中积累的硕果。

习性学强调生物的遗传行为并不表明其轻视习得行为。事实上,个体的大多数行为是遗传和习得因素相互作用的产物。例如,松鼠一生下来就知道如何摆布、啮咬和打碎坚果,但只有通过学习才能把先天的个别行为组合成有效的动作。啮咬的动作很快能适应新的情境,解决新的问题。通过学习而获得的经验使遗传行为变得更灵活、更变通、更有适应性。而且,人们还发现,一种新的行为一旦获得,便能与内驱力相结合,使遗传行为变得更复杂、更高级。

(二) 进化的观点

进化是指同一物种的几代之间发生的变化。每一个物种,包括人类,都是对环境提出的问题的一种解释和回答,这些问题包括:如何防御侵害,如何获得食物,如何繁衍后代等。从这一意义上讲,人类行为实质上只是大自然的实验。

个体发展的过程遵循着一定的方式。这种方式因其有利于生存而被物种所保留。人类的某些生理特征,如直立行走、拇指与其他手指的相对姿势等有利于使用工具,个体间的交往与合作增加了人类生存的机会和能力。可见,无论是身体结构还是外显行为,都要受到"生存竞争"和"适者生存"规律的支配。经过自然的遗传变异或突变产生的新行为,如果有利于有机体的生存和繁衍,便能把这种新行为遗传给下一代,并逐渐成为一个物种的普遍行为。达尔文的进化论在生物学、心理学和哲学等领域中产生了巨大的影响。习性学也是直接接受进化论影响的新兴学科。当一个习性学家研究一个特定行为时,他的真正目的是想了解这种行为如何促进这一物种对环境的适应,如何使物种适于生存。这是发展心理学家难以解答的难题。发展心理学家习惯于在个体的生理成熟与学习经验之间上下求索,以期得到对发展的解释,而习性学理论则为发展的观点提供了一个广阔的背景。

(三) 学习倾向

生物因素对行为的控制不仅表现在进化过程中获得先天的遗传行为中,而且也表现在某种类型的学习倾向中。例如,习性学研究哪些行为可以改变,哪种学习最容易在哪一阶段发生,学习的机制是什么,以及物种与物种之间学习的差异是什么等。其中,最引人注目的概念就是关键期,我们将在下文中专题论述。

(四)习性学方法

习性学家借助于两种方法研究行为,这就是自然主义的观察和实验室实验。

自然主义的观察。自然主义的观察是习性学的一个主要贡献,也是习性学在发展过程中对 20 世纪 30—40 年代心理学家的一次深刻的教育。当时,行为主义心理学盛行一时,客观的严格的实验室实验法成为行为主义者跻身科学殿堂的敲门砖。斯金纳箱里那只忙于压杠杆的小白鼠和不停点啄的鸽子的行为,与自然环境中的行为肯定很难等同,因为在人为监禁的环境中,动物的许多正常行为是不可能发生的。即使人为动物提供良好的"人化"环境,对于动物来说,也许并不意味着是福音,而相反会引发不利行为。有人发现,动物园里的母山雀之所以把刚出生不久的幼雏扔出鸟巢,其原因是人们为它们提供了过多的食物,幼雏很快就吃饱而不再张口。对于生活在食物贫乏的自然环境中的山雀来说,吃饱是不容易的,而幼雏不张口就意味着已经夭折。因此,母山雀把因饱食而不再张口的子女当作死亡而剔除,这是人们意想不到的后果。

习性学家研究有机体时通常按以下步骤进行。

第一,建立一个行为目录,包括动物的行为、环境特征、行为的前后事件等。习性学家不仅对行为的类型感兴趣,而且对行为的发生频率、刺激阈限、功能以及个体的发展也同样感兴趣。其中,有些因素,如发生频率,往往是发展心理学家容易忽视的内容。

第二,按行为的功能对行为进行分类,分清哪种行为受制于哪种内驱力。

第三,比较同一个固定的行为模式在不同的物种中是如何起作用的;比较在不同的物种中,各种固定的行为模式是如何满足同一种需要的。

第四,通过实验室决定上述三个步骤所描述的行为的直接原因。

实验室实验。习性学的实验室实验与发展心理学、生理心理学的实验室试验在方法上没有明显区别。基本思路是通过实验发现影响行为的变量以及最基本的生理机制。由于习性学选择了那些适合于物种生存的行为作为自己的研究对象,因此,习性学的实验室实验仍然有自己的特色。

对于习性学家来说,一种行为既有它的种系原因,又有它的直接原因,如特殊的生理活动、符号刺激等影响。从观察研究中发现导致行为的多种原因可以通过控制实验而得到证实。习性学的一个传统的研究方法便是剥夺实验。大家耳熟能详的哈罗恒河猴的母爱剥夺实验就是一个典型。通过这种实验能够决定一种行为是先天遗传的还是后天习得的。剥夺实验的基本思路是为了研究某一动物行为,及剥夺动物与这一行为有关的特殊经验,从而观察其后果是什么。这种方法只能适用于习性学的动物行为研究中,不能照搬到发展心理学的研究中来。即使对于动物来讲,也不能长期处于剥夺的状态之中。因为长期的剥夺必将引起动物的行为紊乱,对个体发展造成不利的影响。但剥夺实验能告诉我们哪些特征是遗传的,哪些特征是习得的。例如,在隔音状态(剥夺声音刺激)下长大的苍头燕雀所唱的歌与野外同类的歌具有相同的音节数和长度,但却没有三段式的形态,只有通过学习才能做到三段式。当早期被剥夺的苍头燕雀听到几种鸟鸣时,能本能地模仿同类的鸣叫声。可见,这里既有先天遗传的行为,又有习得的行为。

三、习性学的发展理论及重要观点

习性学既然对人类行为感兴趣,为什么又把大量的精力放在动物研究上呢? 有一位习性学家作过典型的回答,他说:"理解人类行为所存在的无限多的困难要大于把人送上月球或打开一个分子的结构……如果我们要处理它,我们就必须利用每一个对我们有用的证据的原始资料。动物研究就是这么一种原始资料。有时,这类研究对动物与人的相似范围是有益的;有时,它们的帮助正在于动物与人的不同之处,动物研究允许把课题简化、隔离放大。它不仅能帮助我们通过动物与人的事实的比较来了解人的行为,而且还能帮助我们提炼对行为和社会结构的描述和解释的范畴和概念。但是,利用动物包含着危险:它很容易导致轻率的概括……因此,动物研究应该慎重使用并对解释作出限定。"[①]可见,习性学家研究动物行为的最终目标仍在于研究人的行为。事实上,习性学家已经在如下很多课题上涉足发展心理学的领域。

(1)联结。婴儿与稳定的养育者(通常是母亲)之间很早就建立起一种情感上的联结。这种情感上的联结的质量对婴儿今后的发展具有重要影响。常讲的印刻和依恋,就是联结的反映。

(2)婴儿与母亲短期分离对儿童心理发展的长期效应。这类研究虽有一部分来自对母子分离的观察,例如,当母亲短期外出或生病住院后对婴儿产生的效应,但更多的研究是在灵长目动物如猴子中进行的。研究发现人类婴儿和猴子的"婴猴"在亲子分离时表现出的非言语反应比较类似。对灵长目动物相互关系的观察,为研究人类亲子关系提供一些可资参考的原始资料库。

(3)关键期。个体在一生中有某些特定的时期对特定的刺激较为敏感,这时的学习效果比更早或更晚都要更明显。最典型的现象是鸟类的印刻反射和儿童的语言学习。

(4)利他行为。按习性学的观点,当个体以牺牲自己的适应来增加、促进和提高另一个体的适应时,就是利他行为。个体之间遗传越相似,他们之间的利他行为也就越多。例如,两个人类儿童之间能表现出互助、分享等利他行为。同样的行为也出现在其他物种中,如蚂蚁、白蚁、蜜蜂、黄蜂、海豚等。"人类利他行为的形式和强度在很大程度上是由文化决定的。人类的社会进化显然更有文化性而不是遗传性。但关键是所有的人类社会强有力地表现出来的潜在情绪还是通过基因进化的。"[②]

(5)社会智力。在日常生活中,人们所面临的主要问题是每个人都处在与他人的相

---

① Hinde, P. A. (1974). *Biological bases of human social behavior*. quot. Thomas, R. M. (1992) *Comparing theories of child development*. Wadsworth Publishing Company, Belmont, California. p. 455.
② 阳河清编译:《新的综合》,四川人民出版社 1985 年版,第 139 页。

互作用之中。解决这些人际问题的能力称为社会智力。

（6）控制—服从行为。人总是生活在一定的社会关系之中，具体表现为生活在一个群体组织中，大到国家、社会，小到家庭、班、组、室。个人总是处在特定的结构和特定的地位上。为了维持群体组织的存在和运转，需要有一个权威控制着群体，也需要群体中有序的服从。否则，社会生活将难以为继。习性学家研究发现，动物中控制—服从的类型与儿童行为研究的结果有相似之处。

除了以上六个方面，习性学还研究信息与影响社会关系的意义刺激（如微笑、眼动、皱眉、发声等）、个体对新环境的适应、亲子关系、情感表现、攻击性、早期生活经验、自我调节机制、审美反应、道德行为、游戏等。这些成果极大地拓展了发展心理学的研究视野和丰富了发展心理学的成果。下面，我们就关键期（敏感期）、依恋、同伴的相互作用、认知习性学和习性学的发展观作专题介绍。

（一）关键期

关键期，是著名习性学家洛伦兹1935年提出的一个著名概念。洛伦兹发现某一些鸟，如鹅，刚出生不久，通常是出生后第一天或第二天，就能获得它们的母亲或这一物种所具有的明显特征：小鹅便学会了跟随这一明显特征的倾向。这一现象称为印刻。印刻的功能显然是把幼小动物吸引到父母身边，以得到食物和保护，免遭天敌的危害或其他灾难。被幼小动物跟随的特征必须符合一定的标准，如一种声音或一个动作。不同的物种有不同的标准，通常母亲是符合标准的。但洛伦兹发现，许多非自然的事件，例如，闪光的灯、大胡子的洛伦兹本人也都能在刚出壳的小鹅面前成为跟随的对象。洛伦兹认为，印刻现象是不可逆的，它只发生于关键期内，如果超出了关键期，小鹅就不会跟随母亲，而是跟随那只闪光的灯了。洛伦兹还发现，印刻现象对许多物种的性行为产生了长期的效应。人工喂养的寒鸦到了繁殖季节只能回到饲养员身边，无法在鸟群中找到自己的配偶。其他物种也有关键期，例如，山羊在出生后的最初5分钟内就必须与母山羊建立联系，否则再回到母山羊身边就会受到攻击。而出生5分钟以后离开母亲的羊羔再回到母亲身边时却能相安无事，显然，它们已经建立了母子联系。在关键期中，生物有机体会出现一些其他行为，例如，鸟儿通常学习流行的鸣叫风格，动物学会区别同一物种中的雄性和雌性个体，新生儿建立与母亲之间的依恋，儿童掌握语言，儿童发展与他人的社会关系等。

在胚胎学中，关键期是一个关键性的概念。一个孕妇服用一种药物对胎儿有无破坏性后果，取决于胎儿当时处于哪一个发展阶段。胎儿神经系统的发育也与时间关系密切。关键期的概念也被广泛地应用于发展心理学的领域。弗洛伊德及许多早期发展心理学家都认为，早期经验对于成人的行为具有非常重要的意义。这一说法与关键期是相互支持的。所有主张发展阶段理论的学者，也都认为在某一个特定阶段中，儿童对某一种经验特别敏感。比如，在感知运动阶段儿童对动作的练习和探究、（皮亚杰）在生命的第一年他人对自己需要的满足对信任感培养的作用（埃里克森），甚至大多数非阶段理论也使用准备的概念——即如果一种经验在适当的时候出现便容易被儿童所接受（格塞尔）。在个体发展过程中,为关键期提供最有力证据的事实是儿童语言的获得。儿童在出生第一年的末期开始掌握语言,并能在很短的时间内迅速地掌握母语口语,准确地运用和创造,其速度和能力令人折服和赞叹。此外,心理学还从猫的视觉干扰(将新生小猫的眼睑缝合一段时间后再打开,发现小猫有视觉障碍)、小猴的社会剥夺(将新生小婴猴单独关养,长大后小猴缺乏进入猴群的交往能力)的实验来研究关键期。

但是,到了 20 世纪 70 年代,关于关键期的概念发生了某些变化。人们发现许多特定的关键期(例如,在一定时期出现的印刻现象)看来只存在于某些物种之中。即使是鸟类,也有不发生印刻反应的特例。还有一些在种系上非常接近的物种,它们的关键期也有很大的差异。而且人们对关键期的长短是否仅仅受遗传制约以及经验起什么作用都存在很多争议。有人研究发现,在关键期之后,如果将适宜的刺激呈现足够长的时间,同样也能产生印刻现象。包括早期被剥夺的小猫和小猴,后来的相应行为都得到补偿。看来,关键期的问题比当初想象的要复杂得多。人们开始接受一种比较有弹性的说法,即对于某些物种来说,可能有一个特殊的关键期,但特定的文化可以改变关键期的后果。尽管人们普遍承认关键期在胚胎学和神经系统发展中的作用,但这并不意味着在学习和心理发展中一定有对应的效应。皮亚杰就明确地指出:"神经原的逻辑和思维的逻辑间没有直接的关系。"[①]因此,对关键期的理解,与其说是个体接受外部刺激的期限,不如说是对外部刺激可接受的程度,即学习水平更为妥当。如果仅仅从时间的角度来理解关键期,它的含义只是说在关键期内个体可以学习,而超出或未到关键期则不能学习。如果把关键期理解为可学习的水平的话,则表明在关键期内可以学到较高的水平,而在其后则不容易达到这一水平,但经过足时足量的刺激也能达到或接近这一水平。这样,关键期就不再是一个令人激动而又望而生畏的概念了。人类具有高度的可塑性和适应性,具有灵活的中枢神经系统,具有灵巧的动作功能,具有抽象的符号系统,具有交流信息和情感的语言系统,具有覆盖全部生活的社会系统,因此,人类具有适应不断变化的环境的高度灵活性和变通性,而很少只把自己限定在固定的行为模式中苟且生存。人类创造和发展的各种文化及其传递,使人类连续发展的文化适应能力远远超出了呆板的印刻。因此,关于关键期,尤其是人类的关键期,还是一个值得大力研究而且必须慎重使用的概念。一种比较灵活的方式是把个体对某一刺激特别敏感或发展水平最高的某一特定发展阶段称作敏感期。这可能要比关键期的概念更符合发展的事实。

拓展阅读

峰回路转——洛伦兹的后期生活[②]

1948 年 2 月 18 日,洛伦兹终于安全返回阿尔滕伯。但他立刻面临失业的境地。

---

① 左任侠、李其维主编:《皮亚杰的理论》,《皮亚杰发生认识论文选》,华东师范大学出版社 1991 年版,第 30 页。
② 熊哲宏主编:《你不知晓的 20 世纪最杰出心理学家》,中国社会科学出版社 2008 年版,第 351—353 页。

幸好有各方朋友相助，家里依然养得起动物，才可以继续研究他所钟爱的动物行为。也正是在此期间，迫于生计的洛伦兹才写作并出版了两本畅销至今的书：《所罗门王的指环》《狗的家世》。1948年秋天，洛伦兹拜访了剑桥的索普（W. H. Thorpe）教授，索普已经证明在寄生黄蜂中也存在印记现象，所以，他对洛伦兹的工作极感兴趣。他认为，洛伦兹在奥地利不可能得到职务，他希望洛伦兹能够考虑在英格兰担任教职。洛伦兹拒绝了，因为他宁可留在奥地利。然而，现实却使洛伦兹失望。事情是这样的：弗里西因为要回慕尼黑，他在奥地利的位置就空了出来，他提议由洛伦兹接任他的职务，系里的同仁毫无异议地同意了。然而，奥地利教育部却否决了这项提议。洛伦兹不得不与英国方面联系。这时，德国的马普学会（马克斯·普朗克学会的简称，前身为威廉皇家学会）向洛伦兹提供了一个研究职位，隶属于霍尔斯特（Erich Von Holst）所在的系。这是一个艰难的抉择，但最终洛伦兹选择了后者。这是因为他可以带上他的研究助手。不久以后，洛伦兹所在的单位与霍尔斯特的系合并，新建一个"马克斯·普朗克行为生理学研究所"。正是在这个研究所，洛伦兹进行了大量的行为研究，并一直工作到自己生命的结束。

1949年，霍尔斯特召集了第一届国际行为学会议。洛伦兹的研究事业步入正轨。他开始关注攻击行为的生存功能以及伴随而来的危险效应。鱼类中的攻击行为以及野生鹅类中的联盟现象很快就成为洛伦兹研究的主要课题。洛伦兹的耐心以及独到细心的观察很快便使得他的研究硕果累累。他那通俗易懂、幽默风趣的语言又使得他的思想和著作广为流传。

在生命的后期，洛伦兹开始把他悲天悯人的情怀用在人类身上。他开始关注人类行为和人类文化。有可能他所受的医学训练使他比别人更为清醒地意识到正在威胁文明的危险。洛伦兹认为，对于一个医生来说，无论何时，只要发现有危险就应该发出警告，这正是他的责任所在，即使仅仅只是猜测而已。在他1973年的著作《文明人类的八大罪孽》中，洛伦兹详细探讨了威胁人类文明的八大罪孽：地球人口的爆炸、自然生存空间遭到的破坏、人类自己的竞争、人类强烈情感的萎缩、遗传的蜕变、传统的抛弃、人类增加的可灌输性和核武器。

1973年，退休后的洛伦兹成为一个研究基地的所长，这个研究基地由德国马普学会赞助。他养育了100多只雁鹅，继续他的行为学研究。他一生最后的著作就是有关这些雁鹅的故事——《雁语者》。同年10月，他于廷伯根和弗里西共享当年诺贝尔医学和生理学奖。

1986年1月，他深爱的、同时也是他一生忠实的伴侣和工作助手的妻子逝世。当洛伦兹于40年代处于失业境地时，正是她坚强地担负起养家糊口的责任。3年后——1989年2月27日，86岁高龄的洛伦兹于家中逝世。

(二) 习性学的依恋理论

依恋是精神分析学说、社会学习理论、认知理论都十分关注的课题，是社会化的重要内容。习性学的依恋理论之所以异军突起，引起发展心理学的重视，要归功于鲍尔贝。

J·鲍尔贝(John Bowlby,1907—1990)，英国伦敦的一位精神分析学家，长期从事儿童精神病学的研究和心理分析训练。1936 年以后，他主要从事儿童指导工作，十分关心公共机构中养育的儿童的心理障碍问题。他发现，在教养院和孤儿院长大的儿童，经常表现出各种各样的情绪障碍问题，包括不能与别人建立亲密持久的人际关系。在经历短期正常家庭生活后被迫与亲人长期分离的儿童中，也有类似的心理症状。因此，鲍尔贝相信，如果对母—婴联结不加以注意，就不能理解发展的本质。母—婴联结如何形成？为什么如此重要？鲍尔贝从进化论——习性学中去寻找到答案。

20 世纪 50 年代初，鲍尔贝受世界卫生组织(WHO)的委托，对在非正常家庭中成长和养育的儿童作了大量调查。尔后，他提交了一份调查报告《母亲照看与心理健康》(1951)。报告指出，儿童"心理健康的关键是婴儿和年幼儿童应该与母亲(或稳定的代理母亲)建立一种温暖、亲密而持久的关系，在这种关系中，婴儿和年幼儿童既获得满足，也能感到愉悦"[①]。从这一原则出发，鲍尔贝强调与家庭分离的儿童，其心理健康受到极大的损害，必须引起社会的重视并为其提供必要的保障。这份报告对医学界和教育界产生了巨大的影响，也对各国政府儿童及教育政策的调整提供了指导性依据。

这份报告也为鲍尔贝建立儿童依恋理论做好了资料的准备。鲍尔贝在分析和总结习性学研究和精神分析理论的基础上，结合自己几十年的临床研究成果，建立了以进化论——习性学观点为核心的儿童依恋理论体系。1958 年，他发表了《儿童与母亲关系的本质》，首次论述了依恋理论，其后又陆续出版了《依恋与缺失》三部曲，对依恋理论作了充分展开。第一册《依恋》(1969)阐述了儿童依恋行为的本质、功能和特征。第二册《分离》(1973)重点分析分离焦虑、忧伤、悲痛的问题，指出在个体发展过程中，与亲近的人分离会在不同程度上带来情绪问题。早期(尤其是婴幼儿期)的母子分离会给儿童的心理健康带来危害。母子联结的破裂不仅在儿童期引起种种情绪障碍，而且将影响整个人生的顺利发展。第三册《缺失》(1975)着重分析依恋形成的内在和外在条件。在论述儿童不良依恋的成因及其后果之后，全面系统地描述了由于母子依恋联结的破裂而造成的种种缺失，其中突出了心理健康和情绪障碍及社会生活适应不良等问题。

下面，我们根据鲍尔贝的理论体系，分别介绍依恋理论的基本观点。

1. 依恋行为

依恋是亲子之间形成的一种亲密的、持久的情感关系。鲍尔贝的一位重要合作者美国心理学家安思沃斯(M. Ainsworth)曾下过这样一个定义："一种依恋是一个人对另一个人所形成的一种感情关系。这种感情关系使他们在时空上联结在一起。……我们通常

---

① Bowlby, J. (1951). *Maternal care and mental health*, Geneva, WHO. Monograph Series (Serial No. 2).

把依恋视为提供爱或感情。"①在儿童的发展过程中,婴儿可以建立多重依恋,有人发现18个月的婴儿,大多数至少依恋3人,但第一依恋对象往往是母亲。

依恋一旦形成,婴儿会以一系列相互关联的行为系统保持与依恋对象之间的联系。这些行为包括探寻和吸吮、姿势调整、注视和跟随、倾听、微笑、有声信号、哭泣、抓握和依偎。这里有必要特别提及姿势的调整、注视和依偎三种行为。在哺乳过程中,婴儿和母亲之间有一种姿势的相互调整。当婴儿在吮吸母亲的乳房或以"拥护"状态被抱起时,婴儿感到特别轻松愉悦,并且把躯体与成人的身体融为一体。身体的接触可以缓解婴儿的紧张情绪,产生愉快的体验。其实,即使不是哺乳的需要,父母抱起婴儿时也会调整姿势。大量研究表明,"拥抱"这种姿势与依恋之间有着密切的关系。那些不乐意接受拥抱的儿童,其依恋形成慢,强度也低。婴儿的注视行为是被物体的某些特征引发的,婴儿尤其偏爱注视人的面孔。婴儿与成人之间的相互凝视明显地带有情感成分。视觉在早期社会行为发展中起着极为重要的作用。婴儿偏爱那些同他们保持目光接触和交流信息的成人。依偎(包括抓握)对婴儿来说也是亲密的接触,而且从习性学角度看,对依恋对象的抓握和依偎是具有遗传基础的。在此基础上,抓握和依偎逐渐演变为一种依恋行为。所有这些依恋行为,都是儿童形成依恋关系并在后来成为这种关系的中介的表现。因为依恋是一种内在心理状态或情感状态,而依恋行为只是那些构成依恋关系的中介或表达依恋的外显行为。通俗地讲,依恋关系表示"对谁依恋",而依恋行为表现为"怎样依恋"。依恋关系通过依恋行为得以体现和维持。依恋关系是相对稳定的,而依恋行为则根据情境、年龄、认知水平的不同而变化。

拓展阅读

哈洛的贡献与对当代的影响②

哈洛通过研究猴子的社会行为为我们了解人的行为和发展作出了重大贡献。他关于依恋的典型实验已被当代心理学教科书广泛引用,有关依恋和母—婴社会化方面的系列研究,引起了人们对人类心理发展中社会问题的关注,并成为儿童心理病理学的开端。

哈洛的发现对当代育儿的理论与实践也产生了极大的影响。许多孤儿院、社会服务机构、爱婴医院和产业都或多或少地根据哈洛的发现调整了自己的关键决策和措施。部分因为哈洛的缘故,医生现在知道要将新生婴儿直接放在母亲的肚子上;孤儿院的工作人员知道仅仅向婴儿提供奶瓶是不够的,还必须抱着弃婴来回摇动,并且要对其微笑。当然,更要感谢哈洛的是,正是他的实验使我们开始重视动物权益的保护。几年前,"动物解放前线组织"在威斯康星大学的猿类研究中心举行了一场示威

---

① Ainsworth, M. (1973). *The development of infant-mother attachment*. 转引自王振宇等著:《儿童社会化与教育》,人民教育出版社1992年版,第58页(该章作者曹中平)。

② 熊哲宏主编:《你不知晓的20世纪最杰出心理学家》,中国社会科学出版社2008年版,第363—364页。

游行,以悼念数千只在实验中死亡的猴子。而正因为如此,当代心理学的研究十分重视对动物的保护,并出了相关的条例来保护动物。

哈洛的一生,人们对他的评价不同,有褒有贬。对他的评价高是因为他对心理学作出的贡献的确是十分伟大的;对他的评价不好,是因为他所做的实验在道德上违背了心理学的原则。他的学生曾经说过,之所以有那么多人对哈洛的评价过低,是因为他对待恒河猴这些动物的态度。他会说"它(恒河猴)死了",而不是说"它的生命结束了"。这在别人看来就是对动物的不尊敬。虽然心理学界对哈洛的看法不一,但不可否认的是,哈洛的实验成果推进了心理学,特别是儿童心理学和比较心理学的发展,在心理学的历史上留下了不可磨灭的印记!

2. 依恋发展的阶段

儿童依恋的形成有一个发展过程。在身体接触和信息交流的基础上建立起来的一种稳定的相互作用模式,是儿童依恋初期形成的重要保证。对于一个年幼儿童来说,熟悉的成人(主要是父母)构成了儿童行动的动因合作者。随着年龄的增长和认知能力的提高,儿童逐渐能理解成人的行为及其目的性,并调整自己的目标以适应成人的计划,从而达到了一致性。最终,依恋关系会转化为一种平等的伙伴关系。

根据鲍尔贝的研究,儿童依恋的发展经历以下四个阶段。

第一阶段,鲍尔贝称之为"不分依恋对象的导向和信息阶段",为了方便起见,我们称之为无分化阶段。这一阶段的婴儿出现了以下两种基本活动。

首先是婴儿对周围人物、事件的探索活动。这些活动包括倾听、追视和吮吸。婴儿借助于哭叫、微笑、"喁喁细语"般的发音作为交往的信号。其次是婴儿在识别各种刺激的过程中,表现出感情技能(如视觉、听觉)。婴儿表面上看起来对成人的语音和形象十分敏感,但这些感性技能并不能保证他们能识别刺激之间的差异,具体地讲还不能辨别母亲与其他人之间的区别。因此,儿童对母亲的反应方式与对其他人的反应方式之间还没有出现明显的分化。

新生儿初步具备了"固定反应"(即"先天反射")的行为,以后,这些行为有机地组织起来,并与环境相联系,逐渐获得了社会意义。更为重要的是儿童借助于信号行为(如哭、咿呀学语、微笑等)积极主动地寻求或保持与母亲的接触,同时也保持与其他人的接触。这些依恋行为是未分化的,婴儿还不能把依恋的期望指向特定的人物。当婴儿能够区分人们的形象,尤其是使用视觉信息将母亲与其他人加以区分时,便意味着这一阶段的结束。这种识别能力通常出现在第8—12周左右。这里需要说明的是,习性学家普遍认为,婴儿的信号行为是先天的。即便是生来就盲或又聋又盲的婴儿也能与正常婴儿一样,在出生后大约6周左右获得社会性微笑。这些又聋又盲的婴儿自出生后就表现出大量的正常行为,包括哭、笑、喊、咿呀学语、噘嘴以及表示害怕、愤怒、悲伤等典型的面部表情。

第二阶段,低分化阶段(3—6个月左右)。鲍尔贝称为"指向一个对象已分化的导向和信息"的阶段。在这一阶段中,婴儿继续探索环境,能够识别一些熟悉的人与不熟悉的成人之间的差别。同时,婴儿还积极地扩展依恋行为技能,对熟悉的人,尤其是母亲更加敏感。婴儿的社会反应主要指向母亲,但对陌生人也表现出友好的态度。也就是说,这时的婴儿一方面具有了表示偏爱的意向,另一方面又不具备排他性,因此,第二阶段还不能认为形成了真正意义上的依恋。

第三阶段,依恋形成阶段(6个月至2岁半)。鲍尔贝称之为"运用运动和信号同已识别的对象保持亲近"的阶段。正如鲍尔贝所言,这一阶段婴儿在寻求和获得与偏爱的对象亲近和接触上比以前更为积极主动,而不像前一阶段那样依靠信号行为实行亲近。现在的婴儿为了促进亲近和接触,能更加仔细地调节自己的行为以适应成人的行为。

本阶段新获得的行为中,最主要的是运动技能。运动技能尤为适合依恋系统。例如,当婴儿追随正在离去的母亲或欢迎正在回来的母亲,例如,爬行,拥抱,把脸埋在母亲的怀抱等都是运用运动技能来适应依恋行为系统。这一阶段中,信号行为继续起作用,尤其是获得语言后,言语交流也构成了依恋的媒介。

鲍尔贝认为,在第三阶段,儿童的行为获得了"目的——矫正"的性质,具有一种恒定的反馈倾向。这种反馈倾向,可以引导婴儿与成人进行双向的交流,从而改变和指导儿童本人行为的方向、速度或动机。也就是说,这时儿童的行为建立在互相依从的基础之上。因此,鲍尔贝把"目的——矫正"行为的出现当作儿童依恋形成的一个可以接受的标准。

在这一阶段中,儿童的期望(预期)对依恋行为的作用日益重要。因为儿童开始能运用一种环境中出现的事件作为另一种事件即将发出的线索。也就是说,儿童能预料母亲的行动。在一定的范围内,这些行为具有相当程度的一致性。于是,儿童能更积极、更准确地寻求亲近或接触,从而使依恋行为的表达方式也更加复杂起来。

鲍尔贝为此提出了四项原则。这些原则说明婴儿对于一般成人的倾向性以及对某一持久养育者依恋的发展。

(1) 婴儿有一种喜欢注视某种类型的对象和活动对象的自然倾向性;

(2) 婴儿具有把熟悉的对象从陌生的对象中区分出来的能力;

(3) 婴儿有接近熟悉的对象的自然倾向性;

(4) 某些结果的反馈导致行为的增加,而另一些结果的反馈则导致行为的减少。

正是基于以上四项原则,儿童对养育者形成了特定的依恋。当婴儿反抗与一个特定的对象分离时,我们就看到了依恋的表现。分离是一种先天的"危险暗示",能引起婴儿的信号行为,以此要求重新接近成人。

第四阶段,修正目标的合作阶段(2岁半之后)。鲍尔贝认为,这一阶段的主要特征是儿童的自我中心减少了,他能从母亲的角度来看问题。这样,就能推测母亲的感情和动机,决定采用什么样的行为和计划来影响母亲的行为。开始,儿童对母亲的理解是不全面的,以后逐步完善。儿童只有形成了关于母亲的表征模式,才能更加熟练地吸引母亲接近自己的计划,或者至少达到双方都能接受的妥协办法。这样,母子关系变得更加复杂。鲍尔贝称之为"同伴关系"。这种关系是建立在母与子交互作用之上的一种具有"目的——矫正"性质的伙伴关系。这种关系早在第三阶段便已经出现。不过,在第三阶段,婴儿虽然能预测母亲的行为,并调整自己的行为以期保持亲近,但对母亲的理解是不全面的,也缺乏改变母亲行为的手段。而第四阶段中的儿童由于开始理解并推测到母亲经常性活动的目的,因而开始改变她的活动以更好地适合自己亲近、接触的需要。这时,儿童与父母在计划上达到基本一致,具有了合作的性质。

随着儿童年龄的增加,认知水平日益提高,亲子之间的依恋关系也日益复杂和微妙。鲍尔贝尽管很关心儿童早期的母子依恋,但他也认为,儿童对其他人的依恋也接近于同样的发展模式。依恋贯穿于人的一生。对父母的依恋可能会随年龄的增长而减少,可能会被其他的依恋所替代和补充,但没有一个人不受早期依恋的影响,并在一定程度上依然依恋着早期的依恋对象。

3. 依恋的生物功能

依恋行为系统的生物功能是保护作用,其最主要的作用是使儿童与成人之间保持一个可以接受的距离,以保护儿童不受进化环境中有害因素的伤害。在大量的动物现场研究中,人们发现,凡是不与母亲保持亲近的幼子都很可能成为天敌伤害的牺牲品。即使在现代社会环境中,如果一个儿童独处而没有一个敏感的成人相伴的话,儿童也很容易受到伤害(如车祸、溺水、被拐卖等)。甚至即使是任何社会的任何一个成人,有一个同伴也总比独来独往更少遭受意外。因此,这种保护作用应视为依恋行为及相关母性行为的生物功能的自然延续。

父母与儿童在行为上的互补,在进化意义上包含了相互适应的功能。对于人类而言,种系发生上的适宜环境是母亲照看。因此,当婴儿在这样的环境中成长时就能按正常程序发展其社会性。反之,如果婴儿在一个不利于种系发生的适应环境的状态下存活,就可能导致异常发展。例如,早期就在公共育儿机构中接受抚养而又得不到特定成人持续作用的婴儿,就难以形成依恋。其结果必然导致婴儿发展自恋倾向,陷入自恋状态。由此而引申出来的结论是,婴儿倾向于在适当的环境条件下表现出依恋行为,它能使儿童与依恋对象之间维持在一定的空间距离和亲近水平上。无论是物理上的空间距离还是心理上的亲近水平,其生物功能都是一种保护作用。

4. 依恋的行为系统

行为系统的概念,是鲍尔贝依恋理论的主要特征之一。他从控制—系统理论中借鉴了思想方法来解释依恋是如何形成行为系统的。任何控制系统都是受目标指引并利用反馈调节系统以达到持续运动的目标。鲍尔贝认为,基因的活动导致了行为系统的发展,而发展起来的行为系统具有足够的灵活性以适应环境中一定限度内的变化。鲍尔贝认为,人类具备若干个行为系统。这些行为系统构成了物种特征并且已经得到了进化。行为系统进化的结果关系到物种的生存。凡是较为稳定的行为系统,无论具体环境条件有什么变化,在许多方式上都适用于同一物种的所有成员(或同一物种中所有同性别的成员)。凡是易变的行为系统,也会随着环境的变化,在同一物种各个成员的行为上存在相当大的变化。

鲍尔贝在大量研究的基础上,把婴幼儿的行为分为四个系统,即依恋行为系统、警觉——恐惧行为系统、探索行为系统和指向他人的交往行为系统。依恋行为系统只是多个行为系统中的一个,它的行为表现不是孤立的。

(1) 依恋行为系统。这一系统保证或协调婴幼儿获得并保持同依恋对象的亲近行为。鲍尔贝将这一系统划分为两个子系统,它们是固定——反应行为系统和目标——矫正行为系统。这两个子系统都具有适应价值,其生物功能是保护作用,能为儿童的生存提供最大的可能性。

(2) 警觉——恐惧行为系统。这个系统导致儿童遇到不认识的人或潜在危险的事物时产生回避反应,同样具有适应价值和保护作用。当婴儿形成依恋之后的一个月(约出生7—8个月左右),婴儿开始对陌生人产生警觉——恐惧行为,表现为谨慎、警惕、惧怕、回避等行为反应,并伴随明显的"陌生焦虑"。这个系统在开始形成时,随年龄增长而增强,到了1岁左右,由于儿童获得行走能力,社交范围扩大,警觉——恐惧行为一方面表现得更为明显和频繁,另一方面又出现习惯化倾向,开始表现出对陌生人的试探性交往行为。两岁以后,婴儿建立了交往行为系统,而警觉——恐惧行为逐渐减少。

(3) 探究行为系统。当依恋行为终止时,儿童内在的兴趣就激励他指向一定的新异性对象,并试图接触、摆弄它,或者,更大胆地离开依恋对象去探索新环境。但后者的行为受周围环境的性质及儿童内在焦虑水平的制约。一旦新环境中的刺激激起儿童警觉——恐惧行为系统的反应,探究活动就会终止。随着年龄的增加,儿童用于探究事物所花的时间逐渐延长,探究水平也相应提高。探究行为是儿童认知发展的中介,又受认知水平的制约,尤其受对周围环境的认识或控制能力的制约。

(4) 交往行为系统。儿童的依恋形成后,并不是关上交往的大门。随着年龄的增长和活动能力的增强,儿童的活动范围随之扩大,交往对象也不断增加,儿童必然要接触父母,即依恋对象之外的人。因此,交往行为系统的建立,比依恋行为具有更大的适应价值。这一行为系统不仅是一种生物机制,更重要的是一种社会机制。

以上四种行为系统在一个特定的情境中是相互作用的,而且这些行为系统各自的直接目的是不可能同时达到的。因为一个行为系统的激活可能会唤起另一个行为系统,也可能抑制另一个行为系统。当两个或两个以上的行为系统同时被激活时,较强的那个行为系统的行为得以外显,而较弱的行为系统的行为只能表现为行为的片断,或者被中途停止。当两种对立的行为系统同处于一种激活水平时,外显的行为表现方式可能有两种,一种可能是选择性行为,另一种可能是联合性行为。例如,在一个陌生的情境中,婴儿面对一个愉快而不熟悉的人,会表现出接近—后退—再接近的几轮重复,即属于选择性行为。如果婴儿表现出忸怩行为,既向陌生人微笑,又把目光转移到旁边去避开陌生人的眼光,就属于联合性行为,因为微笑属于交往行为系统,而同时表现出来的转移目光却属于警觉—恐惧行为系统。

从大量的观察和实验研究中,我们可以总结出婴幼儿四种行为系统之间相互作用的几种联系模式。

(1) 陌生人的出现可能激活儿童的警觉—恐惧行为系统。在一般情况下,婴儿的反应可能涉及试图同陌生人交往和试图接近这位陌生人两种行为。即警觉—恐惧行为系统在恐惧成分不太强烈的情况下,警觉性探究也可能激活依恋系统,表现为儿童试探着与陌生人接近。

(2) 依恋行为系统或警觉—恐惧行为系统的任何一个被激活时,另外两个行为系统(交往系统和探究系统)的直接目的都可能被控制。也就是说,无论儿童依恋某个人或对某个人产生恐惧和警觉,都不可能同时激活交往行为系统或探究行为系统。儿童沉湎于依恋或迟疑于警觉状态之中,就难有新的行为发生。

(3) 在熟悉的环境里,陌生人的出现可能并不引起儿童的陌生焦虑,反而能激活交往行为系统。同时,探究行为系统也可能被激活。这时,儿童向陌生人表现出害羞的微笑,产生探究行为,而依恋行为系统被抑制。

(4) 儿童在新异的、不确定的情境中对新异对象的探究行为发生与否,取决于依恋对象的情绪性质。如果依恋对象的情绪是肯定的,儿童的探究行为就被激起。如果依恋对象的情绪是否定的,则儿童的探究行为就被抑制。

对于以上模式,也有学者认为还难以概念化,具体情况需要具体分析。

5. 依恋与分离

在这一问题上,鲍尔贝吸收了安思沃斯的研究成果。大家知道,安思沃斯设计的陌生情境实验已成为依恋研究中的一个经典设计,她的关于安全依恋和不安全依恋(包括回避型依恋和矛盾性依恋)的类型划分也已经成为发展心理学中必不可少的教学内容。鲍尔贝据此假设,一个儿童与其母亲之间的联结形成后,即使与母亲分离,联结也继续存在。鲍尔贝将分离分为两种,一种是在家庭环境中几分钟或几小时的短暂分离。在这种分离过程中,儿童形成一种期望系统,一旦儿童与母亲重逢,就恢复正常的依恋状态。另一种是持续几天、几周甚至几个月的被迫分离,在分离期间,儿童可能在陌生环境中由一个不熟悉的人照看着。

婴儿与母亲分离后,会产生分离焦虑。鲍尔贝观察的结果是,分离焦虑经历了三个界限分明的阶段:反抗、失望和超脱阶段。

(1) 反抗阶段。儿童极力地阻止分离,自发地采取各种手段试图与母亲重新亲近。此时依恋行为大为增加,反抗行为的持继时间和强度因场合不同而各异,通常不会持久。但是,继续的分离可能会减弱依恋行为,也可能间歇地增强依恋行为。

(2) 失望阶段。当与母亲亲近的愿望得不到满足,儿童开始失望,反抗行为也随之减少,反抗强度随之减弱。儿童处于一种失助状态,不理睬别人,表情迟钝,由烦恼转为安静。其实,尽管指向母亲的依恋行为消失了,但依恋联结依然存在。明确依恋行为与依恋联结的区别十分重要,如果把依恋行为与依恋加以混同,可能会因依恋行为的改变而断言依恋的消失,这是不符合事实的。在母子分离期间,如果儿童能幸运地得到一位替代母亲的照看,分离痛苦就会大大减轻。儿童的依恋行为会指向替代母亲。但是,儿童对替代母亲的依恋行为并不会削弱儿童对自己母亲的依恋。事实上,它能促进而不是妨碍儿童与母亲重逢时正常关系的迅速恢复。

长期的被迫分离,如果此期间又缺乏替代母亲的敏感照看,重逢时依恋行为的再现肯定会有些迟缓。迟缓的程度与分离期间外显依恋行为消失的时间长短和消失的程度有关。在重逢时,儿童可能注视母亲而并不立即出现依恋行为,可能表现为拒绝,也可能表现为不感兴趣。这就进入了鲍尔贝称为的第三阶段——超脱阶段。

(3) 超脱阶段。此时,儿童的依恋行为被抑制,但依恋联结并没有消失,而是在内部以某种方式体现出来。鲍尔贝的研究表明,适当的迟缓之后,儿童的超脱反应立即被强烈的依恋行为所取代,母亲走到哪里。儿童就跟到哪里,想要保持身体的接触行为,在频率和强度方面都远远超出了分离之前的表现。由所谓的超脱行为戏剧性地转变为依恋行为,显然这不是一个重新学习的过程。

6. 依恋与认知过程

鲍尔贝在论述 1 岁以前的婴幼儿依恋时,更多地采用习性学的观点,从生物学的意义上去阐述儿童依恋的本质。在分析 1 岁以上婴儿的依恋行为时,他用有计划的行为结构来概括儿童的依恋行为。显然,有计划的依恋行为涉及认知过程,只有认知有了相当的发展后,儿童才能设立计划,与依恋对象的行为达到一致(同步),并相互协调。鲍尔贝认为,依恋发展与认知发展先于或与依恋发展相一致。在解释认知在儿童依恋发展中的作用时,鲍尔贝采用"操作模式"和"认知地图"这两个概念予以论述。他认为,儿童形成依恋必然要获得并建立三方面的表征:依恋对象的表征、自我表征(心理状态)和环境表征。这三方面的表征构成了儿童的"认知地图"。虽然,这些表征方式随着儿童经验的积累而日益复杂化,但在形成有计划的行为结构之前,儿童已经建构了比较简单的表征方式。

可以肯定,人类行为系统的操作模式,其发展、变化完全与表征方式的复杂性相一致,也与交往的发展,特别是言语的获得相一致。鲍尔贝认为,依恋行为系统也遵循这条规则。他尤其注意目标—矫正行为及其有计划的组织结构中的调节机制。这种行为的调节机制,在运行过程中,对儿童的认知水平和受其制约的表征方式起着不可缺少的作用。

鲍尔贝十分强调婴幼儿对母亲的易接受性和敏感性的信任在依恋发展中的作用。在与母亲相互作用的过程中,如果婴幼儿在积累经验的基础上形成了母亲的表征,那么他就会产生一种期望,即母亲容易接近并乐于及时地对他的信号和交流给予反应。在一般场合,这种期望对儿童确定亲近的定向—目标过程提供重要的参照系。如果婴儿的经验使他不信任母亲的易接近性和敏感性,那么,他可能更狭隘地确定亲近的定向—目标,表现出更加强烈的依恋。同时,儿童的环境表征和自我表征(心理状态)也影响到亲近定向—

目标的确定。不同的场合、不同的心理状态下，儿童依恋行为的表现方式也不同。可见，儿童的表征方式及变化直接制约着依恋及依恋行为的表现方式。

儿童对依恋对象的表征方式使依恋变得更加复杂和巩固，以至于当依恋对象离开的情况下，依然能保持依恋关系。年长儿童能以成人的方式冷静地保持依恋关系，采用各种交流手段缓冲分离的冲击，改善离别的情绪和保持依恋对象的符号表征。例如，写信、打电话、听录音或看照片、纪念品等。有研究表明，2岁的儿童就已经具备了运用符号表征来抵御分离焦虑的能力。

有必要指出的是，内在的表征并不能完全取代现实的亲近——接触。当莫名其妙地或长时期地与依恋对象分离后，内在表征也不能完全消除分离焦虑。这一点对于儿童和成人都是如此。每当依恋行为被外部的强烈因素激活（如天灾人祸、严重疾病、极度恐惧等）时紧密的身体接触是最有效的安慰方式。

7. 依恋中的情感体验

鲍尔贝把情绪和情感看作是依恋行为的"评价过程"。感觉输入的信息，无论是有机体状态的信息，还是环境的信息，都必须接受评价或解释，以保证其有效性。情绪和情感就充当着评价过程。在评价过程中，输入信息与内部"定点"相比较，让一些行为优先选择。当然，并不是所有的评价过程都能被意识到。

鲍尔贝在《分离》一书中对情感的作用，尤其是对安全感、恐惧、焦虑和愤怒等情绪作了充分的讨论。

在进化的过程中，每一物种都发展了一种倾向性，即对某些"日益增加的危险的自然信号"产生恐惧，并用逃避或其他具有保护功能的行为来对付危险情境。对于个体而言，这种倾向性是生存的有力保障。关于人类的自然危险信号，鲍尔贝列举了陌生、刺激的突然变化、快速接近、高度的独处（孤独）等。他特别强调对由两个或多个自然信号同时出现的混合环境给以极强反应的倾向。例如，一个人处于陌生环境中，突然听到一声怪响，再胆大的人也都会产生恐惧。

恐惧行为与依恋行为往往在同一场合同时被激活。当一个年幼儿童受到危险信号的惊吓时，肯定要跑向依恋对象。如果此时依恋对象不在场或不容易接近，那么儿童就面临着双重因素的恐惧，而恐惧是对这两种成分评价的结果——情境中可察觉的威胁和依恋对象的不可接近性。鲍尔贝把前者称为惊恐，把后者称为焦虑。

与此相关联的一个重要问题就是分离焦虑。鲍尔贝强调，在潜伏着恐惧的情境中，孤独的个人就容易产生恐惧。只要与一个可信任的伙伴走在一起，就能降低恐惧。因此，儿童一般都害怕与依恋对象分离。这儿的分离，不仅指依恋对象不在场，更指依恋对象的无效性。当儿童觉察到依恋对象已经变得不容易接近和不敏感时，分离焦虑——悲伤也会出现。同时儿童一旦预料到这种情境可能出现时，也会引起焦虑。不同的儿童其分离焦虑的表现是不同的。如果一个儿童已经体验到母亲一贯地容易接近自己，对自己的信号和交流能及时反应，那么，即使和母亲短暂分离，儿童的期望不会落空，也不会产生分离焦虑。反之，如果一个婴儿缺乏对母亲敏感性的经验，即使遇到短暂的母子分离，他也会形成分离焦虑。鲍尔贝从依恋的性质及其对以后行为方式的影响两方面对焦虑性依恋作了详细的分析。他指出，焦虑性依恋可能对儿童以后行为的发展产生不良影响。

如同婴儿感到恐惧时依恋行为被激活一样，当儿童感到安全时，依恋行为可能处于一种较低的激活水平，于是，儿童的探究行为就会被环境中的新异特征激活到一个较高的水平，在依恋系统与探索系统之间建立起一个连锁机制。这一机制的建立对人类生存十分有利。它保证儿童以依恋对象为"安全基地"。逐步去探究环境，同时又防止儿童离"安全基地"过远或时间过长。也就是说，它一方面有助于儿童认识环境，另一方面又具有保护功能，形成一个"自动防止故障机制"。一个儿童如果离开依恋对象过远或时间过长，返回行为将自动出现。可见，这种系统之间的连锁机制使依恋行为具有提供学习机会的功能。探究行为的生物功能是认识环境，依恋行为的保护功能使认识环境成为可能，二者都至关重要，但鲍尔贝显然把保护功能放在第一位。

鲍尔贝还指出，分离会引起儿童的愤怒。这种愤怒尤其在重逢时会爆发出来。如果依恋行为被高度激活而又不被依恋对象的适当反应所终止，那么，愤怒可能紧接着就发生。

从以上分析中，我们可以看出，依恋中的情感因素是十分复杂的。事实上，依恋中的情感成分远不止以上提及的这些。它还包括情绪和情感的整个范畴。

8. 影响依恋的因素

儿童的依恋是在人际交往过程中发展的，尤其是母子交往的质量对依恋起着关键的作用。此外，依恋的发展还受到其他因素的影响。有关这方面的论述已经超出了鲍尔贝本人的理论，为了便于理解，我们将本段内容放在本章内一并介绍。

（1）婴儿的气质特点和智力水平。美国心理学家凯根（J. Kaganl）曾指出，儿童依恋模式的差别，可能不仅反映亲子关系的历史，更反映个体对象各种压力的敏感性。也就是说，依恋类型表明对压力的基本反应，而这种反应在各类型之间形成了一个连续体。例如，A 型依恋的儿童在与母亲分离时并不感到苦恼，C 型依恋儿童在与母亲分离时感到非常苦恼，而 B 型依恋的儿童则介于以上两种情况之间。[①] 这种反应的敏感性是气质的反映。支持凯根这一假设的证据，首先来自安恩沃斯本人的"陌生情境"的实验结果。在陌生情境的所有实验程序中，从 A 型到 B 型再到 C 型，婴儿哭泣行为有规律地增加，而探究行为有规律地减少，这表明哭泣和探究的程度是儿童在所有情境中的特点，构成了对压力的基本反应。此外，有人提供了荷尔蒙效应的证据。一项对 1 岁儿童肾上腺皮质激素的研究发现，儿童与母亲分离的压力程度与肾上腺皮质激素分泌水平有关，不表现出苦恼的

[①] 根据安思沃斯对依恋类型的分类，A 型依恋为焦虑—回避型依恋，占研究被试的 10％左右；B 型依恋为安全性，占 70％左右；C 型依恋为焦虑—抗拒性依恋，占 20％左右。B 型依恋的儿童能以母亲为基地，探究周围环境，是最理想的依恋类型；A 型和 C 型依恋为不安全依恋。参见 Grusec, J. & Lytton, H. (1988). *Social development: History, theory, and research.* Springer-verlag.

儿童(即 A 型依恋的儿童)其肾上腺皮质激素分泌水平较低,情绪反应属于低调。学者们普遍认为,气质是影响依恋的一个重要因素。托马斯(A. Thomas)把婴儿的气质分为三类,即容易照看型、难以照看型和缓慢活动型。容易照看型的儿童生活有规律,容易适应新环境,例如,容易接近陌生人,容易接受新食物等,经常表现为正向的情绪,求知欲强,爱游戏,容易得到成人的关爱。这类儿童人数较多,大约占 75%。难以照看型儿童的生理活动没规律,情绪不稳定,易烦躁,爱吵闹,睡眠不规律,在新环境中易退缩和激动,适应较慢。心境不愉快居多,与成人关系不密切。这类儿童容易发生心理问题。这类儿童人数较少,约占 10%。缓慢活动型儿童对新环境适应缓慢,通常表现较安静和退缩,通过抚爱与教育可以慢慢地活跃起来。这类儿童人数不多,约占 15%。难以照看型又称为困难气质,这类儿童在不正常的家庭气氛中比其他儿童更容易受到伤害。研究和生活经验都一致表明,易照看的儿童与母亲关系融洽,而难以照看的儿童经常哭泣,纠缠母亲,与母亲的关系不和谐。还有学者发现,不让人抱的儿童往往异常活泼好动,对照看人的依赖性较弱,在形成特定依恋上要慢些。尽管他们形成了正常依恋,但母子之间主要采取注视和交流的方式而缺乏应有的身体接触。另外,难以照看的儿童情绪消极性强,对成人的依赖性强,与母亲身体接触的机会多些,易于形成特定的依恋。总之,婴儿的气质特点与母亲的照看方式相互作用,决定了婴儿的依恋模式。

关于儿童的智力水平对依恋的影响,主要从有智力缺陷的儿童研究中得到的。大多数智力迟钝的婴儿在与母亲的交往中表现为消极被动,交往的主动权在母亲手中,而正常儿童通常是自己把握着交往的主动权。正常儿童比智力迟钝的儿童更爱注视母亲。聋童对父母的依恋发展比较缓慢,而且衰减的速度也快。其原因在于聋童与父母未能建立起有效的信号反应系统,使交流受阻。研究表明,只要在父母与聋童之间建立相互理解的符号系统,情况将有所改善。

此外,有研究者还认为,儿童的性别、健康状况、出生次序等因素也影响依恋的发展。

(2) 母亲的照看方式。安思沃斯发现,哺乳过程中敏感性高的母亲,其婴儿在 1 岁时一般都显示出安全性依恋模式;而哺乳模式敏感性低的母亲,其婴儿显示出回避性依恋或抗拒性依恋。1971 年,安思沃斯以同一被试详细考察了照看方式与依恋模式之间的关系。她根据四个维度:敏感性—不敏感性、接受—抗拒、合作—干涉、易接近—冷漠来评定母亲照看方式的行为特征。结果发现,安全性依恋儿童的母亲其照看方式在四个维度上都得到高分,即她们的照看方式是敏感的、合作的、接受的和易接近的。而回避性依恋的儿童,其母亲往往是拒绝的和不敏感的。抗拒性依恋儿童的母亲往往也是抗拒的,而且倾向于干涉和冷漠。可见,母亲的照看方式对儿童依恋模式的形成和发展有着极为重要的影响。克拉克-斯图尔特(A. Clarke-Stewart)1973 年的研究验证了安思沃斯的发现。她运用陌生情景的方法测量儿童的依恋模式,用三个维度来评定母亲的教养行为方式:反应的敏感性、积极的情绪表达和社会性刺激。尽管在依恋模式的划分上不尽相同,但实验结果是一致的。安全性依恋的儿童目前在三个维度上分数都较高,而其他依恋模式的儿童,其母亲在三个维度上的分数都较低。这两个实验研究都证实,母亲照看方式的敏感性及教养行为的适应性是儿童安全性依恋形成的中心要素。

此外,还有一些研究表明,母亲孕期的情绪状态、母亲的气质特点以及教育水平等因素,对儿童依恋模式的形成和发展都有不同程度的影响。

(3) 照看环境。儿童与母亲之间的作用是双向互动的。习性学理论既强调婴儿对父母的影响,又强调父母对婴儿的影响。按照鲍尔贝的观点,婴儿与成人的行为最终趋向同步。每一个成员的出现和行为,都是引起另一个人的固定行为模式的信号刺激。系统中的每一个成员都希望另一个人以某种方式对自己的行为作出反应。儿童的期望是他的"内部工作模式"(对于外部世界、依恋对象和自我的内部反映)的一部分。这些模式能帮助儿童解释和评价新的情境,然后选择一种行为,比如,游戏或寻找依恋对象以获得安慰。当成人不能及时满足婴儿的需要时,儿童就会产生焦虑,不快甚至愤怒等情绪。儿童与依恋对象之间的正常互动,受到照看环境的制约。这里的照看环境,主要指母亲在家庭中照看儿童,直到儿童能独立活动。随着妇女在生产劳动和社会生活中发挥越来越多的作用,新的照看环境不断出现,例如,人托、请保姆或委托亲友照看等,导致照看人和照看形式的多样化。这种所谓的多样化也就意味着"母性分离"。在早期的研究中,认为母性分离具有破坏性结果。现在的研究则表明,即使在育婴机构中成长的婴儿,如果有一个稳定的照看人和刺激丰富的环境,儿童的认知和社会能力一般不会受到伤害。哈维斯(C. Howes)1990 年提出,"一个高品质的托儿环境必须具备下列条件:(1) 照顾者与儿童的比例要合理(每个成人分别负责照顾 1—3 个婴儿,1—4 个幼儿或 1—8 个学前儿童[①]);(2) 照顾者要有亲切、和蔼的态度,能满足婴儿引人注意的需求;(3) 工作人员离职的情况要少,儿童对新的成人伙伴才能熟悉而觉得舒服;(4) 游戏与活动要能适合儿童的年龄;(5) 工作人员愿意(最好是渴望)将儿童的各种发展情况告诉父母。"[②]托幼机构达到如此水平,学者们认为就没有后顾之忧了。凯根的研究发现,3 个半月至 5 个半月的婴儿如果能进入高品质的托儿所,不仅对母亲有安全依恋,而且在生命的第一年中与在家庭照看的儿童具有同样成熟的合群性、情感和智力。一项在瑞士(这个国家的托幼机构以高品质著称)的研究同样表明,婴儿越早接受高品质的托儿服务,则他们到 6—12 年后上小学和初中时的认知、情绪、社会化发展越好。但是,绝对的母性分离,肯定不利于良好依恋的形成。尤其是当儿童出生后遭受社会和感觉剥夺达三年以上的儿童,较容易产生严重的社会、情绪和智力障碍。当然,在正常的情况下,婴儿很少会经历悲惨的绝对母性分离——即在隔离状态下生活。但短暂的分离是不可避免的。鲍尔贝曾认为婴儿应当有一个与母亲(或一个稳定的代理母亲)之间温暖、亲密而连续不断的关系,这是保证婴儿心理健康的基本条件。但学术界更普遍认为,照看的主要特征是其稳定性和敏感性,而不仅仅在于照看人的数

---

① 此处的学前儿童特指英美等国 5—6 岁的学前一年班级里的儿童。
② D·雪佛著:《社会与人格发展》,林翠湄译,心理出版社 1995 年版,第 247 页。

量。只要具备稳定性和敏感性，经历多重照看的儿童同样能正常地发展。即使是遭受社会剥夺的婴儿，如果能在家庭中接受有感情、有回应地照看人的注意和照料，其缺陷也可得到弥补。如果将早期被剥夺的儿童交给文化程度较高、经济富裕的养父母抚养，复原的情况会更好。目前在社会上日益被采取和接纳的家庭寄养孤残儿童的做法，就是一个富有人情和教育意义的再教育过程。这种替代亲子关系实质上是一种社会治疗技术。

发现成人和婴儿都具有一种发展依恋关系的生物学倾向，是依恋理论对习性学解释的一个最重要的贡献。

（三）同伴的相互作用

儿童不仅与父母（家庭）进行社会交往，而且也需要与同伴进行社会交往。同伴关系与亲子关系是相互平行、不可替代的儿童人际关系，具有重要的心理价值。

习性学对于动物阶层[①]、攻击性、游戏、利他行为以及非言语性交往的研究，为发展心理学在自然环境的群体中儿童行为的研究提供了研究方法。

灵长目动物是社会性很强的动物，它们的社会组织的一个基本特征是群体中有支配等级。支配等级与被支配等级之间有严格的等级规定。这是一种有利于解决社会冲突的社会关系，有利于在群体中平衡各种力量，分配各种资源（如食物、配偶等）。这种支配等级的现象在学前儿童的群体中也有反映。斯特拉耶(F. Strayer & J. Strayer)1976年利用现场观察法对学期临近结束（这个时候群体比较稳定）的学前儿童自由活动中社会冲突的行为进行研究，研究发现，在两个学前儿童之间有三种类型的社会冲突，如身体的攻击、威胁性言行和为了玩具或位置进行的争夺。在这些社会冲突中发现了学前儿童之间的支配与被支配关系。当冲突发生时，儿童可能会表现出服从、寻求帮助、反击、放弃或不作任何反应。那些在冲突中获胜的儿童显然更具有支配性。儿童引起冲突的方式和对冲突作出反应的方式与对灵长目动物的组织关系的研究结果颇为相似，群体中存在一个相对稳定的、严格的支配等级。虽然男孩比女孩更同意挑起争端，但他们并不一定具有更高的权威性和支配性。在一个初步形成并不太稳定的群体中，攻击性行为比较常见，而群体一旦形成并相对稳定后，攻击性行为出现的频率很低。这就说明，群体中存在未定的支配等级可以减少群体内部的攻击性。这一趋势在灵长目动物和人类群体中是一致的。但是，研究同时也发现了一个十分有趣的现象，即儿童对处于支配等级的个体并不表现出强烈的社会偏好，在游戏和日常接触中，大多数儿童并不欢迎这些处于支配等级的个体。

习性学家认为，人与人之间进行社会相互作用的一个重要目的是为了获得各种资源，从而满足自身的部分需要，使个体正常地生活。在社会生活中，一个儿童必须与他人竞争才能获得并保持资源。攻击、威胁、操纵和控制甚至合作，都是竞争性行为。之所以把合作看成是竞争的一种形式是基于两个原因：第一，两个孩子通过合作可以获得一种资源，而这种资源也正是其他孩子希望得到的。因此，这种合作的真实含义是增强竞争的实力。

---

① 动物阶层就是指动物群体中的支配等级。

第二，两个合作者之间的贡献有大小，但分配往往是不公平的，贡献大的个体有时往往获得的资源较少。因此，合作的结果仍然蕴含着竞争。

对于儿童来说，获得资源的手段和方式随着个体的发展而不断变化。初生的婴儿只要通过哭声就能表达自己的需要并能获得资源。以后，儿童则需要运用各种社会技能，如帮助他人、分享、合作乃至攻击、威胁、争夺、恭维等获得资源。对于不同发展阶段的儿童来说，资源的重要性也是变化的。在习性学看来，埃里克森把人的一生划为八个发展阶段，每一阶段中都有一对矛盾，蕴含着一种危机，其关键就在于资源的不断变化。比如，婴儿期主要是获得食物和关心，学龄期主要是获得各种资料和工具，青年后期主要是获得异性朋友等。学龄前儿童为了获得资源，个体所采取的行为包括请求、要求轮流或均分、威胁等言语行为和触摸、阻拦、攻击等身体行为。获得资源的行为不仅有年龄差异，也有个体差异。有些儿童善于获得资源，另一些儿童则不太善于获得。那些在精神或生理上存在障碍的儿童，以及来自物质和心理上较为贫乏的环境中的儿童，在获得为健全发展所必需的资源方面，往往处于不利的地位。

(四) 认知习性学

认知习性学的基本假设是："智力行为在进化过程中有助于生存——这种行为是由形成大脑的基因组织引起的。由于这种行为能够成功地复制，因此在进化的过程中，某种环境因素积极地选择了它。"[1]其结果，人类的大脑成为一个为"期望进化的环境"而准备的特殊物质。儿童的认知系统是为了适应某种普遍的、一般的物种进化于其中的环境而建构的特殊系统。

从历史上看，有关儿童行为的大多数习性学研究把兴趣集中在社会相互作用上，从20世纪80年代起，习性学也开始把兴趣集中到儿童在自然环境中解决问题的过程，力图阐明认知发展的性质。例如，在家中出现物理障碍（儿童够不到一杯橘子汁）、社会障碍（母亲要求儿童停止活动）、信息障碍（要求儿童识别一些物体），观察学步儿童在这些环境中如何处理。研究者查尔斯沃斯（W. Charlesworth）记录了引起儿童行为的所有障碍以及儿童对每一个障碍的反应（包括顺从、忽视或攻击）。研究发现，3.5岁到4.5岁的儿童每小时大约遇到18个障碍，其中33%的问题能予以解决。在这些情境中，社会障碍出现的频率远远高于物理的或信息的障碍。研究者提醒我们，儿童解决社会问题在任何程度上都不能以标准的智力测验或皮亚杰式的认知课题来估计和评价。此外，许多问题的解决过程要持续几分钟，远比智力测验所规定的时间要长。查尔斯沃斯还观察了一个患有唐氏综合征的女孩与学前儿童在保育学校的自由活动或数学情境中解决问题的过程。发现身体有缺陷的儿童比正常儿童更容易遇到障碍，尤其是信息障碍和物理障碍。这类特殊儿童倾向于接近教师，而正常儿童更倾向于同伴之间的相互作用。

---

① Miller, P. (1989). *Theories of developmental psychology*. W. H. Freeman and Company, New York, p. 368.

这类习性学研究不同于智力测验或通常的认知研究,因为智力测验或通常的认知研究都是在一个高度人为的由成人(主试)操纵的情境,所呈现的问题又是经过成人高度选择的。而习性学研究涉及儿童自发地发挥自己的智力功能,以及通过解决实际问题实现习性学的意义,从而让我们看到在日常生活中哪些特征会引起问题,这些问题又是如何被解决的,儿童的反应有什么变化等。研究表明,儿童能在实际的行动中,运用智力适应环境中的各类障碍并努力加以解决。人们一定会注意到,认知习性学与皮亚杰的认知理论对于智力的看法是高度相似的,他们都在使用"适应"这一概念,这是因为二者都是从生物学引申出来的,都在力图说明学习的生物学倾向。当然,事实上二者不尽相同,皮亚杰强调的是同化—顺化的技能和认知结构的建构过程,而习性学强调的是作为神经系统一部分的学习能力如何使有机体从经验中获益从而达到适应的。认知习性学是一门新兴的边缘学科,它将为探讨人类智慧的本质和发展提供新的视角。

(五)习性学的发展观

习性学认为,人类是具有一定的物种特征的社会动物,是一种在特定的环境中进化的生物有机体。儿童的发展水平,主要是以他所拥有的行为来划分的,而他的每一个行为都具有生物学基础。

以洛伦兹为代表的经典习性学家强调行为的自发性,以机械的观点看待行为,重视内驱力对人类行为(如觅食、寻找配偶、寻求保护和安全等)的作用,也强调信号刺激引发固定的行为模式的作用。而以鲍尔贝为代表的现代习性学家更重视生物学的观点,认为人是自发地行动以满足环境需要的,是积极地寻找父母、食物或配偶的。在儿童身上,则表现为探索、游戏、解决问题或寻找游戏伙伴。儿童是一个自我调节的系统。任何一个行为系统都必须在有一定变化范围的环境中才能有效地运行,从而实现自我调节。例如,人类婴儿的依恋行为,其目的是为了与成人保持一定的亲近度。当婴儿发现成人距他超出了一定的限度时(这就是反馈),他就通过哭叫、爬行等信号行为来改善这种状况,力图建立新的联系并在系统中达到平衡。儿童与母亲之间可接受的距离限度的大小,取决于儿童当时的内部因素(如饥饿、疾病等),也取决于某些外部条件(例如,有无陌生人在场或存在某些危险的暗示等)。在这个自我调节系统中,个体与环境相互作用,并利用反馈保持平衡。这一自我调节与皮亚杰的自动调节的平衡化过程有异曲同工之妙。

但是,与皮亚杰理论不同的是,习性学不是一种阶段发展理论,尽管鲍尔贝在阐述依恋发展时提出了四个阶段,但从总体上讲,习性学认为个体的新行为是以一种不连续的方式出现的,一旦有机体成熟到一定的程度,即一个信号刺激从某一时刻起能激发出一个从前没有发生过的固定行为模式时,就意味着个体的行为发生了质变。当一种内驱力或一个系统随着儿童的发展以不同的行为表现出来的时候,也意味着行为发生了质变。依恋就是一个典型实例。

习性学在解释发展时,强调解释行为的起因和行为的功能。

就行为的起因而言,可分为即时起因、个体发生的起因和种系发生的起因。

即时起因是直接出现在行为之前的事件。例如,婴儿看到人脸而微笑,或由于饥饿而啼哭。凡是以生理为基础的动机状态就是一种普遍的即时起因。

个体发生的起因是指儿童在遗传和环境的相互作用下产生的行为变化对以后事件的影响。例如,早期形成的依恋类型对儿童入学后人际关系的影响等。这一起因需要较长的时间。

种系发生的起因是物种经过几代的发展而形成的行为模式对个体行为的影响。如儿童行为的性别差异,这就是人类的种系发展中接受环境的压力而形成的行为特征。

行为的功能可分为即时功能和生存价值。即时功能是行为的直接结果,例如,婴儿的啼哭可以唤来父母。而生存价值则表现为父母的到来和照料使他免受威胁和得到满足。

大多数发展理论比较关注即时起因和个体发生的起因,而对于种系发生的起因或行为的功能却注意不够。事实上,只有对行为的起因作即时、个体和种系的全面考察,对起因和功能作全面考察,才能对发展有一个整体的认识和把握。大多数发展理论虽然都提及环境,但却忽视了大环境,或仅仅认识到大环境的抽象作用而缺乏足够的实际研究。皮亚杰的认知理论或吉布森的知觉学习理论,也只是强调个体对环境的适应,但并没有解释适应的过程。埃里克森强调社会对于同一性发展的影响,但也没有考察种系发生的适应。习性学则依仗自己的学科特点,提出在一个更大的环境中研究个体行为的思路,是很有见地的。各种类型的行为起因说明我们可以在不同的水平层次上来分析行为。有机体的行为是一个相互联系的完整系统。我们不能只在一个水平上分析行为,而必须在各种不同的水平层次上对行为加以分析。每一个层次上的分析都有助于我们理解行为,都有相应的一套原则。多层次分析有助于把纠缠在一起的先天因素和环境因素加以分别考察。习性学的原则由于涉及许多水平层次以及它们之间的相互作用,因而成为发展心理学范畴中的一个潜在的整合力量。

习性学对于行为功能的研究,有助于我们把儿童的行为与其自然环境相联系。通常人们都认为攻击性行为会导致人际关系不稳定,但当我们从一个更大范围内看,儿童攻击性行为的功能之一是增强群体的稳定和合作。可见,研究行为的功能可以使我们在一个更为广阔的背景中来探求行为产生的原因,这是习性学对发展研究的又一重要观点。

基于以上的认识,习性学家呼吁应建立一门关于人的发展的个体生态心理学,即以习性学为基础对人类个体进行观察研究,为发展理论收集丰富的资料,例如,研究大环境的个体认知地图、环境噪音对个体行为的影响,家庭角色在社会中的变化所造成的后果,自然环境的信息对认知评价的影响等。

四、对习性学发展理论的评析

习性学把人类置于动物世界这一广阔的背景中加以考察,从观念、成果和方法论上,为发展心理学提供了认识人类行为和发展的新视角,扩大了我们的视野,让我们从更大的空间(广大的社会背景)和时间(物种的进化史)的维度上理解儿童的行为。

(一)习性学发展理论的贡献

1. 为认识社会文化层次的适应和比较提供了全程的新视角

我们已经了解了习性学对行为的起因和功能的看法,由此可以进一步导入生物有机体适应的问题,适应是习性学理论的核心。习性学除了研究以生物学为基础的种系发生的适应外,还可以同样研究对社会文化的适应。事实上,人类婴儿的行为直接或完全地为了防止侵害、避免挨饿或免遭遗弃的目的是很少发生的,即使是衰弱、患病、智力发育迟缓、身体有缺陷的人也是如此,可以说,许多对其他物种起作用的进化力量,对人类生存的影响是不大的。因此,对人类而言,适应的概念可以极富成效地转化为行为如何受社会的制约并形成对社会文化的理想适应。这一种适应显然比生存意义上的适应更为高级。理想的适应可能包括快乐,游戏中的胜利感,学校中的好成绩和好人缘,有效地使用工具(从铅笔到电脑)等。婴儿依靠自己的智力解决所遇到的障碍,增强自己对物质环境和社会环境的控制,也属于理想的适应。在人际交往中相互问候、赠送礼物、情感和信息的交流,都能使群体更加巩固,更加增强个体对社会文化的适应。习性学研究其他物种的种系发生的适应,能为研究人类的社会文化适应提供有用的假设。

习性学的另一个重要理论概念是比较。虽然习性学主要是对各个物种之间进行比较,但它也能有效地运用于人类社会中跨文化的比较和不同发展水平之间的比较。有比较才有鉴别。当我们看到从前或现在的人类及动物世界中,哪些地方出现了这种行为,而哪些地方没有出现这种行为,我们就能对这种行为有所理解。了解一个有机体没有做什么和做过什么同样重要,习性学家信奉这么一条原则。

比较可以揭示行为的普遍性,还能揭示存在于环境中的主要差异导致的群体行为差异。如同研究不同物种需要比较不同的基因组、研究同一物种的不同群体需要比较不同的环境一样,对不同文化背景中儿童的环境比较,可以使不同的工业化程度、食物供应的稳定性、性别角色的差异程度、儿童养育的方法等因素差异的重要性更加突出。

习性学的理论贡献不仅在适应和比较的研究上,也反映在它对生命整个发展过程的兴趣上。在个体发展的全程中,不同的发展时期需要有不同的行为与之相适应。例如,婴儿希望与母亲接近,而幼儿热衷于探索和游戏,成人则努力希望在社会中找到自己的位置。对生命全程的行为研究已经为毕生发展心理学所接受,发展心理学家普遍认为:

(1)从受孕到老年,生命的每一时期都在发展之中。

(2)发展的连续性和阶段性是普遍特性。

(3)发展是整体的、综合的,包括身体的、认知的、情感的和社会的各个方面。发展是在活动中进行的。

(4)人类具有强烈的社会性和对环境的适应能力。一个特定行为模式的形成和改变,都要从个体所处的物质环境和社会环境中去分析。

因此,发展心理学与习性学的结合,是认识人类个体发展特征和规律的全新尝试。

2. 习性学在自然环境中观察行为的方法推动了发展心理学方法论的进步

习性学热衷于在自然环境中观察动物的行为和习性,是一种具有理论基础的直接观察法。习性学指出哪些行为是最重要的,强调一个行为发生之前和发生之后的特定事件的作用,注意个体与环境之间如何相互作用,并详尽地描述了行为结构,对行为进行分类和比较。所有这些研究方法对发展心理学都是有启迪作用的。发展心理学家已经日益接受了这样的观点,即两个人之间的相互作用对于行为发展是十分重要的。例如在母子关系中,婴儿受母亲影响的同时,也在影响母亲的行为。在一个家庭中,婴儿、父亲、母亲三者之间的相互作用更是复杂而生动,婴儿与父母三方相互控制和改变彼此的行为,所有这些,离开习性学研究法是难以奏效的。

发展心理学家通常热衷于问答、临床咨询、用言语的方法来替代观察,而习性学的研究事实上可以对言语性研究法作出全面的补充。应该承认,言语性研究法是有局限的,因为当儿童离开自己熟悉的环境,而对陌生的研究者突如其来的问题,往往会莫名其妙或投其所好,那么,这样的研究结果的可靠性是要打折扣的。在缺乏足够的直接观察资料的情况下,径直进行人为性很强的实验研究,其科学基础是不牢靠的。这就是为什么习性学家在研究时先要立上一张行为目录,然后加以观察分类,最后,必要时再进行实验研究的原因所在。在习性学家看来,发展心理学过于迅速地跨入到实验阶段,使发展心理学成为"儿童在陌生情境中与陌生的成人在一起,尽可能短的时间内表现出陌生行为的科学"。话说得稍嫌尖刻,但幽默中不无科学的真知灼见啊!应该看到许多发展心理学家已经接受了习性学家的诚恳批评和积极建议,注意在生态环境中研究儿童的心理现象。本书第三章介绍的吉布森就是一个代表人物。

(二)习性学发展理论的局限性

当然,也要看到,习性学理论也是一个发展中的理论。它本身也要在克服理论和方法的局限性中不断前进。

1. 理论的局限性

习性学理论的局限性首先表现在它所作的描述多于所能作的解释。如果把习性学的一些瞩目的概念运用到发展理论中来,还需要进一步的验证和阐述,如关键期,这是一个被很多人轻易接受并在发展心理学和早期教育中得到广泛应用的概念。关键期到底是什么?它是否具备发展的普遍性?它的发生机制是什么?从低级心理机能到高级心理机能,关键期的概念是否全都适用?所有这些问题都还是不得要领。对一些动物关键期的研究能否推演到人类心理发展中,是需要慎重研究的。即便使用"敏感期"的概念,也是如此。米勒(P. H. Miller)指出:"敏感期不应被理解为一段特殊的时期,而应被看作一个特殊的发展水平。一个发展水平是一个独特的能力组织。这种组织使儿童能够以某种方式(而不是其他的方式)与环境相互作用。我们应该对敏感期发生发展的过程作出详细的说明,是什么导致了敏感期的开始,使其发挥作用并导致了它们的结束?更一般地说,是什么推动和促进了发展? ……虽然对其他动物的敏感期进行的许多研究正在为我们提供一种独特的解释,但是对人类敏感期的理论研究和经验研究还远落在后面。"[1]此类情况还表现在儿童群体中的社会等级中,儿童是通过什么途径发现和理解这种等级的存在并了解自己所处的位置的? 儿童如何通过人际交往并获得反馈来调节自己的行为? 或者,改用认知心理学的术语来表述,即儿童是如何在环境中同化有关的信息并与行为相联系的? 诸如此类的问题,也产生于与种系发展有关的概念中。本来,从种系的发展以及行为的生物适应中探究个体的行为是一个很好的假设,但可惜这类解释没有确实的证据。因为考古学家能锲而不舍地挖出人类解剖结构的化石,却无法幸运地挖出人类行为的化石。鲍尔贝的依恋理论认为儿童的依恋是为了接近看护人,而且这种行为能从灵长目动物中找到佐证。但是,值得提醒的是,如果根据人类与其近亲灵长目动物在表面上相似的行为,就直接推断它们之间有必然的联系,其判断往往是错误和武断的。

另一个理论局限表现在研究内容上。习性学强调对物种行为的观察,但许多心理现象并不是一直表现在行为上的。例如,智力对符号的处理就是一个观察不到的内部过程,人类的动机更是一个不可忽视却又不可直接观察的心理现象。因此,根据习性学观点研究某些发展的问题是不容易的。此外,习性学倾向于研究同一物种的普遍行为,而忽视了物种内部的个体差异。这一点虽然不是习性学观点或方法中不可克服的弱点,但通过自然发生的行为观察个体差异的潜在能力,还需要习性学家和发展心理学家努力地开发和利用。

就我国发展心理学科的现实来看,充分吸收习性学的理论和方法,构建符合我国国情的发展心理学,是一个很有意义和大有可为的领域。我国人口多,资源少,经济发展相对落后,文化传统沉积厚重,社会经济转型迅速,加上特殊时期的特定政策如独生子女政策等,都会给儿童的发展造成生态的影响而导致习性的变化。如果发展心理学能以习性学的理论为参考,着重研究中国独生子女的发展环境、家长期望对发展的影响,中西文化撞击对儿童心理发展的作用、经济发展不平衡对儿童发展的效应等,都将是很有实践意义的重大理论突破。

2. 研究方法的局限性

正因为习性学以研究动物行为为主,所以,把习性学的研究方法,尤其是实验研究方法照搬到儿童发展中,于法于理于情都是不允许的。最典型的是各种所谓剥夺实验。研究者不可能以儿童为被试进行剥夺实验,也不能侵犯隐私或伤害当事人。而且,有许多被习性学关注的行为在社会生活中又难以控制。例如,早期母性分离。理想的状态是母亲分娩后,花上几年时间在家中安心而负责地照料孩子,但实际上却很难实现。家庭关系随着社会变革而变化。在我国当前社会中父母投身经济大潮和出国洪流,造成实际上的母性剥夺,不是一个可以轻视或忽略的问题,习性学理论难以解决社会性问题。

---

① Miller, P. (1989). *Theories of developmental psychology*. W. H. Freeman and Company, New York, p. 383.

此外，随着文明的发展，究竟哪里是儿童的"自然环境"也很难说得清楚。更何况，一个研究者在场的环境，很难对儿童说是自然的。在自然环境中儿童的表现是复杂的、多样的、瞬息万变的。研究者很难对儿童的行为划定单元，划分过大或过小都不利于分析。对儿童进行全面的、详尽的描述绝不是一件容易做到的事。以研究儿童在环境中克服物理障碍、社会障碍和信息障碍而著称的查尔斯沃斯自己就碰上了方法障碍，他也不无感慨地说："与大多数的测验不同的是，测验撒一张网眼很小的小网，而现在的方法是撒一张网眼很小的大网，虽然能抓住许多小鱼，但这里存在着一个精力和费用的问题。网很快就会变得不堪重负。"[1]

客观地讲，习性学面临的理论和方法上的局限性，对于发展心理学来说也是共同的。究其原因在于生物有机体，尤其是儿童发展固有的复杂性。习性学的观点扩大了研究者的视野，使发展心理学家注意到空间、时间和各种分析水平在内的广阔背景，其理论的潜力是不可轻视的。

五、习性学的发展理论与学前教育

(一) 利用依恋理论，帮助幼儿克服分离焦虑

儿童的依恋是在人际交往过程中发展的，尤其是母子交往的质量对依恋起着关键的作用。3岁前是儿童建立亲子依恋的关键时期，亲子依恋影响到以后的师生依恋和同伴依恋。卡根曾指出，儿童依恋模式的差别，可能不仅反映亲子关系的历史，更反映个体对各种压力的敏感性，而敏感性又是气质的反映。

3岁入园是儿童踏入社会的第一步，在成人看来简单的事情，却是儿童遇到的一大考验。从家庭到幼儿园，第一次全天离开父母，进入陌生的环境，自然有很多不舍和不适应。儿童普遍存在陌生人焦虑和分离焦虑。成人要理解、接纳、关心和帮助孩子，而不是漠视、不以为然。在纪录片《幼儿园》的开头4分钟，描述了儿童第一天到幼儿园的情景。

案例 8-1

《幼儿园》开学第一天[2]

5位幼儿都有不同程度的哭闹，4分钟内哭的次数最多的是丁丁，丁丁在来园、上午活动、午饭、午睡、下午点心的5个时间段，边哭边重复着"回家"。毛毛看到别人哭，也仰着脖子哭起来。元元不断地在抱怨别人，他也很焦虑。

5个小朋友在幼儿园的第一天都存在入园焦虑。4个小朋友在幼儿园的哭泣，代表他

---

[1] Miller, P. (1989). *Theories of developmental psychology*. W. H. Freeman and Company, New York, p. 385.

[2] 王烨芳主编：《学前儿童行为观察与分析》，江苏教育出版社2012年版，第149页；视频来源：《幼儿园》http://v.youku.com/v_show/id_XMTIwMjc1OTM2.html

们有着正常的依恋关系。他们与爸爸、妈妈的亲子依恋使他们很难过。而哭泣可以宣泄这种情感，哭泣也是幼儿的正常情绪表达。丁丁哭的次数多，表明他对家人有着强烈的依恋，也代表他现在对幼儿园完全没有兴趣。毛毛看到别的小朋友哭后，也哭了起来，表现出 3 岁儿童情绪传染性的特点。5 位幼儿中，只有元元没有哭。可是，元元内心也是一样的焦虑！表现为不断向老师抱怨："他蛮闹人！"当人焦虑后便会对很多事不满，开始抱怨，儿童也一样。

幼儿园陌生环境给幼儿造成了压力，5 位幼儿面对压力有着不同程度的哭闹、抱怨。可以看出，儿童在面对压力时表现的不一样，反映了其气质的差异。即幼儿的亲子依恋特点和自身的气质特点，使他们有了不同的表现。丁丁哭的次数最多，在 5 个时间段，都重复着"回家"。毛毛看到别人哭，也仰着脖子哭起来。小班儿童的情绪容易传染。而情绪容易受到感染表明儿童有移情的能力，也反应出儿童的内心不够安全，不够笃定。元元应对压力的方法是不断抱怨，他也很焦虑。

托马斯将婴儿的气质分为容易照看型、难以照看型和缓慢发动型。如果想进一步解决儿童入园焦虑的问题，教师还需要进一步了解儿童的气质类型。容易照看型的孩子生活有规律，容易适应新环境，情绪积极；难以照看型的儿童生理活动没规律，情绪不稳定，容易退缩和激动，适应较慢；缓慢活动型的儿童对新环境适应缓慢，较安静退缩。教师可以根据气质类型给予孩子不同的应对方法，包容难以照看型和缓慢发动型儿童的气质特点，给予提醒、鼓励和帮助。

案例 8-2

琦琦尿床了(小班)[①]

一天下午，琦琦一声不响地穿好衣服后坐在位置上吃点心，直到阿姨整理被子时才发现：琦琦双嘴紧泯一声不响。换好之后，我把她抱在腿上，用搞怪的声音问道："阿琦，你这么湿湿的裤裤穿在身上冷不？你咋不说呢？"她笑出声来，但是没有回答。我马上转到严肃的声音："我是你的好朋友对吗？"她点点头，"那么如果你以后遇到这个问题，记得要找我帮忙哦，不用不好意思。"她低头沉默，"嗯，如果你觉得不好意思，你就过来轻轻拉着我的衣服，告诉我，然后我就悄悄地帮你换掉不让人家知道，这是我们的小秘密好吗？"我对她挑挑了眉头，她微微点了点头。

之后琦琦又尿床了，可是她并没有告诉我，直到下午整理衣裤时我才发现。于是，我把上次做的事情和说过的话又重复了一遍。我们彼此间达成了协议，下次遇到问题时可以用小暗号进行求助。

直到有一天，吃点心前，我发现琦琦站在厕所门口晃来晃去，于是便走过去问道："琦琦小便了没？洗手了没呀？"她摇摇头，走到我身边，拉拉我的衣服，小声说道："我小便小

---

① 此案例由上海市安庆幼儿园的卢世轶、史雯婷老师提供。

在身上了。"我做了一个嘘的手势,然后拉着琦琦的手若无其事地走进了"小医院"里,拿了琦琦的替换裤子帮她换了起来。"这是我们的小秘密对吗?"边换边看着琦琦问道,她点点头。我继续说道:"琦琦,你今天真棒,会来找我帮忙了,我真开心。"琦琦的情绪慢慢地放松了,一直耸着的肩膀也放了下来,并且还露出了一个浅浅的微笑。

从那以后我们的关系逐渐变得越来越亲密。琦琦会主动给我拥抱,会和我聊一些她喜欢的事情。每天都要过来和我贴贴脸,自由活动也会和伙伴们有所互动,她的玩具也开始有了变化。就连琦琦的奶奶也说,琦琦现在比以前开朗多了,来幼儿园变化真大。

孩子的信任来自对老师言行的感受,帮忙叠衣服,帮忙换尿湿的裤子,这些都是老师的关爱。师幼之间约定裤子尿湿暗号,显示了老师对于儿童的情感的尊重。儿童与教师之间的作用是双向互动的。习性学理论既强调教师对儿童的作用,也强调儿童对教师的影响。当儿童在幼儿园里没有形成新的依恋——师生依恋、同伴依恋时,或者当教师没有及时满足儿童的需要时,儿童就会产生焦虑、抱怨、不悦甚至愤怒。教师若能根据儿童的不同的气质特点、情感需要进行回应时,就能逐渐赢得儿童的信任和依恋。在入园的问题上,不仅教师要努力,家长也要采取一定的措施。

儿童所有的行为都是有原因的。鲍尔贝认为,分离会引起儿童的愤怒,这种愤怒尤其在重逢时会爆发出来。父母需要多陪陪孩子,关注他的依恋需要,多一点拥抱,多一点肯定,给予孩子安全感,疏导他的情绪,让孩子能感受到:妈妈一直都很爱我! 妈妈现在更爱我了,因为我能自己上幼儿园了。

案例 8-3

"明天还去幼儿园"①

作为有多年幼儿园工作经历的我们,对托班孩子的心思已经非常了解。由于年龄太小,他们大都以哭泣、拒食来表达自己的"痛苦",需要成人主动安抚。

宝宝的表现却颠覆了我们以往的经验。这个 2 岁 8 个月的小家伙并没有独自流泪,而是走到我们面前说:"老师,你安慰安慰我吧!"然后就依偎在我们身边。而且,我们还发现,与亲人分离的不安也丝毫没有影响他的饮食和睡眠。妈妈离开后,宝宝往往只哭"一小会儿",见到香喷喷的早餐便迅速"阴转晴",大口吃起来。中午,他会自己找到小床躺下,"一眨眼工夫"就睡着了,而且一睡就是两个多小时。

更让人意外的是:没过几天,宝宝不仅自己不哭了,还用纸巾给别的小朋友擦眼泪,安慰他们。看到保育员老师在搞卫生,他又帮老师接了一桶水……

在户外,宝宝不是找蜗牛,就是帮小伙伴推车,有时还自己给自己讲故事。总之,新入

---

① 王瑜元:《明天还去幼儿园》,《学前教育》2012 年第 9 期,第 22 页。

园的宝宝永远是那么有事儿干,而且干得津津有味。

儿童上幼儿园,经历的是一个社会化的过程,宝宝入园是一个考验,宝宝的表现可圈可点。首先,2岁8个月的宝宝向老师直接表达了情感需要:"老师,你安慰安慰我吧!"说明宝宝对环境有比较强的知觉能力,他能在班级里找到能让她依靠的人。

其次,宝宝来园短暂的哭泣,表明宝宝和家人有着深深的依恋,并在与家人的分离中产生了分离焦虑。在分离焦虑的情境中,宝宝能很好地应付陌生环境带来的压力:宝宝能用哭来缓解自己的情绪,能用倾诉来告诉老师自己的感受,能自己找到幼儿园里的乐趣,并积极探索。这些表现都充分证明:宝宝和家人建立起了"安全型的依恋"。宝宝在家里发展起来的良好的亲子依恋,让宝宝能更容易地亲近老师这个陌生人,逐步与老师建立起新的依恋关系。

再次,宝宝主动靠近老师,能自己吃饭、睡觉,引起了老师的注意。很快,宝宝适应幼儿园了,不仅如此,他还帮助小朋友擦眼泪,帮阿姨接水。这说明宝宝不仅自己能管理好自己的情绪,而且能安慰小朋友。他的移情能力,使得小朋友能得到宽慰,也会使其自己受小朋友欢迎。习性学认为:两个人之间的相互作用对于行为发展是十分重要的。宝宝的一系列行为受到了老师的肯定和小朋友的接纳,会给入园初期的宝宝营造出一个相互鼓励的、利于发展同情心的环境,从而也强化了宝宝适应幼儿园的行为。更可贵的是,它能激发出宝宝内心的动力和欲望——"明天还去幼儿园"。

最后,我们来谈谈宝宝的家长,文章的作者是宝宝的奶奶,奶奶对孙辈的教育很有想法,奶奶及父母有一致的教育理念,注重在日常生活中培养宝宝的自我服务、与人交往、情绪调节等方面的能力。因此,他们共同为宝宝营造了一个和谐、宽容、有要求的家庭环境。而这样的生态环境,有利于培养宝宝独立、自信、开朗、善于交往的品质。

(二) 努力办成高质量的托幼机构,维护儿童健康发展

我们已经知道依恋理论为我们提出了一所高质量的托儿环境必须具备以下条件:高质量的师资、高质量的课程和高质量的管理制度。

高质量的课程着眼于儿童一生的发展。良好的情绪识别、情绪理解、情绪表达、情绪控制的能力无疑有着重要的价值。良好的情绪为适应社会、进行社会交往、完成认知活动奠定坚实的基础。适应是习性学的核心。

"RULER"教学方案是在儿童适应社会方面所实施的一项有益尝试。RULER意为情绪素养,包括五个方面的能力,即情绪识别(Recognition of emotion)、情绪理解(Understanding emotion)、情绪归类(Labeling emotion)、情绪表达(Expression of emotion)、情绪控制(Regulation of emotion)。"RULER"教学方案是培养儿童具有调整和控制个人情绪能力的一种综合方法,目的是通过情绪的力量提高儿童的学习质量和社会交往能力,为儿童发展和学业成功提供有力的帮助。该方案能够帮助教师调控和利用好自己和儿童的情绪,是通过创造良好的情绪环境提高教学吸引力和学习效率的综合性教

育手段,它设有"情绪词汇课程"的教学设计,让学生用语词来实现有效交流。[1]

高质量的托幼教育强调照顾者的稳定性和敏感性,强调教师在自然环境中进行观察。教师要善于观察儿童,理解和分析儿童行为背后的原因和需求,并提供合适的策略。教师所创设的环境也可以为儿童营造温馨、益智的氛围。

案例8-4

帮助幼儿在"第三位教师"的怀抱中获得归属感[2]

幼儿园的墙面环境常能真实体现幼儿园的办园理念,因而有"第三位教师"之称的墙面环境可以帮助儿童获得归属感,具体做法是:(1)帮助幼儿获得从属于班级的归属感——将新入园孩子的照片贴在墙上,让孩子知道自己是班级里的一员,帮助孩子建立一种安全感;(2)帮助幼儿获得从属于所在城市的归属感——将孩子的照片贴在了具有上海建筑特色的石库门图片之中,增强对上海的认同,渐渐对上海这座城市产生归属感;(3)帮助幼儿获得从属于祖国的归属感——将孩子的照片贴在了世博会"中国馆"的周边,让孩子对祖国有直观的感受和归属感;(4)帮助幼儿获得从属于祖国传统文化的归属感——教师在具有中国文化特色的蜡染对襟服饰卡片上贴上了大班幼儿的照片,有助于幼儿理解传统文化,从而在潜移默化中获得对祖国传统文化的归属感。

儿童所处的环境是一个天然的教育系统。教师利用墙面设计把每个幼儿与具有地域文化特色的事物联系在一起,让幼儿潜移默化地获得归属感,以逐渐了解和适应我国特有的文化。"生态文化的方法认为儿童的行为发展和文化习得是人类生物潜能和环境条件相互作用的结果。简单来说,生态文化的方法强调发展是对不同的环境条件和限制的一种适应。"[3]既然如此,我们既要重视文化中的教育内容,也要给予孩子宽阔的视野,以培养孩子独立思考的能力,使其既能汲取文化的精华,又具有批判的能力。

当我们在讨论依恋、讨论分离焦虑,讨论父母、老师的作用时,我们不能忘了在中国有超过6 000万的留守儿童。在柴静的专访栏目《看见》中,曾访问过一位德国教师卢安克。他不图名利,在广西默默支教13年,他是留守儿童心目中的爸爸。当孩子们与卢安克一起玩耍,并大声地喊着"爸爸"时,着实令人动容,并感慨一个支教老师在儿童心目中的分量。这背后隐匿着一个重要的原因:留守儿童亲子依恋不稳定,情感易被忽视。托幼机构、学校的教师若能成为儿童心灵的港湾,帮助儿童理解父母的境遇,帮助父母意识到孩子的需要,为亲子间搭建一座沟通的桥,必然会对留守儿童的成长贡献一份力量!

---

[1] 《RULER教学方案——培养儿童情绪素养的创新与实践》,《学前教育》2012年第4期,第7页。
[2] 周念丽:《帮助幼儿在"第三位教师"的怀抱中获得归属感》,《幼儿教育》2011年第12期,第9页。
[3] William Damon, Richard M. Lerner 等:《儿童心理学手册》(第六版),华东师范大学出版社2009年版,第738页。

案例 8-5

留守儿童安全和教育问题突出①

报告指出,学龄前农村留守儿童(0—5 岁)规模快速膨胀,达 2 342 万,在农村留守儿童中占 38.37%,比 2005 年增加了 757 万,增幅达 47.73%。近 20% 的务工父母在儿童 1 岁前外出,其中 30% 在儿童出生 1—3 个月外出,相当数量留守婴儿由于母亲外出不能得到足够时间的母乳喂养。

调查还显示,46.74% 农村留守儿童的父母都外出,在这些孩子中,与祖父母一起居住的比例最高,占 32.67%;有 10.7% 的留守儿童与其他人一起居住。值得注意的是,单独居住的留守儿童高达 205.7 万,这是需要特别给予关照的留守孩子。

所有隔代照顾留守儿童的祖父母,平均年龄为 59.2 岁。这些留守儿童的祖父母的受教育程度很低,绝大部分为小学文化程度。

调查表明,留守儿童最大的心愿就是与父母团聚,使自己不成为留守儿童。因为和父母的长期分离,留守儿童生活照顾、安全保护和接受教育等方面都受到不同程度的影响,特别是亲情缺失,会造成一生无法弥补的缺憾。

生态理论强调微观系统、中系统和外系统,儿童出生后就处在这个系统中,每个系统都对儿童起着直接和间接的作用。留守儿童感受不到来自父母的关心,长期与父母分开,不能建立亲子依恋。而微观系统所形成的不安全依恋,严重影响儿童的心理健康。这已经在部分研究中得到证实,例如,留守儿童画画表现出一系列令人担忧的问题:从物到人的作画顺序、缺少互动的情节、缺失幸福感的人物安排,留守儿童长期与父母分开,大部分都在对其忽视、照顾不周的家庭环境中成长。父母与儿童之间无法建立起稳定而高品质的亲子关系。在画中父母形象大多模糊,甚至不出现……

综上所述,学前教育可以从习性学的发展理论中汲取大量的营养!

本章小结

习性学的发展理论都是生物学与心理学之间跨学科研究的成果,它从纵向的取向,以进化的观点分析儿童行为的适应性。

依恋理论对学前教育的关系尤为直观。依恋是儿童与成人交往过程中形成的稳定而持久的情感关系,它有个发展过程并对儿童今后的社会适应和人格发展具有一定的预示作用。

儿童发展心理学从习性学的研究方法和基本概念中得益颇多,值得我们认真思考,但也要防止简单类比和盲目滥用的不良倾向。

---

① 中国教育新闻网"全国妇联发布《我国农村留守儿童状况》研究报告"http://www.jyb.cn/china/gnxw/201305/t20130511_537404.html

思考重点

1. "关键期"在早期教育界是个常见的概念,在商业炒作中尤甚。请你谈谈如何正确看待关键期的概念?

2. 依恋理论是对儿童情感和社会人际关系规律性的重要阐述。从习性学看,依恋对儿童有什么生物学意义? 从社会学看,依恋又有哪些社会意义? 从教育学看,依恋还有哪些教育意义?

3. 考虑到学习本课程的学生都有前期的儿童发展心理学的知识,本章没有单列依恋类型的内容。美国心理学家安思沃斯根据"陌生情境实验"结果,将儿童依恋分为安全依恋(B 型依恋)约占被试的 70%、焦虑—回避型依恋(A 型依恋)约占被试的 10% 和焦虑—抗拒型依恋(C 型依恋)约占被试的 20%。A 型和 C 型依恋又称为不安全依恋。关于这方面的知识请参考王振宇的《儿童心理学》(江苏教育出版社 2006 年版,第 322—324 页。)或王振宇主编的《学前儿童发展心理学》(人民教育出版社 2004 年版,第 207—208 页)。一份国外研究自闭症儿童的材料表明,患自闭症的儿童中,B 型依恋只占 7.49%,而 A 型依恋占 66.8%,C 型依恋占 3.21%,混合型占 22.5%。从这两组数据中,你是否感受到形成安全依恋的重要性?

4. 依恋理论的创始人鲍尔贝是英国精神病学家。你从依恋理论中能看出精神分析学说的胎记吗?

5. 习性学的发展观认为儿童的发展水平是以他所拥有的行为来划分的。这个观点与行为主义的观点有什么异同?

6. 习性学研究的方法论对发展心理学的研究方法论具有重大的影响。这种影响对你的研究思路和研究方法有什么启示?

阅读导航

1. Lorena K. Z. (1952): *King Solomon's ring*, New York: Crowell.

2. Hinde R. A. (1983): *Ethology and child development*, In M. M. Haith and J. J. Campos, eds., P. H. Mussen, Series ed. *Handbook of child Psychology*. Vol. 2. Infancy and developmental psychobiology. New York: Wiley.

3. Grusec J. E. & Lytton H. (1988): *Social development: History, theory, and research*, New York: Springer-Verlag.

4. 达尔文著:《人与动物的情感》,余人等译,四川人民出版社 1989 年版。本书英文名为:*The Expression of the Emotion in Man and Animals*,国内早期译为《人与动物的表情》,后来译为《人与动物的情感》。弗兰克·萨洛韦说:"达尔文并没有因为获得的世界一流植物学家的盛名而停止不前,他转而写作《人类的起源》(1871 年)和《人与动物的情感》(1872年)，有了这两部开创性的著作，人们对人类行为的研究便获得了不可缺少的进化论基础。心理学家用了一个多世纪才理解并开始认真开采达尔文在这两部书中测绘出的概念之金的丰富脉矿。"

5. R·默里·托马斯著：《儿童发展理论》，郭本禹、王云强译，上海教育出版社2009年版，第十二章。这是一本新书，对习性学的研究命题和研究方法有较详细的阐述。

学习发展理论,培养科学精神

（跋）

学习发展理论,首先能培养我们科学的儿童观和教育观,使我们能以理性的观点认识儿童的心理特点和教育特点,分析和解决儿童发展与教育中出现的各种具体问题,使教育和教学更加科学化,促进儿童身心的健康发展。但这是一种最为功利性的价值。我们应该认识到各种发展理论有各自的倾向,各种学派的代表人物有各自的哲学观点,因此,每一种发展理论都具有一定的局限性。就人类认识本身而言,它也是不断发展的,知识在不断地更新。我们所掌握的各种知识只是人类认识长河中的一个个水滴,一个个片断。人们很难全面、及时地把握所有学科的所有新知识。更何况,在现有的知识中还有的是片面的、过时的。通过发展理论的学习,我们可以从一个方面来领略人类是如何不断超越具体知识的问题,深刻培养和理解科学精神的。

科学精神的第一个要义是有条理的怀疑精神。人们应该尊重科学,热爱科学,但不能把科学当作不能怀疑的信仰和教条。一个人一旦对信仰产生了怀疑,即表示信仰动摇了。而科学却不能排除怀疑,不让怀疑的科学一定是伪科学,是迷信。在科学研究中,可证性(可重复性)是确认科学发现和科学理论的重要原则和标准。凡是不能由重复性观测验证的事实,都不能接纳到科学体系中来,因此,我们可以看出,科学精神的基点是怀疑。心理学史上各种流派的诞生、发展以及各种理论的创建,无一不是建立在对前人成果的怀疑基础上的,无一不是受实践检验的。科学不仅是实用的、可操纵的知识体系,更重要的是,它是人类对自然的一种理解方式和一种生活态度,是人类摆脱愚昧、挣脱黑暗的理性力量。当然,怀疑要有理论依据,必须运用一定的理性行为,不是对人类认识能力的悲观失望和对一切科学成果的恶意摧毁,所以称之为有条理的,也就是"理性"的怀疑精神。

科学精神的第二个要义是批判的理性。从怀疑的起点出发,必然要走向理性和批判。批判的理性是科学精神的主体,其本质就是反思和超越,而不是简单的否定或全盘否定。对前人的理论不加批判,必然会把现成的知识当作固定的普遍的规范,使知识和体系僵化。其结果不仅限制了自己的视野,也封杀了自己的探索精神。任何科学都是以其自身的发展来证实宇宙的无限和人类认识能力的无限的。因此,科学的每一个进步无不是对前人理论的反思和对自我中心的超越。只有这样,新学说才能代替旧学说,新认识才能代替旧认识。具有批判精神的科学家才会不断地挑战个人的认识能力和现有的知识体系(尤其是那些在实践中日见其拙的理论),去创造新的理论和体系,为人类的知识宝库增添财富。

科学精神的第三个要义是实证的研究。实证的研究包括运用观察、调查、实验等方法收集事实根据和数据。其中，科学实验更是一种最重要的研究方法。"实验有两个目的，彼此往往互不相干：观察迄今未知或未加释明的新事实，以及判断为某一理论提出的假说是否符合大量可观察到的事实"[①]。作为科学精神的重要因素，实证的研究更主要的是反映一种崇尚实践、尊重事实的精神和理念。无论是社会科学还是自然科学，都要重视实证的研究，只有这样才能杜绝玄学、空谈、弄虚作假和欺骗行径。崇尚实践、尊重事实的实证研究不仅能为科学研究提供事实，也是社会生活中克服形式主义、抵制官僚主义的有力武器。一切脱离实际的大话、空话、假话、鬼话，一碰到实证研究的结果，就会丢盔弃甲、原形毕露。在心理学领域中，实证研究是捍卫学科发展不可离弃的武器。谁都知道，很少有不懂物理学的人敢于自称是物理学家，但的确有很多人虽不懂心理学却自诩是心理学家。在心理学的领域中不乏"热心的外行"，他们几乎不从事实证研究却善于去思辨心理规律，其后果往往是误人子弟。因此，皮亚杰语重心长地指出，应该严肃地对待心理学。"严肃对待心理学的意思就是说，当发生一个有关心理事实的问题时，我们应该向心理学的科学研究请教，而不应该试图通过自己的思辨去发明一个答案。"[②]培养自己重视实证的理念，学会正确、灵活地从事实证研究的方法，准确地解释实证研究的结果，是每一个努力学习发展理论、培养科学精神的人所必备的条件。

科学精神的第四个要义是谦虚的态度。大自然的奥秘是无穷的，科学的探索活动也是无穷的。任何一个具体的人，甚至一个学派的同伙，永远只能在某一个或几个具体的点上探索未知。而且，再高明的学者也只能从自己的角度来观察自然。当然，学者越高明，观察的角度就越广泛，手段越有效，思考越全面，但相对于大自然而言，总是局部的，更何况每一个已知的部分必然包含着更多未知的部分。可以说，每当你解决一个问题就会发现更多的问题。因此，一个有科学意识的人是不能独断、偏执、排斥异己、故步自封的，他必须具有谦虚的态度。谦虚的态度来自开明的观念和包容的品格。因此，所谓谦虚，本质就是宽容。这种谦虚的态度是建立在对自然和科学的特性的认识之上的，它并不与怀疑的精神和批判的理论相抵触。相反，它是在自信基础上的一种自省和自律，是科学家学术成熟的标志和人格成熟的体现，科学精神中需要谦虚态度还因为在科学探索的过程中，不可能排除错误的可能性。研究方法不当、观察的误差、判断的失误都可能导致错误结论。只有谦虚的学者才能从他人的成果或批评中领悟到自己的偏差，及时地调整研究方向和思路，防止错误的产生和扩展。错误的科研成果一旦产生，就会在社会上产生难以预料的后果和无力控制的负面效应，对人类的发展造成不同程度的损失。在现实生活中，儿童往往是这种损失的最大受害者。因此，每一个从事科学事业的人都要以高度的社会责任感

① W·贝弗里奇著：《科学研究的艺术》，陈捷译，科学出版社1979年版，第14页。
② 皮亚杰：《发生论认识论》，见左任侠、李其维主编：《皮亚杰发生认识论文选》，华东师范大学出版社1991年版，第59页。

审视自己的理论，恭恭敬敬地接受实践的检验、社会的评估和历史的选择。

　　培养科学精神，实质是酿造一种当代的人文精神，其核心是坚持尊重理性的价值。我们呼吁坚守理性，并不是忽视或排除感性。感性很重要，但感性不可靠。我们应该认识到，理性与感性并不是对立面。感性的反面是麻木，理性的反面是狂热。在尊重科学、运用科学的今天，我们一方面要坚持追求真理，另一方面要坚决反对和批判伪科学。真正的人文精神是离不开科学精神的。实践证明，科学的昌隆与国民素质的提高并不一定成正比。有时，人们甚至会发现，那些骗子、伪科学家甚至比一般民众更注意科学的进展。他们的目的是为了用时新的科学来包装自己那过时了的哲学体系或欺骗的本质，利用大多数人对科学的生疏来煽动反科学、反社会的狂热。正因为这样，我们的科学与教育才应该使国民具有科学的思维方式，也就是怀疑的精神、批判的理性、实证的方法和谦虚的态度，并把这种科学精神融化到国民的本性中去，变成一种维护民主政治的勇气，追求科学真理的热情和防止受骗上当的能力。只有这样，中华民族的振兴才是大有希望的。

　　我们衷心地希望通过本书的学习，能使大家从心理科学的发展以及发展理论的演变中领悟到认识发展的规律，培养起科学精神，并把它融化到自己的人文精神中去，以科学精神去开创科学包括心理科学在壮阔的 21 世纪中更辉煌的进步。

化理论为方法，化理论为德性

（后记）

奉献给读者的这本书，出版前，准备了 10 年；出版后，使用了 15 年。四分之一个世纪，就这么过去了。应华东师范大学出版社的要求，我为该社的书稿做了第二次修订。

20 世纪 80 年代，当我还在南京师范大学为心理学和学前教育学专业研究生讲授儿童心理发展理论时，就想亲自写一本介绍各种发展理论的教程。后来由于工作调动，这个念头也就渐渐地淡漠了。1997 年，上海市实行师范结构调整，我又回到母校华东师范大学工作。由于教学的需要，又勾起我编写《儿童心理发展理论》的愿望。1999 年，适逢上海市开展"九五"重点教材建设，我的编写计划得到了上海市教育委员会的批准立项，终于有幸完成了这本书的编著，缪小春教授为之作序，由华东师范大学出版社出版，了却了一桩心事，使自己又一次体会到实现追求的充实和欣喜。

《儿童心理发展理论》共介绍了现代心理学中 7 个流派的理论体系和 10 多位心理学家的发展观点，既反映了各流派的基本系统，又反映了各流派自身的发展，有利于读者全面把握他们的理论核心。心理学的发展理论林林总总。以往，人们习惯于注意各理论之间的差异，而忽视了各理论之间的内在逻辑联系，因而形成了理论越发展，研究对象越支离的现象。本书根据整合的观点，着重注意各种理论之间的互补性和相互间的内在逻辑性，力图把各种理论统一在一个复杂的、完整的研究对象之中，有助于学习者掌握儿童发展的复杂性和整体性。

编著本书的初衷是为学前教育专业的学生学习而用的。考虑到专业特点和实际需要，本书尽可能结合学前教育专业的特点，力求全面地介绍各理论的体系和演变，并十分注重各流派的方法论。贯穿全书的宗旨是力图说明儿童不同于成人，只有充分认识和尊重儿童心理发展的自身规律，才能充分保障儿童身心的健康发展。从本质上讲，儿童是一个自主能动的系统。儿童本身与遗传、环境共同构成了发展的三要素。在发展中，儿童具有自我调节的主动性。这是当代发展心理学研究的新贡献。认识到这一点，对于任何层次的教育，包括基础教育和家庭教育都十分关键。因为，只有认识到这一点，教育才可能是有效的。本来，教育具有双重的功能，一是促进儿童的身心发展，二是传递社会价值和知识。一个理想的教育应该把这两方面的功能有机地统一起来，使教育和教学促进儿童身心的和谐发展。在我国当前的教育现状中，人们（包括教师和家长）往往对于第二个功能过分强调，而对于第一个功能又过分轻视，因而造成了普遍的儿童缺乏童年的欢乐，学生负担过重的不良现象，严重妨碍了儿童的正常发展。针对这一现实，作为一名发展心理学工作者，有责任从儿童心理发展规律的层面上，阐明重视儿童身心发展的重要性和迫切性，呼吁全社会都来保护儿童、尊重儿童。尊重儿童，就是尊重人类本身。忽视生命的自主性，也就扼杀了个人的创造潜力。"合格的教育总是并且总将是在揭示人类潜能的意义上进行，纯粹功利性的教育最终是与人类的目标背道而驰的。"①今天，当我们重温贝塔朗菲这些论断，倍感意味深长。贝塔朗菲还指出，"科学事业不仅要知道如何，而且还要补充人文意义上的为什么。"②我希望本书奉献给读者的不仅仅是有关发展理论的阐述和评析，更重要的是通过发展理论的学习，树立科学精神，把科学精神融入我们的思想方法、生活方式和人文精神之中去。关于这一点我已在本书跋文中作了充分的阐述，这里不再赘述。

我之所以重视这本书和读者之所以青睐这本书，是基于共同原因：对心理发展理论的渴求和重视。

有一位颇有成就的示范幼儿园园长曾深有感触地对我说："儿童是一本读不完的书！"我接着补充了一句："也是一本读不懂的书。"我们都知道，越是简单的对象，背后的道理越深奥。这就越发需要理论来指导。

科学不同于常识的地方，在于科学认为理论比事实更加重要。因为任何事实都是具体的、个别的、局部的，而理论能用来解释某一特定研究领域中大量事实之间的相互联系。这个功能是由科学的目标决定的。因为科学的目标在于要理解和解释自然现象。

发展理论是解释儿童心理发展特点、趋势和过程的概念体系，本教材基于这样的认识，为学前教育专业的学生提供了7个有影响的发展理论流派，旨在为解释幼儿教育中的各种现象提供可依靠的理性准则。

我经常听到学生抱怨，说所学过的心理学知识在幼教实践中用不上，许多幼儿教师职后培训单位也从不将发展理论列入进修、培训内容，只是满足于技术性的训练提高。问题的症结不是所谓"理论脱离了实际"，而是这些学习者并没有真正掌握理论的真谛。

大多数实际工作者所从事的工作是对事件的控制，并不经常去解释和预测现象。一位教师用表扬和奖励的方法养成了一位小朋友的良好习惯，这是教师控制的结果。但小朋友在强化过程中形成习惯的学习过程以及将来可能出现的情况，只有靠行为主义理论才能解释得清楚。教师的目标是实践，是在操作层面上解决"怎么做"；而发展理论的目标是解释，是在理论层面上解决"为什么"。操作和解释是有关系的，但确实不是一回事。

既然理论的目标是用来解释现象的，那么，任何理论都是可以加以运用和解释的，问题在于你运用什么样的理论和怎样运用理论。一个人运用什么样的理论，取决于个人的理论自觉；而一个人怎样运用理论取决于个人的实践机智。所谓理论自觉就是指你信奉

---

① 马克·戴维森著：《隐匿中的奇才：路德维希·冯·贝塔朗菲传》，陈蓉霞译，东方出版社1999年版，第222页。

② 同上。

什么理论。事实上,任何人都是自觉或不自觉地信奉着一种或几种理论。你个人所信奉的理论,就是你观察、处理一切人和事的出发点和归宿。所谓实践机智,就是你运用理论的能力和经验。运用理论是需要创造性的。一个优秀的教师,应该善于将理论知识与职业实践相结合,达到职业实践与专业理论之间的平衡。

近来,学前教育界的一些学者受某些时髦思潮的影响,开始厌烦发展理论了。他们抱怨发展理论提供的幼儿发展目标不但没有解决幼儿园课程的目标,而且还对幼儿园课程建设起到了"误导作用"。幼儿园课程建设是有关课程论的复杂问题,但有些关系应该是清楚的。

首先,发展理论与幼儿园课程论是两个不同的学科。不同的学科其研究目标、研究方法和所使用的概念体系是不同的。因此,将发展理论提供的儿童心理发展目标列为幼儿园课程的目标本来就是缺乏理论自觉的行为。

其次,在幼儿教育中如何运用发展心理学的理论知识,需要处理好普遍与特殊、一般与个别以及个别差异等关系,这是幼教工作者结合教育实践发挥创造性的过程,也就是我前面提到的"实践机智"的问题。

第三,幼儿园课程必须遵循儿童心理发展、社会文化、儿童教育自身的规律。据我了解,在中外幼教课程的各种模式中,并没有哪一种模式是把儿童心理发展的目标或指标当作幼儿园课程的目标或指标的。

因此,我认为,学前教育界内一些厌烦发展理论的学者,信奉的是"非理论",即一套以多元性否定规律的普遍性,以现象学否认理论的真理性,以不确定性否认科学的确定性,以相对主义否定理论的规定性的"后现代理论"。但不要忘记,后现代主义本身就是一种理论,一种还没有成熟的理论。大凡蔑视和排除发展理论的教育工作者,基本上是属于缺乏理性认识能力和科学精神的感性主义者。感性很重要,但感性不可靠。蔑视理论的学者必然会缺乏学术操守。所谓学术操守,至少应该包含以下 4 点:(1)对理性的尊重,坚持"理论比事实更重要"的基本认识;(2)对实验的尊重,勇于接受决定性实验的结论,不断完善理论体系;(3)对自己信奉的学派和立场的尊重,善于维护自己的观点,宣传自己的观点;(4)对发展和重构的尊重,但并不轻率地动摇或放弃自己的核心概念和理论基点;(5)秉持批判的立场,用科学的理论审视各种教育思潮和教育现象。

最后,我们还应该认识到,无论多么联系实际的理论,依然还是理论。"科学家钟情于理论的原因很多。完善的理论能把先前看似没有关联的事实联系起来加以解释;能提示下一步的研究方向,发现新的事实;能揭示解决人们面临的难题的新方法。有人说过,没有什么比完善的理论更具有实践性了。"[1]因此,每一位有志于学前教育研究的学生,每一位有志于献身幼儿教育的教师都应该认真地学习发展理论,培养自己的理论自觉和实践智慧,让幼儿教育这一伟大的事业给幼儿带来尊严和幸福,并在这一实践中达到我们自己

① D·麦克伯尼著:《像心理学家一样思考》,人民邮电出版社 2010 年版,第 16 页。

的价值实现。同时，也要认识到，理论总是有限的，有特定的适用范围，有其内在的发展沿革，在一定条件下有可能被否定的、新的理论所纠正甚至替代。理论又是多元的。每一种理论总是受特定的哲学思想、研究方法论和研究范围影响，有它特定的规定性，不可能替代其他理论。因此，我们要接受多元的理论，把握它们的理论内核，灵活运用。这正是理论的生命力。

我欣喜地注意到，近年来，我国的学前教育界越来越重视儿童心理发展理论了，这是一个观念性的进步。我国哲学家冯契有一个重要的哲学命题：化理论为方法，化理论为德性。我相信，儿童心理发展理论的普及和运用，一定会带来儿童观和教育观方面的根本性转变，给我国的幼儿教育带来方法和德性两方面的新气象，最终造福于儿童。

本书有较强的适应性，第二版又增加了发展理论与学前教育方面的应用性案例，便于学习者理解和运用。我邀请了青年学者陈翾、王烨芳参与编写有关理论的运用和案例部分（陈翾：第四章第六部分、第六章第五部分、第七章第五部分；王烨芳：第二章第五部分、第三章第五部分、第五章第七部分、第八章第五部分）。需要说明的是，本书提供的所有案例，只是为了帮助读者认识并理解理论是可以运用的。任何案例都不是运用的样板，也不是运用的模式。如何运用理论分析和解释具体问题，取决于一个人的理论素养和实践智慧。本书各章都包含理论背景、基本观点、评析和运用四部分，适合高校学前教育专业的学生和幼儿园教师教育选用。研究生可以阅读全部内容，本科生以基本观点、评析和运用为主，专科生可以基本观点和运用为主。教师教育可以根据进修重点选择相关学习内容。本书对特殊教育专业和学校教育专业的学生也具有参考价值。

王振宇

2015 年 4 月 2 日